高职高专机电类专业系列教材

数控机床安装调试及维护

主　编　吴　萍　张亚萍

副主编　唐　娟　张　斌

参　编　朱　强　严小林　徐晨影

主　审　李曙生　宋正和

机械工业出版社

本书从生产实际对数控机床安装与调试人员的要求出发，依据高职高专数控技术专业、机电一体化技术专业人才培养要求，以数控机床装调维修工国家职业标准为指导，结合职业岗位任职要求所需的相关理论知识和操作技能，按照理实一体化形式编写。本书内容分为三个项目，包括数控机床机械部件的安装与调试、数控机床电气系统的安装与调试、数控机床的验收。

本书可作为高职高专院校数控技术专业、机电一体化技术专业及相关专业的教材，也可作为相关工程技术人员的参考用书。

本书配有电子课件，凡使用本书作为教材的教师可登录机械工业出版社教育服务网 www.cmpedu.com 注册后下载。咨询邮箱：cmpgaozhi@ sina.com。咨询电话：010-88379375。

图书在版编目（CIP）数据

数控机床安装调试及维护/吴萍，张亚萍主编. —北京：机械工业出版社，2018.10（2023.1重印）

高职高专机电类专业系列教材

ISBN 978-7-111-60975-9

Ⅰ.①数… Ⅱ.①吴… ②张… Ⅲ.①数控机床-安装-高等职业教育-教材②数控机床-调试方法-高等职业教育-教材③数控机床-维修-高等职业教育-教材 Ⅳ.①TG659

中国版本图书馆 CIP 数据核字（2018）第 217576 号

机械工业出版社（北京市百万庄大街 22 号　邮政编码 100037）
策划编辑：刘良超　　　　　责任编辑：刘良超
责任校对：刘雅娜　肖　琳　封面设计：路恩中
责任印制：李　昂
北京捷迅佳彩印刷有限公司印刷
2023 年 1 月第 1 版第 2 次印刷
184mm×260mm · 24 印张 · 590 千字
标准书号：ISBN 978-7-111-60975-9
定价：59.80 元

电话服务　　　　　　　　　网络服务
客服电话：010-88361066　机 工 官 网：www.cmpbook.com
　　　　　010-88379833　机 工 官 博：weibo.com/cmp1952
　　　　　010-68326294　金 书 网：www.golden-book.com
封底无防伪标均为盗版　　　机工教育服务网：www.cmpedu.com

前　言

本书从生产实际对数控机床安装与调试人员的要求出发，依据高职高专数控技术专业、机电一体化技术专业人才培养要求，以数控机床装调维修工国家职业标准为指导，结合职业岗位任职要求所需的相关理论知识和操作技能，按照理实一体化形式编写。

本书在设计理念上与传统教材相比有所变化，以企业岗位需求的专业知识和专业技能为出发点，以数控机床装调岗位需求为导向，将数控机床装调的学习目标、任务分析、相关知识、任务实施等理实一体化教学单元结合在一起，在教学过程中以学生为主体、以教师为主导，实现教、学、做一体化。

本书具有以下特色：

1）以项目教学、任务驱动为主线，科学、合理地设计教学项目，明确阐述项目要求和学习任务，以实现高效培养学生实践能力的教学目标；项目载体具有典型性和实用性，难易程度适合高职高专层次，具有可操作性和借鉴性。

2）本书体例与结构更符合教、学、做一体化的教学要求，有助于推动学生职业能力的提高。

3）加强立体化建设，本书开发有配套的、适合学生网上学习的教学资源，如教学课件、主题素材库、教学视频、图片库、试题库等动态、共享的课程资源。

4）凸显校企合作特色。本书的编写人员为相关院校一线教师和企业技术人员，双方共同参与实训课程的设计、实训项目及模块的编写，教学项目按照企业项目的工作过程进行设计，遵循由简单到复杂的"阶段性、梯次递进"原则，使学生在真实的职业情境中完成任务并掌握综合职业能力。

本书内容分为三个项目，包括数控机床机械部件的安装与调试、数控机床电气系统的安装与调试、数控机床的验收。本书由泰州职业技术学院吴萍、张亚萍任主编，泰州职业技术学院唐娟、张斌任副主编，江苏晨光数控机床有限公司朱强、严小林和泰州市晨虹数控设备制造有限公司徐晨影参与了编写工作。全书由吴萍负责统稿和定稿。本书在编写过程中，得到了江苏冬庆数控机床有限公司总工程师饶佩明的技术支持。泰州职业技术学院李曙生教授、宋正和教授审阅了本书并提出了宝贵的意见和建议，在此深表感谢！

由于编者水平有限，书中错误、疏漏之处在所难免，恳请广大读者批评指正。

编　者

目　录

项目一

数控机床机械部件的
安装与调试

任务1 认识数控机床的组成

 学习目标

了解数控机床的类别和主要特性；熟悉数控机床组成的相关知识；能根据数控机床的类别确定其主要构成部件。

 任务布置

到数控机床生产企业参观、观看数控机床传动系统视频，认识数控机床的组成、理解数控机床的布局。

 任务分析

分析数控机床的加工特点和分类方法，认识数控机床的组成和工作过程。理解数控车床、数控铣床和加工中心的布局。

 相关知识

一、数控机床的加工特点

与普通机床相比，数控机床具有以下特点。

(1) 具有复杂形状加工能力　复杂形状零件在飞机、汽车、船舶、模具和动力设备等制造行业中具有重要地位，其加工质量直接影响整机产品的性能。数控加工运动的任意可控性使其能完成普通加工方法难以完成或者无法进行的复杂型面加工，如复杂曲面的零件加工。因此数控机床在制造业中得到了广泛应用。

(2) 高质量　数控加工是用数字程序控制实现自动加工，排除了人为误差因素，且加工误差还可以由数控系统通过软件技术进行补偿校正。采用数控机床可以提高零件的加工精度，得到质量较为稳定的产品。因为数控机床是按照预定的加工程序自动进行加工，加工过程中消除了操作者人为的操作误差，所以零件加工的一致性好。

数控机床有较高的加工精度，一般在 0.005 ~ 0.01mm 之间。数控机床的加工精度不受零件复杂程度的影响，机床传动链的反向齿轮间隙和丝杠的螺距误差等都可以通过数控装置自动进行补偿，其定位精度比较高，同时还可以利用数控软件进行精度校正和补偿。因此可以获得比机床本身精度还要高的加工精度及重复精度。

(3) 高效率　与采用普通机床加工相比，数控机床上可以采用较大的切削用量，有效地节省了机动工时。数控机床还有自动换速、自动换刀和其他辅助操作等自动化功能，使辅助时间大为缩短，而且无须工序间的检验与测量，所以，比普通机床的生产率高数倍，在加工复杂零件时生产率可提高十几倍甚至几十倍。特别是五面体加工中心和柔性制造单元等设备，零件一次装夹后能完成几乎所有表面的加工，不仅可消除多次装夹引起的定位误差，还可大大减少加工辅助操作，使加工效率进一步提高。

数控机床的主轴转速及进给范围都比普通机床大，目前数控机床的最高进给速度可达到 100m/min 以上，最小分辨率达 0.01μm。一般来说，数控机床的生产能力约为普通机床的三倍，甚至更高。数控机床的时间利用率高达 90%，而普通机床仅为30% ~ 50%。

（4）高柔性　数控机床只需改变零件程序即可适应不同品种的零件加工，且几乎不需要制造专用工装夹具，因而加工柔性好，有利于缩短产品的研制与生产周期，适应多品种、中小批量的现代生产需要。

由于数控机床能实现多个坐标的联动，所以数控机床能完成复杂型面的加工，特别是对于可用数学方程式和坐标点表示的形状复杂的零件，加工非常方便。当改变加工零件时，数控机床只需更换零件加工的 NC 程序，不必用凸轮、靠模、样板等专用工艺装备，且可采用成组技术的成套夹具。因为生产准备周期短，有利于机械产品的迅速更新换代，所以数控机床的适应性非常强。

（5）减轻劳动强度，改善劳动条件　数控加工是按事先编好的程序自动完成的，在输入程序并启动后，数控机床就自动地连续加工，直至零件加工完毕。操作者不需要进行繁重的重复手工操作，这样就简化了工人的操作，使劳动强度和紧张程度大为降低，劳动条件也相应得到改善。

数控机床是一种高技术的设备，尽管机床价格较高，而且要求具有较高技术水平的人员来操作和维修，但是数控机床的优点很多，它有利于自动化生产和生产管理，总之，使用数控机床的经济效益还是很高的。

（6）有利于生产管理　数控加工可大大提高生产率、稳定加工质量、缩短加工周期，易于在工厂或车间实行计算机管理。数控加工技术的应用，使机械加工的大量前期准备工作与机械加工过程联为一体，使零件的计算机辅助设计（CAD）、计算机辅助工艺规划（CAPP）和计算机辅助制造（CAM）的一体化成为现实，易于实现现代化的生产管理。采用数控机床有利于生产管理的现代化，为实现生产过程自动化创造了条件。

二、数控机床的应用范围

数控加工是一种可编程序的柔性加工方法，但其设备费用相对较高，故目前数控加工多应用于加工零件形状比较复杂、精度要求较高以及产品更换频繁、生产周期要求短的场合。具体地说，下面这些类型的零件最适宜于数控加工：

1）形状复杂（如用数学方法定义的复杂曲线、曲面轮廓）、加工精度要求高的零件。

2）公差带小、互换性高、要求精确复制的零件。

3）用普通机床加工时，要求设计制造复杂的专用工装夹具或需要很长调整时间的零件。

4）价值高的零件。

5）小批量生产的零件。

6）需一次装夹加工多部位（如钻、镗、铰、攻螺纹及铣削加工联合进行）的零件。

可见，目前的数控加工主要应用于以下两个方面：

1）常规零件加工，如二维车削、箱体类镗铣等，其目的在于：提高加工效率，避免人为误差，保证产品质量；以柔性加工方式取代高成本的工装设备，缩短产品制造周期，适应市场需求。这类零件一般形状较简单，实现上述目的的关键在于提高机床的柔性自动化程度、高速高精加工能力、加工过程的可靠性与设备的操作性能。同时合理的生产组织、计划调度和工艺过程安排也非常重要。

2）复杂形状零件加工，如模具型腔、涡轮叶片等。这类零件型面复杂，用常规加工方法难以实现，它不仅促使了数控加工技术的产生，而且也一直是数控加工技术主要研究及应用的对象。由于零件型面复杂，在加工技术方面，除要求数控机床具有较强的运动控制能力（如多轴联动）外，更重要的是如何有效地获得高效优质的数控加工程序，并从加工过程整体上提高生产率。

三、数控机床的分类

数控机床历经数年发展，规格、型号繁多，其品种已达数千种，结构和功能也各具特色。从不同的技术和经济指标出发，可以对数控机床进行不同的分类。由于国内外尚无统一的分类方法，其分类方法主要有以下几种：

1. 按工艺用途分类

数控机床按其加工工艺方式可分为金属切削类数控机床、金属成形类数控机床、特种加工数控机床和其他类型数控机床。

在金属切削类数控机床中，根据其自动化程度的高低，又可分为普通数控机床、加工中心和柔性制造单元（FMC）。

（1）普通数控机床　普通数控机床和传统的通用机床一样，有数控车床、数控铣床、数控钻床、数控镗床、数控磨床、数控镗铣床等，这类数控机床的工艺特点和相应的通用机床相似，但它们具有复杂形状零件的加工能力。

（2）加工中心机床　加工中心机床常见的有镗铣类加工中心和车削中心，它们是在相应的普通数控机床的基础上加装刀库和自动换刀装置而构成的。其工艺特点是：工件经一次装夹后，数控系统能控制机床自动地更换刀具，连续、自动地对工件各加工面进行铣（车）、镗、钻等多工序加工。

（3）柔性制造单元　柔性制造单元是具有更高自动化程度的数控机床（图1-1）。它可以由加工中心加上搬运机器人等自动物料储存运输系统组成，有的还具有加工精度、切削状态和加工过程的自动监控功能，可实现24h无人加工。

2. 按控制运动轨迹分类

（1）点位控制数控机床　点位控制数控机床只控制运动部件从一点移动到另一点的准确定位，即只保证行程终点的坐标值，而对点到点之间的移动速度和运动轨迹没有严格要求，可以沿多个坐标同时移动，也可以沿各个坐标先后移动。在移动过程中，刀具也不进行切削加工。

采用点位控制的机床有数控钻床、数控冲床、数控坐标镗床和数控测量机等。图1-2所示为数控钻床加工示意图，用于加工带有坐标孔系的零件或测量坐标位置。为提高生产率和保证定位精度，定位特点为"先快后慢"，机床工作时一般先快速运动，当接近终点位置

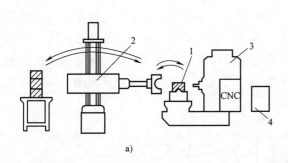
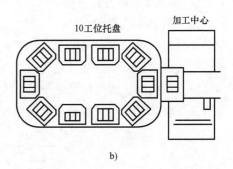

图 1-1　柔性制造单元

a）带机器人的 FMC　b）带托盘交换系统的 FMC

1—工件　2—机器人　3—加工中心　4—监控器

时，再降速缓慢趋近终点，从而减小运动部件因惯性过冲所引起的定位误差。

（2）直线控制数控机床　直线控制数控机床不仅控制刀具或工作台从一个点准确地移动到另一个点，而且保证在两点之间的运动轨迹是一条直线，且在运动过程中，刀具按规定的进给速度进行切削。采用这类控制的机床有简易数控车床、数控镗铣床和数控磨床等。图 1-3 所示为数控铣床加工示意图。

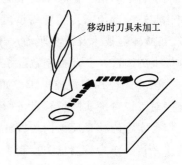

图 1-2　数控钻床加工示意图

（3）轮廓控制数控机床　轮廓控制数控机床又称为连续控制或多坐标联动数控机床。它是能够对两个或两个以上的坐标轴同时进行严格连续控制的系统。它不仅能够控制移动部件从一个点准确移动到另一个点，而且还能控制整个加工过程每一点的速度和位移量，使刀具和工件按规定的平面或空间轮廓轨迹进行相对运动，将零件加工成一定的轮廓形状，从而加工出合格的产品。这类机床的数控装置一般要求有直线和圆弧插补功能，有较高速度的数字运算和信息处理功能，以便加工出形状复杂的零件。目前，大多数数控机床，如数控车床、数控铣床、数控磨床、加工中心以及其他数控设备（如数控绘图机、测量机等）均具有轮廓控制功能。图 1-4 所示为轮廓控制系统加工示意图。

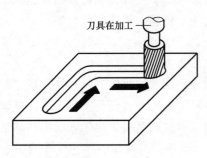
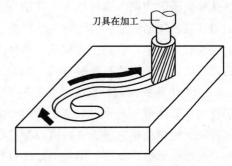

图 1-3　数控铣床加工示意图　　　　　图 1-4　轮廓控制系统加工示意图

3. 按伺服控制方式分类

（1）开环控制数控机床　如图1-5所示，开环控制数控机床没有位置检测元件，伺服用驱动元件通常有功率步进电动机或混合式步进电动机。数控系统每发出一个指令脉冲，经驱动电路放大后，驱动电动机旋转一个角度，再经传动机构带动工作台移动。这类机床控制的信息流是单向的，脉冲信号发出后，实际位移值不再返回来，所以称为开环控制，其精度主要取决于驱动元器件和步进电动机的性能。

图 1-5　开环控制系统框图

开环控制的优点是结构简单，调试和维修方便，成本较低；缺点是精度较低，进给速度也受步进电动机工作频率的限制。一般适用于中、小型经济型数控机床，以及普通机床的数控化改造。近年来，随着高精度步进电动机特别是混合式步进电动机的应用，以及恒流斩波、PWM等技术及微步驱动、超微步驱动技术的发展，步进伺服的高频出力与低频振荡得到极大的改善，开环控制数控机床的精度和性能也大为提高。

（2）闭环控制数控机床　如图1-6所示，闭环控制数控机床带有直线位置检测装置，可直接对工作台的实际位移量进行检测。加工过程中，将速度反馈信号送到速度控制电路，将工作台实际位移量反馈回位置比较电路，与数控装置发出的位移指令值进行比较，用比较后的误差信号作为控制量去控制工作台的运动，直到误差为零为止。常用的伺服驱动元件为直流或交流伺服电动机。

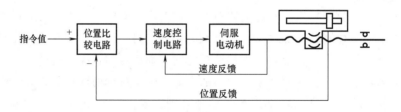

图 1-6　闭环控制系统框图

这种机床因为把工作台纳入了控制环，故称为闭环控制。闭环控制可以消除包括工作台传动链在内的传动误差，因而定位精度高、调节速度快。但由于机床工作台惯量大，对系统的稳定性会带来不利影响，使调试、维修困难，且控制系统复杂、成本高，故一般对要求很高的数控机床才采用这种控制方式，如数控精密镗铣床等。

（3）半闭环控制数控机床　如图1-7所示，半闭环控制数控机床与闭环控制机床的区别在于检测反馈信号不是来自安装在工作台上的直线位移测量元件，而是来自安装在电动机轴或丝杠轴上的角位移测量元件。通过测量电动机转角或丝杠转角推算出工作台的位移量，并将此值与指令值进行比较，用差值来进行控制。从图1-7中可以看出，由于工作台未包含在控制回路中，因而称为半闭环控制。这种控制方式由于排除了惯量很大的机床工作台部分，使整个系统的稳定性得以保证。目前已普遍将角位移检测元件与伺服电动机做成一个部件，使系统结构简单，调试和维护也方便。

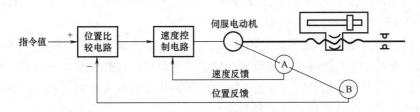

图 1-7 半闭环控制系统框图

半闭环控制数控机床的性能介于开环和闭环控制数控机床之间，精度虽比闭环低，但调试和维护维修却比闭环方便得多，因而得到了广泛的应用。

4．按控制坐标轴数分类

根据控制系统所能控制的坐标轴数，数控机床可分为：两坐标（轴）数控机床、2.5 坐标（轴）数控机床、三坐标（轴）数控机床及多坐标（轴）数控机床。根据控制系统所能同时控制的坐标轴数，数控机床可分为：两坐标（轴）联动数控机床、三坐标（轴）联动数控机床及多坐标（轴）联动数控机床。一般数控机床的联动轴数少于控制轴数。

5．按功能水平分类

按功能水平不同可以把数控机床分为经济型、普及型和高级型，这种分类方法的界限不是很严格，不同时期、不同国家的划分标准不同。目前我国的划分标准如下：

（1）经济型数控机床 经济型数控机床的控制系统比较简单，通常采用以步进电动机作为伺服驱动元件的开环控制系统，分辨率为 $10\mu m$，进给速度在 $8 \sim 15m/min$ 之间，最多能控制三个轴，可实现三轴二联动以下的控制，一般无通信功能，只有简单的 CRT 字符显示或简单数码管显示。数控系统多采用 8 位 CN 控制，程序编制方便，操作人员通过控制台上的键盘输入指令与数据，或直接进行操作。经济型数控机床通常采用单片机数控系统，功能简单、价格低廉。

（2）普及型数控机床 普及型数控机床采用全功能数控系统，控制功能比较齐全，属于中档数控系统。通常采用 16 位或 32 位微处理器的数控系统，机床进给系统采用半闭环的交流伺服或直流伺服驱动，能实现四轴四联动以下的控制，分辨率为 $1\mu m$，进给速度在 $15 \sim 24m/min$ 之间，有齐全的 CRT 显示功能，能显示字符、图形并具有人机对话功能，具有 RS-232 串行通信接口或 DNC 直接数字控制通信接口。

（3）高级型数控机床 高级型数控机床采用全功能数控系统，控制功能比较齐全，属于高档数控系统。在数控系统中采用 32 位或 64 位微处理器，进给系统中采用闭环或半闭环高响应特性的伺服驱动，可控制五个轴，能实现五轴五联动以上控制，分辨率可达到 $0.1\mu m$，进给速度在 $15 \sim 100m/min$ 之间，能显示三维图形，具有 RA-232、DNC、MAP 及网路通信功能。

四、数控机床的组成和工作过程

1．数控机床的组成

如图 1-8 所示，数控机床主要由输入输出设备、CNC（计算机数字控制）系统、伺服系统和机床本体四部分组成。

（1）输入输出设备　输入输出设备主要实现编制程序、输入程序、输入数据以及显示、存储和打印等功能。常用的输入输出设备有：键盘、磁带或磁盘输入机、CRT 显示器等，高级的数控机床还配有自动编程机或 CAD/CAM 系统。

（2）CNC 系统　数控系统是数控机床的"大脑"和"核心"，通常由一台通用或专用计算机构成。它的功能是接收输入装置输入的加工信息，经过数控系统中的系统软件或逻辑电路进行译码、运算和逻辑处理后，发出相应的各种信号和指令给伺服系统，通过伺服系统控制机床的各个运动部件按规定要求动作。

（3）伺服系统　伺服系统接收来自数控系统的指令信息，严格按指令信息的要求驱动机床的运动部件动作，以加工出符合图样要求的零件。伺服系统的伺服精度和动态响应是影响数控机床的加工精度、表面质量和生产率的重要因素。

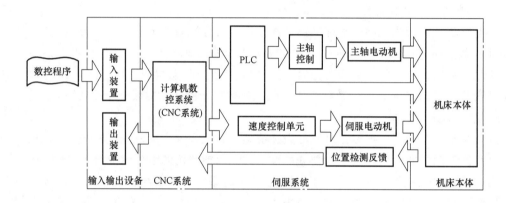

图 1-8　数控机床基本结构框图

伺服系统包括伺服控制电路、功率放大电路、伺服电动机、机械传动机构和执行机构。常用的伺服电动机是步进电动机、直流和交流伺服电动机。伺服系统有开环、半闭环和闭环之分，在半闭环和闭环伺服系统中，还需配有位置检测装置，直接或间接测量执行部件的实际位移量，并与指令位移量进行比较，按闭环原理，用其差值来控制执行部件的进给运动。

（4）机床本体　机床本体是数控机床的主体，包括床身、立柱等支承部件，主轴等运动部件，工作台、刀架以及进给运动执行部件、传动部件，此外还有冷却、润滑、转位和夹紧等辅助装置，对于加工中心类数控机床，还有存放刀具的刀库、交换刀具的机械手等部件。与传统机床相比，数控机床的外部造型、整体布局、传动系统与刀具系统的部件结构以及操作机构等都发生了很大的变化，这种变化的目的是满足数控技术的要求和充分发挥数控机床的特点。

2. 数控机床的工作过程

数控机床的工作过程如图 1-9 所示。

（1）准备阶段　根据加工零件的图样，确定有关加工数据（刀具轨迹坐标点、加工的切削用量、刀具尺寸信息等），根据工艺方案、夹具选用、刀具类型选择等确定其他有关辅助信息。

（2）编程阶段　根据加工工艺信息，用机床数控系统能识别的语言编写数控加工程序，程序就是对加工工艺过程的描述，并填写程序单。

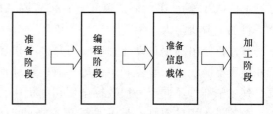

图 1-9　数控机床的工作过程

（3）准备信息载体　根据已编好的程序单，将程序存放在信息载体（磁带、磁盘等）上，信息载体上存储着加工零件所需要的全部信息。目前，随着计算机网络技术的发展，可直接由计算机通过网络与机床数控系统通信。

（4）加工阶段　当执行程序时，机床 NC 系统将程序译码、寄存和运算，向机床伺服机构发出运动指令，以驱动机床的各运动部件，自动完成对工件的加工。

五、数控机床机械结构的主要组成和特点

1. 数控机床机械结构的组成

数控机床的机械结构除机床基础件外，由以下几部分组成：

1）主传动系统。

2）进给传动系统。

3）实现工件回转、定位的装置和附件。

4）实现某些部件动作和辅助功能的系统和装置，如液压、气压、润滑、冷却等系统和排屑、防护等装置。

5）刀库、刀架和自动换刀装置（ATC）。

6）自动托盘交换装置（APC）。

7）特殊功能装置，如刀具破损监控、精度检测和监控装置等。

8）为完成自动化控制功能的各种反馈信号装置及元件。

机床基础件称为机床大件，通常是指床身、底座、支柱、横梁、滑座、工作台等。图 1-10 所示为立式加工中心基础件。机床基础件是整台机床的基础和框架，机床的其他零部件，或固定在基础件上，或工作时在它的导轨上运动。其他机械结构的组成则按机床的功能需要选用，如一般的数控机床除基础件外，还有主传动系统、进给传动系统以及液压、润滑、冷却等其他辅助装置，这是数控机床机械结构的基本构成。加工中心则至少应有 ATC，有的还

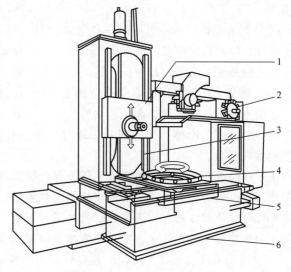

图 1-10　立式加工中心基础件

1—主轴头　2—刀库　3—立柱　4—立柱底座

5—工作台　6—工作台底座

有双工位 APC 等。柔性制造单元（FMC）除 ATC 外还有工位数较多的 APC，有的配有用于上下料的工业机器人。

数控机床可根据自动化程度、可靠性要求和特殊功能需要，选用各类破损监控、机床与工件精度检测、补偿装置和附件等。有些特殊加工数控机床，如电加工数控机床和激光切割机，其主轴部件不同于一般数控金属切削机床，但对于进给伺服系统则是一样的。

数控机床用的刀具，虽不是机床本身的组成部分，但它是机床实现切削不可分割的部分，对提高数控机床的生产率有重大影响。

2. 数控机床机械结构的主要特点

（1）高刚度 刚度是机床的基本技术性能之一，它反映了机床结构抵抗变形的能力。

因机床在加工过程中，承受多种外力的作用，包括运动部件和工件的自重、切削力、驱动力、加减速时的惯性力、摩擦阻力等，各部件在这些力的作用下将产生变形，变形会直接或间接地引起刀具和工件之间产生相对位移，破坏刀具和工件原来所占有的正确位置，从而影响加工精度。

根据承受载荷性质的不同，刚度可分为静刚度和动刚度。

机床的静刚度是指机床在静态力的作用下抵抗变形的能力，它与构件的几何参数及材料的弹性模量有关。

机床的动刚度是指机床在动态力的作用下抵抗变形的能力，动刚度和静刚度、激振频率与固有频率的比值及阻尼比有关。在同样的频率比条件下，动刚度与静刚度成正比，动刚度与阻尼比也成正比，即阻尼比和静刚度越大，动刚度也越大。

数控机床要在高速和重负荷条件下工作，为了满足数控机床加工的高生产率、高速度、高精度、高可靠性和高自动化程度的要求，与普通机床相比，数控机床的床身、立柱、主轴、工作台、刀架等主要部件均需具有很高的静刚度、动刚度，以减小工作中的变形和振动。

（2）高抗振性 数控机床的一些运动部件，除应具有高刚度、高灵敏度外，还应具有高抗振性，即在高速重切削情况下减少振动，以保证加工零件的高精度和高的表面质量。特别要注意的是避免切削时的谐振，这对数控机床的动态特性提出了更高的要求。

（3）热变形小 机床的热变形是影响机床加工精度的重要因素之一。数控机床主轴转速、进给速度远高于普通机床，电动机、轴承、液压系统等热源散发的热量，切屑及刀具与工件的相对运动的摩擦产生的热量，通过传导、对流、辐射传递给机床各个部件，引起温升，产生热膨胀。

由于热源分布不均，散热性能不同，导致机床各部分温升不一致，从而产生不均匀的热膨胀变形，以致影响刀具和工件的正确相对位置，影响了加工精度，且热变形对加工精度的影响操作者往往难以修正。为保证部件的运动精度，要求各运动部件的发热量要少，以防产生过大的热变形。数控机床一般都采取措施控制热变形。

（4）传动系统机械结构简化 数控机床的主轴驱动系统和进给驱动系统，分别采用交、直流主轴电动机和伺服电动机驱动，这两类电动机调速范围大，并可无级调速，因此使主轴箱、进给变速箱及传动系统大为简化，箱体结构简单，齿轮、轴承和轴类零件数量大为减少甚至不用齿轮，由电动机直接带动主轴或进给滚珠丝杠。

（5）高传动效率和无间隙传动装置 数控机床在高进给速度下，工作要求平稳，并有高定位精度。因此，对进给系统中的机械传动装置和元件要求具有高寿命、高刚度、无间隙、高灵敏度和低摩擦阻力的特点。

由于加工的需要，数控机床各坐标轴的运动都是双向的，传动元件之间的间隙会影响机床的定位精度及重复定位精度，同时数控机床在高速进给速度下，工作要求平稳，因此，对进给系统中的机械传动装置和元件要求具有高寿命、高刚度、无间隙、高灵敏度和低摩擦阻力的特点。

（6）低摩擦因数的导轨 导轨性能的好坏，直接影响机床的加工精度、承载能力和使用性能。所以，导轨要满足以下基本要求：结构简单，有较高的导向精度，良好的精度保持性、低速运动平稳性和工艺性。导轨作为进给系统的重要环节，不同类型的机床对导轨的要求也不同。数控机床的导轨比普通机床的导轨要求高：高速进给时不发生振动，低速进给时不出现爬行现象，灵敏度高，耐磨性好，可在长期重载下连续工作，精度保持性好等。机床用户选用机床时，根据自身情况针对以上要求选择机床导轨。机床常见的导轨形式有滑动导轨、滚动导轨和静压导轨。

六、数控机床的布局

1. 数控车床的布局

数控车床的主轴、尾座等部件相对于床身的布局形式与普通车床一样，但刀架和导轨的布局形式有很大的变化，而且其布局形式直接影响数控车床的使用性能及机床的外观和结构。刀架和导轨的布局应考虑机床和刀具的调整、工件的装卸、机床操作的方便性、机床的加工精度以及排屑性能和抗振性。

数控车床的床身和导轨的布局形式主要有图 1-11 所示的几种。

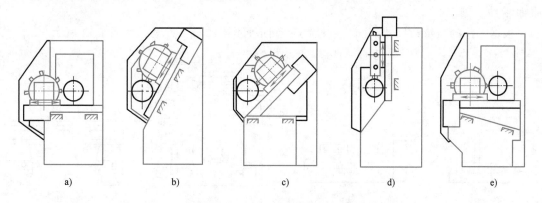

图 1-11 数控车床的床身和导轨的布局形式
a）平床身平滑板 b）斜床身斜滑板 c）平床身斜滑板 d）立床身立滑板 e）前斜床身平滑板

平床身的工艺性好，导轨面容易加工。平床身上配水平刀架时，由于平床身机件及工件重力所产生的变形方向垂直向下，它与刀具运动方向垂直，对加工精度影响较小。由于平床身刀架水平布置，不受刀架、溜板箱自重的影响，定位精度容易提高。平床身布局的机床上，大型工件和刀具装卸方便，但排屑困难，需要三面封闭。此外，刀架水平放置也加大了机床宽度方向的结构尺寸。

斜床身的观察角度好，工件调整方便，防护罩设计较为简单，排屑性能较好。斜床身导轨倾斜角有 30°、45°、60° 和 75° 等，导轨倾斜角为 90° 的斜床身通常称为立式床身。倾斜角度影响导轨的导向性、受力情况、排屑、宜人性及外形尺寸、高度比例等。一般小型数控车床的床身多用30°、45°，中型数控车床床身多用60°，大型数控车床床身多用75°。

数控车床采取水平床身配斜滑板，并配置倾斜式导轨防护罩的布局形式时，其特点如下：具有水平床身工艺性好的特点；与配置水平滑板相比，机床宽度方向尺寸小，且排屑方便。

立床身的排屑性能最好，但立床身机床上工件重力所产生的变形方向正好沿着垂直运动方向，对精度影响最大，并且立床身结构的机床受结构限制，布置也比较困难，限制了机床的性能。

一般来说，中小型规格的数控车床常用斜床身和平床身——斜滑板布局，只有大型数控车床或小型精密数控车床才采用平床身，立床身采用较少。

2. 数控铣床的布局

数控铣床是一种用途广泛的机床，分为立式、卧式和立卧两用式三种。其中，立卧两用式数控铣床主轴（或工作台）的方向可以更换，能达到在一台机床上既可以立式加工，又可以卧式加工，使其应用范围更广，功能更全。

一般数控铣床是指规格较小的升降台式数控铣床，其工作台宽度多在400mm以下，且规格较大。工作台宽度在500mm以上的数控铣床，其功能已向加工中心靠近，进而可演变成柔性制造单元。一般情况下，数控铣床上只能用来加工平面曲线的轮廓。对于有特殊要求的数控铣床，还可以增加一个回转的 A 或 C 坐标，如增加一个数控回转工作台，这时机床的数控系统即变为四坐标数控系统，用来加工螺旋槽、叶片等立体曲面零件。

根据工件的质量和尺寸不同，数控铣床有四种不同的布局方案，如图1-12所示。

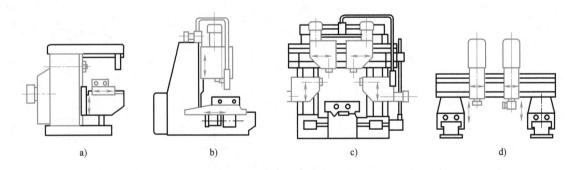

a)　　　　　　　b)　　　　　　　c)　　　　　　　d)

图 1-12　数控铣床布局形式
a）卧式　b）立式　c）立门式　d）立卧两用式

图1-12a 所示的布局适用于加工较轻工件的升降台铣床。由工件完成三个方向的进给运动，分别由工作台、床鞍和升降台来实现。

图1-12b 所示的布局适用于加工较大尺寸或较重工件的铣床。与图1-12a 所示布局相比，改由铣头带着刀具来完成垂直进给运动。

图1-12c 所示的布局适用于加工质量大的工件的龙门式铣床。由工作台带着工件完成一

个方向的进给运动，其他两个方向的进给运动由多个刀架即铣头部件在立柱与横梁上的移动来完成。

图 1-12d 所示的布局适用于加工质量与尺寸更大工件的铣床。全部进给运动均由立铣头完成。

3. 加工中心的布局

加工中心是一种配有刀库并能自动更换刀具、对工件进行多工序加工的数控机床，可分为卧式加工中心、立式加工中心、五面加工中心和虚拟加工中心。

（1）立式加工中心 立式加工中心如图 1-13 所示。通常采用固定立柱式，主轴箱吊在立柱一侧，其平衡重锤放置在立柱中。工作台为十字滑台，可以实现 X、Y 两个坐标轴方向的移动，主轴箱沿立柱导轨运动实现 Z 坐标轴方向的移动。

（2）卧式加工中心 卧式加工中心如图 1-14 所示。通常采用立柱移动式，T 形床身。一体式 T 形床身的刚度和精度保持性较好，但其铸造和加工工艺性差。分离式 T 形床身的铸造和加工工艺性较好，但是必须在连接部位用大螺栓紧固，以保证其刚度和精度。

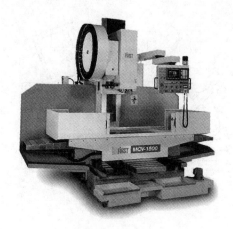

图 1-13 立式加工中心

图 1-14 卧式加工中心

（3）五面加工中心 五面加工中心兼具有立式和卧式加工中心的功能，工件一次装夹后能完成除安装面外的所有侧面和顶面共五个面的加工。常见的五面加工中心有图 1-15 所示的两种结构形式，其中图 1-15a 所示的布局形式中，主轴可以做 90°旋转，可以按照立式和卧式加工中心两种方式进行切削加工；其中图 1-15b 所示的布局形式中，工作台可以带着工件做 90°旋转，从而完成除装夹面外的五面切削加工。

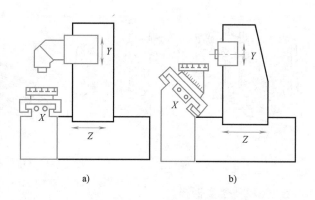

图 1-15 五面加工中心的布局形式

a）主轴做 90°旋转 b）工作台带动工件做 90°旋转

任务实施

1. 数控机床生产企业参观

教师带领学生到数控机床生产企业去参观，在参观中学生应注意观察数控机床的组成部件，让学生了解数控机床组件、部件的结构以及各部件的作用与功能。

2. 观看视频

教师播放视频让学生了解数控机床的工作原理、组成部件，以及各种数控机床组件、部件的结构和功能。

 任务拓展

一、提高数控机床结构刚度的措施

1. 合理选择结构形式

正确选择床身的截面形状和尺寸、合理选择和布置筋板、提高构件的局部刚度和采用焊接结构。

图 1-16 所示为数控车床的床身截面，床身导轨的倾斜布置可有效地改善排屑条件，截面形状采用封闭式箱体结构，加大了床身截面的外轮廓尺寸，使该床身具有很高的抗弯刚度和抗扭刚度。

2. 合理安排结构布局

合理的结构布局，使构件承受的弯矩和扭矩减小，从而提高机床的刚度。

如图 1-17a ~ c 所示，卧式加工中心的主轴箱单面悬挂在立柱侧面，切削力将使立柱产生弯曲和扭转变形；而采用图 1-17d 的布

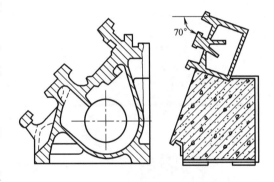

图 1-16　数控车床的床身截面

局，加工中心的主轴箱置于立柱对称平面内，切削力引起的变形将显著减小，这就相当于提高了机床的刚度。

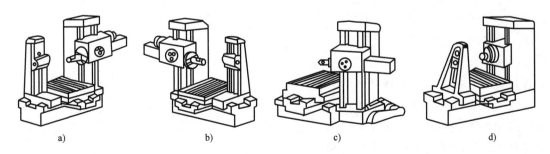

a)　　　　　　　b)　　　　　　　c)　　　　　　　d)

图 1-17　数控机床的布局

3. 采取补偿变形措施

机床工作时，在外力的作用下，不可避免地存在变形，如果能采取一定措施减小变形对加工精度的影响，其结果相当于提高了机床的刚度。

对于大型的龙门铣床，当主轴部件移动到横梁中部时，横梁的下凹弯曲变形最大，为此可将横梁导轨加工成中部凸起的抛物线形，可以使变形得到补偿。

改善构件间的接触刚度和机床与地基连接处的刚度等。

二、提高机床结构抗振性的措施

1. 提高机床构件的静刚度

可以提高构件或系统的固有频率，从而避免发生共振。

2. 提高阻尼比

在大件内腔充填泥芯和混凝土等阻尼材料，在振动时因相对摩擦力较大而耗散振动能量。

采用阻尼涂层法，即在大件表面喷涂一层具有高内阻尼和较高弹性的黏滞弹性材料，涂层厚度越大阻尼越大。

采用减振焊缝，在保证焊接强度的前提下，在两焊接件之间部分焊住，留有贴合面而未焊死的表面，在振动过程中，两贴合面之间产生的相对摩擦即为阻尼，使振动减小。

3. 采用新型材料和钢板焊接结构

近年来很多高速机床的床身材料采用了聚合物混凝土，它具有刚度高、抗振好、耐蚀和耐热的特点，用丙烯酸树脂混凝土制成的床身，其动刚度比铸铁件高出了6倍。

用钢板焊接构件代替铸铁构件的趋势也不断扩大。采用钢板焊接构件的主要原因是焊接技术的发展，使抗振措施十分有效；轧钢技术的发展，又提供了多种形式的型钢。

三、减小机床热变形的措施

1. 改进机床布局和结构

内部热源的发热是造成热变形的主要原因，因此，在机床布局时应减少内部热源，尽量考虑将电动机、液压系统等置于机床主机之外。

采用倾斜床身和斜滑板结构，以利于排屑，还应设置自动排屑装置，随时将切屑排到机床外。同时在工作台或导轨上设置隔热防护罩，将切屑的热量隔离在机床外。

采用热对称结构，例如卧式加工中心采用框式双立柱结构，主轴箱嵌入立柱内，并且在立柱左右导轨内侧定位，如图1-18所示。这样，热变形使主轴中心将主要产生垂直方向的变化，该变形量可以用垂直坐标移动的修正量加以补偿。

2. 加强冷却和润滑

为控制切削过程中产生的热量，现代数控机床，特别是加工中心和数控车床多采用多喷嘴、大流量冷却系统直接喷射切削部位，冷却并排除这些炽热的切屑，并对冷却液用大容量循环散热和冷却装置制冷以控制温升，如图1-19所示。对于机床上难以分离出去的热源，可采取散热、风冷和液冷等方法来降低温度，减小热变形。

3. 控制环境温度

在安装数控机床的区域内应尽量采取保持恒定环境温度的措施，精密数控机床还不应受到阳光的直接照射，以免引起不均匀的热变形。

4. 热位移补偿

通过预测热变形规律，建立数学模型并存入CNC系统中，控制输出值进行实时补偿，如图1-20所示。或者在热变形敏感部位安装传感元件，实测变形量，经放大后送入CNC系统进行修正补偿。

图 1-18　热对称结构立柱　　　　　　图 1-19　对机床热源进行强制冷却

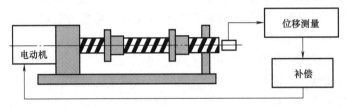

图 1-20　采用热变形补偿装置减小热变形

任务 2　数控机床进给传动系统及工作台的装调与维修

任务 2.1　认识数控机床进给传动系统

 学习目标

了解进给传动系统的特点，认识数控机床进给传动系统的组成元件。

 任务布置

读懂图 2-1 和图 2-2 所示的某数控卧式车床的传动系统图，到数控机床生产企业参观或观看数控机床进给传动系统视频，认识数控机床进给传动系统的组成。

 任务分析

数控机床的进给传动系统常用伺服进给系统。伺服进给系统的作用是根据数控系统传来的指令信息，进行放大以后控制执行部件的运动，它不仅控制进给运动的速度，同时还要精确控制刀具相对于工件的移动位置和轨迹。因此，在控制尤其是轮廓控制时，数控系统必须对进给运动的位置和速度两个方面同时实现自动控制。

一个典型的数控机床闭环控制进给传动系统，通常由位置比较器、放大元件、驱动单

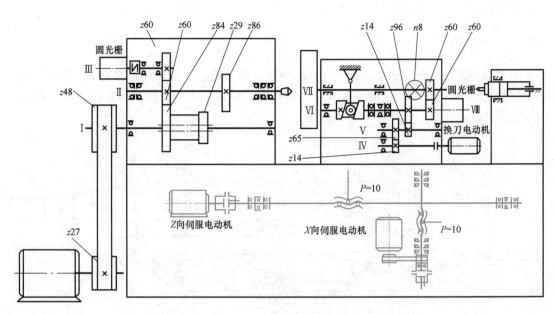

图 2-1　某数控卧式车床的传动系统图（一）

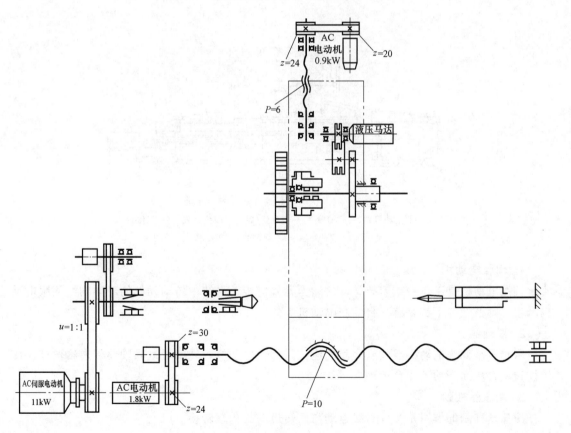

图 2-2　某数控卧式车床的传动系统图（二）

元、机械传动装置和检测反馈元件等几个部分组成，而其中的机械传动装置是位置控制中的一个重要环节。

 相关知识

数控机床进给系统的机械部分主要由联轴器、减速机构（齿轮副和带轮）、滚珠丝杠副（或齿轮齿条副）、丝杠轴承和运动部件（工作台、导轨、滑座、横梁和立柱）等组成，如图 2-3 所示。

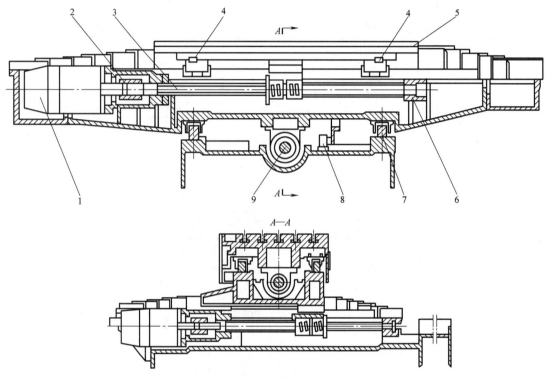

图 2-3　数控机床传动系统的机械结构图

1—伺服电动机　2—联轴器　3—滚珠丝杠　4—限位开关　5—工作台
6—轴承　7—导轨　8—检测装置　9—螺母

1. 伺服电动机

伺服电动机是工作台或刀架移动的动力元件，传动系统中传动元件的动力均由伺服电动机产生，每根丝杠上都装有一台伺服电动机。

2. 联轴器

联轴器是伺服电动机与丝杠之间的连接元件，电动机的转动通过联轴器传递给丝杠，使丝杠转动，从而带动工作台运动。

3. 滚珠丝杠副

滚珠丝杠副的作用是实现直线运动与回转运动的相互转换。

数控机床对滚珠丝杠的要求：传动效率高；传动灵敏，摩擦力小，动、静摩擦力之差小，能保证运动平稳，不易产生低速爬行现象；轴向运动精度高，施加预紧力后，可消除轴向间隙；反向时无空行程。

4. 限位开关

控制工作台的行程，避免发生碰撞事故。

5. 工作台

在数控铣床工作台上安装夹具实现工件的定位和夹紧。

6. 轴承

轴承主要用于安装、支承丝杠，使其能够转动，在丝杠的两端均要安装轴承。

7. 导轨

机床导轨的作用是支承和引导运动部件沿一定的方向进行运动。

导轨是机床基本结构要素之一。数控机床对导轨的要求则更高。例如：高速进给时不振动、低速进给时不爬行、有高的灵敏度、能在重负载下长期连续工作、耐磨性与精度保持性好等，都是数控机床的导轨所必须满足的条件。

8. 检测装置

检测装置是用来提供实际位移信息的一种装置。检测数控机床运动部件实际位移并发出反馈信息给数控系统，相当于人的眼睛和机床刻度盘的作用，以起到补偿刀具运动误差的作用。

9. 螺母

滚珠丝杠螺母是滚珠丝杠和工作台的固定元件。为了保证传动精度和刚度，对滚珠丝杠副除要消除传动间隙外，一般还要求预紧。

10. 润滑系统

润滑系统可视为传动系统的"血液"，可减小阻力和摩擦、磨损，避免低速爬行，降低高速时的温升，并且可防止导轨面、滚珠丝杠副锈蚀。常用的润滑剂有润滑油和润滑脂，其中导轨主要用润滑油，丝杠主要用润滑脂。

 任务实施

读懂典型数控机床传动系统图。到数控机床生产企业参观、观看数控机床的进给传动系统案例视频，认识数控机床进给传动系统的组成。

任务 2.2 联轴器的装调及维修

 学习目标

掌握联轴器的种类，能对联轴器进行维护与调整，掌握联轴器的拆卸与装配方法。

 任务布置

常用联轴器的拆卸、装配、维修。

 任务分析

了解数控机床常用联轴器的种类、分析其结构特点，从而掌握联轴器的装调、维修方法。

相关知识

一、套筒联轴器

套筒联轴器（图 2-4）由连接两轴轴端的套筒和连接套筒与轴的连接件（键或销钉）组成。一般当轴端直径 $d \leqslant 80\text{mm}$ 时，套筒用 35 钢或 45 钢制造；当 $d > 80\text{mm}$ 时，可用强度较高的铸铁制造。

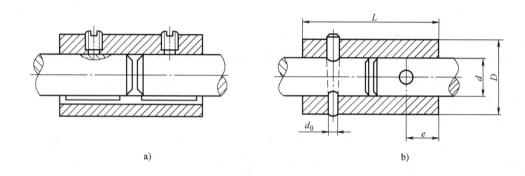

a)

b)

图 2-4　套筒联轴器

a）键连接　b）销钉连接

套筒联轴器各部分尺寸间的关系如下：

套筒长 $L \approx 3d$；

套筒外径 $D \approx 1.5d$；

销钉直径 $d_0 = (0.3 \sim 0.5)d$（对小联轴器取 0.3，对大联轴器取 0.5）；

销钉中心到套筒端部的距离 $e \approx 0.75d$。

此种联轴器构造简单，径向尺寸小，但其装拆困难（轴需做轴向移动），且要求两轴严格对中，不允许有径向及角度偏差，因此使用上受到一定限制。图 2-5 所示为套筒联轴器的应用实例。

二、凸缘联轴器

凸缘联轴器是把两个带有凸缘的半联轴器分别与两轴连接，然后用螺栓把两个半联轴器连成一体，以传递动力和转矩，如图 2-6 所示。凸缘联轴器有两种对中方法：一种是用一个半联轴器上的凸肩

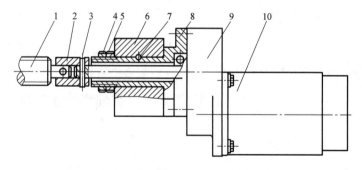

图 2-5　套筒联轴器的应用实例

1—丝杠　2—套筒联轴器　3、7—锥销　4—螺母　5—垫圈
6—支架　8—支承架　9—减速器　10—步进电动机（JBF）

与另一个半联轴器上的凹槽相配合而对中（图 2-6a）；另一种则是共同与另一部分环相配合而对中（图 2-6b）。前者在装拆时轴必须做轴向移动，后者则无此缺点。连接螺栓可以采用半精制的普通螺栓，此时螺栓杆与孔壁间存有间隙，转矩靠半联轴器接合面间的摩擦力来传

递（图 2-6b）；也可采用铰制孔用螺栓，此时螺栓杆与孔为过渡配合，靠螺栓杆承受挤压与剪切来传递转矩（图 2-6a）。凸缘联轴器可做成带防护边的（图 2-6a）或不带防护边的（图 2-6b）。凸缘联轴器实物如图 2-6c 所示。

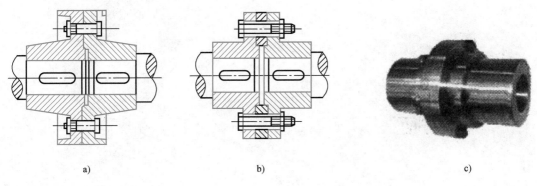

图 2-6　凸缘联轴器
a）带防护边　b）不带防护边　c）实物

凸缘联轴器的材料可用 HT250 或碳钢，重载时或圆周速度大于 30m/s 时应用铸钢或锻钢。

凸缘联轴器对于所连接的两轴的对中性要求很高，当两轴间有位移与倾斜存在时，就在机件内引起附加载荷，使工作情况恶化，这是它的主要缺点。但由于其构造简单、成本低及可传递较大转矩，故当转速低、无冲击、轴的刚性大以及对中性较好时也常采用。

三、弹性联轴器

在大转矩、宽调速直流电动机及传递转矩较大的步进电动机的传动机构中，电动机与丝杠之间可采用直接连接的方式，这不仅可简化结构、减小噪声，而且对减小间隙、提高传动刚度也大有好处。

图 2-7 所示为弹性联轴器。弹簧片 7 分别用螺钉和球面垫圈与两边的联轴套相连，通过弹簧片传递转矩。弹簧片每片厚 0.25mm，材料为不锈钢，两端的位置误差由弹簧片的变形抵消。

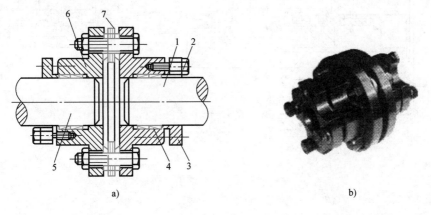

图 2-7　弹性联轴器
a）结构　b）实物

1—丝杠　2—螺钉　3—端盖　4—锥环　5—电动机轴　6—联轴器　7—弹簧片

由于弹性联轴器利用了锥环的胀紧原理，可以较好地实现无键、无隙连接，因此弹性联轴器通常又称为无键锥环联轴器。锥环形状如图2-8所示。

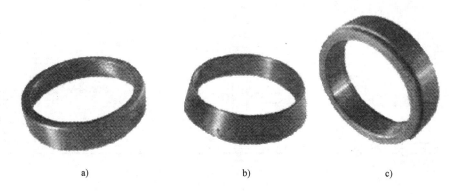

a)   b)   c)

图2-8 锥环

a) 外锥环   b) 内锥环   c) 成对锥环

四、安全联轴器

图2-9所示为某数控车床的纵向滑板传动系统图。直流伺服电动机2经安全联轴器直接驱动滚珠丝杠副，传动纵向滑板，使其沿床身上的纵向导轨运动，直流伺服电动机由尾部的旋转变压器和测速发电机1进行位置反馈和速度反馈，纵向进给的最小脉冲当量是0.001mm。这样构成的伺服系统为半闭环伺服系统。

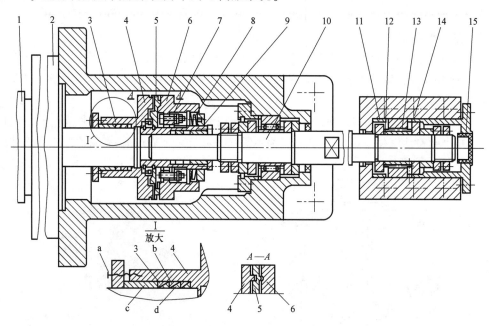

图2-9 某数控车床的纵向滑板传动系统图

1—旋转变压器和测速发电机 2—直流伺服电动机 3—锥环 4、6—半联轴器 5—滑块 7—钢片
8—碟形弹簧 9—套 10—滚珠丝杠 11—垫圈 12、13、14—滚针轴承 15—堵头

安全联轴器的作用是：在进给过程中，当进给力过大或滑板移动过载时，为了避免整个运动传动机构的零件损坏，安全联轴器动作会终止运动的传递，其工作原理如图2-10所示。

在正常情况下，运动由联轴器传递到滚珠丝杠上（图2-10a），当出现过载时，滚珠丝杠上的转矩增大，这时通过安全联轴器端面上的三角齿传递的转矩也随之增加，以致端面三角齿处的轴向力超过弹簧的压力，于是便将联轴器的右半部分推开（图2-10b），这时连接的左半部分和中间环节继续旋转，而右半部分却不能被带动，所以在两者之间产生打滑现象，将传动链断开（图2-10c）。因此使传动机构不致因过载而损坏。机床许用的最大进给力取决于弹簧的弹力。拧动弹簧的调整螺母可以调整弹簧的弹力。在机床上采用了无触点磁传感器监测安全联轴器的右半部分的工作状况，当右半部分产生滑移时，传感器产生过载报警信号，通过机床可编程序控制器使进给系统制动，并将此状态信号传送到数控装置，由数控装置发出报警指令。

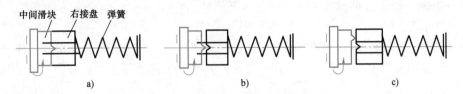

图2-10　安全联轴器的工作原理

安全联轴器与电动机轴、滚珠丝杠连接时，采用了无键锥环连接，其放大图如图2-9所示。无键锥环是相互配合的锥环，拧紧螺钉，压紧锥环，使内环的内孔收缩，外环的外圆胀大，靠摩擦力连接轴和孔，锥环的对数可根据所传递的转矩进行选择。这种结构不需要开键槽，避免了传动间隙。安全联轴器的结构如图2-9所示，由件4~9组成。半联轴器4与滑块5之间由矩形齿相连，滑块5与半联轴器6之间由三角形齿相连（参见A—A剖视图）。半联轴器6上用螺栓装有一组钢片7，钢片7的形状像摩擦离合器的内片，中心部分是花键孔。钢片7与套9的外圆上的花键部分相配合，半联轴器6的转动能通过钢片7至套9，并且半联轴器6和钢片7一起能沿套9做轴向相对移动。套9通过无键锥环与滚珠丝杠相连。碟形弹簧8使半联轴器6紧紧地靠在滑块5上。如果进给力过大，则滑块5、半联轴器6之间的三角形齿产生的轴向力超过了碟形弹簧8的弹力，使半联轴器6右移，无触点磁传感器发出监控信号给数控装置，使机床停机，直到消除过载因素后才能继续运动。

🏛 任务实施

一、联轴器的拆卸与装配

图2-11所示为弹性（无键锥环）联轴器的一种。这种联轴器能实现无隙连接，且能传递较大的转矩。它的拆卸与装配方法如下：

1. 拆卸

1）以图2-11所示的次序逐渐松开螺栓3，开始时不要超过1/4圈，以免圆盘1偏歪、卡住。松开后的螺栓3仍留在圆盘上，不要卸下。

2）把轴套5与圆盘组件一起从轴6上卸下。

3）从轴套5上取下圆盘组件。

2. 装配

装配前，锥环4与圆盘1之间一般不需要清洗，如发现有脏物，应清洗并加润滑脂和更换O形圈。装配顺序如下：

1）轻轻拧紧三个相隔 120°的螺栓 3，保持两盘平行，在三处检查两盘间距离。拧紧力的大小以锥环 4 在两盘上不转动为宜，拧紧力过大会使锥环 4 变形。

2）在轴套 5 外表面涂上润滑脂，把圆盘组件装配到轴套 5 上，此时仍不要拧紧螺栓。

3）去除轴 6 与轴套 5 内孔的油污和杂质，把装好的轴套组件装配到轴 6 上。

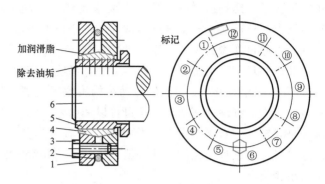

图 2-11　弹性（无键锥环）联轴器结构图

1—圆盘　2—O 形圈　3—螺栓　4—锥环　5—轴套　6—轴

4）按图 2-11 所示的次序逐个地、逐渐地拧紧螺栓 3，最后用限力型扭力扳手拧，保持两圆盘平行。如此反复多次拧紧，直到全部螺栓达到规定的力矩。力矩值标记在圆盘 1 的端面上。

二、联轴器的维护

1）及时清理联轴器上的灰尘、切屑等；及时润滑联轴器上需要润滑的部位。

2）定期检查联轴器锥环上的螺钉有无松动现象。

3）联轴器件的防护。高速旋转而又突出于轴外的法兰盘、键、销及连接螺栓等都是危险因素，常会绞缠衣服，对人造成伤害。为此要采用沉头螺钉、不带突出部分的安全联轴器及筒形防护罩等，以保证安全传动。

三、联轴器松动的调整

由于数控机床进给速度较快，如快进、快退的速度有时高达 20m/min 以上，在整个加工过程中正反转换频繁，联轴器承受的瞬间冲击较大，容易引起联轴器松动和扭转，并且随着使用时间的延长，其松动和扭转的情况加剧。在实际加工时，联轴器的松动和扭转主要表现为各方向运动正常、编码器反馈也正常、系统无报警，而运动值却始终无法与指令值相符合，加工误差越来越大，甚至造成零件报废。出现这种情况时，建议检查并调整一下联轴器。

由于联轴器分为刚性联轴器和弹性联轴器两种形式，因此可按其结构分别加以调整。

1. 刚性联轴器的调整

刚性联轴器目前主要采用联轴套加圆锥销的连接方法，而且大多数进给电动机轴上都备有平键。这种连接使用一段时间后，圆锥销开始松动，键槽侧面间隙逐渐增大，有时甚至锥销脱落，造成零件加工尺寸不稳定。解决此问题的方法有如下两种：

1）采用特制的小头带螺纹的圆锥销，用螺母加弹性垫圈锁紧，防止圆锥销因快速转换而松动。该方法能很好地解决圆锥销松动的问题，同时也减小了平键所承受的转矩。当然，因圆锥销小头有螺母，因此必须确保联轴器有一定的回转空间。

2）采用两个一大一小的弹性销取代圆锥销连接。这种方法虽然没有圆锥销的连接方法精度高，但能很好地解决圆锥销的松动问题。弹性销具有一定的弹性，能分担一部分平键承受的转矩，而且结构紧凑，装配也十分方便，在维修中应用效果很好。但装配时要注意，大、小弹性销要求互成 180°装配，否则会影响零件加工的精度。

2. 弹性联轴器的调整

弹性联轴器装配时，很难把握锥套是否锁紧，如果锥环胀开后摩擦力不足，就使丝杠轴头与电动机轴头之间产生相对滑移扭转，造成数控机床工作运行中，被加工零件的尺寸呈现有规律的变化（由小变大或由大变小），且每次的变化值基本上是恒定的。调整机床快速进给速度后，这个变化值也会改变，此时数控系统并不报警，因为电动机转动是正常的，编码器的反馈也是正常的。一旦机床出现这种情况，单纯靠拧紧两端螺钉的方法不一定奏效。解决方法是设法锁紧联轴器的弹性锥套，若锥套过松，可将锥套沿轴向切一条缝，拧紧两端的螺钉后，就能彻底消除故障。

电动机和滚珠丝杠连接用的联轴器松动或联轴器本身的缺陷，如裂纹等，会造成滚珠丝杠转动与伺服电动机的转动不同步，从而使进给运动忽快忽慢，产生爬行现象。

四、电动机联轴器松动的故障维修

故障现象：某半闭环控制的数控车床运行时，被加工零件径向尺寸呈忽大忽小的变化。

故障分析：检查控制系统及加工程序均正常，进一步检查传动链，发现伺服电动机与丝杠连接处的联轴器紧固螺钉松动，使电动机与丝杠产生相对运动。由于机床是半闭环控制，机械传动部分误差无法得到修正，从而导致零件尺寸不稳定。

故障处理：紧固电动机与丝杠联轴器紧固螺钉后，故障排除。

 任务拓展

由于数控机床进给系统经常处于自动变向状态，反向时如果驱动链中的齿轮等传动副存在间隙，就会使进给运动的反向滞后于指令信号，从而影响其驱动精度。因此必须采取措施消除齿轮传动中的间隙，以提高数控机床进给系统的驱动精度。

由于齿轮在制造中不可能达到理想齿面的要求，总是存在着一定的误差，因此两个啮合着的齿轮，总应有微量的齿轮侧隙才能使齿轮正常地工作。

一、直齿圆柱齿轮传动中间隙的消除

1. 偏心套调整法

如图 2-12 所示，电动机 1 通过偏心套 2 装在壳体上，转动偏心套 2 就能调整两齿轮的中心距，达到减小齿轮侧隙的目的。这是一种最简单的调整法，其缺点是齿轮磨损后不能自动消除间隙。

2. 轴向垫片调整法

如图 2-13 所示，两啮合齿轮 1 和 2 的节圆直径沿齿宽方向制成稍有锥度。当齿轮 1 不动（轴向）时，调整轴向垫片 3 的厚度，使齿轮 2 做轴向位移，从而减小啮合间隙。这种调整方法结构简单，缺点也是齿轮磨损后不能自动调整间隙，需重新调整。

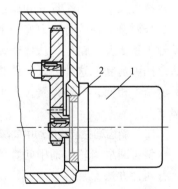

图 2-12 偏心套式消除间隙结构
1—电动机 2—偏心套

3. 双片薄齿轮错齿调整法

一对相互啮合的圆柱齿轮中，一个是较宽的宽齿轮，而另一个齿轮是由两个薄片齿轮组合而成的。在齿轮啮合时，使其中一个薄片齿轮轮齿左侧（或右侧）工作面和另一个薄片齿轮轮齿右侧（或左侧）工作面，分别与宽齿轮的一个齿沟槽的两侧齿面工作面同时紧密接触，从而达到消除齿轮啮合齿侧间隙的目的。这种方法有两种结构形式。

图 2-14 所示为周向拉簧式。图中两圆柱薄片齿轮 1 和 2 各开有圆弧槽，槽中弹簧 4 两端分别装在圆柱薄片齿轮 1 和 2 的凸耳 3 上，在弹簧 4 的拉力作用下，使两个薄片齿轮错位而消除齿轮啮合时的侧隙。这种方式弹簧拉力不能调节。

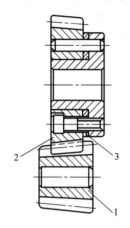

图 2-13　轴向垫片调整法

1、2—齿轮　3—轴向垫片

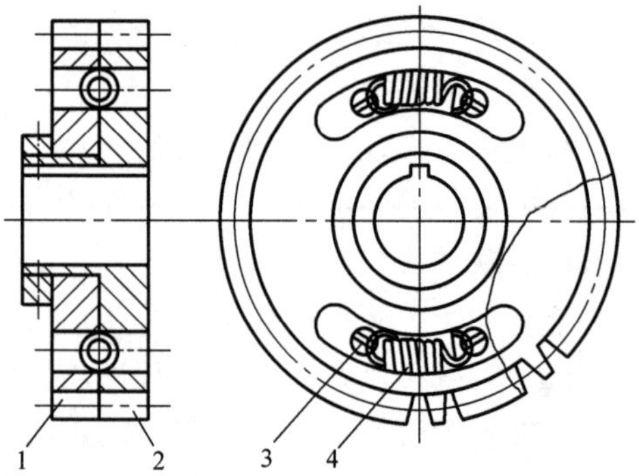

图 2-14　圆柱薄片齿轮周向弹簧错齿调整法简图

1、2—圆柱薄片齿轮　3—凸耳　4—弹簧

图 2-15 所示为可调拉簧式。图中齿轮 1 辐板上开有圆孔，作为凸耳 7 的通道空间，同时也是调整用空间。在齿轮 2 上装有凸耳 7，凸耳 7 上的孔装有调节螺钉 5，拉簧的一端钩在调节螺钉 5 上，另一端钩在装于齿轮 1 上的凸耳 4 上，拉簧拉力大小可用螺母 6 和调节螺钉 5 来调整。在拉簧拉力作用下两齿轮 1 和 2 发生错位，从而使齿轮啮合侧隙消除。这种方式与图 2-12 所示基本相同，只是弹簧拉力可以调节。

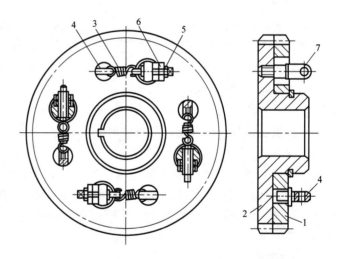

图 2-15　圆柱薄片齿轮司调拉簧错齿调整法简图

1、2—齿轮　3—拉簧　4、7—凸耳　5—调节螺钉　6—螺母

二、斜齿圆柱齿轮传动中间隙的消除

斜齿圆柱齿轮传动中间隙的消除有两种方法。

1. 垫片调整法

如图 2-16 所示，在两个薄片齿轮 1 和 2 之间，加一个垫片 3，垫片 3 使齿轮 1 和 2 的螺旋线错位。齿轮 2 分别与宽齿轮 4 的左右侧面紧贴而消除啮合侧隙。垫片 3 的厚度 t 与侧隙 δ 的关系为

$$t = \delta \cot \beta$$

式中　β——螺旋角。

2. 轴向压簧调整法

如图 2-17 所示，两个薄片齿轮 1 和 2 是用键滑套在轴 5 上的，通过调节螺母 4 可调整轴向压簧 3 对薄片齿轮 2 的轴向压力，使薄片齿轮 1 和 2 的齿侧，分别紧贴宽齿轮 6 的齿槽左、右两侧面而消除啮合侧隙。弹簧力的大小调整应适当，调整过大会加快齿轮的磨损，影响齿轮寿命，调整过小则起不到消除啮合侧隙的作用。这种方法的特点是可以自动补偿间隙，但轴向尺寸较大、结构不紧凑。

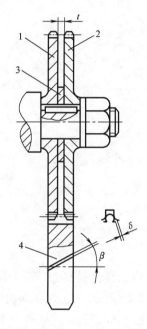

图 2-16 斜齿轮垫片调整法
1、2—薄片齿轮 3—垫片 4—宽齿轮

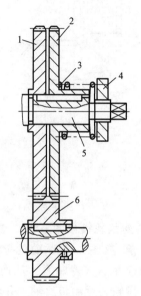

图 2-17 斜齿轮压簧调整法
1、2—薄片齿轮 3—轴向压簧
4—螺母 5—轴 6—宽齿轮

三、锥齿轮传动中间隙的消除

1. 轴向压簧调整

如图 2-18 所示，锥齿轮 1 和 2 啮合，轴 5 上装有压簧 3，螺母 4 用来调节压簧 3 的弹力大小，锥齿轮 1 在弹力作用下稍有轴向移动，就能消除锥齿轮 1 和 2 的啮合间隙。

2. 周向弹簧调整法

如图 2-19 所示，两个啮合的锥齿轮，其中一个做成大小两片 1 和 2，在大片 1 上开有周向圆弧槽，在小片 2 上制有凸爪 6，凸爪 6 伸入大片的圆弧槽中，弹簧 4 一端顶在凸爪 6 上，另一端顶在镶块 3 上。止动螺钉 5 在安装时使用，安装好后就卸去。在弹簧力的作用下，大片 1 和小片 2 稍稍错开，达到消除啮合间隙的目的。

四、齿轮齿条传动啮合间隙的消除

在大型数控机床中，工作台行程很长（如龙门铣床），其进给运动不宜采用滚珠丝杠副实现（滚珠丝杠只能应用在工作台行程不大于 6m 的传动中），这是因为太长的丝杠容易下垂，影响到它的螺距精度及工作性能，其扭转刚度也相应下降，故常用齿轮齿条传动。

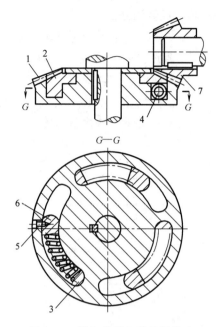

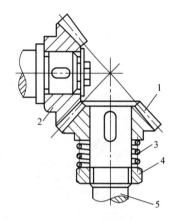

图 2-18 锥齿轮轴向压簧调整法

1、2—锥齿轮 3—压簧

4—螺母 5—轴

图 2-19 锥齿轮周向弹簧调整法

1、2—锥齿轮（大、小片） 3—镶块 4—弹簧

5—止动螺钉 6—凸爪 7—小锥齿轮

1. 双片薄齿轮错齿调整法

齿轮齿条传动中，当驱动载荷较小时，可采用双片薄齿轮错齿调整法，两个薄齿轮分别与齿条齿槽的左、右侧贴紧，从而消除齿侧间隙。如图 2-20 所示，进给运动由轴 2 输入，通过两对斜齿轮将运动传给轴 1 和轴 3，然后由两个直齿轮 4 和 5 去驱动齿条，带动工作台移动，轴 2 上两个斜齿轮的螺旋线方向相反。如果通过弹簧在轴 2 上作用一个轴向力 F，则使斜齿轮产生微量的轴向移动，这时轴 1 和 3 便以相反的方向转过微小的角度，使直齿轮 4 和 5 分别与齿条的两齿面贴紧，消除了间隙。

2. 径向加载法

齿轮齿条传动中，当驱动载荷较大时，采用径向加载法消除间隙。如图 2-21 所示，两

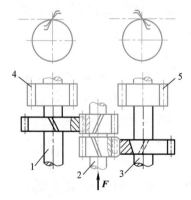

图 2-20 双片薄齿轮错齿调整法

1、2、3—轴 4、5—直齿轮

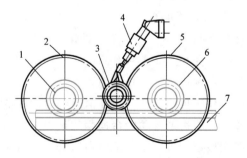

图 2-21 径向加载法

1、6—小齿轮 2、5—大齿轮 3—齿轮

4—加载装置 7—齿条

个小齿轮 1 和 6 分别与齿条 7 啮合，并用加载装置 4 在齿轮 3 上预加载荷，于是齿轮 3 使啮合的大齿轮 2 和 5 向外伸开，与其同轴的小齿轮 1、6 也同时向外伸开，与齿条 7 齿槽的左、右两侧相应贴紧而无间隙。齿轮 3 由液压马达直接驱动。

任务2.3　滚珠丝杠副的装调及维修

 学习目标

掌握滚珠丝杠副的工作原理、特点、循环方式、支承与制动；了解滚珠丝杠的预拉伸；会对滚珠丝杠副进行安装、调整与维护；能排除滚珠丝杠副的机械故障。

 任务布置

进行滚珠丝杠副的安装、调整与维护以及滚珠丝杠副机械故障的排除。

 任务分析

通过了解数控机床常用滚珠丝杠副的种类、分析其结构特点从而掌握滚珠丝杠副的装调维修方法。

 相关知识

数控机床的进给传动链中，将旋转运动转换为直线运动的装置很多，滚珠丝杠副是最常用的装置之一。

一、工作原理

滚珠丝杠副是一种在丝杠和螺母间装有滚珠作为中间元件的丝杠副，其结构如图 2-22 所示。丝杠 3 和螺母 1 上都有半圆弧形的螺旋槽，当它们套装在一起时便形成了滚珠的螺旋滚道。螺母上有滚珠回路管道 4，将几圈螺旋滚道的两端连接起来，构成封闭的循环滚道，并在滚道内装满滚珠 2。当丝杠 3 旋转时，滚珠 2 在滚道内沿滚道循环转动即自转，迫使螺母（或丝杠）做轴向移动。

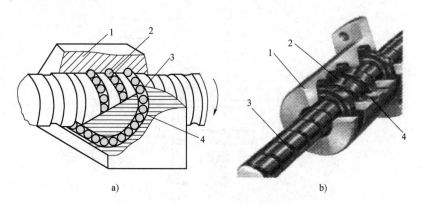

a)　　　　　　　　　　　　　　　　　　　b)

图 2-22　滚珠丝杠副的结构

a）平面结构图　b）实物结构图

1—螺母　2—滚珠　3—丝杠　4—滚珠回路管道

二、滚珠丝杠副的特点

1）传动效率高，摩擦损失小。滚珠丝杠副的传动效率 $\eta = 0.92 \sim 0.96$，比常规的丝杠副高 $3 \sim 4$ 倍，因此其功率消耗只相当于常规丝杠副的 $1/4 \sim 1/3$。

2）给予适当的预紧力，可消除丝杠和螺母之间的间隙，反向时就可以消除空程死区，定位精度高，刚性好。

3）运动平稳，无爬行现象，传动精度高。

4）有可逆性，可以将旋转运动转换为直线运动，也可以将直线运动转换为旋转运动，即丝杠和螺母都可以作为主动件。

5）磨损小，使用寿命长。

6）制造工艺复杂。滚珠丝杠和螺母等元件的加工精度要求高，表面粗糙度要求也高，故制造成本高。

7）不能自锁。特别是对于垂直运动的丝杠，由于自重的作用，在下降过程中传动被切断后，丝杠不能立即停止运动，故必须有制动装置。

三、滚珠丝杠副的循环方式

常见的滚珠丝杠副的循环方式有两种：滚珠在循环过程中有时与丝杠脱离接触的循环称为外循环；滚珠始终与丝杠保持接触的循环称为内循环。

1. 外循环

常用的外循环滚珠丝杠如图 2-23 所示，这种结构是在螺母上沿轴向相隔数个半导程处钻两个孔与螺旋槽相切，作为滚珠的进口与出口。再在螺母的外表面上铣出回珠槽并连通两孔。另外，在螺母内的进、出口处各装一个挡珠器，并在螺母外表面装一个套筒，这样构成

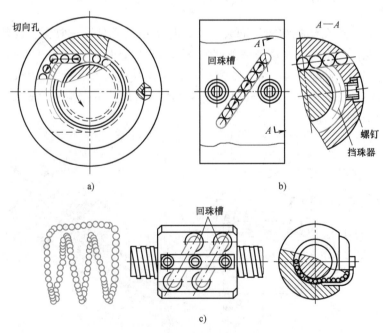

图 2-23　常用的外循环滚珠丝杠

a）切向孔结构　b）回珠槽结构　c）滚珠的运动轨迹

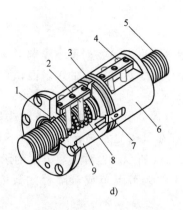

图 2-23　常用的外循环滚珠丝杠（续）

d）结构图

1—迷宫式密封圈　2—回珠槽　3—垫片　4—压板　5—丝杠　6、9—螺母　7—键　8—滚珠

封闭的循环滚道。外循环结构制造工艺简单，使用较广泛。其缺点是滚道接缝处很难做得平滑，影响滚珠滚动的平稳性，甚至产生卡珠现象，噪声也较大。

2. 内循环

内循环滚珠丝杠均采用反向器实现滚珠循环。反向器有两种形式，图 2-24a 所示为圆柱凸键返向器，返向器的圆柱部分嵌入螺母内，端部开有返向槽 2。返向槽靠圆柱外圆面及其上端的凸键 1 定位，以保证对准螺纹滚道方向。图 2-24b 所示为扁圆镶块返向器，返向器为一半圆头平键形镶块，镶块嵌入螺母的切槽中，其端部开有返向槽 3，用镶块的外廓定位。两种返向器相比，后者尺寸较小，从而减小了螺母的径向尺寸及轴向尺寸，但这种返向器的外轮廓和螺母上的切槽尺寸精度要求较高。

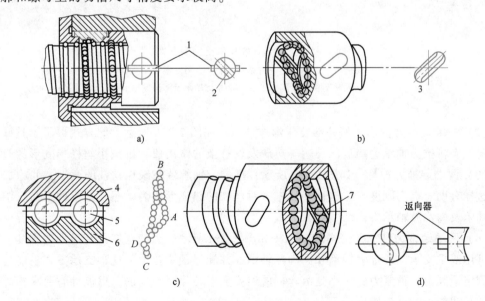

图 2-24　内循环滚珠丝杠的返向器

a）圆柱凸键返向器　b）扁圆镶块返向器　c）滚珠的运动轨迹　d）返向器结构

1—凸键　2、3—返向槽　4—丝杠　5—钢珠　6—螺母　7—返向器

四、滚珠丝杠的支承与制动

1. 滚珠丝杠的支承

螺母座、丝杠的轴承及其支架等刚度不足将严重地影响滚珠丝杠副的传动刚度。因此螺母座应有加强肋，以减小受力的变形，螺母与床身的接触面积宜大一些，其连接螺钉的刚度要高，定位销要配合紧密。

滚珠丝杠常用推力轴承支承，以提高其轴向刚度（当滚珠丝杠的轴向负载很小时，也可用角接触球轴承支承）。滚珠丝杠在机床上的支承方式有以下几种：

（1）一端装推力轴承 如图 2-25a 所示，这种安装方式的承载能力小，轴向刚度低，只适用于短丝杠，一般用于数控机床的调节环节或升降台式数控铣床的立向（垂直）坐标轴中。

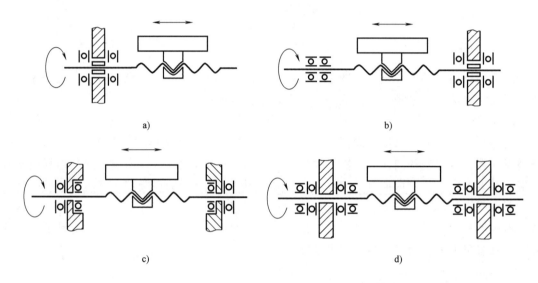

图 2-25 滚珠丝杠在机床上的支承方式

a）一端装推力轴承   b）一端装推力轴承，另一端装深沟球轴承
c）两端装推力轴承   d）两端装推力轴承及深沟球轴承

（2）一端装推力轴承，另一端装深沟球轴承 如图 2-25b 所示，此方式可用于丝杠较长的情况。应将推力轴承远离液压马达等热源及丝杠上的常用段，以减小丝杠热变形的影响。

（3）两端装推力轴承 如图 2-25c 所示，把推力轴承装在滚珠丝杠的两端，并施加预紧力，这样有助于提高刚度，但这种安装方式对丝杠的热变形较为敏感，轴承的寿命较两端装推力轴承及深沟球轴承方式低。

（4）两端装推力轴承及深沟球轴承 如图 2-25d 所示，为使丝杠具有最大的刚度，它的两端可用双重支承，即推力轴承和深沟球轴承，并施加预紧拉力。这种支承方式不能精确地预先测定预紧力，预紧力的大小是由丝杠的温度变形转化而产生的。但设计时要求提高推力轴承的承载能力和支架刚度。

（5）专用轴承支承 近来出现一种滚珠丝杠专用轴承，其结构如图 2-26 所示。这是一种能够承受很大轴向力的特殊角接触球轴承，与一般角接触球轴承相比，接触角增大到

60°，增加了滚珠的数目并相应减小滚珠的直径。这种新结构的轴承比一般轴承的轴向刚度提高两倍以上，使用极为方便。该产品成对出售，而且在出厂时已经选配好内外环的厚度，装配调试时只要用螺母和端盖将内环和外环压紧，就能获得出厂时已经调整好的预紧力。

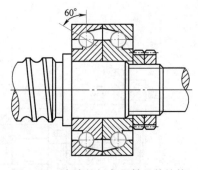

图 2-26　滚珠丝杠专用轴承的结构

2. 滚珠丝杠的制动

由于滚珠丝杠副的传动效率高，无自锁作用（特别是滚珠丝杠垂直运动时），为防止丝杠因自重下降，必须装有制动装置。

（1）制动方式

1）用具有制动作用的制动电动机来制动。

2）在传动链中配置逆转效率低的高减速比系统，如齿轮减速器、蜗杆减速器等。此方法靠摩擦损失达到制动目的，不经济。

3）采用超越离合器制动。

4）采用摩擦离合器制动。

（2）制动结构　某数控卧式镗床主轴箱进给丝杠的制动原理图如图 2-27 所示。机床工作时，电磁铁通电，使摩擦离合器脱开。运动由步进电动机经减速齿轮传递给丝杠，使主轴箱上下移动。当加工完毕或中间停机时，步进电动机和电磁铁同时断电，靠压力弹簧作用合上摩擦离合器，使丝杠不能转动，主轴箱便不会下降。

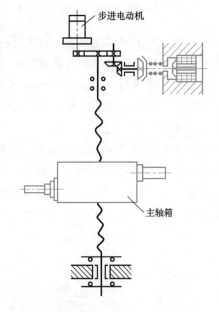

图 2-27　某数控卧式镗床主轴箱
进给丝杠的制动原理图

某数控铣床升降台制动装置的结构如图 2-28 所示。伺服电动机 1 通过锥环连接带动滑块联轴器以及锥齿轮 2、3，使升降丝杠转动，工作台上升或下降。同时锥齿轮 3 带动锥齿轮 4，经单向超越离合器和摩擦离合器相连，这一部分称为升降台自动平衡装置。

当锥齿轮 4 转动时，通过锥销带动单向超越离合器的星轮 5。工作台上升时，星轮的转向是使滚子 6 和外壳 7 脱开的方向，外壳不转动，摩擦片不起作用；而工作台下降时，星轮的转向是使滚子 6 楔在星轮 5 与外壳 7 之间，外壳 7 随锥齿轮 4 一起转动。经过花键与外壳连接在一起的内摩擦片与固定的外摩擦片之间产生相对运动，由于内、外摩擦片之间由弹簧压紧，有一定的摩擦阻力，所以起到阻尼作用，上升与下降的力量得以平衡。

数控铣床选用了带制动器的伺服电动机。阻尼力的大小可以通过螺母 8 来调整，调整前应先松开螺母 8 的锁紧螺钉 9，调整后应将锁紧螺钉锁紧。

五、滚珠丝杠的预拉伸

滚珠丝杠在工作时会发热，其温度高于床身温度时，丝杠产生线膨胀，导程加大，影响

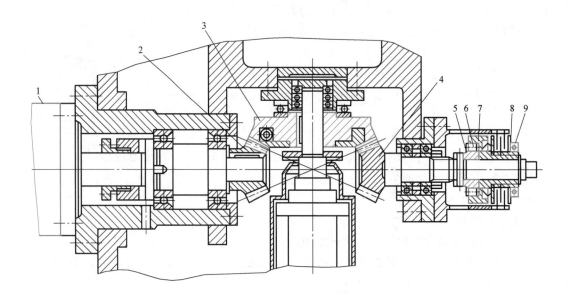

图 2-28　某数控铣床升降台制动装置的结构

1—伺服电动机　2、3、4—锥齿轮　5—星轮　6—滚子　7—外壳　8—螺母　9—锁紧螺钉

定位精度。为了补偿线膨胀，可将丝杠预拉伸。预拉伸量应略大于线膨胀量。发热后，线膨胀量抵消了部分预拉伸量，使丝杠内的拉应力下降，但长度却没有变化。需进行预拉伸的丝杠在制造时应使其目标行程（螺纹部分在常温下的长度）等于公称行程（螺纹部分的理论长度等于公称导程乘以丝杠上的螺纹圈数）减去预拉伸量。拉伸后恢复公称行程值。减去的量称为"行程补偿值"。

　　图 2-29 所示为丝杠预拉伸的一种结构。丝杠两端由推力轴承 3、6 支承，拉伸力通过螺母 8、推力轴承 6、静圈 5、调整套 4 作用到支座 7 上。当丝杠装到两个支座 1、7 上之后，拧紧螺母 8，使推力轴承 3 靠在丝杠的台阶上，再压紧压盖 9，使调整套 4 两端顶紧在支座 7 和静圈 5 上，用螺钉和销将支座 1、7 定位在床身上，然后卸下支座 1、7，取出调整套 4，

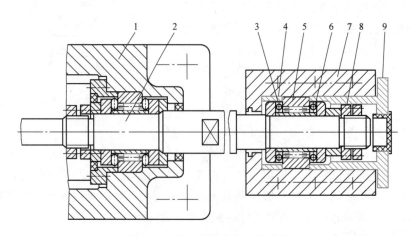

图 2-29　丝杠预拉伸的一种结构

1、7—支座　2—丝杠　3、6—推力轴承　4—调整套　5—静圈　8—螺母　9—压盖

换上加厚的调整套（加厚量等于预拉伸量），再装好，将支座固定在床身上。

　　将丝杠制成空心，通入切削液强行冷却，可以有效地散发丝杠传动中的热量，对保证定位精度大有益处，由此也可获得较高的进给速度。据介绍，国外在端铣铝合金材料时，进给速度已经达到 70m/min，这在一般的滚珠丝杠传动中是难以实现的。图 2-30 所示为带中空强冷的滚珠丝杠传动图，为了减小滚珠丝杠受热变形，在支承法兰处通入恒温油循环冷却，以保持其在恒温状态下工作。

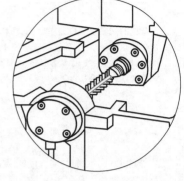

图 2-30　带中空强冷的滚珠丝杠传动图

任务实施

一、滚珠丝杠副的安装

　　滚珠丝杠副仅用于承受轴向负荷，径向力、弯矩会使滚珠丝杠副产生附加表面接触应力等负荷，从而可能造成丝杠的永久性损坏。滚珠丝杠副的组成如图 2-31 所示，正确的安装是保证其精度的前提。滚珠丝杠副的安装步骤见表 2-1。

　　安装滚珠丝杠副时的注意事项：

　　1）丝杠的中心线必须和与之配套导轨的中心线平行，机床两端的轴承座与螺母座必须三点成一线。

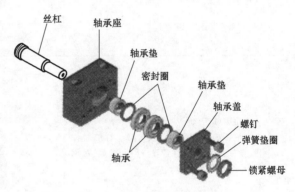

图 2-31　滚珠丝杠副的组成

表 2-1　滚珠丝杠副的安装步骤

步骤	方　　法	图　　示
1	把丝杠的两端底座预紧	
2	用游标卡尺分别测量丝杠两端与导轨之间的距离，保证其相等，以保持丝杠的同轴度	

（续）

步骤	方　　法	图　　示
3	丝杠的同轴度测量完毕后,把杠杆百分表放在导轨的滑块上,分别测量导轨上螺栓的高度,在低的一端底座下面垫上铜片,保证导轨两端在同一高度上	
4	若底座下面垫铜片,底座位置变了,丝杠与导轨之间的距离会变,则进行下一步;若底座没垫铜片,丝杠正好在要求高度,而底座没动,就不用进行下一步了	
5	再用游标卡尺分别测量丝杠两端与导轨之间的距离,使之相等,以保持丝杠的对称度;丝杠在运动时,保证丝杠的同轴度、对称度,可防止丝杠变形	读数时眼睛要平视
6	测完后把各个螺栓拧紧	

2) 螺母安装应尽量靠近支承轴承。

3) 滚珠丝杠安装到机床上时,不要把螺母从丝杠轴上卸下来。如必须卸下来,要使用辅助套筒,否则装卸时滚珠有可能脱落。装卸螺母时应注意以下几点:

① 辅助套筒外径应小于丝杠小径0.1~0.2mm。

② 辅助套筒在使用中必须靠紧丝杠轴肩。

③ 装卸时,不可使用过大的力,以免损坏螺母。

④ 将螺母装入安装孔时要避免撞击和偏心。

滚珠丝杠副拆卸要点:将辅助套筒推至螺纹起始端面,从丝杠上将螺母旋至辅助套筒上,连同螺母、辅助套筒（图2-32）一并小心取下,注意不要使滚珠散落。

滚珠丝杠的安装顺序与拆卸顺序相反。必须特别小心谨慎地安装,否则螺母、丝杠或其他内部零件可能会受损或掉落,导致滚珠丝杠传动系统的提前失效。

图 2-32　辅助套筒

二、滚珠丝杠副间隙的调整方法

为了保证滚珠丝杠副的反向传动精度和轴向刚度，必须消除滚珠丝杠副的轴向间隙，为此常采用双螺母结构，即利用两个螺母的相对轴向位移，使两个螺母中的滚珠分别贴紧在螺旋滚道的两个相反的侧面上。用这种方法预紧消除轴向间隙时，应注意预紧力不宜过大（小于最大轴向载荷的 1/3），否则会使空载力矩增加，从而降低滚珠丝杠副的传动效率，缩短其使用寿命。

1. 双螺母滚珠丝杠的轴向间隙消除方法

常用的双螺母滚珠丝杠轴向间隙消除方法有如下三种：

（1）垫片调整方法　如图 2-33 所示，调整垫片的厚度，使左、右两个螺母产生轴向位移，即可消除间隙和产生预紧力。这种方法结构简单、刚性好，但调整不便，滚道有磨损时不能随时消除间隙和进行预紧。

（2）螺纹调整方法　如图 2-34 所示，螺母 1 的一端有凸缘，螺母 7 的外端制有螺纹，调整时只要旋动圆螺母 6，即可消除轴向间隙，并可达到产生预紧力的目的。

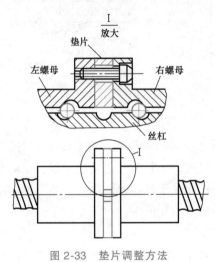

图 2-33　垫片调整方法

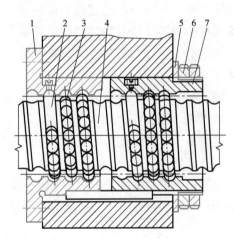

图 2-34　滚珠丝杠副轴向间隙的螺纹调整方法

1、7—螺母　2—返向器　3—钢珠　4—丝杠
5—垫圈　6—圆螺母

（3）齿差调整方法　如图 2-35 所示，在两个螺母的凸缘上各制有圆柱齿轮，分别与紧固在套筒两端的内齿圈啮合，其齿数分别为 z_1 和 z_2，并相差一个齿。调整时，先取下内齿圈，将两个螺母相对于套筒同方向都转动一个齿，然后插入内齿圈，则两个螺母便产生相对角位移，其轴向位移量 $S = (1/z_1 - 1/z_2)P_h$（P_h 为滚珠丝杠的导程）。例如，当 $z_1 = 80$，$z_2 = 81$，$P_h = 6mm$ 时，$S = 6mm/6480 \approx 0.001mm$。这种调整方法能精确调整预紧量，调整方便、可靠，但其结构尺寸较大，多用于高精度的传动。

2. 单螺母滚珠丝杠副的轴向间隙消除方法

（1）单螺母变位导程预加载荷方法　如图 2-36 所示，在滚珠螺母内的两列循环珠链之间，使内螺母滚道在轴向产生一个 ΔL_0 的导程突变量，从而使两列滚珠在轴向错位，实现预紧。这种调隙方法结构简单，但载荷量须预先设定，且不能改变。

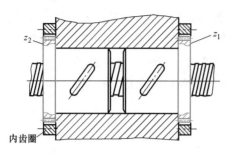

图 2-35　齿差调整方法

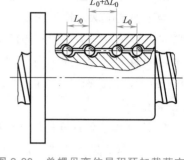

图 2-36　单螺母变位导程预加载荷方法

（2）螺钉预紧方法　如图 2-37 所示，螺母完成精磨之后，沿径向开一个薄槽，通过内六角调整螺钉实现间隙的调整和预紧。该方法成功地解决了开槽后滚珠在螺母中良好的通过性。单螺母滚珠丝杠结构不仅具有很好的性能价格比，而且轴向间隙的调整和预紧极为方便。

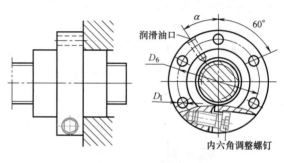

图 2-37　螺钉预紧方法

四、滚珠丝杠副的维护

1.防护罩防护

若滚珠丝杠副在机床上外露，应采用封闭的防护罩，所用防护罩系列见表 2-2。常用的防护罩有螺旋弹簧钢带套管、伸缩套管、锥形套筒及折叠式的塑料或人造革防护罩，以防止灰尘和磨粒黏附到丝杠表面。安装时，将防护罩的一端连接在滚珠螺母的端面，另一端固定在滚珠丝杠的支承座上。防护罩的材料必须具有耐蚀和耐油的性能。

表 2-2　防护罩（套）系列

名　　称	实　　物
螺旋弹簧钢带套管	
伸缩套管	
锥形套筒	

（续）

名　称	实　物
折叠式 塑料或人造革防护罩	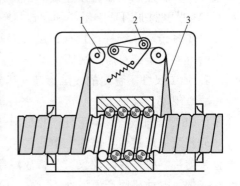

图 2-38 所示为螺旋弹簧钢带套管的结构，防护装置和螺母一起固定在滑板上，整个装置由支承滚子 1、张紧轮 2 和钢带 3 等零件组成。钢带的两端分别固定在丝杠的外圆表面上。防护装置中的钢带绕过支承滚子，通过弹簧和张紧轮张紧。当丝杠旋转时，工作台（或滑板）相对丝杠做轴向移动，丝杠一端的钢带按丝杠的螺距被放开，而另一端则以同样的螺距将钢带缠卷在丝杠上。由于钢带的宽度正好等于丝杠的螺距，因此螺纹槽被严密地封住。此外，因为钢带的内、外表面始终不接触，钢带外表面黏附的脏物就不会被带到内表面上去，使内表面保持清洁。这是其他防护装置很难做到的。

图 2-38　螺旋弹簧钢带套管的结构
1—支承滚子　2—张紧轮　3—钢带

2. 密封圈防护

如图 2-39 所示，如果滚珠丝杠副处于隐蔽位置，可采用密封圈对螺母进行密封，密封圈厚度为螺距的 2~3 倍，装在滚珠螺母的两端。接触式弹性密封圈是用耐油橡胶或尼龙制成的，其内孔做成与丝杠螺纹滚道相配的形状。接触式弹性密封圈的防尘效果好，但因有接触压力，使摩擦力矩略有增加。非接触式密封圈是用聚氯乙烯等塑料制成的，又称迷宫式密封圈，其内孔形状与丝杠螺纹滚道的形状相反，并略有间隙，这样可避免摩擦力矩，但防尘效果较差。

图 2-39　密封圈防护

五、滚珠丝杠副的润滑

滚珠丝杠副也可用润滑剂来提高耐磨性及传动效率。润滑剂可分为润滑油和润滑脂两大类。润滑油为一般全损耗系统用油或 90~180 号汽轮机油、140 号或 N15 主轴油，而润滑脂一般采用锂基润滑脂。润滑脂通常加注在螺纹滚道和安装螺母的壳体空间内，而润滑油则是经过壳体上的油孔注入螺母的内部。通常每半年应对滚珠丝杠上的润滑脂更换一次，清洗丝杠上的旧润滑脂，涂上新的润滑脂。润滑脂的给脂量一般为螺母内部空间容积的 1/3，滚珠丝杠副出厂时在螺母内部已加注锂基润滑脂。用润滑油润滑的滚珠丝杠副，则可在每次机床工作前加油一次，给油量随使用条件等的不同而有所变化。

六、滚珠丝杠副的故障诊断与排除

1. 位置偏差过大的故障诊断与排除

故障现象：某卧式加工中心出现 ALM421 报警，即 Y 轴移动中的位置偏差大于设定值。

分析及处理过程：该加工中心使用 FANUC 0M 数控系统，采用闭环控制。伺服电动机和滚珠丝杠通过联轴器直接连接。根据该加工中心控制原理及传动连接方式，初步判断出现 ALM421 报警的原因是 Y 轴联轴器连接不良。

对 Y 轴传动系统进行检查，发现联轴器中的胀紧套与丝杠连接松动，紧固 Y 轴传动系统中所有的紧定螺钉后，故障消除。

2. 加工尺寸不稳定的故障诊断与排除

故障现象：某加工中心运行 9 个月后，发生 Z 轴方向加工尺寸不稳定，尺寸超差且无规律，CRT 及伺服放大器无任何报警显示。

分析及处理过程：该加工中心采用三菱 M3 系统，交流伺服电动机与滚珠丝杠通过联轴器直接连接。根据故障现象，分析故障原因可能是联轴器连接螺钉松动，导致联轴器与滚珠丝杠或伺服电动机间产生滑动。

对 Z 轴联轴器连接进行检查，发现联轴器的 6 只紧定螺钉都出现松动。紧固螺钉后，故障排除。

3. 加工尺寸存在不规则偏差的故障诊断与排除

故障现象：检验由龙门数控铣削中心加工的零件，发现工件 Y 轴方向的实际尺寸与程序编制的理论数据存在不规则的偏差。

（1）故障分析　从数控机床控制角度来判断，Y 轴尺寸偏差是由 Y 轴位置环偏差造成的。该机床数控系统为 SIEMENS 810M，伺服系统为 SIMODRIVE 611A 驱动装置，Y 轴进给电动机为 1FT5 交流伺服电动机，带内装式的 ROD320 编码器。

1）检查 Y 轴有关位置参数，发现反向间隙、夹紧误差等均在要求范围内，故可排除由于参数设置不当引起故障的因素。

2）检查 Y 轴进给传动链。图 2-40 所示为该机床 Y 轴进给传动图，从图中可以看出，传动链中任何连接部分存在间隙或松动，均会引起位置误差，从而造成加工零件尺寸超差。

（2）故障诊断

1）如图 2-41a 所示，将一个千分表底座吸在横梁上，用表头找正主轴运动坐标轴 Y 轴的负方向，并使表头压缩 $50\mu m$ 左右，然后把表头复位到零。

2）将机床操作面板上的工作方式开关置于增量方式（INC）的"×10"档，轴选择开关置于 Y 轴档，按负方向进给键，观察千分表读数的变化。理论上应该每按一下，千分表读数增加 $10\mu m$。经测量，Y 轴正、负方向的增量运动都存在不规则的偏差。

3）找一粒滚珠置于滚珠丝杠的端部中心，用千分表的表头顶住滚珠，如图 2-41b 所示。将机床操作面板上的工作方式开关置于手动方式（JOG），按正、负方向的进给键，主轴箱

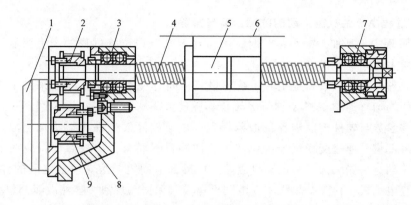

图 2-40　龙门数控铣削中心 Y 轴进给传动图

1—电动机　2—弹性联轴器　3、7—轴承　4—滚珠丝杠　5—螺母

6—工作台　8—锁紧螺钉　9—弹性胀套

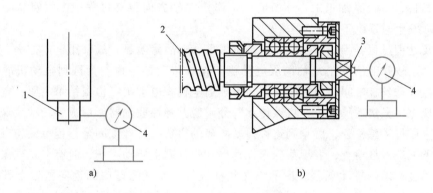

a)　　　　　　　　　　　　　　　　b)

图 2-41　安装千分表示意图

a）表头找正主轴　b）表头找正丝杠端面

1—主轴　2—滚珠丝杠　3—滚珠　4—千分表

沿 Y 轴正、负方向连续运动，观察千分表读数无明显变化，故排除滚珠丝杠轴向窜动的可能。

4）检查与 Y 轴伺服电动机和滚珠丝杠连接的同步带轮，发现与伺服电动机转子轴连接的带轮锥套有松动，使得进给传动与伺服电动机运动不同步。由于在运行中松动是不规则的，从而造成位置误差的不规则，最终使零件加工尺寸出现不规则的偏差。

（3）维修要点　由于工作台 Y 轴方向的运动由 ROD320 编码器组成的半闭环位置控制系统控制，因此编码器检测的位置值不能反映 Y 轴的实际位置值，位置控制精度在很大程度上由进给传动链的传动精度决定。维修时注意以下几点：

1）在日常维护中要注意检查进给传动链，特别是传动链中的连接元件，如联轴器、锥套等有无松动现象。

2）根据传动链的结构形式，采用分步检查的方式，排除可能引起故障的因素，最终确定故障的部位。

3）通过对加工零件的检测，随时监测数控机床的动态精度，以决定是否对数控机床的机械装置进行调整。

4. 位移过程中产生机械抖动的故障诊断与排除

（1）故障现象 某加工中心运行时，工作台 Y 轴方向位移过程中产生明显的机械抖动故障，故障发生时系统不报警。

分析及处理过程：因故障发生时系统不报警，同时观察 CRT 显示出来的 Y 轴位移脉冲数字量的速率均匀（通过观察 X 轴与 Z 轴位移脉冲数字量的变化速率并比较后得出），故可排除系统软件参数与硬件控制电路的故障影响。由于故障发生在 Y 轴方向，故可以采用交换法判断故障部位。通过交换伺服控制单元，故障没有转移，故故障部位应在 Y 轴伺服电动机与丝杠传动链一侧。为区别电动机故障，可拆卸电动机与滚珠丝杠之间的弹性联轴器，单独通电检查电动机。检查结果表明，电动机运转时无振动现象，显然故障部位在机械传动部分。脱开弹性联轴器，用扳手转动滚珠丝杠进行手感检查。通过手感检查，感觉到这种抖动故障的存在，且丝杠的全行程范围均有这种异常现象。拆下滚珠丝杠检查，发现滚珠丝杠轴承损坏。换上新的同型号规格的轴承后，故障排除。

（2）故障现象 某加工中心运行时，工作台 X 轴方向位移过程中产生明显的机械抖动故障，故障发生时系统不报警。

分析及处理过程：因故障发生时系统不报警，但故障明显，故采用上述方法，通过交换法检查，确定故障部位应在 X 轴伺服电动机与丝杠传动链一侧；为区别电动机故障，可拆卸电动机与滚珠丝杠之间的弹性联轴器，单独通电检查电动机。检查结果表明，电动机运转时无振动现象，显然故障部位在机械传动部分。脱开弹性联轴器，用扳手转动滚珠丝杠进行手感检查。通过手感检查，感觉到这种抖动故障的存在，且丝杠的全行程范围均有这种异常现象。拆下滚珠丝杠检查，发现滚珠丝杠螺母在丝杠副上转动不畅，时有卡死现象，故而引起机械转动过程中的抖动现象。拆下滚珠丝杠螺母，发现螺母内的返向器处有脏物和小切屑，因此钢珠流动不畅，时有卡死现象。经过认真清洗和修理，重新装好，故障排除。

（3）丝杠窜动引起的故障诊断与维修

故障现象：TH6380 型卧式加工中心，起动液压系统后，手动运行 Y 轴，液压系统自动中断，CRT 显示报警，驱动失效，其他各轴正常。

分析及处理过程：该故障涉及电气、机械、液压等部分。任一环节有问题均会导致驱动失效，故障检查的顺序大致如下：

伺服驱动装置→电动机及测量器件→电动机与丝杠连接部分→液压平衡装置→开口螺母和滚珠丝杠→轴承→其他机械部分。

1）检查伺服驱动装置外部接线及内部元器件的状态良好，电动机与测量系统正常。

2）拆下 Y 轴液压抱闸后情况同前，将电动机与丝杠之间的同步带脱离，手摇 Y 轴丝杠，发现丝杠上下窜动。

3）拆开滚珠丝杠上轴承座，经检查确认其正常。

4）拆开滚珠丝杠下轴承座后，发现轴向推力轴承的紧固螺母松动，导致滚珠丝杠上下窜动。

由于滚珠丝杠上下窜动，造成伺服电动机转动时带动丝杠空转约一圈。在数控系统中，当数控指令发出后，测量系统应有反馈信号，若间隙超过了数控系统所规定的范围，即电动机空走若干个脉冲后光栅尺无任何反馈信号，则数控系统必报警，导致驱动失效，机床不能运行。拧好紧固螺母，滚珠丝杠不再窜动，故障排除。

滚珠丝杠副的故障诊断与维修方法见表2-3。

表 2-3　滚珠丝杠副的故障诊断与维修方法

序号	故障现象	故障原因	排除方法
1	加工件表面粗糙度值高	导轨的润滑油不足,致使溜板爬行	加润滑油,排除润滑故障
		滚珠丝杠有局部拉毛或研损	更换或修理丝杠
		丝杠轴承损坏,运动不平稳	更换损坏的轴承
		伺服电动机未调整好,增益过大	调整伺服电动机控制系统
2	反向误差大,加工精度不稳定	丝杠与电动机轴之间的联轴器锥套松动	重新紧固并用百分表反复测试
		丝杠滑板配合压板过紧或过松	重新调整或修研,用0.03mm塞尺塞不入为合格
		丝杠滑板配合镶块过紧或过松	重新调整或修研,使接触率达70%以上,用0.03mm塞尺塞不入为合格
		滚珠丝杠预紧力过紧或过松	调整预紧力。检查轴向窜动值,使其误差不大于0.015mm
		滚珠丝杠螺母端面与接合面不垂直,接合过松	修理、调整或加垫处理
		丝杠支座轴承预紧力过紧或过松	修理调整
		滚珠丝杠制造误差大或轴向窜动	用控制系统自动补偿功能消除间隙,用仪器测量并调整丝杠窜动
		润滑油不足或没有	调节至各导轨面均有润滑油
		其他机械干涉	排除干涉部位
3	滚珠丝杠在运转中转矩过大	两滑板配合压板过紧或研损	重新调整或修研压板,使0.04mm塞尺塞不入为合格
		滚珠丝杠螺母反向器损坏,滚珠丝杠卡死或轴端螺母预紧力过大	修复或更换丝杠并精心调整
		丝杠研损	更换丝杠
		伺服电动机与滚珠丝杠连接不同轴	调整同轴度并紧固连接座
		无润滑油	调整润滑油路
		超程开关失灵造成机械故障	检查故障并排除
		伺服电动机过热报警	检查故障并排除
4	丝杠、螺母润滑不良	分油器不分油	检查定量分油器
		油管堵塞	清除污物使油管畅通
5	滚珠丝杠副噪声	滚珠丝杠轴承压盖压合不良	调整压盖,使其压紧轴承
		滚珠丝杠润滑不良	检查分油器和油路,使润滑油充足
		滚珠产生破损	更换滚珠
		电动机与丝杠联轴器松动	拧紧联轴器锁紧螺钉
6	滚珠丝杠不灵活	轴向预加载荷太大	调整轴向间隙和预加载荷
		丝杠与导轨不平行	调整丝杠支座位置,使丝杠与导轨平行
		螺母轴线与导轨不平行	调整螺母座的位置
		丝杠弯曲变形	矫直丝杠

任务拓展

一、静压丝杠副

静压丝杠副是在丝杠和螺母的螺旋面之间通入压力油，使其间保持一定厚度、一定刚度的压力油膜，因而丝杠和螺母之间为纯液体摩擦的传动副。如图 2-42a 所示，油腔在螺旋面的两侧，而且互不相通，压力油经节流器进入油腔，并从螺纹根部与端部流出。设供油压力为 p_H，经节流器后压力为 p_i（即油腔压力）。当无外载时，螺纹两侧间隙 $h_1 = h_2$，从两侧油腔流出的流量相等，两侧油腔中的压力也相等，即 $p_1 = p_2$。这时，丝杠螺纹处于螺母螺纹的中间平衡状态的位置。当丝杠或螺母受到轴向力 F 作用后，受压一侧的间隙减小，由于节流器的作用，油腔压力 p_2 增大。相反的一侧间隙增大，而压力 p_1 下降。因而形成油膜压差 $\Delta p = p_2 - p_1$，以平衡轴向力 F。图 2-42b、c 所示分别为静压丝杠副的结构图和安装图。

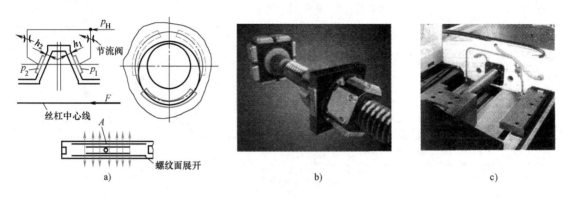

图 2-42　静压丝杠副工作原理
a）原理图　b）结构图　c）安装图

任务 2.4　导轨的装调及维修

 学习目标

掌握数控机床用导轨的种类与特点；掌握数控机床用导轨的工作原理；能对数控机床用导轨进行维护与安装；会排除数控机床导轨常见的故障。

 任务布置

数控机床导轨的装调与维修。

 任务分析

导轨主要用来支承和引导运动部件沿一定的轨道运动，如图 2-43 所示。在导轨副中，运动的部分称为动导轨，不动的部分称为支承导轨。动导轨相对于支承导轨的运动，通常是直线运动或回转运动。

图 2-43　数控机床用导轨

 相关知识

一、塑料导轨

镶粘塑料导轨已广泛用于数控机床上，有如下特点：摩擦因数小，且动、静摩擦因数差很小，能防止低速爬行现象；耐磨性好，抗撕伤能力强；加工性和化学稳定性好，工艺简单，成本低，并有良好的自润滑性和抗振性。塑料导轨多与铸铁导轨或淬硬钢导轨配合使用。塑料导轨按工艺可分为贴塑导轨和注塑导轨。

1. 贴塑导轨

贴塑导轨是在动导轨的摩擦表面上贴一层塑料软带，以降低摩擦因数，提高导轨的耐磨性。导轨软带材料是以聚四氟乙烯为基体，加入青铜粉、二硫化钼和石墨等填充，混合烧结，并做成软带状。这种导轨摩擦因数低，为 0.03~0.05，且耐磨性、减振性、工艺性均好，广泛应用于中小型数控机床。

导轨软带的使用工艺简单，先将导轨粘贴面加工至表面粗糙度 Ra 值为 1.6~3.2μm，有时为了起定位作用，还要在导轨粘贴面加工 0.5~1.0mm 深的凹槽，清洗粘贴面后，用粘结剂粘结，加压固化后，再进行精加工即可，如图 2-44 所示。

这类典型的导轨软带有美国生产的 Turcite-B 导轨软带、Rulon 导轨软带，以及国产的 TSF 软带和配套用的 DJ 粘结剂。

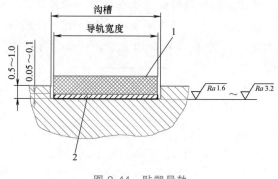

图 2-44　贴塑导轨

1—导轨软带　2—粘结剂

2. 注塑导轨

注塑导轨又称为涂塑导轨，其抗磨涂层是环氧型耐磨导轨涂层。抗磨涂层是以环氧树脂和二硫化钼为基体，加入增塑剂，混合成膏状为一组分，固化剂为一组分的双组分塑料涂层。注塑导轨有良好的可加工性、良好的摩擦特性及耐磨性，其抗压强度比聚四氟乙烯导轨软带要高，特别是可在调整好支承导轨和运动导轨间的相对位置精度后注入塑料，能节省很多工时，适用于大型和重型机床。

使用时，先将导轨涂层面加工成锯齿形，如图 2-45 所示，清洗与塑料导轨配合的金属导轨面并涂上一薄层硅油或专用脱模剂（以防与耐磨导轨涂层粘结），将涂层涂抹于导轨面，固化后，将两导轨分离。

贴塑导轨有逐渐取代滚动导轨的趋势，不仅适用于数控机床，而且还适用于其他各种类型机床的导轨。此外，贴塑导轨的应用可使旧机床修理和数控化改装中机床结构的修改减少，因而更加扩大了塑料导轨的应用领域。

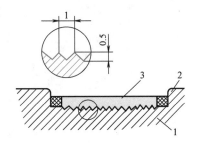

图 2-45　注塑导轨

1—滑座　2—胶条　3—注塑层

二、静压导轨

1. 液体静压导轨

液体静压导轨的滑动面之间开有油腔，将有一定压力的油通过节流器输入油腔，形成压力油膜，使运动部件浮起，导轨工作表面处于纯液体摩擦，不产生磨损，精度保持性好。同时，摩擦因数极低（0.005），使驱动功率大大降低；其运动不受速度和负载的限制，低速无爬行，承载能力大，刚性好；油液有吸振作用，抗振性好，导轨摩擦发热也小。其缺点是结构复杂，要有供油系统，油的清洁度要求高。

（1）液体静压导轨的工作原理　由于承载的要求不同，液体静压导轨分为开式静压导轨和闭式静压导轨两种，其工作原理与液体静压轴承完全相同。开式静压导轨的工作原理如图 2-46a 所示。液压泵 2 起动后，油经过滤器 1 吸入，溢流阀 3 调节供油压力 p_s，再经过滤器 4，通过节流器 5 降压至 p_r（油腔压力）进入导轨的油腔，并通过导轨间隙向外流出，回到油箱 8。油腔压力 p_r 形成浮力将运动部件 6 浮起，形成一定的导轨间隙 h_0。当载荷增大时，运动部件下沉，导轨间隙减小，液体阻力增加，流量减小，从而油经过节流器时的压力损失减小，油腔压力 p_r 增大，直至与载荷达到平衡为止。

开式静压导轨只能承受垂直方向的载荷，承受颠覆力矩的能力差。闭式静压导轨能承受较大的颠覆力矩，导轨刚度也较高，其工作原理如图 2-46b 所示。当运动导轨 6 受到颠覆力矩 M 后，油腔 3、4 的间隙 h_3、h_4 增大，油腔 1、6 的间隙 h_1、h_6。减小。由于各相应的节

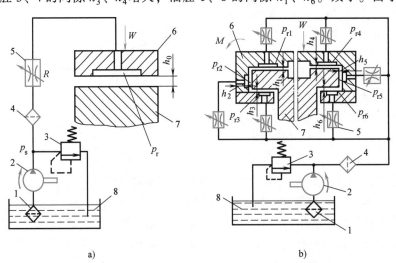

a)　　　　　　　　　　　　　　　　b)

图 2-46　静压导轨

a）开式静压导轨　b）闭式静压导轨

1、4—过滤器　2—液压泵　3—溢流阀　5—节流器　6—运动导轨　7—静止导轨　8—油箱

流器的作用，使 p_{r3}、p_{r4} 减小，p_{r1}、p_{r6} 增大，由此，作用在运动部件上的力形成一个与颠覆力矩方向相反的力矩，从而使运动部件保持平衡。在承受载荷时，油腔 1、4 间隙 h_1、h_4 减小，油腔 3、6 间隙 h_3、h_6 增大。由于各相应的节流器的作用，使 p_{r1}、p_{r4} 增大，p_{r3}、p_{r6} 减小，由此形成的力向上，以平衡载荷 W。

（2）液体静压导轨的结构

1）开式静压导轨的结构。开式静压导轨是指不能限制工作台从导轨上分离的静压导轨，如图 2-47 所示。这种导轨的载荷总是指向导轨，不能承受相反方向的载荷，并且不易达到很高的刚度。这种静压导轨用于运动速度比较低的重型机床。

2）闭式静压导轨的结构。闭式静压导轨是指导轨设置在机座的几个面上，能够限制工作台从导轨上分离的静压导轨，如图 2-48 所示。闭式静压导轨承受载荷的能力小于开式静压导轨，但闭式静压导轨具有较高的刚度并能够承受反向载荷，因此常用于要求承受倾覆力矩的场合。

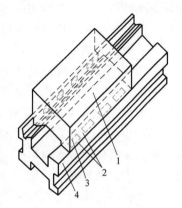

图 2-47　开式静压导轨
1—工作台　2—油封面
3—油腔　4—导轨座

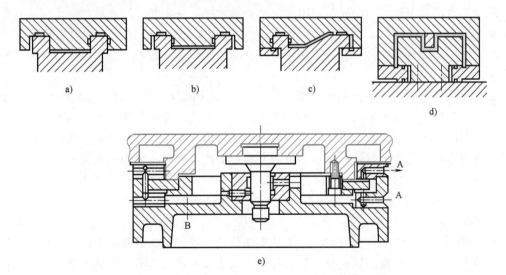

图 2-48　闭式静压导轨
a）在床身一条导轨两侧　b）在床身两导轨内侧　c）在床身两条导轨上下和一条导轨两侧
d）在床身呈三个方向分布　e）回转运动闭式静压导轨结构
A—进油　B—出油

液体静压导轨的尺寸不受限制，可根据具体需要确定，但要考虑载荷的性质、大小与情况灵活选用油腔的形状、数目及配置。因此，液体静压导轨的设计主要是确定导轨油腔结构参数、节流器参数以及供油系统的压力、流量等参数。

2. 气体静压导轨

如图 2-49 所示，气体静压导轨是利用恒定压力的空气膜，使运动部件之间均匀分离，以得到高精度的运动，摩擦因数小，不易引起发热变形。但是，气体静压导轨中的空气膜会随空气压力波动而发生变化，且承载能力小，故常用于载荷不大的场合，如数控坐标磨床和三坐标测量机。

三、滚动导轨

1. 滚动导轨的特点

滚动导轨的导轨工作面之间有滚动体，导轨工作面间的摩擦为滚动摩擦。滚动导轨摩擦因数小（$\mu = 0.0025 \sim 0.005$），动、静摩擦因数很接近，且不受运动速度变化的影响，因而具有以下优点：运动轻便灵活，所需驱动功率小；摩擦发热少、磨损小、精度保持性好；低速运动时，不易出现爬行现象，定位精度高；滚动导轨可以预紧，刚度显著提高。滚动导轨适用于要求移动部件运动平稳、灵敏及实现精密定位的场合，在数控机床上得到了广泛的应用。

图 2-49　气体静压导轨

滚动导轨的缺点是结构较复杂、制造较困难、成本较高。此外，滚动导轨对脏物较敏感，因此必须要有良好的防护装置。

2. 滚动导轨的种类

滚动导轨也分为开式滚动导轨和闭式滚动导轨两种，其中开式滚动导轨用于加工过程中载荷变化较小、颠覆力矩较小的场合。当颠覆力矩较大、载荷变化较大时则用闭式滚动导轨，此时采用预加载荷的方法，能消除其间隙，减小工作时的振动，并大大提高导轨的接触刚度。

滚动导轨可按滚动体的种类分为滚珠导轨、滚柱导轨和滚针导轨。图 2-50a 所示为滚珠导轨结构。它用滚珠作为滚动体 4，并用保持架 6 隔开，利用调节螺钉 1 可调整镶钢导轨 3 和 5 与滚动体 4 的间隙，并实现预紧，调整后用锁紧螺母 2 锁紧。其特点是结构紧凑、运动灵活、制造容易，但由于属于点接触，故刚性和承载能力较差，适用于载荷较小的机床，如工具磨床的工作台导轨。图 2-50b 所示为滚柱导轨结构。它用滚柱作为滚动体 4，并在其间装有保持架 6，以减小相邻滚柱间的摩擦。其特点是结构简单、制造方便。图 2-50c 所示为十字交叉滚柱导轨。其结构是前后相邻的滚柱中心线交叉成 90°，分别承受不同方向的载荷，利用螺钉 1 可调整导轨的间隙，并使其实现预紧。滚柱导轨承载能力和刚度较高，适用于载荷较大的机床，但滚柱导轨对导轨面的平行度要求较高。目前，精密机床及数控机床多采用滚柱导轨。滚针导轨与滚柱导轨结构相似，只是滚针的长径比比滚柱大。由于滚针尺寸小、结构紧凑，在同样长度内，可排列更多的滚针，所以滚针导轨的承载能力大。滚针导轨适用于导轨结构受限制的机床上。

滚动导轨也可以按照滚动体的滚动是否沿封闭的轨道返回做连续运动分为：滚动体循环式滚动导轨和滚动体不循环式滚动导轨两类。

图 2-50 所示的滚动导轨显然是滚动体不循环式。图 2-51 所示为滚动体循环式的滚动导轨结构，按滚动体的不同又可分为滚珠式滚动导轨和滚柱式滚动导轨两种。这种导轨常做成独立的标准化部件，由专业工厂生产，简称为滚动导轨支承。在一条滚动导轨上，根据导轨长度不同而固定不同数量的滚动导轨支承。滚动体 1 可通过支承体 2 两端的返回滚道 3 循环滚动（图 1-51a）。图 1-51b 所示为山形-矩形组合导轨上的滚动导轨支承。

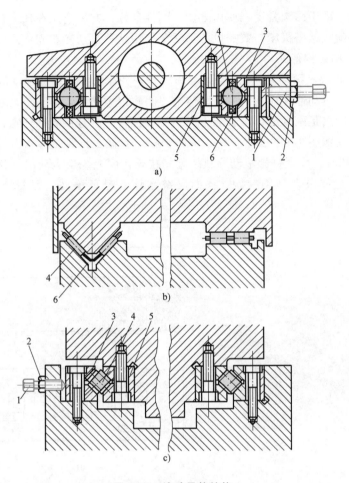

图 2-50　滚动导轨结构

a）滚珠导轨　b）滚柱导轨　c）十字交叉滚柱导轨

1—调节螺钉　2—锁紧螺母　3、5—镶钢导轨　4—滚动体　6—保持架

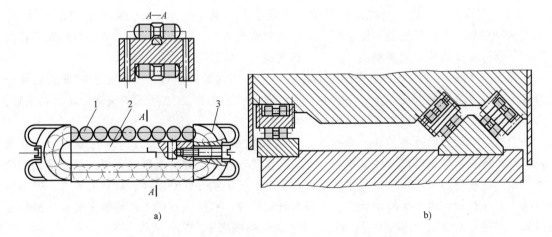

图 2-51　滚动体循环式的滚动导轨（滚动导轨支承）结构

1—滚动体　2—支承体　3—返回滚道

滚动导轨支承由于结构紧凑、使用方便、刚性良好，并可应用在任意行程长度的运动部件上，故国内外新式精密机床与数控机床都逐渐采用这种滚动导轨支承。

3. 滚动导轨的结构形式

（1）滚动导轨块 滚动导轨块（图2-52a）是一种滚动体做循环运动的滚动导轨，又称为单元滚动导轨。运动部件移动时，滚动体沿封闭轨道做循环运动。滚动导轨块已做成独立的标准部件，其特点是刚度高，承载能力大，便于拆装，可直接装在任意行程长度的运动部件上，其结构形式如图1-52b所示。件1为防护板，端盖2与导向片4引导滚动体返回，件5为保持器。使用时，用螺钉将滚动导轨块紧固在导轨面上。当运动部件移动时，滚柱3在导轨面与本体6之间滚动且不接触，同时又绕本体6循环滚动，因而该导轨面不需淬硬磨光。

a)

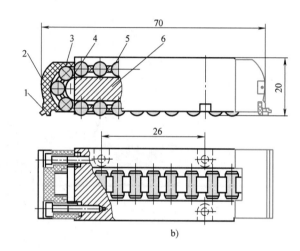
b)

图 2-52 滚动导轨块

a）外形 b）结构形式

1—防护板 2—端盖 3—滚柱 4—导向片 5—保持器 6—本体

（2）直线滚动导轨 直线滚动导轨由专业生产厂家生产，又称为单元直线滚动导轨。直线滚动导轨除导向外还能承受颠覆力矩，它制造精度高，可高速运行，并能长时间保持高精度，通过预加负载可提高刚度，具有自调的能力，安装基面许用误差大。

图2-53所示为TBA-UU型直线滚动导轨。它由四列滚珠组成，分别配置在导轨的两个肩部，可以承受任意方向（上、下、左、右）的载荷。与图2-52所示的滚动导轨块相比较，直线滚动导轨可承受颠覆力矩和侧向力。

直线滚动导轨摩擦因数小，精度高，安装和维修都很方便，并且由于它是一个独立部件，对机床支承导轨的部分要求不高，既不需要淬硬，也不需要磨削或刮研，只要精铣或精刨。由于这种导轨可以预紧，因而比滚动体不循环的滚动导轨刚度高，承载能力大，但不如滑动导轨，抗振性也不如滑动导轨。为提高其抗振性，有时在直线滚动导轨上装有抗振阻尼滑座，如图2-54所示。有过大的振动和冲击载荷的机床不宜应用直线导轨。

直线运动导轨的移动速度可以达到60m/min，在数控机床和加工中心上得到了广泛的应用。

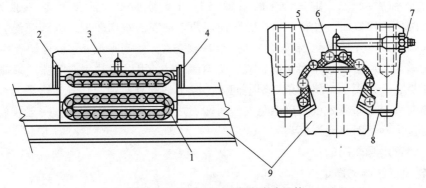

图 2-53　TBA-UU 型直线滚动导轨

1—保持器　2—压紧圈　3—支承块　4—密封板　5—承载滚珠列
6—反向滚珠列　7—加油嘴　8—侧板　9—导轨

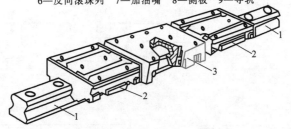

图 2-54　带阻尼器的滚动直线导轨

1—导轨条　2—循环滚柱滑座　3—抗振阻尼滑座

任务实施

一、静压导轨的装配与调整

图 2-55 所示是 FB260 型机床立柱静压导轨，电动机 M 驱动多头泵。每一个泵供应一个

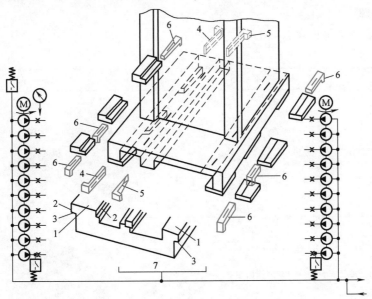

图 2-55　FB260 型机床立柱静压导轨

1—床身主导轨面　2—侧导轨面　3—下导轨面　4—平镶条　5、6—斜镶条　7—油箱

油腔。为保证油膜间隙，用 1 : 50 的斜镶条进行间隙调整，油膜间隙一般为 0.025 ~ 0.035mm。两条主导轨面上各有三个油腔，前面两个油腔的距离较近，以承受使立柱向前倒的较大的颠覆力矩。左侧导轨面两端各有一个平镶条 4，修刮平镶条 4，可调整主轴轴线与床身导轨的垂直度。右侧导轨面两端各有一个斜镶条 5，用以调整侧向间隙。每侧下导轨面各有三个压板，分别用一个斜镶条 6 调整间隙。除上油腔外，油腔均开在镶条上。各镶条滑动面上均镶有一层夹布胶木板，以避免失压时金属之间接触而引起擦伤。一般仅修刮镶条背面，需要修刮滑动面时只允许轻刮。

二、直线滚动导轨副的安装

1. 导轨及滑块座的固定

导轨及滑块座的固定方法如图 2-56 所示。

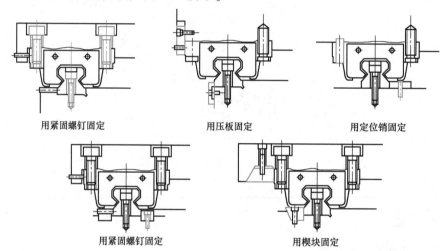

图 2-56 导轨及滑块座的固定方法

2. 安装步骤

导轨副的安装步骤见表 2-4。

表 2-4 导轨副的安装步骤

步骤	方　　法	图　　示
1	检查装配面	
2	将导轨的基准与安装台阶的基准侧面相对	

（续）

步骤	方 法	图 示
3	检查螺栓的位置,确认螺栓位置正确	
4	拧紧固定螺钉,使导轨基准面与安装的台阶侧面相接	
5	拧紧安装螺钉	
6	依次拧紧滑块的紧固螺钉	

安装时首先要正确区分基准导轨副与非基准导轨副，一般基准导轨副上有"J"的标记，滑块上有磨光的基准侧面，如图 2-57 所示；其次要认清导轨副安装时所需的基准侧面，如图 2-58 所示。

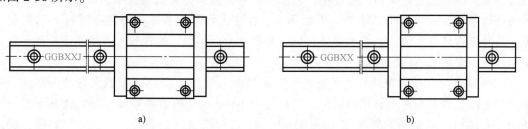

a)   b)

图 2-57 基准导轨副与非基准导轨副的区分

a）基准导轨副 b）非基准导轨副

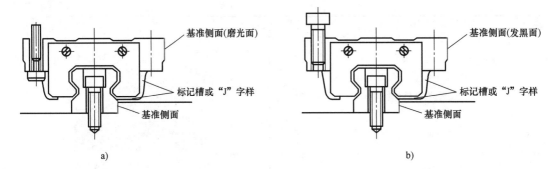

图 2-58　基准侧面的区分
a）基准导轨副　b）非基准导轨副

三、导轨副的维护

1. 间隙调整

导轨接合面之间的间隙大小直接影响导轨的工作性能。若间隙过小，不仅会增加运动阻力，而且会加速导轨磨损；若间隙过大，又会导致导向精度降低，还易引起振动。因此，导轨必须设置间隙调整装置，以利于保持合理的导轨间隙。常用压板和镶条来调整导轨间隙。

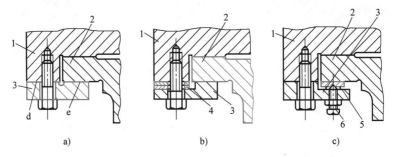

图 2-59　矩形导轨常用的几种压板调整间隙装置
a）带沟槽压板　b）带垫片压板　c）带平镶条压板
1—动导轨　2—支承导轨　3—压板　4—垫片　5—平镶条　6—调整螺钉

（1）压板　图 2-59 所示是矩形导轨常用的几种压板调整间隙装置。其中，图 2-59a 所示是在压板 3 的顶面用沟槽将 d、e 面分开，若导轨间隙过大，可修磨或刮研 d 面，若间隙过小，可修磨或刮研 e 面。这种结构刚性好，结构简单，但调整费时，适用于不经常调整间隙的导轨。图 2-59b 所示是在压板和动导轨接合面之间放几片垫片 4，调整时根据情况更换或增减垫片数量。这种结构调整方便，但刚性较差，且调整量受垫片厚度限制。图 2-59c 所示是在压板和支承导轨面之间装一平镶条 5，通过拧动带锁紧螺母的调整螺钉 6 来调整间隙。这种结构调整方便，但由于镶条与螺钉只有几个点接触，刚性较差，多用于需要经常调整间隙、刚度要求不高的场合。

（2）镶条　常用的镶条有平镶条与斜镶条两种。图 2-60 所示是平镶条的两种形式，用来调整矩形导轨和燕尾形导轨的间隙，特点与图 2-59c 所示的结构类似。图 2-61 所示是斜镶条的三种结构。斜镶条的斜度在 1：100～1：40 之间选取，镶条长，可选较小斜度；镶条短，则选较大斜度。图 2-61a 所示的结构是用螺钉 1 推动镶条 2 移动来调整间隙的，其结构简单，但螺钉 1 头部凸肩与镶条 2 上的沟槽之间的间隙会引起镶条在运动中窜动，从而影响导向精度和刚度。为防止镶条窜动，可在导轨另一端再加一个与图示结构相同的调整结构。图 2-61b 所示的结构是通过修磨开口垫圈 3 的厚度来调整间隙的，这种结构的缺点是调整麻烦。图 2-61c 所示的结构是用螺母 6、7 来调整间隙的，用螺母 5 锁紧。其特点是工作可靠、调整方便。斜镶条两侧面分别

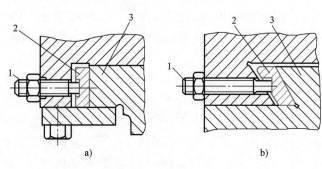

图 2-60　平镶条

1—螺钉　2—平镶条　3—支承导轨

与动导轨和支承导轨均匀接触，故刚度比平镶条高，但制造工艺性较差。

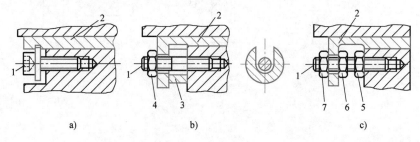

图 2-61　斜镶条

1—螺钉　2—镶条　3—开口垫圈　4~7—螺母

（3）压板镶条调整间隙　如图 2-62 所示，T 形压板用螺钉固定在运动部件上，运动部件内侧和 T 形压板之间放置斜镶条，镶条不是在纵向有斜度，而是在高度方面做成倾斜。调整时，借助压板上几个推拉螺钉，使镶条上下移动，从而调整间隙。

（4）调整实例　图 2-63 所示为滚动导轨块间隙调整实例（镶条调整机构），镶条 1 固

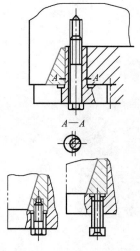

图 2-62　压板镶条调整间隙

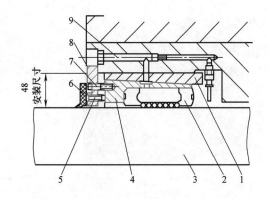

图 2-63　滚动导轨块间隙调整实例

1、4—镶条　2—滚动导轨块　3—支承导轨　5、7—调整螺钉

6—刮板　8—镶条调整板　9—润滑油路

定不动，滚动导轨块 2 固定在镶条 4 上，可随镶条 4 移动，通过调整螺钉 5、7 可使镶条 4 相对镶条 1 运动，因而可调整滚动导轨块与支承导轨之间的间隙和预加载荷。

2. 滚动导轨的预紧

为了提高滚动导轨的刚度，对滚动导轨应预紧。预紧可提高滚动导轨的接触刚度和消除间隙；在立式滚动导轨上，预紧可防止滚动体脱落和歪斜。常见的预紧方法有以下两种：

（1）采用过盈配合　如图 2-64a 所示，在装配导轨时，量出实际尺寸 A，然后刮研压板与溜板的接合面或通过改变其间垫片的厚度，使之形成大小为 $\delta(2\sim3\mu m)$ 的过盈量。

（2）调整方法　如图 2-64b 所示，拧调整螺钉 3，即可调整导轨体 1、2 的距离而预加载荷。也可以改用斜镶条调整，则过盈量沿导轨全长的分布较均匀。

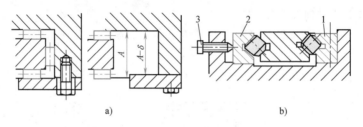

a)　　　　　　　　　　　　　　　　b)

图 2-64　滚动导轨的预紧

1、2—导轨体　3—调整螺钉

3. 导轨副的润滑

对导轨副表面进行润滑后，可降低其摩擦因数，减小磨损，并且可以防止导轨面锈蚀。图 2-65 所示为滚动导轨副的润滑。

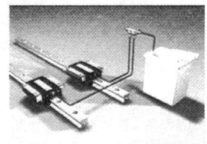

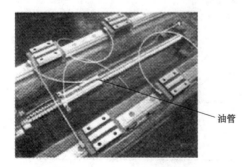

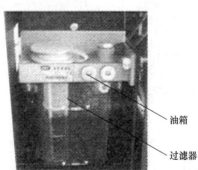

油管

油箱

过滤器

图 2-65　滚动导轨副的润滑

导轨副常用的润滑剂有润滑油和润滑脂，前者用于滑动导轨，而滚动导轨则两种都用。滚动导轨低速运行时（$v<15m/min$）推荐用锂基润滑脂润滑。导轨副的润滑要点如下：

　　1）最简单的导轨副润滑方法是人工定期加油或用油杯供油，这种方法简单，成本低，但不可靠，一般用于调节用的辅助导轨及运动速度低、工作不频繁的滚动导轨。

　　2）在数控机床上，对运动速度较高的导轨主要采用压力润滑，一般常用压力循环润滑和定时定量润滑两种方式，大都采用润滑油泵，以压力油强制润滑。这样不但可以连续或间歇供油给导轨进行润滑，而且可以利用油的流动冲洗和冷却导轨表面。为实现强制润滑，必须备有专门的供油系统。

　　常用的全损耗系统用油型号有 L-AN10、L-AN15、L-AN32、L-AN46、L-AN68，精密机床导轨油 L-HG68，汽轮机油 L-TSA32、L-TSA46 等。油液牌号不能随便选，要求润滑油黏度随温度的变化要小，以保证有良好的润滑性能和足够的油膜刚度，且油中杂质应尽可能少，避免侵蚀机件。

4. 导轨副的防护

　　为了防止切屑、磨粒或切削液散落覆盖在导轨面上而引起磨损、擦伤和锈蚀，导轨面上应设置有可靠的防护罩，见表 2-5。在机床使用过程中，应防止损坏防护罩，对叠层式防护罩应经常用刷子蘸机油清理移动接缝，以避免碰壳现象的产生。

表 2-5　防护罩

名称	实物	结构简图
柔性风琴式防护罩		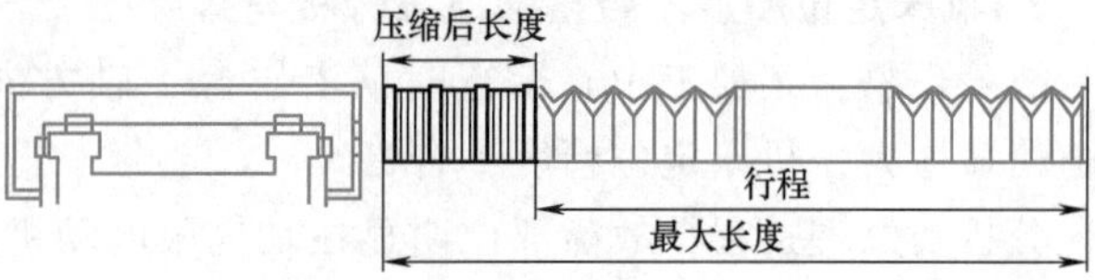 压缩后长度　行程　最大长度
钢板机床导轨防护罩	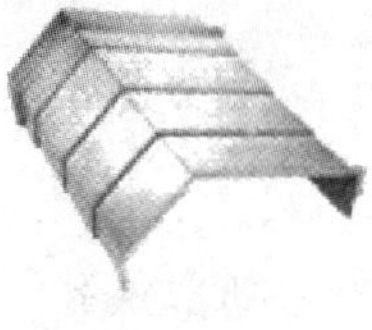	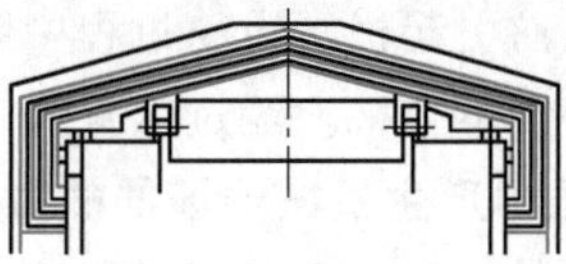
盔甲式机床防护罩	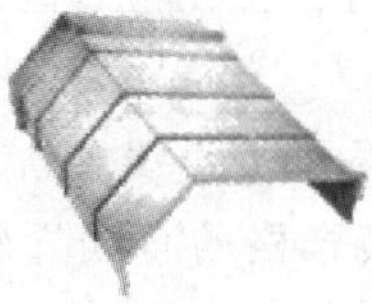	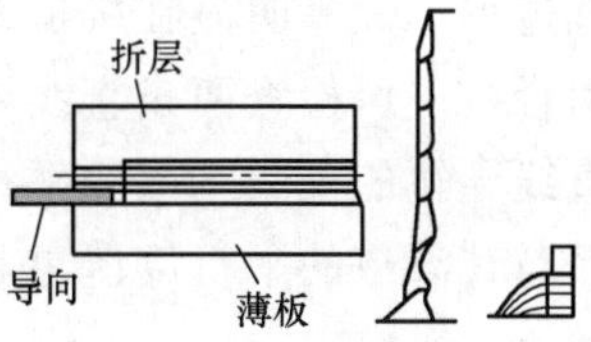 折层　导向　薄板
卷帘式防护罩		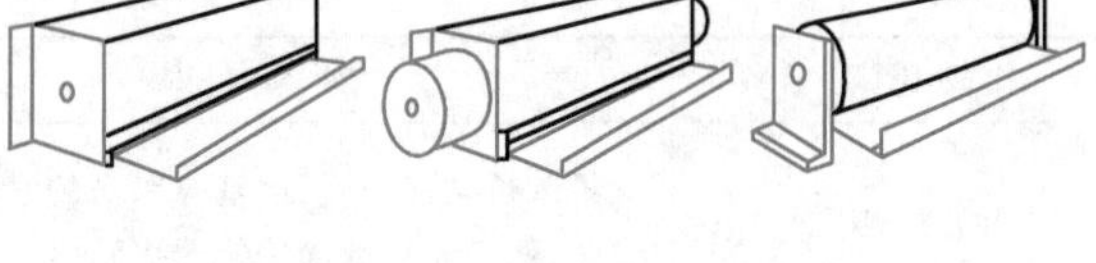

四、故障分析与排除

1. 行程终端产生明显的机械振动故障分析与排除

故障现象：某加工中心运行时，工作台 X 轴方向位移接近行程终端过程中，产生明显的机械振动故障，故障发生时系统不报警。

分析及处理过程：因故障发生时系统不报警，但故障明显，故通过交换法检查，确定故障部位应在 X 轴伺服电动机与丝杠传动链一侧；为区别电动机故障，可拆卸电动机与滚珠丝杠之间的弹性联轴器，单独通电检查电动机。检查结果表明，电动机运转时无振动现象，显然故障部位在机械传动部分。脱开弹性联轴器，用扳手转动滚珠丝杠进行手感检查；通过手感检查，发现工作台 X 轴方向位移接近行程终端时，感觉到阻力明显增加。拆下工作台检查，发现滚珠丝杠与导轨不平行，故而引起机械转动过程中的振动现象。经过认真修理、调整，重新装好，故障排除。

2. 电动机过热报警的故障分析排除

故障现象：X 轴方向的驱动电动机过热报警

分析及处理过程：电动机过热报警，产生的原因有多种，除伺服单元本身的问题外，可能是切削参数不合理，也可能是传动链上有问题。而该机床的故障原因是由于导轨镶条与导轨间隙太小，调得太紧。松开镶条防松螺钉，调整镶条螺栓，使运动部件运动灵活，保证 0.03mm 的塞尺不得塞入，然后锁紧防松螺钉，故障排除。

3. 机床定位精度不合格的故障分析与排除

故障现象：某加工中心运行时，工作台 Y 轴方向位移接近行程终端过程中，丝杠反向间隙明显增大，机床定位精度不合格。

分析及处理过程：故障部位明显在轴伺服电动机与丝杠传动链一侧；拆卸电动机与滚珠丝杠之间的弹性联轴器，用扳手转动滚珠丝杠进行手感检查。通过手感检查，发现工作台 Y 轴方向位移接近行程终端时，感觉到阻力明显增加。拆下工作台检查，发现 Y 轴导轨平行度严重超差，故而引起机械转动过程中阻力明显增加，滚珠丝杠发生弹性变形，反向间隙增大，机床定位精度不合格。经过认真修理、调整后，重新装好，故障排除。

4. 移动过程中产生机械干涉的故障分析与排除

故障现象：某加工中心采用直线滚动导轨，安装后用扳手转动滚珠丝杠进行手感检查，发现工作台 X 轴方向移动过程中产生明显的机械干涉故障，运动阻力很大。

分析及处理过程：故障明显在机械结构部分。拆下工作台，首先检查滚珠丝杠与导轨的平行度，结果为合格。再检查两条直线导轨的平行度，发现严重超差。拆下两条直线导轨，检查中滑板上直线导轨的安装基面的平行度，结果为合格。再检查直线导轨，发现一条直线导轨的安装基面与其滚道的平行度严重超差（0.5mm）。更换合格的直线导轨，重新装好后故障排除。

导轨的故障诊断见表 2-6。

表 2-6　导轨的故障诊断

序号	故障现象	故障原因	排除方法
1	导轨研伤	机床长期使用后,地基与床身的水平面有变化,使导轨局部的单位面积载荷过大	定期进行床身导轨的水平调整,或修复导轨精度

（续）

序号	故 障 现 象	故 障 原 因	排 除 方 法
1	导轨研伤	长期加工短工件或承受过分集中的载荷，使导轨局部磨损严重	注意合理分布短工件的安装位置，避免载荷过度集中
		导轨润滑不良	调整导轨润滑油量，保证润滑油压力
		导轨材质不佳	采用电镀加热自冷淬火方法对导轨进行处理，导轨上增加锌铝铜合金板，以改善摩擦情况
		刮研质量不符合要求	提高刮研修复的质量
		机床维护不良，导轨里落入脏物	加强机床保养，保护好导轨防护装置
2	导轨上移动部件运动不良或不能移动	导轨面研伤	用粒度为 F180 的砂布修磨机床导轨面上的研伤
		导轨压板研伤	卸下压板，调整压板与导轨之间的间隙
		导轨镶条与导轨之间的间隙太小，调得太紧	松开镶条防松螺钉，调整镶条螺栓，使运动部件运动灵活，保证 0.03mm 塞尺不得塞入，然后锁紧防松螺钉
3	加工面在接刀处不平	导轨直线度超差	调整或修刮导轨，直线度误差不大于 0.015mm/500mm
		工作台镶条松动或镶条弯度太大	调整镶条间隙，镶条弯度在自然状态下小于 0.05mm/全长
		机床水平度差，使导轨发生弯曲	调整机床安装水平，保证平行度误差、垂直度误差在 0.02mm/1000mm 之内

五、进给传动系统的维护

进给传动系统的维护要点如下：

1）每次操作机床前都要先检查润滑油箱油位是否在使用范围内，如果低于最低油位，需加油后方可操作机床。

2）操作结束时，要及时清扫工作台、导轨防护罩上的切屑，如图 2-67 所示。

3）如果机床停放时间过长没有运行，特别是春季（停机时间太长没有运行，进给传动零件容易生锈，春季气候潮湿，更容易生锈），应先打开导轨、滚珠丝杠的防护罩，将导轨、滚珠丝杠等零件擦干净，然后加上润滑油再开机运行。

4）每月检查并及时对加工中心各轴的行程开关进行清洁，保持其灵敏度。

 任务拓展

一、静压蜗杆-蜗轮条传动

蜗杆-蜗轮条机构是丝杠螺母机构的一种特殊形式。如图 2-66 所示，蜗杆可看作长度很短的丝杠，其长径比很小。蜗轮条则可以看作一个很长的螺母沿轴向翻开后的一部分，其包容角常在 90°~120° 之间。

液体静压蜗杆-蜗轮条机构是在蜗杆-蜗轮条的啮合面之间注入压力油，以形成一定厚度的油膜，使两啮合面之间形成液体摩擦，其工作原理如图 2-67 所示。图中油腔开在蜗轮条上，用毛细管节流的定压供油方式给静压蜗杆-蜗轮条供压力油。从液压泵输出的压力油，

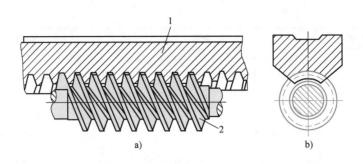

图 2-66　蜗杆-蜗轮条传动机构

1—蜗轮条　2—蜗杆

经过蜗杆螺纹内的毛细管节流器 10，分别进入蜗轮条齿的两侧面油腔内，然后经过啮合面之间的间隙，再进入齿顶与齿根之间的间隙，压力降为零，最后流回油箱。

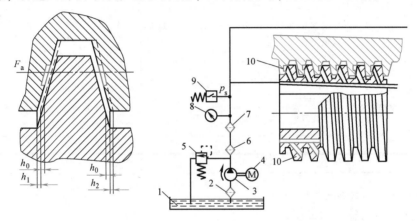

图 2-67　蜗杆-蜗轮条工作原理

1—油箱　2—过滤器　3—液压泵　4—电动机　5—溢流阀　6—粗过滤器

7—精过滤器　8—压力表　9—压力继电器　10—毛细管节流器

二、直线电动机的安装

直线电动机是指可以直接产生直线运动的电动机，可作为进给驱动系统，如图 2-68 所示。其雏形在旋转电动机出现不久之后就出现了，但由于受制造技术水平和应用能力的限制，一直未能在制造业领域作为驱动电动机而使用。常规的机床进给驱动系统仍一直采用

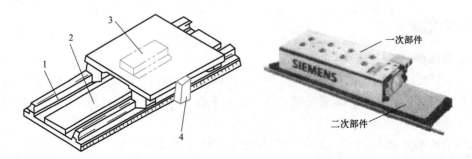

图 2-68　直线电动机进给驱动系统外观

1—导轨　2—二次侧　3—一次部件　4—检测系统

"旋转电动机+滚珠丝杠"的传动体系。随着近几年来超高速加工技术的发展，滚珠丝杠机构已不能满足高速度和高加速度的要求，直线电动机才有了用武之地。特别是大功率电子器件、新型交流变频调速技术、微型计算机数控技术和现代控制理论的发展，为直线电动机在高速数控机床中的应用提供了条件。

直线电动机安装时有以下布局方式。

1. 水平布局

（1）单电动机驱动　如图2-69所示，单电动机驱动结构简单，工作台两导轨跨距小，测量装置安装和维修都比较方便。主要应用在推力要求不大的场合。

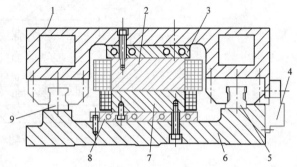

图 2-69　单电动机水平布局
1—工作台　2——次侧　3——次冷却板　4—测量系统
5、9—导轨　6—床身　7—二次侧　8—二次冷却板

（2）双电动机驱动　如图2-70所示，双电动机驱动合成推力大，两导轨跨距大，工作台受电磁吸引力变形

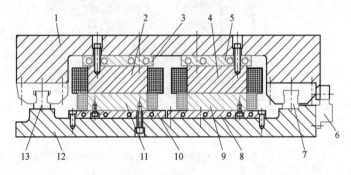

图 2-70　双电动机水平布局
1—工作台　2、4——次侧　3、5——次冷却板　6—测量系统　7、13—导轨
8、10—二次冷却板　9、11—二次侧　12—床身

较大，对工作台的刚度要求较高，安装比较困难，测量和控制复杂，只适合在中等载荷的场合使用。

2. 垂直布局

（1）外垂直　如图2-71所示，外垂直布局机床的导轨跨距较小，可抵消工作台的部分弯曲变形，对一次侧与二次侧间的间隙影响也小，但结构比较复杂，设计难度也比较大，只适合在中等载荷的场合使用。

（2）内垂直　如图2-72所示，内垂直布局机床的导轨跨距较大，

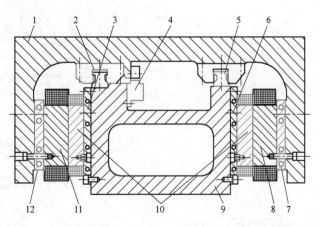

图 2-71　双电动机外垂直布局
1—工作台　2、5-导轨　3、6—二次冷却板　4—测量系统
7、12——次冷却板　8、11——次侧　9—床身　10—二次侧

安装和维修较难，适于推力大和精度高的应用场合。

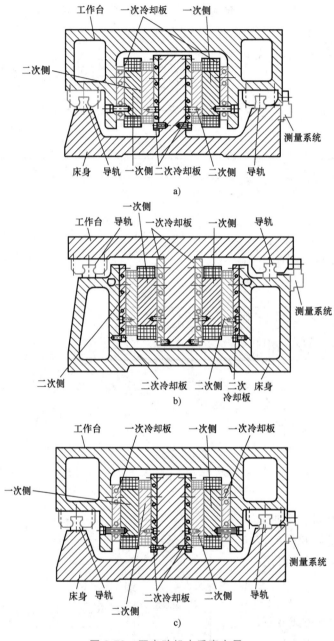

图 2-72　双电动机内垂直布局

任务 2.5　工作台的装调及维修

 **学习目标**

能阅读数控回转工作台与分度工作台的装配图；掌握数控回转工作台与分度工作台的工

作原理；能对数控机床用工作台进行维护与保养；能排除由机械原因引起的数控机床用工作台的故障。

 任务布置

数控机床工作台的维护。

 任务分析

为了扩大数控机床的加工性能，适应某些零件加工的需要，数控机床的进给运动除沿 X、Y、Z 三个坐标轴的直线进给运动之外，还可以有绕 X、Y、Z 三个坐标轴的圆周进给运动，分别称为 A、B、C 轴。

数控机床的圆周进给运动一般由数控回转工作台来实现。数控回转工作台除了可以实现圆周进给运动之外，还可以完成分度运动。例如：加工分度盘的轴向孔，可采用间歇分度转位结构进行分度，或通过分度工作台与分度头来完成。数控回转工作台的外形和一般分度工作台没有多大区别，但其在结构上具有一系列的特点。由于数控回转工作台能实现进给运动，所以它在结构上和数控机床的进给驱动机构有许多共同之处。不同之处在于数控机床的进给驱动机构实现的是直线进给运动，而数控回转工作台实现的是圆周进给运动。

根据数控工作台的结构、特点选择数控机床工作台的维护维修方法。

 相关知识

一、数控回转工作台的分类

按数控回转工作台的控制方式分为开环和闭环两种。

按数控回转工作台台面直径可分为 160mm、200mm、250mm、320mm、400mm、500mm、630mm、800mm 等。

数控回转工作台按照不同的分类方法大致有以下几大类：

1）按照分度形式可分为等分回转工作台（图 2-73a）和任意分度回转工作台（图 2-73b）。

2）按照驱动方式可分为液压回转工作台（图 2-73c）和电动回转工作台（图 2-73d）。

3）按照安装方式可分为卧式回转工作台（图 2-73e）和立式回转工作台（图 2-73f）。

4）按照回转轴轴数可分为单轴回转工作台（图 2-73a～f）、两轴联动可倾回转工作台（图 2-73g）和多轴并联回转工作台（图 2-73h）。

a)　　　　　　　　　　b)　　　　　　　　　　c)

图 2-73　数控回转工作台实物图

a）等分回转工作台　b）任意分度回转工作台　c）液压回转工作台

图 2-73　数控回转工作台实物图（续）

d）电动回转工作台　e）卧式回转工作台　f）立式回转工作台
g）两轴联动可倾回转工作台　h）多轴并联回转工作台

二、数控回转工作台的结构

1. 开环数控回转工作台

开环数控回转工作台和开环直线进给机构一样，都可以用功率步进电动机来驱动。图 2-74 所示为自动换刀数控立式镗铣床数控回转工作台的结构图。

步进电动机 3 的输出轴上齿轮 2 与齿轮 6 啮合，啮合间隙由偏心环 1 来消除。齿轮 6 与蜗杆 4 用花键连接，花键配合间隙应尽量小，以减小对分度精度的影响。蜗杆 4 为双导程蜗杆，可以用轴向移动蜗杆的办法来消除蜗杆 4 和蜗轮 15 的啮合间隙。调整时，只要将调整环 7（两个半圆环垫片）的厚度尺寸改变，便可使蜗杆沿轴向移动。

蜗杆 4 的两端装有滚针轴承，左端为自由端，可以伸缩。右端装有两个角接触球轴承，承受蜗杆的轴向力。蜗轮 15 下部的内、外两面装有夹紧瓦 18 和 19，数控回转工作台的底座 21 上固定的支座 24 内均布 6 个液压缸 14。液压缸 14 上端进压力油时，柱塞 16 下行，通过钢球 17 推动夹紧瓦 18 和 19 将蜗轮夹紧，从而将数控回转工作台夹紧，实现精确的分度定位。当数控回转工作台实现圆周进给运动时，控制系统首先发出指令，使液压缸 14 上腔的压力油流回油箱，在弹簧 20 的作用下钢球 17 抬起，夹紧瓦 18 和 19 就松开蜗轮 15。柱塞 16 到上位发出信号，功率步进电动机起动，并按指令脉冲的要求驱动数控回转工作台实现圆周进给运动。当回转工作台做圆周分度运动时，先分度回转再夹紧蜗轮，以保证定位的可靠，并提高其承受负载的能力。

数控回转工作台的分度定位和分度工作台不同，它是按控制系统所指定的脉冲数来决定

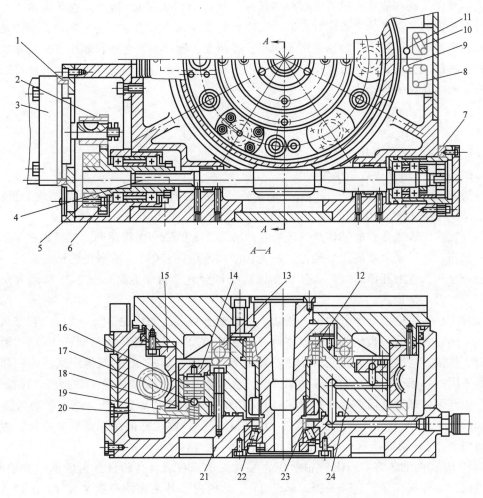

图 2-74　自动换刀数控立式镗铣床数控回转工作台的结构图

1—偏心环　2、6—齿轮　3—步进电动机　4—蜗杆　5—垫圈　7—调整环　8、10—微动开关
9、11—挡块　12—滚子轴承　13—大型推力滚珠轴承　14—液压缸　15—蜗轮　16—柱塞　17—钢球
18、19—夹紧瓦　20—弹簧　21—底座　22—圆锥滚子轴承　23—调整套　24—支座

转位角度，没有其他的定位元件。因此，开环数控回转工作台的传动精度要求高，传动间隙应尽量小。数控回转工作台设有零点，当它做回零控制时，先快速回转运动至挡块 11，压合微动开关 10 时，发出"快速回转"变为"慢速回转"的信号，再由挡块 9 压合微动开关 8 发出从"慢速回转"变为"点动步进"信号，最后由功率步进电动机停在某一固定的通电相位上（称为锁相），从而使回转工作台准确地停在零点位置上。数控回转工作台的圆形导轨采用大型推力滚珠轴承 13，使回转灵活。径向导轨由滚子轴承 12 及圆锥滚子轴承 22 保证其回转精度和定心精度。调整滚子轴承 12 的预紧力，可以消除回转轴的径向间隙。调整调整套 23 的厚度，可以使圆导轨上有适当的预紧力，保证导轨有一定的接触刚度。这种数控回转工作台可做成标准附件，回转轴可水平安装，也可垂直安装，以适应不同工件的加工要求。

数控回转工作台的脉冲当量是指数控回转工作台每个脉冲所回转的角度（°/脉冲），现在尚未标准化。现有的数控回转工作台的脉冲当量有小到 0.001°/脉冲，也有大到 2′/脉冲。设计时应根据加工精度的要求和数控回转工作台的直径大小来选定。一般来讲，加工精度越高，脉冲当量应选得越小；数控回转工作台直径越大，脉冲当量应选得越小。但也不能盲目追求过小的脉冲当量。脉冲当量选定之后，根据功率步进电动机的脉冲步距角 θ 就可以确定减速齿轮和蜗轮副的传动比：

$$\delta = \frac{z_1}{z_2} \frac{z_3}{z_4} \theta$$

式中　z_1、z_2——主动、从动齿轮的齿数；

　　　z_3、z_4——蜗杆头数和蜗轮齿数。

在决定 z_1、z_2、z_3、z_4 时，一方面要满足传动比的要求，同时也要考虑到结构的限制。

2. 闭环数控回转工作台

闭环数控回转工作台的结构与开环数控回转工作台的结构大致相同，其区别在于闭环数控回转工作台有转动角度的测量元件（圆光栅或圆感应同步器），所测量的结果经反馈与指令值进行比较，按闭环原理进行工作，使回转工作台分度精度更高。图 2-75 所示为闭环数控回转工作台的结构图。

回转工作台由电液脉冲电动机 1 驱动，它的轴上装有主动齿轮 3（$z_1 = 22$），它与从动齿轮 4（$z_2 = 66$）相啮合，齿的侧隙靠调整偏心环 2 来消除。从动齿轮 4 与蜗杆 10 用楔形的拉紧销钉 5 连接，这种连接方式能消除轴与套的配合间隙。蜗杆 10 是双螺距式，即相邻齿的厚度是不同的。因此，可用轴向移动蜗杆的方法来消除蜗杆 10 和蜗轮 11 的齿侧间隙。调整时，先松开壳体螺母套筒 7 上的锁紧螺钉 8，用压块 6 把调整套 9 放松，然后转动调整套 9，它便和蜗杆 10 同时在壳体螺母套筒 7 中做轴向移动，消除齿侧间隙。调整完毕后，再拧紧锁紧螺钉 8，把压块 6 压紧在调整套 9 上，使其不能再转动。

蜗杆 10 的两端装有双列滚针轴承作为径向支承，右端装有两只推力轴承承受轴向力，左端可以自由伸缩，保证运转平稳。蜗轮 11 下部的内、外两面均有夹紧瓦 12 及 13。当蜗轮 11 不回转时，回转工作台的底座 18 内均布有八个液压缸 14，其上腔进压力油时，活塞 15 下行，通过钢球 17，撑开夹紧瓦 12 和 13，把蜗轮 11 夹紧。当回转工作台需要回转时，控制系统发出指令，使液压缸上腔压力油流回油箱。弹簧 16 回复力的作用，把钢球 17 抬起，夹紧瓦 12 和 13 就不夹紧蜗轮 11，然后由电液脉冲马达 1 通过传动装置，使蜗轮 11 和回转工作台一起按照控制指令做回转运动。回转工作台的导轨面由大型滚柱轴承支承，并由圆锥滚子轴承 21 和双列圆柱滚子轴承 20 保持准确的回转中心。

数控回转工作台设有零点，当它做返零控制时，先用挡块碰撞限位开关（图中未示出），使工作台由快速变为慢速回转，然后在无触点开关的作用下，使工作台准确地停在零位。数控回转工作台可做任意角度的回转或分度，由光栅 19 进行读数控制。光栅 19 沿其圆周上有 21600 条刻线，通过 6 倍频线路，刻度的分辨率为 10″。

3. 双蜗杆回转工作台

图 2-76 所示为双蜗杆传动结构，用两个蜗杆分别实现蜗轮的正、反向传动。轴向调整蜗杆 2 可用于轴向调整，使两个蜗杆分别与蜗轮左、右齿面接触，尽量消除正、反向传动间隙。调整垫 3、5 用于调整一对锥齿轮的啮合间隙。双蜗杆传动结构虽然较双导程蜗杆平面齿圆柱齿轮包络蜗杆传动结构复杂，但普通蜗轮、蜗杆制造工艺简单，承载能力比双导程蜗杆大。

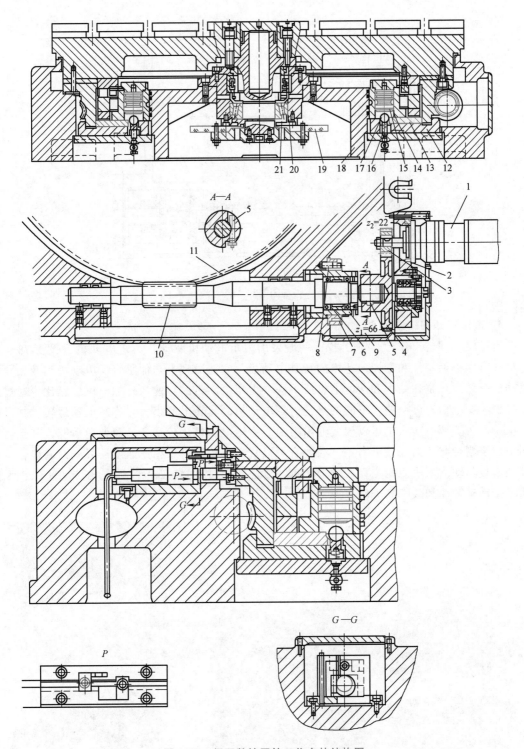

图 2-75 闭环数控回转工作台的结构图

1—电液脉冲电动机 2—偏心环 3—主动齿轮 4—从动齿轮 5—拉紧销钉 6—压块 7—壳体螺母套筒
8—锁紧螺钉 9—调整套 10—蜗杆 11—蜗轮 12、13—夹紧瓦 14—压缸 15—活塞
16—弹簧 17—钢球 18—底座 19—光栅 20—双列圆柱滚子轴承 21—圆锥滚子轴承

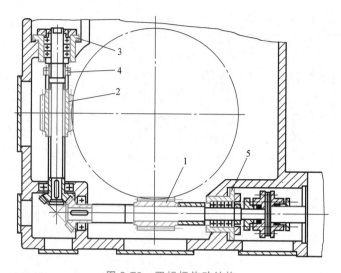

图 2-76　双蜗杆传动结构

1—轴向固定蜗杆　2—轴向调整蜗杆　3、5—调整垫　4—锁紧螺母

4. 直接驱动回转工作台

直接驱动回转工作台（图 2-77）一般采用力矩电动机驱动。力矩电动机（图 2-78）是一种具有软机械特性和宽调速范围的特种电动机，它在原理上与他励直流电动机和两相异步电动机一样，只是在结构和性能上有所不同。力矩电动机的转速与外加电压成正比，通过调压装置改变电压即可调速。不同的是，力矩电动机的堵转电流小，允许超低速运转，并且有一个调压装置调节输入电压以改变输出力矩。力矩电动机比较适合低速调速系统，甚至可长期工作于堵转状态而只输出力矩，因此它可以直接与控制对象相连而不需要减速装置，从而实现直接驱动。采用力矩电动机为核心动力元件的数控回转工作台具有无传动间隙、无磨损、传动精度高和效率高等优点。

图 2-77　直接驱动回转工作台　　　　　　　图 2-78　力矩电动机

三、分度工作台

分度工作台的分度和定位按照控制系统的指令自动进行，每次转位都回转一定的角度（90°、60°、45°、30°等）。为满足分度精度的要求，分度工作台要使用专门的定位方式。常用的定位方式有插销定位、端齿盘定位、反靠定位和钢球定位等几种。

1. 插销定位的分度工作台

这种工作台的定位元件由定位销和定位套孔组成，图2-79所示为自动换刀数控卧式镗铣床分度工作台的结构图。

分度工作台下方有八个均布的圆柱定位销7和定位套6及一个马蹄式环形槽。定位时，只有一个定位销插入定位套的孔中，其他七个则进入马蹄形环槽中。此种分度工作台只能实现45°等分的分度定位。当需要分度时，首先由机床控制系统发出指令，使六个均布于固定工作台圆周上的夹紧液压缸8（图中只画出一个）上腔中的压力油流回油箱。弹簧11推动活塞上升15mm，使分度工作台放松。同时，压力油从管道16进入中央液压缸15，于是活塞14上升，通过止推螺钉13，止推轴套4将推力圆柱滚子轴承18向上抬起15mm而顶在回转工作台座19上。再通过六角螺钉3，回转工作台轴2使分度工作台1也抬高15mm。与此同时，圆柱定位销7从定位套6中拔出，完成了分度前的准备动作。控制系统再发出指令，使液压马达回转，并通过齿轮传动（图中未表示出）使和工作台固定在一起的大齿轮9回转，分度工作台便进行分度，当其上的挡块碰到第一个微动开关时减速，然后慢速回转，碰到第二个微动开关时准停。此时，新的圆柱定位销7正好对准定位套的定位孔，准备定位。分度工作台由于在径向有双列滚柱轴承12及滚针轴承17作为两端径向支承，中间又有推力球轴承，故其回转部分运动平稳。分度运动结束后，中央液压缸15中的压力油流回油箱，分度工作台下降定位，同时夹紧液压缸8上端进压力油，活塞10下降，通过活塞杆上端的台阶部分将分度工作台夹紧，在分度工作台定位之后、夹紧之前，活塞5顶向工作台，将分

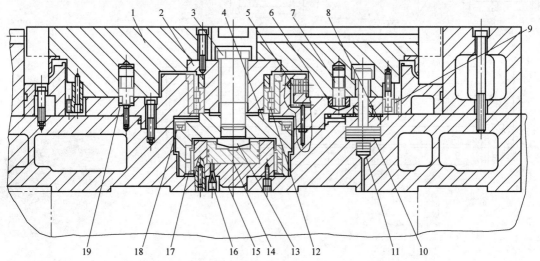

图2-79 自动换刀数控卧式镗铣床分度工作台的结构图

1—分度工作台 2—回转工作台轴 3—六角螺钉 4—止推轴套 5、10、14—活塞 6—定位套 7—圆柱定位销
8—夹紧液压缸 9—大齿轮 11—弹簧 12—双列滚柱轴承 13—止推螺钉 15—中央液压缸 16—管道
17—滚针轴承 18—推力圆柱滚子轴承 19—回转工作台座

度工作台转轴中的径向间隙消除后再夹紧，以提高分度工作台的分度定位精度。

2. 端齿盘定位的分度工作台

端齿盘定位的分度工作台能达到很高的分度定位精度，一般为±3″，最高可达±0.4″。这种分度工作台能承受很大的外载荷，定位刚度高，精度保持性好。实际上，由于端齿盘啮合脱开相当于两齿盘的对研过程，因此，随着端齿盘使用时间的延长，其定位精度还有不断提高的趋势。端齿盘定位的分度工作台广泛用于数控机床，也用于组合机床和其他专用机床。

（1）端齿盘定位的分度工作台工作原理　图2-80a所示为THK6370型自动换刀数控卧式镗铣床分度工作台的结构，它主要由一对端齿盘13、14（图2-80b），升夹液压缸12，活

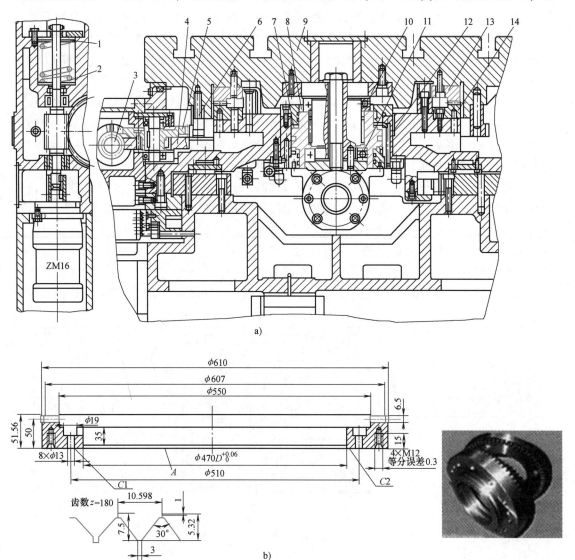

a)

b)

图 2-80　端齿盘定位分度工作台及端齿盘

a）THK6370型自动换刀数控卧式镗铣床分度工作台的结构图　b）端齿盘结构及外形

1—螺旋弹簧　2—推力轴承　3—蜗杆　4—蜗轮　5、6—齿轮　7—管道　8—活塞　9—分度工作台

10、11—推力轴承　12—升夹液压缸　13、14—端齿盘

塞 8，液压马达，蜗杆 3、蜗轮 4 和齿轮 5、6 等组成。其分度转位动作包括：分度工作台抬起，端齿盘脱离啮合，完成分度前的准备工作；回转分度；分度工作台下降，端齿盘重新啮合，完成定位夹紧。

分度工作台 9 的抬起是由升夹液压缸的活塞 8 来完成的，其油路工作原理如图 2-81 所示。当需要分度时，控制系统发出分度指令，工作台升夹液压缸的换向阀电磁铁 E_2 通电，压力油便从管道 24 进入分度工作台 9 中央的升夹液压缸 12 的下腔，于是活塞 8 向上移动，通过推力轴承 10 和 11 带动分度工作台 9 向上抬起，使上、下端齿盘 13、14 相互脱离啮合，液压缸上腔的油则经管道 23 排出，通过节流阀 L_3，流回油箱，完成分度前的准备工作。

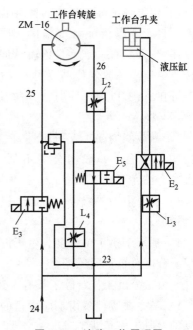

图 2-81　油路工作原理图

当分度工作台 9 向上抬起时，通过推杆和微动开关，发出信号，使控制液压马达 ZM-16 的换向阀电磁铁 E_3 通电，压力油从管道 25 进入液压马达使其旋转。通过蜗杆 3、蜗轮 4 和齿轮 5、6 带动分度工作台 9 进行分度回转运动。液压马达的回油是经过管道 26、节流阀 L_2 及换向阀 E_5 流回油箱的。调节节流阀 L_2 开口的大小，便可改变工作台的分度回转速度（一般调在 2r/min 左右）。工作台分度回转角度的大小由指令给出，共有八个等分，即为 45° 的整倍数。当工作台的回转角度接近所要分度的角度时，减速挡块使微动开关动作，发出减速信号，换向阀电磁铁 E_5 通电，将液压马达的回油管道关闭，此时，液压马达的回油除了通过节流阀 L_2，还要通过节流阀 L_4 才能流回油箱，节流阀 L_4 的作用是使其减速。因此，工作台在停止转动之前，其转速已显著下降，为端齿盘的准确定位创造了条件。当工作台的回转角度达到所要求的角度时，准停挡块压合微动开关，发出信号，使电磁铁 E_3 断电，堵住液压马达的进油管道 25，液压马达便停止转动。到此，工作台完成了准停动作，与此同时，电磁铁 E_2 断电，压力油从管道 24 进入升夹液压缸上腔，推动活塞 8 带着工作台下降，于是上、下端齿盘又重新啮合，完成定位夹紧。液压缸下腔的油便从管道 23 经节流阀 L_3 流回油箱。在分度工作台下降的同时，由推杆使另一微动开关动作，发出分度转位完成的回答信号。

分度工作台的转动是由蜗杆 3、蜗轮 4 带动的，而蜗轮蜗杆副转动具有自锁性，即运动不能从蜗轮 4 传至蜗杆 3。但是工作台下降时，最后的位置由定位元件（端齿盘）决定，即由端齿盘带动工作台做微小转动来纠正准停时的位置偏差，如果工作台由蜗轮 4 和蜗杆 3 锁住而不能转动，这时便产生了动作上的矛盾。为此，将蜗杆轴设计成浮动式的结构，即其轴向用两个推力轴承 2 抵在一个螺旋弹簧 1 上面。这样，工作台做微小回转时，便可由蜗轮带动蜗杆压缩螺旋弹簧 1 做微量的轴向移动，从而解决了它们的矛盾。

若分度工作台的尺寸较小，工作台面下凹程度不会太大；但是当工作台面较大（如 800mm×800mm 以上）时，如果仍然只在台面中心处拉紧，势必增大工作台面的下凹量，不易保证台面精度。为了避免这种现象，常把工作台受力点从中央附近移到离端齿盘作用点较近的环形位置上，改善工作台的受力状况，有利于台面精度的保证，如图 2-82 所示。

（2）端齿盘定位的分度工作台的特点

端齿盘在使用中有很多优点：

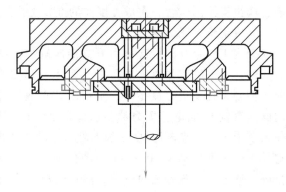

1）定位精度高。端齿盘采用向心端齿结构，它既可以保证分度精度，同时又可以保证定心精度，而且不受轴承间隙及正反转的影响，一般定位精度可达±3″，高精度的可在±0.3″以内。同时，其重复定位精度既高又稳定。

2）承载能力强，定位刚性好。由于是多齿同时啮合，一般啮合率不低于 90%，每齿啮合长度不少于 60%。

图 2-82　工作台拉紧机构

3）随着不断的磨合，齿面磨损，定位精度不仅不会下降，而且有所提高，因而使用寿命也较长。

4）适用于多工位分度。由于齿数的所有因数都可以作为分度工位数，因此一种齿盘可以用于分度数目不同的场合。

端齿盘分度工作台除了具有上述优点外，也还有一些不足之处：

1）其主要零件多齿端面齿盘的制造比较困难，其齿形及几何公差要求很高，而且成对齿盘的对研工序很费工时，一般要研磨几十个小时以上，因此生产率低，成本也较高。

2）在工作时，多齿盘要升降、转位、定位及夹紧。因此，多齿盘分度工作台的结构也相对要复杂些。但是从综合性能来衡量，它能使一台加工中心的主要指标加工精度得到保证，因此目前在卧式加工中心上仍在采用。

（3）多齿盘的分度角度　多齿盘可实现的分度角度为

$$\theta = 360°/z$$

式中　θ——可实现的分度数（整数）；

　　　z——多齿盘齿数。

3. 带有交换托盘的分度工作台

图 2-83 所示是 ZHS-K63 型卧式加工中心上的带有交换托盘的分度工作台，采用端齿盘分度结构。其分度工作原理如下：

当工作台不转位时，上端齿盘 7 和下端齿盘 6 总是啮合在一起，当控制系统给出分度指令后，电磁铁控制换向阀运动（图中未画出），使压力油进入油腔 3，使活塞体 1 向上移动，并通过滚珠轴承带动整个工作台台体 13 向上移动，工作台 13 的上移使得端齿盘 6 与 7 脱开，装在工作台体 13 上的齿圈 14 与驱动齿轮 15 保持啮合状态，电动机通过带和一个降速比 $i = 1/30$ 的减速箱带动驱动齿轮 15 和齿圈 14 转动，当控制系统给出转动指令时，驱动电动机旋转并带动上端齿盘 7 旋转进行分度，当转过所需角度后，驱动电动机停止，压力油通过液压阀 5 进入油腔 4，迫使活塞体 1 向下移动并带动整个工作台体 13 下移，使上、下端齿盘相啮合，可准确地定位，从而实现了工作台的分度。

驱动齿轮 15 上装有剪断销（图中未画出），如果分度工作台发生超载或碰撞等，剪断销将被切断，从而避免了机械部分的损坏。

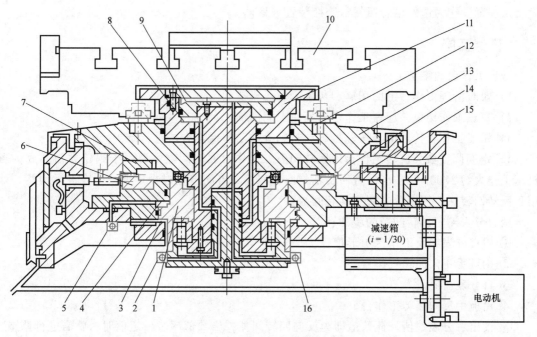

图 2-83 带有交换托盘的分度工作台

1—活塞体 2、5、16—液压阀 3、4、8、9—油腔 6、7—端齿盘 10—托盘
11—液压缸 12—圆锥定位销 13—工作台体 14—齿圈 15—驱动齿轮

分度工作台根据编程命令可以正转，也可以反转，由于该齿盘有 360 个齿，故最小分度单位为 1°。

分度工作台上的两个托盘是用来交换工件的，托盘规格为 φ630mm。托盘台面上有七个 T 形槽，两个边缘定位块用来定位夹紧，托盘台面利用 T 形槽可安装夹具和零件。托盘是靠四个精磨的圆锥定位销 12 在分度工作台上定位的，由液压夹紧，托盘的交换过程如下：

当需要交换托盘时，控制系统发出指令，使分度工作台返回零位，此时液压阀 16 接通，使压力油进入油腔 9，使得液压缸 11 向上移动，托盘则脱开圆锥定位销 12，当托盘被顶起后，液压缸带动齿条（见图 2-83 中虚线部分）向左移动，从而带动与其相啮合的齿轮旋转并使整个托盘装置旋转，使托盘沿着滑动轨道旋转 180°，从而达到托盘交换的目的。当新的托盘到达分度工作台上面时，空气阀接通，压缩空气经管路从圆锥定位销 12 中间吹出，清除其中的杂物。同时，液压阀 2 接通，压力油进入油腔 8，迫使液压缸 11 向下移动，并带动托盘夹紧在四个圆锥定位销 12 中，完成整个托盘的交换过程。

托盘的夹紧和松开一般不单独操作，而是在托盘交换时自动进行。图 2-84 所示为两托

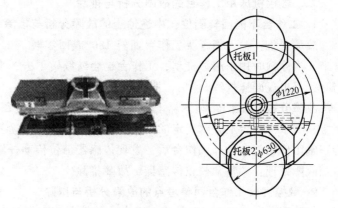

图 2-84 两托盘交换装置

盘交换装置。作为选件也有四托盘交换装置（图略）。

任务实施

一、工作台的维护

1）及时清理工作台上的切屑和灰尘，应每班清扫。

2）每班工作结束，应在工作台表面涂上润滑油。

3）矩形工作台传动部分按丝杠、导轨副等的防护保养方法进行维护。

4）定期调整数控回转工作台的回转间隙。工作台回转间隙主要由于蜗轮磨损形成。当机床工作大约5000h时，应检查回转轴的回转间隙，若间隙超过规定值，则应进行调整。可用正反转回转法，用百分表测定回转间隙。

用百分表测定回转间隙的步骤：

① 用百分表触及工作台T形槽。

② 用扳手正向回转工作台。

③ 百分表清零。

④ 用扳手反向回转工作台。

⑤ 读出百分表数值。此数值即为反向回转间隙，当数值超过一定值时，就需进行调整。

5）维护好数控回转工作台的液压装置。对数控回转工作台，应进行以下维护工作：

① 定期检查油箱中的油液是否充足。

② 检查油液的温度是否在允许的范围内。

③ 检查液压马达运动时是否有异常噪声等现象。

④ 检查限位开关与撞块是否工作可靠，位置是否变动。

⑤ 检查夹紧液压缸移动时是否正常。

⑥ 检查液压阀、液压缸及管接头处是否有外漏。

⑦ 检查液压回转工作台的转位液压缸是否研损。

⑧ 检查工作台抬起液压阀、夹紧液压阀是否被切屑卡住等。

⑨ 对液压元件及油箱等定期清洗和维修，对油液、密封件进行定期更换。

6）定期检查与工作台相连接的部位是否有机械研损，定期检查工作台支承面回转轴及轴承等机械部分是否研损。

二、数控机床用工作台的故障分析与排除

1. 工作台不能回转到位、中途停止的故障分析与排除

故障现象：输入指令要工作台回转180°或回零时，工作台只能转114°左右的角度就停下来。当停顿时用手用力推动，工作台也会继续转下去，直到目标为止。但再次起动分度工作时，仍出现同样故障。

故障分析：在CRT显示器上检查回转状态时，发现每次工作台在转动时，传感器显示正常，表示工作台上升到规定的高度。但如果工作台中途停转或晃动工作台，传感器不能维持正常工作状态。拆开工作台后，发现传感器部位传动杆轴线偏离传感器轴线距离较大。

故障处理：调整和校正传感器，故障排除。

2. 数控回转工作台回参考点的故障分析与排除

故障现象：T116363型卧式加工中心数控回转工作台，在返回参考点（正方向）时，经

常出现抖动现象。有时抖动大，有时抖动小，有时不抖动；如果按正方向继续做若干次不等值回转，则抖动很少出现。做负方向回转时，第一次肯定要抖动，而且十分明显，随之会明显减少，直至消失。

故障分析：TH6363 型卧式加工中心数控回转工作台，在机床调试时就出现过抖动现象，并一直从电气角度来分析和处理，但始终没有得到满意的结果，故此故障有可能是机械因素造成的，或者转台的驱动系统出了问题。顺着这个思路，从传动机构方面找原因，对驱动系统的每个相关件进行仔细的检查，终于发现固定蜗杆轴轴承右边的锁紧螺母左端没有紧靠其垫圈，有 3mm 的空隙，用手可以往紧的方向转两圈。这个螺母根本就没起锁紧作用，致使蜗杆产生窜动，故转台抖动就是锁紧螺母松动造成的。锁紧螺母之所以没有起作用，是因为其直径方向开槽深度及所留变形量不够合理，使四个 M4×6 紧定螺钉拧紧后，不能使螺母产生明显变形，起到防松作用，在转台经过若干次正、负方向回转后，不能保持其初始状态，逐渐松动，而且越松越多，导致轴承内环与蜗杆出现 3mm 轴向窜动，回转工作台就不能与电动机同步动作。这不仅造成工作台的抖动，而且随着反向间隙增大，蜗轮与蜗杆相互碰撞，使蜗杆副的接触表面出现伤痕，影响机床的精度和使用寿命。

故障排除：将原锁紧螺母所开的宽 2.5mm、深 10mm 的槽开通，与螺纹相切，并超过半径，调整好安装位置后，用两个紧定螺钉紧固，即可起到防松作用。

3. 低压报警的故障分析与排除

故障现象：一台配套 FANUC-0MC 系统，型号为 XH754 的数控机床，出现油压低报警。

故障分析：首先检查气液转换的气源压力正常，检查工作台压紧液压缸油位指示杆，已到上限，可能缺油，用螺钉旋具旋动控制工作台上升、下降的电磁阀手动旋钮，使工作台压紧气液转换缸补油，油位指示杆回到中间位置，报警消除。但过 0.5h 左右，报警又出现，再检查压紧液压缸油位，又缺油，故怀疑油路有泄漏。检查油管各接头正常，怀疑对象缩小为工作台夹紧工作液压缸和夹紧气液转换缸，检查气液转换缸，发现油腔 Y 形聚氨酯密封圈有裂纹，导致压力油慢慢回流到补油腔，最后因压力油不能形成足够油压而报警。

故障排除：更换密封圈后故障排除。

4. 工作台回零不旋转故障的分析与排除

故障现象：TH6232 型加工中心，开机后工作台回零不旋转且出现 05 号和 07 号报警。

故障分析：首先利用梯形图和状态信息对工作台夹紧开关的状态进行实验检查（138.0 为"1"正常。手动松开工作台，138.0 由"1"变为"0"，表明工作台能松开。回零时，工作台松开了，地址 211.1TABSC$_1$ 由"0"变为"1"。211.3TABSC$_2$ 也由"0"变为"1"，然而经 2000ms 延时后，由"1"变成了"0"）。致使工作台旋转信号异常的原因是电动机过载，还是工作台液压系统有问题？经过反复几次实验，排除了是电动机过载故障，发现是工作台液压泵工作压力存在问题。工作台正常的工作压力为 4.0~4.5MPa，在工作台松开抬起时，压力由 4.0MPa 下降到 2.5MPa 左右，泄压严重，致使工作台未能完全抬起，松开延时后，无法旋转，产生过载。

故障处理：将液压泵检修后，保证正常的工作压力，故障排除。

5. 工作台回零不旋转的故障分析与排除

故障现象：TH6232 型加工中心，开机后工作台回零不旋转且出现 05 号和 07 号报警。

故障分析：首先完全按"4. 工作台回零不旋转故障的分析与排除"的方法进行检查，检查状态信息也一样，检查液压泵压力也正常，故此故障肯定是由过载引起的。而引起过载的原因有两个方面：电动机过载和工作机械故障。首先检查电动机，将刀库电动机与工作台电动机交换（型号一致），故障仍未消除，因而排除了电动机故障；然后将工作台拆开，发现端齿盘中的六组碟形弹簧损坏不少。更换碟形弹簧，如更换碟形弹簧后工作台仍不旋转，则仍利用梯形图和状态信息检查，139.3INP. M信息由"1"变成了"0"，139.5SALM. M由"0"变为"1"，即简易定位装置在位信号灯不亮，未在位，且报警。

故障排除：更换碟形弹簧，并手动旋转电动机使之进入在位区"INP"为"1"，灯亮，则故障排除。

回转工作台的常见故障及排除方法见表2-7。

表2-7 回转工作台的常见故障及排除方法

序号	故障现象	故障原因	排除方法
1	工作台没有抬起动作	控制系统没有抬起信号输入	检查控制系统是否有抬起信号输入
		抬起液压阀卡住,没有动作	修理或清除污物,更换液压阀
		液压泵工作压力不够	检查油箱中的油液是否充足,并重新调整压力
		与工作台相连接的机械部分研损	修复研损部位或更换零件
		抬起液压缸研损或密封损坏	修复研损部位或更换密封圈
2	工作台不转位	工作台抬起或松开完成信号没有发出	检查信号开关是否失效,更换失效开关
		控制系统没有转位信号输入	检查控制系统是否有转位信号输出
		与电动机或齿轮相连的胀套松动	检查胀套连接情况,拧紧胀套压紧螺钉
		液压回转工作台的转位液压阀卡住没有动作	修理或清除污物,更换液压阀
		工作台支承面回转轴及轴承等机械部分研损	修复研损部位或更换新的轴承
3	工作台转位分度不到位,发生顶齿或错齿	控制系统输入的脉冲数不够	检查系统输入的脉冲数
		机械转动系统间隙太大	调整机械转动系统间隙,轴向移动蜗杆,或者更换齿轮、锁紧胀紧套等
		液压回转工作台的转位液压缸研损,未转到位	修复研损部位
		转位液压缸前端的缓冲装置失效,固定挡铁松动	修复缓冲装置,拧紧固定挡铁螺母
		闭环控制的圆光栅有污物或裂纹	修理或清除污物,或者更换圆光栅
4	工作台不夹紧,定位精度差	控制系统没有输入工作台夹紧信号	检查控制系统是否有夹紧信号输出
		夹紧液压阀卡住,没有动作	修理或清除污物,更换液压阀
		液压压力不够	检查油箱内的油液是否充足,并重新调整压力
		与工作台相连接的机械部分研损	修复研损部位或更换零件
		上、下端齿盘受到冲击松动,两齿牙之间有污物,影响定位精度	重新调整固定,修理或清除污物
		闭环控制的圆光栅有污物或裂纹,影响定位精度	修理或清除污物,或者更换圆光栅

任务拓展

数控分度头与万能铣头是数控铣床和加工中心等常用的附件，其作用是按照控制装置的信号或指令做回转分度或连续回转进给运动，以使数控机床能完成指定的加工工序。数控分度头一般与数控铣床、立式加工中心配套，用于加工轴套类工件。数控分度头可以由独立的控制装置控制，也可以通过相应的接口由主机的数控装置控制。

一、数控分度头的工作原理

以 FKNQI60 型数控气动等分分度头为例来介绍数控分度头的工作原理，其结构如图2-85所示，动作原理如下：三齿盘结构，滑动端齿盘 4 的前腔通入压缩空气后，借助弹簧 6 和滑动销轴 3 在镶套内平稳地沿轴向右移。滑动端齿盘 4 完全松开后，无触点传感器 7 发信

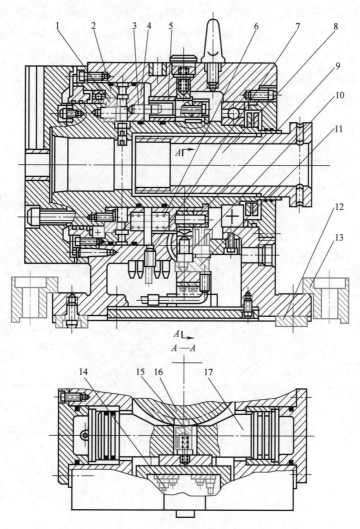

图 2-85 FKNQI60 型数控气动等分分度头结构

1—转动端齿盘 2—定位端齿盘 3—滑动销轴 4—滑动端齿盘 5—镶装套 6—弹簧
7—无触点传感器 8—主轴 9—定位轮 10—驱动销 11—凸块 12—定位键
13—压板 14—传感器 15—棘爪 16—棘轮 17—分度活塞

号给控制装置，这时分度活塞 17 开始运动，使棘爪 15 带动棘轮 16 进行分度，每次分度角度为 5°。在分度活塞 17 下方有两个传感器 14，用于检测活塞 17 的到位、返回位置并发出分度信号。当分度信号与控制装置预置信号重合时，分度台刹紧，这时滑动端齿盘 4 的后腔通入压缩空气，端齿盘啮合，分度过程结束。为了防止棘爪返回时主轴反转，在分度活塞 17 上安装凸块 11，使驱动销 10 在返回过程中插入定位轮 9 的槽中，以防转过位。

数控分度头未来的发展趋势是：在规格上向两头延伸，即开发小规格和大规格的分度头及相关制造技术；在性能方面，将向进一步提高刹紧力矩、提高主轴转速及可靠性方面发展。

二、万能铣头工作原理

万能铣头部件结构如图 2-86 所示，主要由前、后壳体 12、5，法兰 3，传动轴 Ⅱ、Ⅲ，主轴 Ⅳ 及两对弧齿锥齿轮组成。万能铣头用螺栓和定位销安装在滑枕前端。铣削主运动通过滑枕上的传动轴 Ⅰ（图 2-87）的端面键传到轴 Ⅱ，端面键与连接盘 2 的径向槽配合，连接盘与轴 Ⅱ 之间由两个平键 1 传递运动，轴 Ⅱ 右端为弧齿锥齿轮，通过轴 Ⅲ 上的两个锥齿轮 22、21 和用花键连接方式装在主轴 Ⅳ 上的锥齿轮 27，将运动传到主轴上。主轴为空心轴，前端有 7∶24 的内锥孔，用于刀具或刀具心轴的定心；通孔用于安装拉紧刀具的拉杆通过。

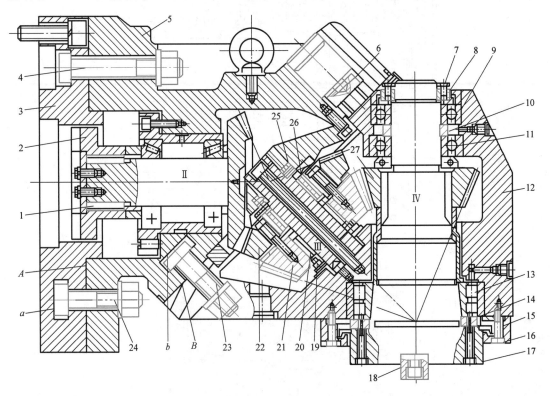

图 2-86　万能铣头部件结构

1—平键　2—连接盘　3—法兰　4、6、23、24—T 形螺栓　5—后壳体　7—锁紧螺钉　8—螺母
9—C36210 型向心推力角接触球轴承　10—隔套　11—角接触球轴承　12—前壳体　13—轴承
14—半圆环垫片　15—法兰　16、17—螺钉　18—端面键　19、25—推力短圆柱滚针轴承
20、26—D6354906 型向心滚针轴承　21、22、27—锥齿轮

主轴端面有径向槽，并装有两个端面键18，用于主轴向刀具传递转矩。

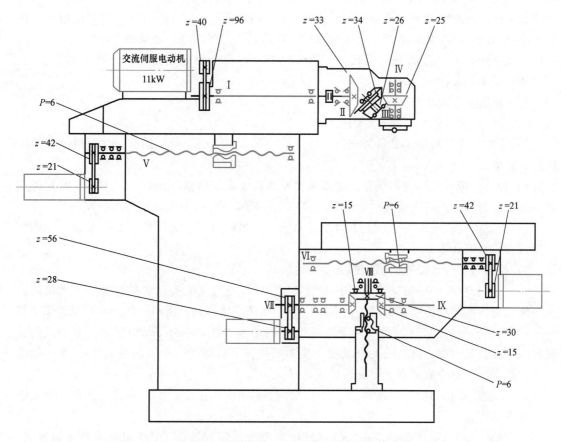

图 2-87　XKA5750 型数控铣床传动系统图

如图 2-86 所示，万能铣头能通过两个互成 45°的回转面 A 和 B 调节主轴Ⅳ的方位，在法兰 3 的回转面 A 上开有 T 形圆环槽 a，松开 T 形螺栓 4 和 24，可使铣头绕水平轴Ⅱ转动，调整到要求位置后将 T 形螺栓拧紧即可；在万能铣头后壳体 5 的回转面 B 内，也开有 T 形圆环槽 b，松开 T 形螺栓 6 和 23，可使铣头主轴绕与水平轴线成 45°夹角的轴Ⅲ转动。绕两个轴线的转动组合起来，可使主轴轴线处于前半球面的任意角度。

万能铣头作为直接带动刀具的运动部件，不仅要能够传递较大的功率，更要具有足够的旋转精度、刚度和抗振性。万能铣头除在零件结构、制造和装配精度方面要求较高外，还要求选用承载力和旋转精度都较高的轴承。两个传动轴都选用了 D 级精度的轴承，轴上为一对 D7029 型圆锥滚子轴承及一对 D6354906 型向心滚针轴承 20、26，用于承受径向载荷，轴向载荷则由两个型号分别为 D9107 和 D9106 的推力短圆柱滚针轴承 19 和 25 承受。主轴上前后支承均为 C 级精度轴承，前支承是 C3182117 型双列圆柱滚子轴承，只承受径向载荷；后支承为两个 C36210 型向心推力角接触球轴承 9 和 11，既承受径向载荷，也承受轴向载荷。为了保证旋转精度，主轴轴承不仅要消除间隙，而且要有预紧力，轴承磨损后也要进行间隙调整。前轴承间隙消除和预紧力预紧的调整是靠改变轴承内圈在锥形颈上的位置，使内圈外胀实现的。调整时，先拧下四个螺钉 16，卸下法兰 15，再松开螺母 8 上的锁紧螺钉 7，拧松螺母 8，将主轴Ⅳ向前（向下）推动 2mm 左右，然后拧下两个螺钉 17，将半圆环垫片 14 取出，根据间隙大小磨薄垫片，最后将上述零件重新装好。后支承的两个向心推力角接触球轴承开口向背（轴承 9 开口朝上，轴承 11 开口朝下），做消除间隙和预紧调整时，两轴承外圈不动，使内圈的端面距离相对减小，具体是通过控制两个轴承内圈隔套 10 的尺寸。调整时取下隔套 10，修磨到合适尺寸，重新装好后，用螺母 8 顶紧轴承内圈及隔套即可。最后要拧紧锁紧螺钉 7。

三、分度装置的维护内容

1）及时调整挡铁与行程开关的位置。

2）定期检查油箱中油量是否充足，保持系统压力，使工作台能抬起，并保持夹紧液压缸的夹紧压力。

3）控制油液污染，控制泄漏。对液压件及油箱等定期清洗和维修，对油液、密封件定期更换，定期检查各接头处的外泄漏。检查液压缸研损、活塞拉毛及密封圈损坏等。

4）检查齿盘式分度工作台上下齿盘有无松动，两齿盘间有无污物，检查夹紧液压阀部有没有被切屑卡住等。

5）检查与工作台相连的机械部分是否研损。

6）气动分度头需保证供给洁净的压缩空气，保证空气中含有适量的润滑油。润滑的方法一般采用油雾器进行喷雾润滑，油雾器一般安装在过滤器和减压阀之后。油雾器的供油量一般不宜过多，通常每 $10m^3$ 的自由空气供 1mL 的油量（即 40~50 滴油）。检查润滑是否良好的一个方法是：找一张清洁的白纸放在换向阀的排气口附近，如果阀在工作 3~4 个循环后，白纸上只有很轻的斑点，则表明润滑良好。

7）经常检查压缩空气气压（或液压），并调整到要求值。足够的气压（或液压）才能使分度头动作。

8）保持气动（液压）分度头气动（液压）系统的密封性。气动系统如有严重的漏气，在气动系统停止运动时，由漏气引起的响声很容易发现；而轻微的漏气则应利用仪表，或者用涂抹肥皂水的办法进行检修。

9）保证气动元件中运动零件的灵敏性。从空气压缩机排出的压缩空气，包含有粒度为 0.01~0.8μm 的压缩机油微粒，在排气温度为 120~220℃ 的高温下，这些油粒会迅速氧化，氧化后油粒颜色变深，黏度增大，并逐步由液态固化成油泥。这种微米级以下的颗粒，一般过滤器无法滤除。当它们进入到换向阀后便附着在阀芯上，使阀的灵敏度逐步降低，甚至出现动作失灵。为了清除油泥，保证灵敏度，可在气动系统的过滤器之后安装油雾分离器，将油泥分离出来。此外，定期清洗阀也可以保证阀的灵敏性。

四、加工中心分度头过载报警的故障分析与排除

故障现象：机床开机后，第四轴报警。

故障分析：该机床的数控系统为 FANUC-0MC。其数控分度头即第四轴过载多为电动机缺相，反馈信号与驱动信号不匹配或机械负载过大引起的。打开电气柜，先用万用表检查第四轴驱动单元控制板上的熔断器、断路器和电阻是否正常；因 X、Y、Z 轴和第四轴的驱动控制单元均属同一规格型号的电路板，所以采用替代法，把第四轴的驱动控制单元和其他任一轴的驱动控制单元对换安上，开机，断开第四轴，测试与第四轴对换的那根轴运行是否正常。若正常，证明第四轴的驱动控制单元是好的，否则证明第四轴的驱动控制单元是坏的。

更换后继续检查第四轴内部驱动电动机是否缺相，检查第四轴与驱动单元的连接电缆是否完好。检查结果是由于连接电缆长期浸泡在油中会产生老化，且随着机床来回运动，电缆反复弯折，直至折断，最后导致电路短路使第四轴过载。

故障处理：更换此电缆后，故障排除。

任务3　数控机床主传动系统的装调与维修

任务3.1　认识数控机床主传动系统

 学习目标

了解主传动系统的特点，认识数控机床主传动系统的元件。

 任务布置

到数控机床生产企业参观或观看数控机床主传动系统视频，认识数控机床的主传动系统的组成。

 任务分析

主传动系统的好坏直接影响工件加工质量。无论哪种机床的传动系统都应满足下述几个方面的要求：调整范围大，不但有低速、大转矩功能，而且且有较高的速度，且能超高速切削；低温升、小的热变形；有高的旋转精度和运动精度；高刚度和抗振性。此外，主轴组件必须有足够的耐磨性。

 相关知识

数控机床的主传动系统主要包括主轴箱、主轴头、主轴本体、主轴轴承、同步带轮、同步带、主轴电动机等。

主要部件的作用如下：

1）主轴箱　主轴箱通常由铸铁铸造而成，主要用于安装主轴零件、主轴电动机、主轴润滑系统等。

2）主轴头　主轴头下面与立柱的导轨联接，内部装有主轴，上面还固定主轴传动电动机、主轴松刀装置，用于实现主轴在 Z 轴方向的移动、主轴旋转等功能。

3）主轴本体　主轴本体是主传动系统最重要的零件。主轴材料的选择主要根据刚度、载荷特点、耐磨性和热处理变形等因素确定。对于数控铣床或加工中心，主轴本体用于装夹刀具，执行零件加工；对于数控车床或车削中心，主轴本体用于安装卡盘，装夹工件。

4）主轴轴承　支承主轴。

5）同步带轮　同步带轮的主要材料为尼龙，它固定在主轴上，与同步带啮合。

6）同步带　同步带是主轴电动机与主轴的传动元件，主要是将电动机的转动传递给主轴，带动主轴转动。

7) 主轴电动机 主轴电动机是机床加工的动力元件，电动机功率的大小直接关系到机床的切削能力。

数控铣床或加工中心上换刀需要有松刀缸。松刀缸由气缸和液压缸组成，气缸装在液压缸的上端。工作时，气缸内的活塞推进液压缸内，使液压缸内的压力增加，推动主轴内夹刀元件，从而达到松刀作用。

主轴孔中安装刀具的数控机床尤其是自动换刀的数控机床，为了实现刀具在主轴上的自动装卸与夹持，还必须有刀具的自动夹紧装置、主轴准停装置和主轴孔的清理装置等结构。

 任务实施

到数控机床生产企业参观、观看数控机床的进给传动系统案例视频认识数控机床的进给传动系统的组成。

任务 3.2 主轴支承轴承的预紧及密封装置的调整及维修

 学习目标

了解主轴变速的方式，了解主轴的支承结构，了解主轴的密封方式，掌握主轴支承轴承的预紧方法，掌握主轴密封装置的调整方法，了解主轴的维护方法，了解主轴支承故障的诊断与维修方法。

 任务布置

学习主轴变速方法、主轴支承方法，练习主轴支承轴承的预紧、密封装置的调整、主轴的维护。

 任务分析

主传动系统是数控机床的重要组成部分。其中，主轴部件是机床的重要执行元件之一，它的结构尺寸、形状、精度及材料等，对机床的使用性能都有很大的影响，特别是影响机床的加工精度。

 相关知识

一、主轴变速方式

1. 无级变速

数控机床一般采用直流或交流主轴伺服电动机实现主轴无级变速，如图 3-1 所示。

2. 分段无级变速

有的数控机床在交流或直流电动机无级变速的基础上配以齿轮变速等变速机构，使之成为分段无级变速，如图 3-2 所示。

（1）带有变速齿轮的主传动（图 3-2a） 大中型数控机床较常采用带有变速齿轮的主传动配置方式，通过少数几对齿轮的传动，扩大变速范围。其中，滑移齿轮的移位大都采用液压拨叉或直接由液压缸带动来实现。

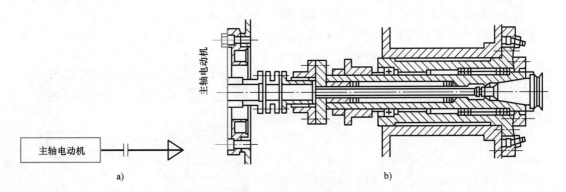

图 3-1　无级变速

a）示意图　b）装配图

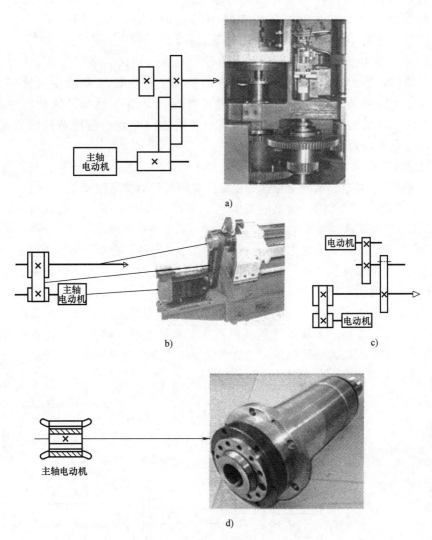

图 3-2　数控机床主传动的四种配置方式

a）齿轮变速　b）带传动　c）两个电动机分别驱动　d）内装电动机主轴的传动结构

图 3-3 所示是三位液压拨叉的工作原理图。
通过改变不同的通油方式可以使三联齿轮块获
得三个不同的变速位置。该机构除液压缸和活
塞杆外，还增加了套筒 4。当液压缸 1 通入
压力油，而液压缸 5 卸压时（图 3-3a），活
塞杆 2 便带动拨叉 3 向左移动到极限位置，
此时拨叉带动三联齿轮块移动到左端。当液
压缸 5 通压力油，而液压缸 1 卸压时（图
3-3b），活塞杆 2 和套筒 4 一起向右移动，在
套筒 4 碰到液压缸 5 的端部后，活塞杆 2 继
续右移到极限位置，此时，三联齿轮块被拨
叉 3 移动到右端。当压力油同时进入液压缸
1 和 5 时（图 3-3c），由于活塞杆 2 的两端直
径不同，使活塞杆处在中间位置。在设计活
塞杆 2 和套筒 4 的截面直径时，应使套筒 4

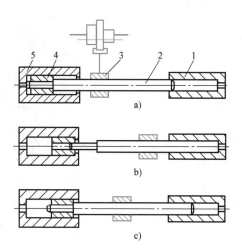

图 3-3　三位液压拨叉的工作原理图
1、5—液压缸　2—活塞杆　3—拨叉　4—套筒

的圆环面上的向右推力大于活塞杆 2 的向左的推力。液压拨叉换档在主轴停止之后才
能进行，但停止时拨叉带动齿轮块移动又可能产生"顶齿"现象，因此在这种主运动
系统中通常设一台微电动机，它在拨叉移动齿轮块的同时带动各传动齿轮做低速回转，
使滑移齿轮与主动齿轮顺利啮合。

（2）通过带传动的主传动（图 3-2b）　这种主传动形式主要用在转速较高、变速范围不
大的机床上，适用于高速、低转矩特性的主轴，常用的传动带是同步带。

带传动是传统的传动方式，常见的有 V 带、平带、多联 V 带、多楔带和同步带。为了
定位准确，常用多楔带和同步带。

1）多联 V 带。多联 V 带又称复合 V 带，如图 3-4 所示，有双联和三联两种，每种都有
三种不同的截面，横截面呈楔形，如图 3-5 所示，楔角为 40°。多联 V 带是一次成形的，不
会因长度不一致而受力不均，因而承载能力比多根 V 带（截面面积之和相同）高。同样的
承载能力，多联 V 带的截面面积比多根 V 带小，因而重量较轻，耐挠曲性能高，允许的带
轮最小直径小，线速度高。多联 V 带传递负载主要靠强力层。强力层中有多根钢丝绳或涤
纶绳，具有伸长率小及较大的抗拉强度和抗弯强度的特点。带的基底及缓冲楔部分采用橡胶
或聚氨酯。多联 V 带有 5MS、7MS、11Ms 等型号。

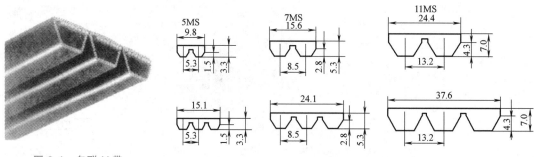

图 3-4　多联 V 带

图 3-5　多联 V 带的截面形状

2）多楔带。如图 3-6 所示，多楔带综合了 V 带和平带的优点，运转时振动小、发热少、平稳，重量轻，适合在不超过 40m/s 的线速度的情况下使用。此外，多楔带与带轮的接触好，负载分配均匀，即使瞬时超载，也不会产生打滑，其传动功率比 V 带大 20%~30%。因此，多楔带传动能够满足加工中心主轴传动的要求，在高速、大转矩下也不会打滑。多楔带安装时需要较大的张紧力，因此，主轴和电动机承受较大的径向负载。

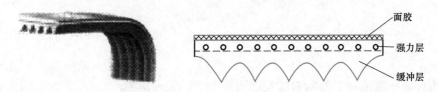

图 3-6　多楔带的结构

多楔带有 H 型、J 型、K 型、L 型、M 型等型号，数控机床上常用的多楔带有 J 型（齿距为 2.4mm）、L 型（齿距为 4.8mm）、M 型（齿距为 9.5mm）三种规格。根据图 3-7 可大致选出所需的型号。

3）同步带。同步带根据齿形不同又分为梯形齿同步带和圆弧齿同步带，如图 3-8 所示。图示是两种同步带的纵断面，其结构与材质和楔带相似，但在齿面上覆盖了一层尼龙帆布，用以减小传动齿与带轮的啮合摩擦。梯形齿同步带在传递功率时，由于应力集中在齿根部位，使传递功率能力下降；同时，由于与带轮是圆弧形接触，当带轮直径较小时，将使齿变形，影响了与带轮齿的啮合，不仅受力情况不好，而且在速度很高时，会产生较大的噪声与振动，这对于主传动来说是不利的。因此，在加工中心的主传动中很少采用梯形齿同步带传动，一般仅在转速不高的运动传动或小功率的动力传动中采用。圆弧齿同步带克服了梯形齿同步带的缺点，均化了应力，改善了啮合。因此，在加工中心上，无论是主传动还是伺服进给传动，当需要用带传动时，总是优先考虑采用圆弧齿同步带。

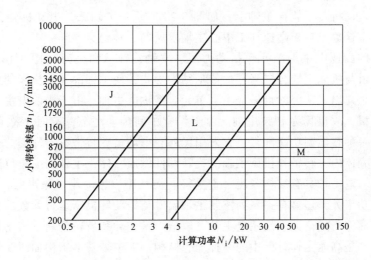

图 3-7　多楔带型号选择图

同步带具有带传动和链传动的优点，与一般的带传动相比，它不会打滑，且不需要很大

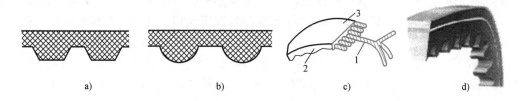

图 3-8　同步带

a）梯形齿　b）圆弧齿　c）同步带的结构　d）实物图

1—强力层　2—带齿　3—带背

的张紧力，减小或消除了轴的静态径向力；传动效率高达 98% ~ 99.5%；可用于 60 ~ 80m/s 的高速传动。但是在高速使用时，由于带轮必须设置轮缘，因此在设计时要考虑轮齿槽的排气，以免产生"啸叫"。

　　同步带的规格以相邻两齿的节距来表示（与齿轮的模数相似），主轴功率为 3 ~ 10kW 的加工中心多用节距为 5mm 或 8mm 的圆弧齿同步带，型号为 5M 或 8M。根据图 3-9 可大致选出所需的型号。

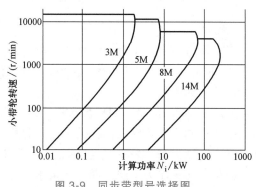

图 3-9　同步带型号选择图

　　（3）用两个电动机分别驱动主轴（图 3-2c）　高速时由一个电动机通过带传动驱动，低速时，由另一个电动机通过齿轮传动。两个电动机不能同时工作，也是一种浪费。

　　（4）内装电动机主轴（电主轴，图 3-2d）　电动机转子固定在机床主轴上，结构紧凑，但需要考虑电动机的散热。

　　电主轴是电动机转子装在主轴上，如图 3-2d 所示。主轴就是电动机轴，多用在小型加工中心机床上，这也是近来高速加工中心主轴发展的一种趋势。

　　数控机床的高速电主轴单元包括动力源、主轴、轴承和机架（图 3-10）等几个部分。这种主轴电动机与机床主轴合二为一的传动结构形式，使主轴部件从机床的主传动系统和整体结构中相对独立出来，因此可做成主轴单元，俗称电主轴。由于当前电主轴主要采用的是交流高频电动机，故也称为高频主轴。由于没有中间传动环节，有时又称它为直接传动主轴。电主轴是一种智能型功能部件，它采用无外壳电动机，将带有冷却套的电动机定子装配在主轴单元的壳体内，转子和机床主轴的旋转部件做成一体，主轴的变速范围完全由变频交流电动机控制。电主轴具有结构紧凑、重量轻、惯性小、振动小、噪声低、响应快等优点，不但转速高、功率大，还具有一系列控制主轴温升与振动等机床运行参数的功能，以确保其高速运转的可靠性与安全性。使用电主轴可以减少带传动和齿轮传动，简化机床设计，易于实现主轴定位，是高速主轴单元中的一种理想结构。电主轴基本结构如图 3-11 所示。

　　1）轴壳。轴壳是高速电主轴的主要部件，轴壳的尺寸精度和位置精度直接影响主轴的综合精度。通常将轴承座孔直接设计在轴壳上。电主轴为加装电动机定子，必须开放一端，而大型或特种电主轴，为制造方便、节省材料，可将轴壳两端均设计成开放型。

图 3-10　高速电主轴单元

2）转轴。转轴是高速主轴的主要回转主体，其制造精度直接影响电主轴的最终精度。成品转轴的几何精度和尺寸精度要求都很高。当转轴高速运转时，由偏心质量引起的振动严重影响其动态性能，因此，必须对转轴进行严格的动平衡。

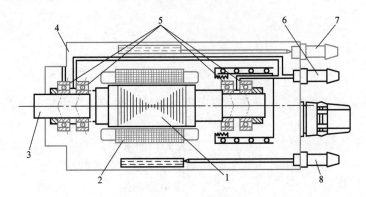

图 3-11　电主轴基本结构

1—转子　2—定子　3—转轴　4—轴壳　5—角接触陶瓷球轴承

6—油雾入口　7—出水口　8—冷却水入口

3）轴承。高速主轴的核心支承部件是高速精密轴承，它具有高速性能好、动载荷承载能力高、润滑性能好、发热量小等优点。近年来，相继开发出陶瓷轴承、动/静压轴承和磁悬浮轴承。磁悬浮轴承高速性能好、精度高，但价格昂贵。动/静压轴承有很好的高速性能，而且调速范围广，但必须进行专门设计，标准化程度低，维护也困难。目前，应用最多的高速主轴轴承还是混合陶瓷球轴承，用其组装的电主轴，能兼有高速、高刚度、大功率、长寿命等优点。

4）定子与转子。高速转轴的定子由具有高磁导率的优质硅钢片叠压而成，叠压成形的定子内腔带有冲制嵌线槽。转子由转子铁心、鼠笼、转轴三部分组成。

二、主轴支承方式

主轴轴承是主轴组件的重要组成部分，它的类型、结构、配置、精度、安装、调整、润滑和冷却都直接影响主轴组件的工作性能。在数控机床上，常用的主轴轴承有滚动轴承和滑动轴承。

1. 滚动轴承支承

（1）数控机床常用滚动轴承　滚动轴承摩擦阻力小，可以预紧，润滑、维护简单，能在一定的转速范围和载荷变动范围内稳定地工作。滚动轴承由专业化工厂生产，选购维修方便，广泛应用于数控机床上。但与滑动轴承相比，滚动轴承的噪声大，滚动体数量有限，刚度是变化的，抗振性略差，并且对转速有很大的限制。数控机床主轴组件在可能的条件下，应尽量使用滚动轴承，特别是大多数立式主轴和装在套筒内能够做轴向移动的主轴。这时用滚动轴承可以用润滑脂润滑，以避免漏油。滚动轴承根据滚动体的结构分为球轴承、圆柱滚子轴承、圆锥滚子轴承三大类。常用滚动轴承的实物如图 3-12 所示。

图 3-12　常用滚动轴承的实物

a）双列推力角接触球轴承　b）双列圆锥滚子轴承　c）圆柱滚子轴承

（2）主轴滚动轴承的配置　在实际应用中，常见的数控机床主轴轴承配置有图 3-13 所示的三种形式。

图 3-13a 所示的配置形式能使主轴获得较大的径向和轴向刚度，可以满足机床强力切削的要求，普遍应用于各类数控机床的主轴，如数控车床、数控铣床、加工中心等。这种配置的后支承也可用圆柱滚子轴承，进一步提高后支承径向刚度。

图 3-13b 所示的配置没有图 3-13a 所示的主轴刚度大，但这种配置提高了主轴的转速，适合要求主轴在较高转速下工作的数控机床。目前，这种配置形式在立式、卧式加工中心机床上得到广泛应用，满足了这类机床转速范围大、最高转速高的要求。为提高这种形式配置的主轴刚度，前支承可以用四个或更多的轴承组配，后支承用两个轴承组配。

图 3-13c 所示的配置形式能使主轴承受较重载荷（尤其是承受较强的动载荷），径向和轴向刚度高，安装和调整性好。但这种配置限制了主轴最高转速和精度，适用于中等精度、低速与重载的数控机床主轴。

为提高主轴组件刚度，数控机床还常采用三支承主轴组件。尤其是前后轴承间跨距较大的数控机床，采用辅助支承可以有效地减小主轴弯曲变形。三支承主轴结构中，一个支承为辅助支承，辅助支承可以为中间支承，也可以为后支承。辅助支承在径向要保

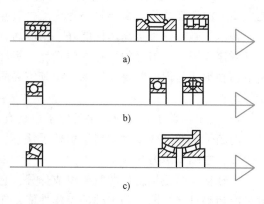

图 3-13　数控机床主轴轴承配置形式

留必要的游隙，避免由于主轴安装轴承处轴径和箱体安装轴承处孔的制造误差（主要是同轴度误差）造成的干涉。辅助支承常采用深沟球轴承。

2. 滑动轴承支承

数控机床上最常使用的滑动轴承是静压滑动轴承。静压滑动轴承的油膜压力，是由液压缸从外界供给的，与主轴转与不转、转速的高低无关（忽略旋转时的动压效应）。静压滑动轴承的承载能力不随转速而变化，而且无磨损，起动和运转时摩擦阻力力矩相同，所以静压滑动轴承的刚度大，回转精度高。但静压滑动轴承需要一套液压装置，成本较高。

静压滑动轴承装置主要由供油系统、节流器和轴承三个部分组成，如图 3-14 所示。轴承的内圆柱表面上对称地开了四个矩形油腔 2 和回油槽 5，油腔与回油槽之间的圆弧面称为周向封油面（件 4），封油面与主轴之间有 0.02～0.04mm 的径向间隙。系统的压力油经各节流器降压后进入各油腔。在压力油的作用下，主轴浮起并处在平衡状态。油腔内的压力油经封油面流出后，流回油箱。当轴受到外部载荷 F 的作用时，主轴轴颈产生偏移，这时上下油腔的回油间隙发生变化，上腔回油量增大，而下腔回油量减少。根据液压原理中节流器的流量 q 与节流器两端的压差 p 之间的关系式 $q = Kp$ 可知，当节流器进口油的压力保持不变时，流量改变，节流器出油口的压力也随之改变。因此，上腔压力 p_1 下降，下腔压力 p_3 增大，若油腔面积为 A，当 $A(p_3 - p_1) = F$ 时，平衡了外部载荷 F。这样主轴轴线始终保持在回转轴线上。

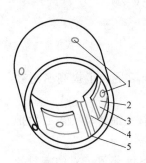 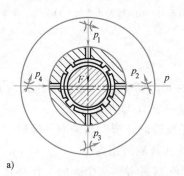 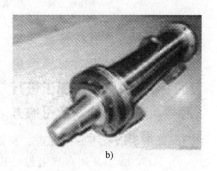

a) b)

图 3-14　静压滑动轴承

a）工作原理　b）实物

1—进油孔　2—油腔　3—轴向封油面　4—周向封油面　5—回油槽

数控机床上的滑动轴承也有采用磁悬浮轴承（图 3-15）的。

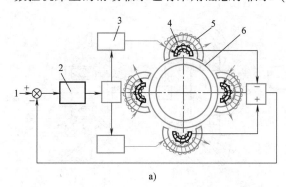 

a) b)

图 3-15　磁悬浮轴承

a）工作原理　b）实物

1—基准信号　2—调节器　3—功率放大器　4—位移传感器　5—定子　6—转子

液体静压轴承和动压轴承主要应用在主轴高转速、高回转精度的场合，如应用于精密、超精密数控机床主轴及数控磨床主轴。对于转速要求更高的主轴，可以采用空气静压轴承。这种轴承可达每分钟几万转的转速，并有非常高的回转精度；也可以像图 3-16 所示那样采用磁悬浮轴承。

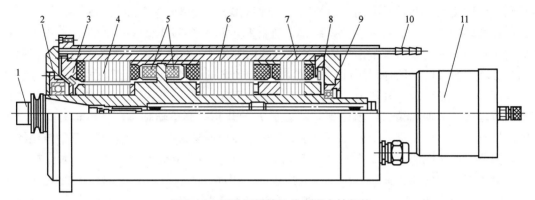

图 3-16 用磁悬浮轴承的高速主轴部件

1—刀具系统 2、9—支承轴承 3、8—传感器 4、7—径向轴承（磁悬浮轴承）
5—轴向推力轴承 6—高频电动机 10—冷却水管路 11—气、液压力放大器

三、主轴的密封方式

1. 非接触式密封

图 3-17a 所示是利用轴承盖与轴的间隙密封的，轴承盖的孔内开槽是为了提高密封效果。这种密封用在比较清洁的工作环境中，且为油脂润滑。

图 3-17b 所示是在螺母的外圆上开锯齿形环槽，当油向外流时，靠主轴转动的离心力把油沿斜面甩到端盖 1 的空腔内，从而使油液流回箱内。

图 3-17c 所示是迷宫式密封结构，在切屑多、灰尘大的工作环境下可获得可靠的密封效果。这种结构适用于油脂或油液润滑的密封。

2. 接触式密封

接触式密封主要有油毡圈和耐油橡胶密封圈密封，如图 3-18 所示。

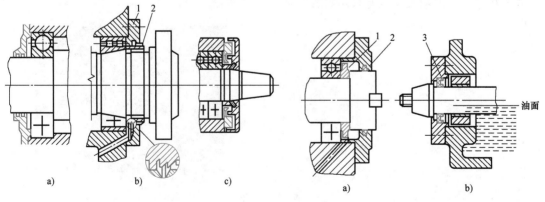

a)   b)   c)

图 3-17 非接触式密封

1—端盖 2—螺母

图 3-18 接触式密封

a）油毡圈密封 b）耐油橡胶密封圈

1—甩油环 2—油毡圈 3—耐油橡胶密封圈

任务实施

一、主轴滚动轴承的预紧

所谓轴承预紧，就是使轴承滚道预先承受一定的载荷，这不仅能消除间隙，而且还使滚动体与滚道之间发生一定的变形，从而使接触面积增大，轴承受力时变形减少，抵抗变形的能力增大。因此，对主轴滚动轴承进行预紧和合理选择预紧量，可以提高主轴部件的旋转精度、刚度和抗振性。机床主轴部件在装配时对轴承进行预紧，使用一段时间以后，间隙或过盈有了变化，还得重新调整，所以要求预紧结构便于进行调整。滚动轴承间隙的调整或预紧，通常是使轴承内、外圈做相对轴向移动来实现的。常用的方法有以下几种：

1. 轴承内圈移动

图 3-19 所示方法适用于锥孔双列圆柱滚子轴承。用螺母通过套筒推动内圈在锥形轴颈上做轴向移动，使内圈变形胀大，在滚道上产生过盈，从而达到预紧的目的。其中，图 3-19a 所示的结构简单，但预紧量不易控制，常用于轻载机床主轴部件；图 3-19b 所示方法用右端螺母限制内圈的移动量，易于控制预紧量；图 3-19c 所示是在主轴凸缘上均布数个螺钉以调整内圈的移动量，调整方便，但是用几个螺钉调整，易使垫圈歪斜；图 3-19d 所示是将紧靠轴承右端的垫圈做成两个半环，可以径向取出，修磨其厚度可控制预紧量的大小，调整精度较高，调整螺母一般采用细牙螺纹，便于微量调整，而且在调好后要能锁紧防松。

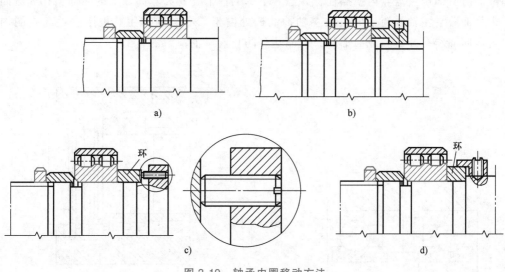

图 3-19 轴承内圈移动方法

2. 修磨座圈或隔套

图 3-20a 所示为轴承外圈宽边相对（背对背）安装，这时可修磨轴承内圈的内侧；图 3-20b 所示为外圈窄边相对（面对面）安装，这时可修磨轴承外圈的窄边。在安装时按图示的相对关系装配，并用螺母或法兰盖将两个轴承轴向压拢，使两个修磨过的端面贴紧，这样在两个轴承的滚道之间产生预紧。另一种方法是将两个厚度不同的隔套放在两轴承内、外圈之间，同样将两个轴承轴向相对压紧，使滚道之间产生预紧，如图 3-21a、b 所示。

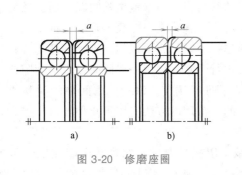

图 3-20　修磨座圈

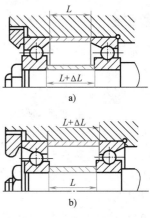

图 3-21　隔套的应用

3. 自动预紧

如图 3-22 所示，用沿圆周均布的弹簧对轴承预加一个基本不变的载荷，轴承磨损后能自动补偿，且不受热膨胀的影响。其缺点是只能单向受力。

二、主轴密封装置的拆装与调整

图 3-23 所示为卧式加工中心主轴前支承的密封结构，其采用的是双层小间隙密封装置。主轴前端加工有两组锯齿形护油槽，在法兰盘 4 和 5 上开有沟槽及泄油孔，当喷入轴承 2 内的油液流出后被法兰盘 4 内壁挡住，并经其下部的泄油孔 9 和套筒 3 上的回油斜孔 8 流回油箱，少量油液沿主轴 6 流出时，在主轴护油槽处由于离心力的作用被甩至法兰盘 4 的沟槽内，再经回油斜孔 8 重新流回油箱，从而达到防止润滑油泄漏的目的。

图 3-22　自动预紧

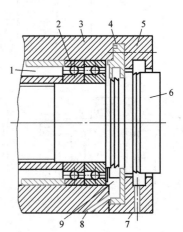

图 3-23　主轴前支承的密封结构
1—进油口　2—轴承　3—套筒　4、5—法兰盘
6—主轴　7—泄油孔　8—回油斜孔　9—泄油孔

当外部切削液、切屑及灰尘等沿主轴 6 与法兰盘 5 之间的间隙进入时，经法兰盘 5 的沟槽由泄油孔 7 排出，少量的切削液、切屑及灰尘进入主轴前锯齿沟槽，在主轴 6 高速旋转离心作用下仍被甩至法兰盘 5 的沟槽内，由泄油孔 7 排出，达到主轴端部密封的目的。

要使间隙密封结构能在一定的压力和温度范围内具有良好的密封防漏性能，必须保证法兰盘4和5与主轴及轴承端面的配合间隙，可以从如下几个方面进行控制：

1）法兰盘4与主轴6的配合间隙应控制在单边0.1~0.2mm范围内。如果间隙偏大，则泄漏量将按间隙的3次方扩大；若间隙过小，由于加工及安装误差，法兰盘4容易与主轴局部接触，使主轴局部升温并产生噪声。

2）法兰盘4内端面与轴承端面的间隙应控制在0.15~0.3mm。小间隙可使压力油直接被挡住并沿法兰盘4内端面下部的泄油孔9经回油斜孔8流回油箱。

3）法兰盘5与主轴的配合间隙应控制在单边0.15~0.25mm范围内。间隙太大，进入主轴6内的切削液及杂物会显著增多；间隙太小，则法兰盘5易与主轴接触。法兰盘5的沟槽深度应大于10mm（单边），泄漏孔7的直径应大于6mm，并应位于主轴下端靠近沟槽的内壁处。

4）法兰盘4的沟槽深度大于12mm（单边），主轴上的锯齿尖而深，一般在5~8mm范围内，以确保具有足够的甩油空间。法兰盘4处的主轴锯齿向后倾斜，法兰盘5处的主轴锯齿向前倾斜。

5）法兰盘4上的沟槽与主轴6上的护油槽对齐，以保证被主轴甩至法兰盘沟槽内腔的油液能可靠地流回油箱。

6）套筒前端的回油斜孔8及法兰盘4的泄油孔9流量应控制为进油孔1的2~3倍，以保证压力油能顺利地流回油箱。

这种主轴前端密封结构也适合于普通卧式车床的主轴前端密封。在油脂润滑状态下使用该密封结构时，可取消法兰盘泄油孔及回油斜孔，并且可将相关配合间隙适当放大，经正确加工及装配后同样可达到较为理想的密封效果。

三、主轴的维护

主轴维护部件如图3-24所示。其维护内容包括：每月检查加工中心主轴冷却单元油量，不足时需及时加油；每月对平衡配重块链条加润滑油脂一次。

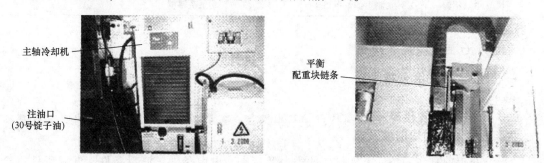

主轴冷却机

注油口
（30号锭子油）

平衡
配重块链条

图3-24　主轴维护部件

四、主轴支承故障诊断与维修

1. 开机后主轴不转动的故障排除

故障现象：开机后主轴不转动。

故障分析：检查电动机情况良好，传动键没有损坏；调整V带松紧程度，主轴仍无法转动；检查并测量电磁制动器的接线和线圈均正常，拆下制动器发现弹簧和摩擦盘也完好；拆下传动轴发现轴承因缺乏润滑而烧毁，将其拆下，手动转动主轴正常。

故障处理：更换轴承重新装上，主轴转动正常，但因主轴制动时间较长，还需调整摩擦盘和衔铁之间的间隙。具体做法是先松开螺母，均匀地调整四个螺钉，使衔铁向上移动，将衔铁和摩擦盘间隙调至 1mm 之后，用螺母将其锁紧再试车，主轴制动迅速，故障排除。

2. 孔加工时表面粗糙度值太大的故障维修

故障现象：零件孔加工时表面粗糙度值太大，无法使用。

故障分析：此故障的主要原因是主轴轴承的精度降低或间隙增大。

故障处理：调整轴承的预紧量。经几次调试，主轴精度恢复，加工孔的表面粗糙度也达到了要求。

主轴支承部件常见故障诊断及排除方法见表 3-1。

表 3-1　主轴支承部件常见故障诊断及排除方法

序号	故障现象	故障原因	排除方法
1	主轴发热	轴承润滑油脂耗尽或润滑油脂涂抹过多	重新涂抹润滑油脂,每个轴承 3mL
		主轴前后轴承损伤或轴承不清洁	更换轴承,清除脏物
		主轴轴承预紧力过大	调整预紧力
		轴承研伤或损伤	更换轴承
2	切削振动大	轴承预紧力不够,游隙过大	重新调整轴承游隙,但预紧力不宜过大,以免损坏轴承
		轴承预紧螺母松动,使主轴窜动	紧固螺母,确保主轴精度合格
		轴承拉毛或损坏	更换轴承
3	主轴噪声	轴承损坏或传动轴弯曲	修复或更换轴承,校直传动轴
		缺少润滑	涂抹润滑油脂,保证每个轴承的油脂不超过 3mL
4	轴承损坏	轴承预紧力过大或无润滑油	重新调整预紧力,并使之润滑充分
5	主轴不转	传动轴上的轴承损坏	更换轴承

 任务拓展

一、电主轴的选用原则

电主轴选用的一般原则如下：

1）熟悉和了解电主轴的结构特点、基本性能、主要参数、润滑和冷却的要求等基本内容。

2）结合目前具备的条件，如机床的类型及特点、电源条件、润滑条件、气源条件、冷却条件、加工产品特点等诸多因素，正确选择适宜的电主轴。

二、电主轴的选用注意事项

选用电主轴最重要的是选定其最高转速、额定功率、转矩以及转矩与转速的关系，主要应该注意以下几点：

1）从实际需要出发，切忌"贪高（高转速）求大（大功率）"，以免造成性能冗余、资金浪费、维护费事。

2）根据实际可行的切削规范，对多个典型工件的多个典型工序多做计算。

3）不要单纯依靠样本来选用，而应多与供应商的销售服务专家深入交谈，多听他们的有益建议。

4）注意正确选择轴承类型与润滑方式。在满足需求的条件下，应尽量选用陶瓷球混合轴承与永久性油润滑的组合，这样可省去润滑部件并方便维护。

任务3.3　数控车床主传动系统的装调及维修

 学习目标

掌握数控车床主轴箱装配图的识图方法；掌握数控车床主轴箱的拆卸、装配与调整步骤；了解数控车床主传动系统的故障诊断及维修方法；了解数控车床主传动系统的保养及检查方法。

 任务布置

进行数控车床主传动系统的装调及维护。

 任务分析

数控机床主传动系统装调的前提是看懂其装配图，而数控机床主传动系统维修的前提是数控机床主传动系统的装调。因此，本任务是应该从看数控车床主传动系统图开始来实施的。

 相关知识

一、主运动传动

TND360型数控卧式车床的传动系统如图3-25所示，各传动元件是按照运动传递的先后顺序，以展开图的形式画出来的。该图只表示传动关系，不表示各传动元件的实际尺寸和空间位置。

数控车床主运动传动链的两端部件是主电动机与主轴，它的功用是把动力源（电动机）的运动及动力传递给主轴，使主轴带动工件旋转，实现主运动，并满足数控卧式车床主轴变速和换向的要求。

TND360型数控卧式车床的主运动传动中，主轴伺服电动机（27kW）的运动由齿数分别为27/40的同步带传动到主轴箱中的轴Ⅰ，再经轴Ⅰ上的双联滑移齿轮、齿轮副84/60或29/86传递到轴Ⅱ（即主轴），使主轴获得高（800~3150r/min）、低（7~800r/min）两档转速范围。在各转速范围内，由主

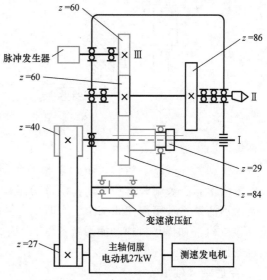

图3-25　TND360型数控卧式车床主传动系统图

轴伺服电动机驱动实现无级变速。

主轴的运动经过齿轮副 60/60 传递到轴Ⅲ，由轴Ⅲ经联轴器驱动圆光栅。圆光栅将主轴的转速信号转变为电信号送回数控装置，由数控装置控制实现数控车床上的螺纹切削加工。

二、主轴箱的结构

数控机床的主轴箱是一个比较复杂的传动部件，表达主轴箱中各传动元件的结构和装配关系时常用展开图。展开图基本上是按传动链传递运动的先后顺序，沿各轴轴线剖开，并展开在一个平面上的装配图。图 3-26 所示为 TND360 型数控卧式车床的主轴箱展开图，该图是沿轴Ⅰ-Ⅱ-Ⅲ的轴线剖开后展开的。

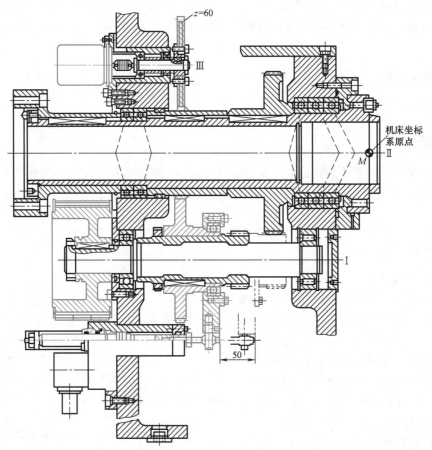

图 3-26 TND360 型数控卧式车床的主轴箱展开图

在展开图中通常主要表示：

各种传动元件（轴、齿轮、带传动和离合器等）的传动关系；各传动轴及主轴等有关零件的结构形状、装配关系和尺寸，以及箱体有关部分的轴向尺寸和结构。

要表示清楚主轴箱部件的结构，有时仅有展开图还是不能表示出每个传动元件的空间位置及其他机构（如操作机构、润滑装置等），因此，装配图中有时还需要必要的向视图及其他剖视图加以说明。

1. 变速轴（轴Ⅰ）

变速轴是外花键轴。左端装有齿数为 40 的同步带轮，传递来自主电动机的运动。轴上花键部分安装有一双联滑移齿轮，齿轮齿数分别为 29（模数 $m = 2\text{mm}$）和 84（模数 $m = 2.5\text{mm}$）。齿数为 29 的齿轮工作时，主轴运转在低速区；齿数为 84 的齿轮工作时，主轴运转在高速区。双联滑移齿轮为分体组合形式，上面装有拨叉轴承，拨叉轴承隔离齿轮与拨叉的运动。双联滑移齿轮由液压缸带动拨叉驱动，在轴 I 上作轴向移动，分别实现齿轮副 29/86、84/60 的啮合，完成主轴的变速。变速轴靠近带轮的一端由球轴承支承，外圈固定；另一端由长圆柱滚子轴承支承，外圈在箱体上不固定，以提高轴的刚度和降低热变形的影响。

2. 检测轴（轴Ⅲ）

检测轴是阶梯轴，由两个球轴承支承在轴承套中。它的一端装有齿数为 60 的齿轮，齿轮的材料为夹布胶木，另一端通过联轴器带动光电脉冲发生器。检测轴上齿数为 60 的齿轮与主轴上的齿数为 60 的齿轮相啮合，将主轴运动传到光电脉冲发生器上。

3. 主轴箱

主轴箱的作用是支承主轴和使主轴运动的传动系统，其材料为密烘铸铁。主轴箱用底部定位面在床身左端定位，并用螺钉紧固。

 任务实施

一、数控车床主轴部件的结构与调整

1. 主轴部件的结构

图 3-27 所示是 CK7815 型数控车床主轴部件结构图，该主轴工作转速范围为 15~5000r/min。主轴 9 前端采用 3 个角接触球轴承 12 通过前轴承套 14 支承，由螺母 11 预紧。后端采

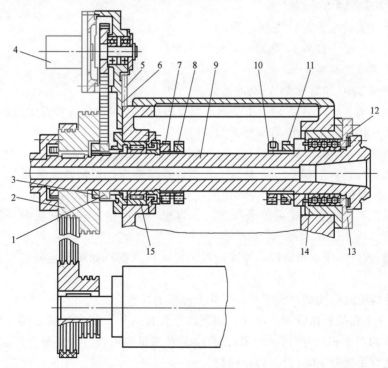

图 3-27　CK7815 型数控车床主轴部件结构图

1—同步带轮　2—带轮　3、7、8、10、11—螺母　4—主轴脉冲发生器　5—螺钉　6—支架
9—主轴　12—角接触球轴承　13—前端盖　14—前轴承套　15—圆柱滚子轴承

用圆柱滚子轴承 15 支承，径向间隙由螺母 3 和螺母 7 调整。螺母 8 和螺母 10 分别用来锁紧螺母 7 和螺母 11，防止螺母 7 和 11 的回松。带轮 2 直接安装在主轴 9 上（不卸荷）。同步带轮 1 安装在主轴 9 后端支承与带轮之间，通过同步带和安装在主轴脉冲发生器 4 所在轴上的另一同步带轮，带动主轴脉冲发生器 4 和主轴同步运动。在主轴前端，安装有液压卡盘或其他夹具。

2. 主轴部件的拆卸与调整

（1）主轴部件的拆卸　主轴部件在维修时需要进行拆卸。拆卸前应做好工作场地清理、清洁工作和拆卸工具及资料的准备工作，然后进行拆卸操作。拆卸操作顺序大致如下：

1）切断总电源及主轴脉冲发生器等电气线路。总电源切断后，应拆下保险装置，防止他人误合闸而引起事故。

2）切断液压卡盘（图 3-27 中未画出）油路，排放掉主轴部件及相关各部润滑油。油路切断后，应放尽管内余油，避免油溢出而污染工作环境。管口应包扎，防止灰尘及杂物侵入。

3）拆下液压卡盘及主轴后端液压缸等部件。

4）拆下电动机传动带及主轴后端的带轮和键。

5）折下主轴后端螺母 3。

6）松开螺钉 5，拆下支架 6 上的螺钉，拆去主轴脉冲发生器（含支架、同步带）。

7）拆下同步带轮 1 和后端油封件。

8）拆下主轴后支承处轴向定位盘螺钉。

9）拆下主轴前轴承套螺钉。

10）拆下（向前端方向）主轴部件。

11）拆下圆柱滚子轴承 15 和轴向定位盘及油封。

12）折下螺母 7 和螺母 8。

13）拆下螺母 10 和螺母 11 以及前油封。

14）拆下主轴 9 和前端盖 13。主轴拆下后要轻放，不得碰伤各部螺纹及圆柱表面。

15）拆下角接触球轴承 12 和前轴承套 14。

以上各部件、零件拆卸后，应清洗及防锈处理，并妥善存放保管。

（2）主轴部件的装配调整　装配前，各零件、部件应严格清洗，需要预先加涂油的部件应加涂油。应根据装配要求及配合部位的性质选择装配设备、装配工具以及装配方法。操作者必须注意，不正确或不规范的装配方法，将影响装配精度和装配质量，甚至损坏被装配件。

CK7815 型数控车床主轴部件的装配过程，可大体依据拆卸顺序逆向操作，这里就不再叙述。

主轴部件装配时的调整，应注意以下几个部位的操作：

1）前端 3 个角接触球轴承，应注意前面两个大口向外，朝向主轴前端，后面的一个大口向里（与前面两个相反方向）。预紧螺母 11 的预紧量应适当（查阅制造厂家说明书），预紧后一定要注意用螺母 10 锁紧，防止回松。

2）后端圆柱滚子轴承的径向间隙由螺母 3 和螺母 7 调整。调整后通过螺母 8 锁紧，防止回松。

3）为保证主轴脉冲发生器与主轴转动的同步精度，同步带的张紧力应合理。调整时先略松开支架 6 上的螺钉，然后调整螺钉 5，使同步带张紧。同步带张紧后，再旋紧支架 6 上的紧固螺钉。

4）液压卡盘装配调整时，应充分清洗卡盘内锥面和主轴前端外短锥面，保证卡盘与主轴短锥面的良好接触。卡盘与主轴的连接螺钉旋紧时应沿对角线均匀施力，以保证卡盘的工作定心精度。

5）液压卡盘驱动液压缸（图 3-27 中未画出）安装时，应调好卡盘的拉杆长度，保证驱动液压缸有足够的、合理的夹紧行程储备量。

二、主传动链的维护内容

1）熟悉数控机床主传动链的结构、性能参数，严禁超性能使用。

2）主传动链出现不正常现象时，应立即停机排除故障。

3）每天开机前检查机床的主轴润滑系统（图 3-28），发现油量过低时应及时加油。

4）操作者应注意观察主轴油箱温度，检查主轴润滑恒温油箱，调节温度范围，使油量充足。机床运行时间过长时，要检查主轴的恒温系统（图 3-29），如果温度表显示温度过高，应马上停机，检查主轴冷却系统是否有问题。

5）使用带传动的主轴系统，需定期观察并调整主轴传动带的松紧程度，防止因传动带打滑造成的丢转现象，具体操作如下：

① 用手在垂直于 V 带的方向上拉 V 带，作用力必须在两轮中间。

② 拧紧电动机底座上四个安装螺栓。

③ 拧动调整螺栓，移动电动机底座，使 V 带具有适度的松紧度。

④ V 带轮槽必须清理干净，槽沟内若有油、污物、灰尘等，会使 V 带打滑，缩短带的使用寿命。

图 3-28 主轴润滑系统

图 3-29 主轴恒温系统

6）对于用液压系统平衡主轴箱重量的平衡系统，需定期观察液压系统的压力表，当油压低于要求值时，要进行补油。

7）使用液压拨叉变速的主传动系统，必须在主轴停止后变速。

8）使用啮合式电磁离合器变速的主传动系统，离合器必须在低于 $1 \sim 2 r/min$ 的转速下变速。

9）注意保持主轴与刀柄连接部位及刀柄的清洁，防止对主轴的机械碰击。

10）每年对主轴润滑恒温油箱中的润滑油更换一次，并清洗过滤器。

11）每年清理润滑油池底一次，并更换液压泵过滤器。

12）每天检查主轴润滑恒温油箱，使其油量充足，工作正常。

13）防止各种杂质进入润滑油箱，保持油液清洁。

14）经常检查轴端及各处密封，防止润滑油液的泄漏。

15）刀具夹紧装置长时间使用后，会使活塞杆和拉杆间的间隙加大，造成拉杆位移量减少，使碟形弹簧张闭伸缩量不够，影响刀具的夹紧，故需及时调整液压缸活塞的位移量。

16）经常检查压缩空气气压，并调整到标准要求值。气压足够，才能使主轴锥孔中的切屑和灰尘清理彻底。

17）定期检查主轴电动机上的散热风扇（图3-30），看看是否运行正常，发现异常情况应及时修理或更换，以免电动机产生的热量传递到主轴上，损坏主轴部件或影响加工精度。

图3-30 主轴电动机散热风扇

三、主轴部件的检修

1. 检修实例

（1）主轴转速显示为0 一台SIEMENS-810T型数控车床起动主轴时出现报警号为7006，内容为"Spindle Speed Not Intarget Range"（主轴速度不在目标范围内）。

故障现象：这台机床第一次出现故障，在起动主轴旋转时出现7006号报警，不能进行自动加工。

故障分析：因为故障指示主轴有问题，观察主轴已经旋转，在屏幕上检查主轴转速的数值为0，所以出现报警。但实际上，主轴不但已经旋转，而且转速也基本上没有问题，判断可能是转速反馈系统有问题，为此对主轴系统进行检查。这台机床的主轴编码器是通过传动带与主轴系统连接的，经检查发现传动带已经断开，因而使主轴编码器无法随主轴旋转，造成没有速度反馈信号。

故障处理：更换传动带，机床恢复正常工作。

（2）主轴电动机轴承损坏

故障现象：主轴电动机发热，主轴高速运转时出现过载报警，且主轴转动时主轴电动机内有机械摩擦声音。

故障分析：许多数控机床的主轴电动机与主轴之间通过同步带连接。主轴通过同步带将转矩传递到主轴的刀具上。主轴与主轴电动机的轴端装有带轮，同步带连接两个带轮。为保证主轴的切削效果，在同步带上施加了张力，特别是很多数控机床为使其主轴能够完成刚性攻螺纹的要求，经常将同步带的张紧力调得很大，因而施加在轴端的悬臂力也随之增大。主轴电动机对于施加在其轴端的悬臂力是有严格要求的。悬臂力越大，电动机轴承的允许使用寿命越短。由此也可以看出，在设计数控机床时，一定要考虑到所选用部件的性能指标和技术要求。如果不能满足各种部件的技术要求，数控机床在用户现场使用的过程中就很可能出现故障，造成数控机床停机。

2. 主轴部件常见故障诊断及排除方法

主轴部件常见故障诊断及排除方法见表 3-2。

表 3-2　主轴部件常见故障诊断及排除

序号	故障现象	故障原因	排除方法
1	切削振动大	主轴箱和床身的连接螺钉松动	恢复精度后紧固连接螺钉
		主轴与箱体精度超差	修理主轴或箱体,使其配合精度、位置精度达到要求
		其他因素	检查刀具或切削工艺问题
		如果是车床,可能是转塔刀架运动部位松动或压力不够而未卡紧	调整修理
2	主轴箱噪声大	主轴部件动平衡不好	重新进行动平衡
		齿轮啮合间隙不均或严重损伤	调整间隙或更换齿轮
		传动带长度不够或过松	调整或更换传动带,不能新旧混用
		齿轮精度差	更换齿轮
		润滑不良	调整润滑油量,保持主轴箱的清洁度
3	主轴无变速	变档液压系统压力是否足够	检测并调整工作压力
		变档液压缸研损或卡死	修去毛刺和研伤,清洗后重装
		变档电磁阀卡死	检修并清洗电磁阀
		变档液压缸拨叉脱落	修复或更换拨叉
		变档液压缸窜油或内泄	换密封圈
		变档复合开关失灵	更换开关
4	主轴不转动	保护开关没有压合或失灵	检修或更换压合保护开关
		主轴与电动机传动带过松	调整或更换传动带
		主轴拉杆未拉紧夹持刀具的拉钉	调整主轴拉杆拉钉结构
		卡盘未夹紧工件	调整或修理卡盘
		变档复合开关损坏	更换复合开关
		变档电磁阀体内泄漏	更换电磁阀
5	主轴发热	润滑油脏或有杂质	清洗主轴箱,更换新油
		冷却润滑油不足	补充冷却润滑油,调整供油量
*6	刀具夹不紧	夹刀碟形弹簧位移量较小或拉刀液压缸动作不到位	调整碟形弹簧行程长度,调整拉刀液压缸行程
		刀具松夹弹簧上的螺母松动	拧紧螺母,使其最大工作载荷为 13kN
*7	刀具夹紧后不能松开	松刀弹簧压合过紧	拧松螺母,使其最大工作载荷不超过 13kN
		液压缸压力和行程不够	调整液压压力和活塞行程开关位置

说明：带"＊"是指车削中心、数控铣床、加工中心的情况，不是普通数控车床上的情况。

任务拓展

一、MOC200MS3 型车削中心的传动

图 3-31 所示为 MOC200MS3 型车削中心的主轴传动系统结构和 C 轴传动及主传动系统

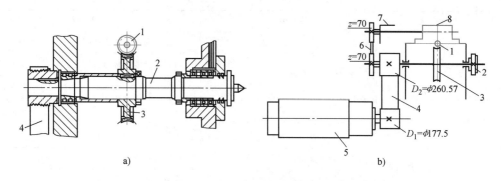

图 3-31　MOC200MS3 型车削中心的主轴传动系统结构和 C 轴传动及主传动系统简图

a）主轴传动系统结构　b）C 轴传动及主传动系统简图

1—蜗杆　2—主轴　3—蜗轮　4、6—同步带　5—主轴电动机　7—光电脉冲发生器　8—C 轴伺服电动机

简图。C 轴分度采用可啮合和脱开的精密蜗杆副（$i=1:32$）结构，一个转矩为 18.2N·m 伺服电动机驱动蜗杆 1 及主轴上的蜗轮 3，当机床处于铣削和钻削状态时，即主轴需通过 C 轴回转或分度时，蜗杆与蜗轮啮合。该蜗杆副由一个可固定的精确调整滑块来调整，以消除啮合间隙。C 轴的分度精度由一个光电脉冲发生器来保证，分度精度为 0.01°。

二、CH6144 型车削中心的传动

图 3-32 所示为 CH6144 型车削中心 C 轴传动系统简图。当主轴在一般工作状态时，换位液压缸 6 使滑移齿轮 5 与主轴齿轮 7 脱离，制动液压缸 10 脱离制动，主轴电动机通过 V 带带动带轮 11 使主轴 8 旋转。

当主轴需要 C 轴控制作分度或回转时，主轴电动机处于停止工作状态，滑移齿轮 5 与主轴齿轮 7 啮合。在制动液压缸 10 未制动状态下，C 轴伺服电动机 15 根据指令脉冲值旋转，通过 C 轴变速箱变速，经齿轮 5、7 使主轴分度，然后制动液压缸工作制动主轴。进行铣削时，除制动液压缸不制动主轴外，其他动作与上述相同，此时主轴指令作缓慢连续旋转进给运动。

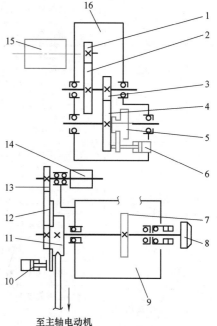

至主轴电动机

图 3-32　CH6144 型车削中心 C 轴传动系统简图

1~4—传动齿轮　5—滑移齿轮　6—换位液压缸　7—主轴齿轮　8—主轴　9—主轴箱　10—制动液压缸　11—V 带轮　12—主轴制动盘　13—同步带轮　14—光电脉冲发生器　15—C 轴伺服电动机　16—C 轴控制箱

任务3.4 数控铣床／加工中心主传动系统的装调及维修

学习目标

掌握数控铣床/加工中心主轴箱装配图的识图方法；掌握数控铣床/加工中心主传动系统的拆卸、装配与调整方法；了解数控铣床/加工中心主传动系统的故障诊断及维修方法。

任务布置

进行数控铣床/加工中心的主传动系统的装调及维护。

任务分析

看懂数控铣床/加工中心主传动系统装配图装配，对数控铣床/加工中心的主传动系统进行拆卸、装配与调整，进一步能了解进行数控铣床/加工中心主传动系统故障诊断与维修方法。

相关知识

一、主传动系统结构

TH6350型加工中心的主传动系统结构如图3-33所示。为了增加转速范围和转矩，主传动采用齿轮变速传动方式。主轴转速分为低速区和高速区。低速区的传动路线是：交流主轴

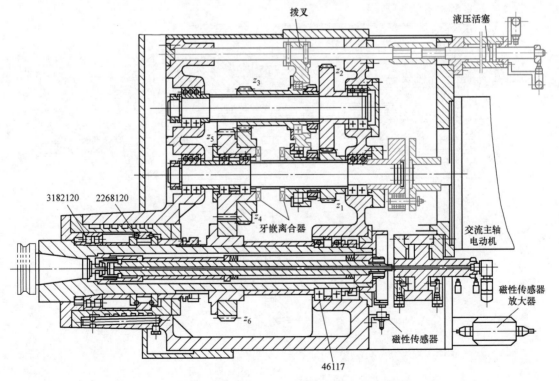

图3-33 TH6350型加工中心的主传动系统结构

电动机经弹性联轴器、齿轮 z_1、齿轮 z_2、齿轮 z_3、齿轮 z_4、齿轮 z_5、齿轮 z_6 到主轴。高速区的传动路线是：交流主轴电动机经联轴器及牙嵌离合器、齿轮 z_5、齿轮 z_6 到主轴。变换到高速档时，由液压活塞推动拨叉向左移动，此时主轴电动机慢速旋转，以利于牙嵌离合器啮合。主轴电动机采用 FANUC 交流主轴电动机，主轴能获得的最大转矩为 490N·m；主轴转速范围为 28~31501r/min，其中低速区为 28~733r/min，高速区为 733~150r/min；低速时传动比为 1：4.75；高速时传动比 1：1.1。主轴锥孔为 ISO50。主轴结构采用了高精度、高刚性的组合轴承，其前轴承由 3182120 双列短圆柱滚子轴承和 2268120 推力球轴承组成，后轴承采用 46117 推力角接触球轴承，这种主轴结构可保证主轴的高精度。

二、主轴结构

如图 3-34a 所示。常用刀柄采用 7：24 的大锥度锥柄与主轴锥孔配合，既有利于定心，也为松夹带来了方便。标准拉钉 5 拧紧在刀柄上。放松刀具时，液压油进入液压缸活塞 1 的右端，油压使活塞左移，推动拉杆 2 左移，同时碟形弹簧 3 被压缩，钢球 4 随拉杆一起左移，当钢球移至主轴孔径较大处时，便松开拉钉，机械手即可把刀柄连同拉钉 5 从主轴锥孔中取出。夹紧刀具时，活塞 1 右端无油压，螺旋弹簧使活塞退到最右端，拉杆 2 在碟形弹簧 3 的弹簧力作用下向右移动，钢球 4 被迫收拢，夹紧在拉杆 2 的环槽中。这样，拉杆通过钢球把拉钉向右拉紧，使刀柄外锥面与主轴锥孔内锥面相互压紧，刀具随刀柄一起被夹紧在主轴上。

行程开关 8 和 7 用于发出夹紧和放松刀柄的信号。刀具夹紧机构使用碟形弹簧夹紧、液压放松，可保证在工作中如果突然停电，刀柄不会自行脱落。

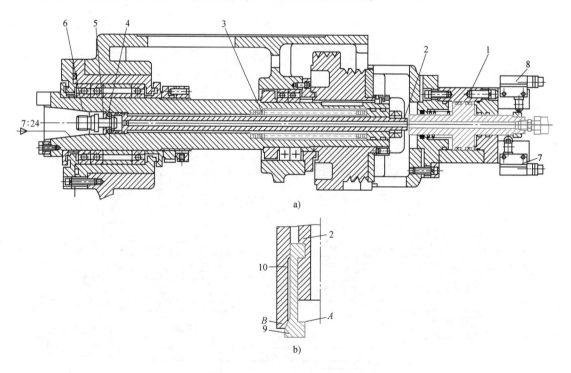

图 3-34　加工中心的主轴部件

1—活塞　2—拉杆　3—碟形弹簧　4—钢球　5—拉钉　6—主轴　7、8—行程开关　9—弹力卡爪　10—卡套

自动清除主轴孔中的切屑和灰尘是换刀操作中的一个不容忽视的问题。为了保持主轴锥孔清洁，常采用压缩空气吹屑。图3-34a所示活塞1的心部钻有压缩空气通道，当活塞向左移动时，压缩空气经过活塞由主轴孔内的空气嘴喷出，将锥孔清理干净。为了提高吹屑效率，喷气小孔要有合理的喷射角度，并均匀分布。

用钢球4拉紧拉钉5，这种拉紧方式的缺点是接触应力太大，易将主轴孔和拉钉压出坑来。新式的刀杆已改用弹力卡爪，它由两瓣组成，装在拉杆2的左端，如图3-34b所示。卡套10与主轴是固定在一起的，夹紧刀具时，拉杆2带动弹力卡爪9上移，卡爪9下端的外周是锥面B，与卡套10的锥孔配合，锥面B使卡爪9收拢，夹紧刀杆。松开刀具时，拉杆带动弹力卡爪下移，锥面B使卡爪9放松，使刀杆从卡爪9中退出。这种卡爪与刀杆的结合面A与拉力垂直，故夹紧力较大；卡爪与刀杆为面接触，接触应力较小，不易压溃刀杆。目前，采用这种刀杆拉紧机构的加工中心逐渐增多。

三、刀杆拉紧机构

常用的刀杆尾部的拉紧机构如图3-35所示。图3-35a所示为弹力卡爪结构，它有放大拉力的作用，可用较小的液压推力产生较大的拉紧力。图3-35b所示为钢球拉紧结构，图3-35c所示是弹力卡爪的实物图。

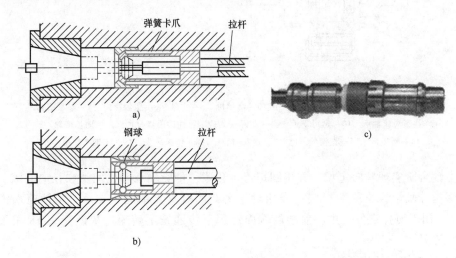

图3-35　拉紧机构

 任务实施

一、数控铣床主轴部件的结构与调整

1. 主轴部件的结构

图3-36所示是NT-J320A型数控铣床主轴部件结构图。该机床主轴可做轴向运动，且轴向运动坐标轴为数控装置中的Z轴。直流伺服电动机16，经同步带轮13、15及同步带14，带动丝杠17转动，通过丝杠螺母7和螺母支承10使主轴套筒6带动主轴5做轴向运动，同时也带动脉冲编码器12，数控装置可通过其发出的反馈脉冲信号进行控制。

主轴为实心轴，上端为花键，通过花键套11与变速箱连接，带动主轴旋转。主轴前端采用两个特轻系列角接触球轴承1支承，两个轴承背靠背安装，通过轴承内圈隔套2、外圈

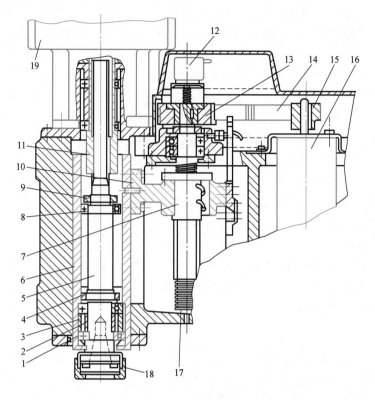

图 3-36 NT-J320A 型数控铣床主轴部件结构图

1—角接触球轴承 2、3—轴承隔套 4、9—圆螺母 5—主轴 6—主轴套筒 7—丝杠螺母
8—深沟球轴承 10—螺母支承 11—花键套 12—脉冲编码器 13、15—同步带轮
14—同步带 16—直流伺服电动机 17—丝杠 18—快换夹头 19—主轴电动机

隔套 3 和主轴台阶实现轴向定位，并用圆螺母 4 预紧，消除轴承轴向间隙和径向间隙。主轴后端采用深沟球轴承，与前端组成一个相对于套筒的双支点单固式支承。主轴前端锥孔为 7：24 锥度，用于刀杆定位。主轴前端的端面键用于传递铣削转矩。快换夹头 18 用于快速松开、夹紧刀具。

2. 主轴部件的拆卸与调整

（1）主轴部件的拆卸 数控铣床主轴部件拆卸前的准备工作与前述数控车床主轴部件拆卸前的准备工作相同。在准备就绪后，即可进行如下顺序的拆卸工作：

1）切断总电源、脉冲编码器 12，以及直流伺服电动机 16、主轴电动机 19 等的电气线路。

2）拆下主轴电动机法兰盘上的连接螺钉。

3）拆下主轴电动机 19 及花键套 11 等部件（根据具体情况，也可不拆此部分）。

4）拆下罩壳螺钉，卸掉上罩壳。

5）拆下丝杠座螺钉。

6）拆下螺母支承 10 与主轴套筒 6 的连接螺钉。

7）向右移动丝杠 7 和螺母支承 10 等部件，卸下同步带 14 和螺母支承 10 处与主轴套筒连接的定位销。

8）卸下主轴部件。

9）拆下主轴部件前端法兰和油封。

10）拆下主轴套筒。

11）拆下圆螺母 4 和 9。

12）拆下前、后轴承 1 和 8，以及轴承隔套 2 和 3。

13）卸下快换夹头 18。

拆卸后的零件、部件应进行清选和防锈处理，并妥善保管存放。

（2）主轴部件的装配调整铣床　主轴部件装配前的准备工作与前述数控车床的相同。可根据装配要求和装配部位配合性质选取装配设备、工具及装配方法。

装配顺序可大体按拆卸顺序逆向操作。数控铣床主轴部件装配调整时应注意以下几点：

1）为保证主轴工作精度，应注意调整好预紧螺母 4 的预紧量。

2）前、后轴承应保证有足够的润滑油。

3）螺母支承 10 与主轴套筒的连接螺钉要充分旋紧。

4）为保证脉冲编码器与主轴的同步精度，调整时应保证同步带 14 合理的张紧量。

二、主传动链的维修

1. 换档滑移齿轮引起主轴停转的故障维修

故障现象：机床在工作过程中，主轴箱内机械换档滑移齿轮自动脱离啮合，主轴停转。

故障分析：图 3-37 所示为带有变速齿轮的主传动，采用液压缸推动滑移齿轮进行换档，同时也锁住滑移齿轮。换档滑移齿轮自动脱离啮合主要是液压缸内压力变化引起的。控制液压缸的三位四通换向阀在中间位置时不能闭死，液压缸前、后两腔油路相渗漏，这样势必造成液压缸上腔推力大于下腔，使活塞杆渐渐向下移动，逐渐使滑移齿轮脱离啮合，造成主轴停转。

故障处理：更换新的三位四通换向阀后即可解决问题；或改变控制方式，采用二位四通换向阀，使液压缸一腔始终保持压力油。

2. 换档不能啮合的故障维修

故障现象：发出主轴箱换档指令后，主轴处于慢速来回摇摆状态，一直挂不上档。

故障分析：图 3-37 所示为带有变速齿轮的主传动。为了保证滑移齿轮移动顺利啮合于正确位置，机床接到换档指令后，在电气设计上指令主电动机带动主轴做慢速来回摇摆运动。此时，如果电磁阀发生故障（阀芯卡孔或电磁铁失效），油路不能切换，液压缸不动作，或者液压缸动作，但发出反馈信号的无触点开关失效，滑移齿轮换档到位后不能发出反馈信号，都会造成机床循环动作中断。

故障处理：更换新的液压阀或失效的无触点开关后，故障消除。

3. 换档后主轴箱噪声大的故障维修

故障现象：主轴箱经过数次换档后，噪声变大。

故障分析：图 3-37 所示为带有变速齿轮的主传动。当机床接到换档指令后，变速液压缸与通过拨叉 4 带动滑移齿轮移动。此时，相啮合的齿轮相互间必然发生冲击和摩擦。如果齿面硬度不够，或齿端倒角、倒圆不好，换档速度太快、冲击过大都将造成齿面破坏，主轴箱噪声变大。

故障处理：使齿面硬度大于 55HRC，认真做好齿端倒角、倒圆工作，调节换档速度，减小冲击。

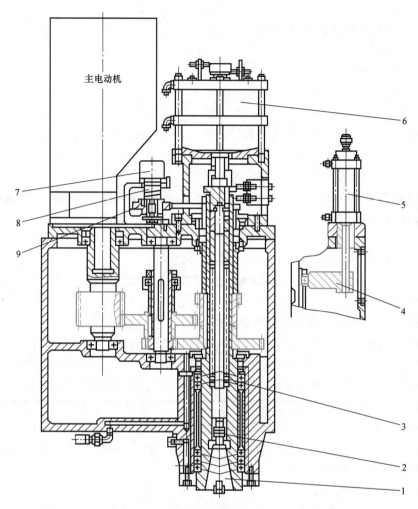

图 3-37　带有变速齿轮的主传动

1—主轴　2—弹力卡爪　3—碟形弹簧　4—拨叉　5—变速液压缸
6—松刀气缸　7—编码器　8—联轴器　9—同步带轮

4. 变速无法实现的故障维修

故障现象：TH5840 型立式加工中心换档变速时，变速气缸不动作，无法变速。

故障分析：变速气缸不动作的原因有：气动系统压力太低或流量不足；气动换向阀未得电或换向阀有故障；变速气缸有故障。

故障处理：根据分析，首先检查气动系统的压力，压力表显示气压为 0.6MPa，压力正常；检查换向阀电磁铁已带电，用手动换向阀，变速气缸动作，故判定气动换向阀有故障。拆下气动换向阀，检查发现有污物卡住阀芯。进行清洗后，重新装好，故障排除。

5. 主轴出现拉不紧刀的故障排除

故障现象：VMC 型加工中心使用半年后出现主轴拉刀松动现象，无任何报警信息。

故障分析：调整碟形弹簧与拉刀液压缸行程长度，故障依然存在；进一步检查发现拉钉与刀杆夹头的螺纹连接松动，刀杆夹头随着刀具的插拔发生旋转，后退了约 1.5mm。该加工中心的拉钉与刀杆夹头间无任何连接防松的措施。

故障处理：将主轴拉钉和刀杆夹头的螺纹连接用螺纹锁封胶锁固，并用锁紧螺母紧固，故障消除。

6. 松刀动作缓慢的故障排除

故障现象：TH5840 型立式加工中心换刀时，主轴松刀动作缓慢。

故障分析：主轴松刀动作缓慢的原因可能是气动系统压力过低或流量不足，或者机床主轴拉刀系统有故障，如碟形弹簧破损等，或者主轴松刀气缸有故障。

故障处理：首先检查气动系统的压力，压力表显示气压为 0.6MPa，压力正常；将机床操作转为手动，手动控制主轴松刀，发现系统压力下降明显，气缸的活塞杆缓慢伸出，故判定气缸内部漏气。拆下气缸，打开端盖，压出活塞和活塞环，发现密封环破损，气缸内壁拉毛。

故障处理：更换新的气缸后，故障排除。

7. 刀柄和主轴的故障维修

故障现象：TH5840 型立式加工中心换刀时，主轴锥孔吹气，把含有铁锈的水分吹出，并附着在主轴锥孔和刀柄上。刀柄和主轴接触不良。

故障分析：故障产生的原因是压缩空气中含有水分。

故障处理：采用空气干燥机，使用干燥后的压缩空气问题即可解决。若受条件限制，没有空气干燥机，也可在主轴锥孔吹气的管路上进行两次分水过滤，设置自动放水装置，并对气路中相关零件进行防锈处理，故障即可排除。

主传动链常见故障诊断及排除方法见表 3-3。

表 3-3　主传动链常见故障诊断及排除方法

序号	故障现象	故障原因	排除方法
1	主轴在强力切削时停转	电动机与主轴之间的传动带过松	调整带的张紧力
		传动带表面有油	用汽油清洗后擦干净，再装上
		传动带老化失效	更换新带
		摩擦离合器调整过松或磨损	调整摩擦离合器，修磨或更换摩擦离合器
2	主轴有噪声	小带轮与大带轮传动平衡情况不佳	重新进行动平衡
		主轴与电动机之间的传动带过紧	调整带的张紧力
		齿轮啮合间隙不均匀或齿轮损坏	调整齿轮啮合间隙或更换齿轮
3	齿轮损坏	换档压力过大，齿轮受冲击产生破损	按液压原理图，调整到适当的压力和流量
		换档机构损坏或固定销脱落	修复或更换零件
4	主轴发热	主轴前端盖与主轴箱压盖研伤	修磨主轴前端盖使其压紧主轴前轴承，轴承与后盖有 0.02~0.05mm 间隙
5	主轴没有润滑油循环或润滑不足	液压泵转向不正确，或间隙过大	改变液压泵转向或修理液压泵
		吸油管没有插入油箱的液面以下	吸油管插入液面以下 2/3 处
		油管或过滤器堵塞	清除堵塞物
		润滑油压力不足	调整供油压力

（续）

序号	故障现象	故障原因	排除方法
6	液压变速时齿轮推不到位	主轴箱内拨叉磨损	选用球墨铸铁做拨叉材料
			在每个垂直滑移齿轮下方安装塔簧作为辅助平衡装置,减轻对拨叉的压力
			活塞的行程与滑移齿轮的定位相协调
			拨叉磨损,予以更换
7	润滑油泄漏	润滑油量多	调整供油量
		检查各处密封件是否有损坏	更换密封件
		管件损坏	更新管件

 任务拓展

一、主轴准停装置的分类

数控机床为了完成 ATC（刀具自动交换）的动作过程，必须设置主轴准停机构。由于刀具装在主轴上，切削时切削转矩不可能仅靠锥孔的摩擦力来传递，因此在主轴前端设置一个凸键，当刀具装入主轴时，刀柄上的键槽必须与凸键对准，才能顺利换刀。为此，主轴必须准确停在某固定的角度上。主轴准停是实现 ATC 过程的重要环节。通常主轴准停机构有两种方式，即机械式与电气式。

机械方式采用机械凸轮机构或光电盘方式进行粗定位，然后有一个液动或气动的定位销插入主轴上的销孔或销槽实现精确定位，完成换刀后定位销退出，主轴才开始旋转。采用这种传统方法定位，结构复杂，在早期数控机床上使用较多。

目前国内外中高档数控系统均采用电气准停控制。电气方式定位一般有以下两种方式。一种是用位置编码器检测定位，这种方法是通过主轴电动机内置安装的位置编码器或在机床主轴箱上安装一个与主轴 1∶1 同步旋转的位置编码器来实现准停控制，准停角度可任意设定。另一种是用磁性传感器检测定位，在主轴上安装一个发磁体与主轴一起旋转，在距离发磁体旋转轨迹外 1~2 mm 处固定一个磁传感器，它经过放大器与主轴控制单元相连接，当主轴需要定向时，便可停止在调整好的位置上。磁传感器主轴准停应用较多。

二、磁传感器主轴准停装置的工作原理

磁传感器主轴准停控制由主轴驱动自身完成。当执行 M19 指令时，数控系统只需发出准停信号 ORT，主轴驱动完成准停后会向数控系统回答完成信号 ORE，然后数控系统再进行下面的工作。磁传感器主轴准停控制系统的基本结构如图 3-38 所示。

由于采用了磁传感器，故应避免将产生磁场的元件（如电磁线圈、电磁阀等）与磁发体和磁传感器安装在一起。另外，磁发体（通常安装在主轴旋转部件上）与磁传感器（固定不动）的安装是有严格要求的，应按照说明书要求的精度安装。

采用磁传感器准停止时，主轴驱动接收到数控系统发来的准停信号 ORT，主轴立即加速或减速至某一准停速度（可在主轴驱动装置中设定）。当主轴达到准停速度和准停位置时（即磁发体与磁传感器对准），主轴即减速至某一爬行速度（可在主轴驱动装置中设定）。然后，当磁传感器信号出现时，主轴驱动立即进入磁传感器作为反馈元件的闭环控制，目标位置即为准

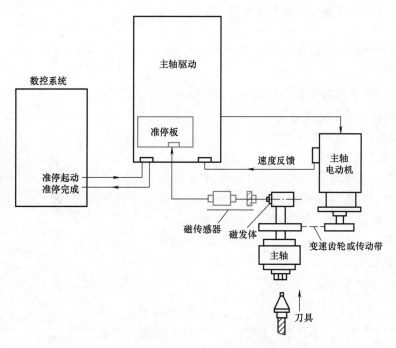

图 3-38　磁传感器主轴准停控制系统的基本结构

停位置。准停完成后，主轴驱动装置输出准停完成信号 ORE 给数控系统，从而可进行自动换刀（ATC）或其他动作。磁发体与磁传感器在主轴上的位置示意如图 3-39 所示，准停时序如图 3-40 所示，在主轴上的安装位置如图 3-41 所示。发磁体安装在主轴后端，磁传感器安装在主轴箱上，其安装位置决定了主轴的准停点，发磁体和磁传感器之间的间隙为（1.5±0.5）mm。

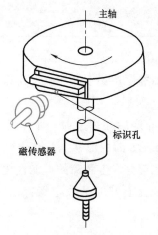

图 3-39　磁发体与磁传感器在主轴上位置示意图

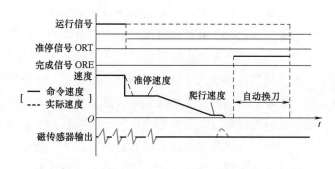

图 3-40　磁传感器准停时序图

三、主轴准停装置的维护和维修

1. 主轴准停装置的维护

主轴准停装置的维护主要包括以下几个方面：

1）经常检查插件和电缆有无损坏，使它们保持接触良好。

2）保持磁传感器上的固定螺栓和连接器上的螺钉紧固。

3）保持编码器上连接套的螺钉紧固，保证编码器连接套与主轴连接部分的合理间隙。

4）保证传感器的合理安装位置。

2．主轴准停装置的维修

（1）主轴准停装置的故障诊断　主轴发生准停错误时大都无报警，只能在换刀过程中发生中断时才会被发现。发生主轴准停方面的故障时，应根据机床的具体结构进行分析、处理，先检查电气部分，如确认正常后再考虑机械部分。机械部分结构简单，最主要的是连接。主轴准停装置常见故障见表3-4。

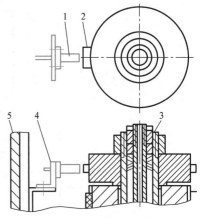

图 3-41　磁性传感器主轴准停装置
1—磁传感器　2—磁发体　3—主轴
4—支架　5—主轴箱

表 3-4　主轴准停装置常见故障

序号	故障现象	故障原因	排除方法
1	主轴不准停	传感器或编码器损坏	更换传感器或编码器
		传感器或编码器连接套上的紧定螺钉松动	紧固传感器或编码器连接套上的紧定螺钉
		插接件和电缆损坏或接触不良	更换或使之接触良好
2	主轴准停位置不准	重装后传感器或编码器位置不准	整元件位置或对机床参数进行调整
		编码器与主轴的连接部分间隙过大，使旋转不同步	调整间隙到指定值

（2）维修实例　主轴准停位置不准的故障排除。

故障现象：某加工中心，采用编码器型主轴准停控制，主轴准停位置不准，引发换刀过程发生中断。开始时，故障出现次数不多，重新开机又能工作。

故障分析：经检查，主轴准停后发生位置偏移，且主轴在准停后如用手碰一下（和工作中在换刀时当刀具插入主轴时的情况相近），主轴会产生向相反方向的漂移。检查电气部分无任何报警，所以从故障的现象和可能发生的部位来看，电气部分发生故障的可能性比较小。检查机械连接部分，当检查到编码器的连接时，发现编码器上连接套的紧定螺钉松动，使连接套后退，造成与主轴的连接部分间隙过大，使旋转不同步。

故障排除：将紧定螺钉按要求固定好，故障排除。

任务 3.5　数控机床的平衡补偿调整

 学习目标

了解平衡补偿的原理与方法；能进行镗轴自重挠曲（垂度）补偿调整。

任务布置

进行数控铣床/加工中心镗轴自重挠曲（垂度）补偿调整。

任务分析

数控铣床/加工中心的主轴箱是可以上下移动的，主轴箱的质量是靠什么实现平衡的？在应用该数控铣床加工精度要求高的零件时，其同轴度很难保证，造成这种情况的原因是什么？怎样克服？这就是本任务所要解决的问题。

相关知识

卧式数控铣镗床的优点主要是支承主轴的滑枕可灵活伸缩。主轴的精度除了由自身特性决定以外，还受滑枕的运动精度、变形和位移的影响。

在滑枕形式的数控铣镗床主轴箱部件中，滑枕移动部分的重量占整个主轴箱部件重量的35%左右，而主轴箱移动式的数控铣镗床，滑枕移动部分的重量占整个主轴箱部件重量的60%。由于滑枕的移动，主轴箱部件的重心会发生改变。因此，保证主轴箱体在滑枕移动时位置不变是十分重要的。另外，滑枕向前延伸引起的自重变形也是一个不可忽略的因素。某机床研究所对一种落地铣镗床做过试验，在无补偿的情况下，滑枕伸出1500mm时，轴端在 Y 坐标轴方向下倾，即一般所称的"低头"现象，其误差值达0.21mm。据分析，其中滑枕移动产生的主轴箱倾斜误差为0.1mm，主轴箱前支承变形误差为0.015mm，滑枕的自重挠曲变形误差为0.095mm。以上误差还未包括镗杆伸出时的自重挠曲变形误差。各国落地铣镗床生产厂家都对这些变形采取各种补偿办法，特别注意研究对主轴箱部件重心变化的补偿，因为这种变化是产生"低头"现象的一个最重要的因素，而且其补偿装置比较复杂。

一、主轴箱的平衡补偿

主轴箱的平衡补偿通常采用机械平衡、液压平衡两种补偿方法，如图3-42所示。

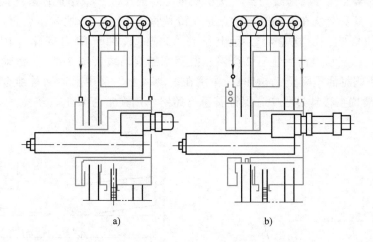

a)   b)

图 3-42　主轴箱平衡补偿方法

a）机械平衡　b）液压平衡补偿

图 3-42a 所示为机械平衡补偿。主轴箱由两根钢丝绳各通过一对滑轮挂在同一个平衡锤上，平衡锤的重量为主轴箱组件重量的 103%，当滑枕外伸时，主轴箱的重心发生变化，原平衡力系被破坏，相对原平衡位置产生了一个附加倾覆力矩。主轴箱体的前倾使前钢绳张力增加，但由于前钢丝绳的弹性较大，其增加的张力不足以克服全部附加倾覆力矩，其中的一部分附加倾覆力矩由立柱导轨承受。机械补偿法不能实现主轴箱前倾的精确补偿。

图 3-42b 所示为液压平衡补偿。为克服主轴箱体的前倾，前钢丝绳与主轴箱体之间串接一个液压缸。当滑枕外伸时，液压缸左腔的油压升高，使前钢丝绳张力增加，对主轴箱体作用一个附加的反倾覆力矩。如果此反倾覆力矩等于主轴箱体因滑枕外伸而产生的倾覆力矩，主轴箱即可不因滑枕的外伸而前倾。图 3-43 所示为电子液压补偿系统工作原理。该方法实现了前钢丝绳的张力变化随主轴箱因滑枕的外移而产生的倾覆力矩而变化。电位计 9 输出的电位与滑枕的外伸量成正比，力传感器 6 测量钢丝绳的张力。由于滑枕向外移动，前、后钢丝绳的张力重新分配，且前钢丝绳张力增加，后钢丝绳张力减小。液压补偿法能实现主轴箱前倾的精确补偿。

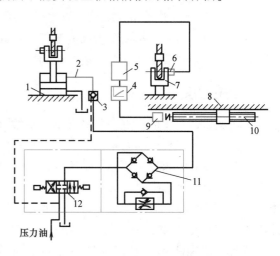

图 3-43　电子液压补偿系统原理图

1—液压缸　2—微测引线　3—液控单向阀　4—控制器
5—调节箱　6—力传感器　7—钢丝绳吊架　8—主轴箱
9—电位计　10—滚珠丝杠　11—分油器
12—三位四通电磁阀

二、滑枕的平衡补偿

滑枕的自重挠曲变形是采用预变形的加工方法来实现补偿的，如图 3-44 所示。滑枕加工前靠装夹使之向下弯曲一定量，此弯曲量等于滑枕在重心 G 处支承后因自重而产生的挠度。图中剖面线部分为加工掉的部分，剩余部分则为滑枕本身。图 3-45 所示为某数控铣镗床滑枕加工后的实际尺寸，虚线为滑枕支承在重心时的尺寸。采用这种滑枕预变形的补偿方法，简单可靠，只要滑枕在移动时支承点是在滑枕重心 G 上，滑枕就不会再产生弯曲现象。由于附件重量的影响，滑枕重心实际上是在 300mm 长的范围内变化（图 3-45）。在该 300mm 长范围内的支承点前后装有 2 个液压缸活塞的滚动块（图 3-46），滚动块在淬硬钢导轨上滚动。减压阀将油压降至 2.5MPa，作用在滚动块上。采用上述两种综合补偿办法，如图 3-47 所示，滑枕在移动过程中，保证其重力始终作用在重心 G 上。

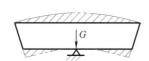

图 3-44　预变形加工补偿法示意

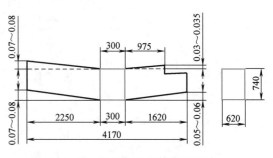

图 3-45　滑枕加工后的实际尺寸

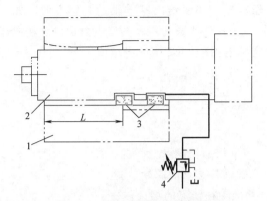

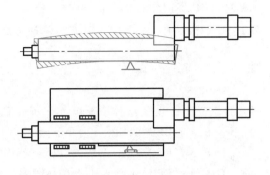

图 3-46　滑枕自重变形的补偿　　　　　　　　　　图 3-47　滑枕变形的综合补偿示意

1—主轴箱　2—滑枕　3—带有液压缸活塞的滚动块　4—减压阀

 任务实施

　　某些数控机床一个或两个轴在伸出时，一头处于悬空状态，由于轴的自重会产生下垂现象。例如，立卧镗铣床的卧轴伸出较长时，由于立轴头的重量，使卧轴产生一定下垂变形，影响机床的加工精度。自重挠曲（垂度）就是指轴由于部件的自重而引起的弯曲变形，如图 2-54 所示，部件向 Z 轴正方向移动越远，Z 轴横臂弯曲越大，越能影响到 Y 轴负方向的坐标位置。因此，应利用系统的自重挠曲（垂度）补偿功能，补偿由于轴的下垂引起的位置误差，当 Z 轴执行命令移动时，系统会在一个插补周期内计算 Y 轴上相应的补偿值。

　　铣镗床铣轴的自身挠曲（垂度）补偿是一个重要问题。例如某铣镗床，镗轴直径为 $\phi260$mm，行程为 1700mm，本身自重挠曲为 0.09mm，再加上铣镗配合间隙和对主轴箱重心的影响，镗轴在全行程时的下垂量竟达 0.28mm。这个误差的补偿在普通机床上难以解决，但在数控机床上采用 Y 轴位置补偿的办法很容易实现。如图 3-48 所示，镗轴每外伸 12.5mm 补偿一次，每次补偿量为 0.005mm，由 Y 轴完成。补偿后挠度值仅为 0.015mm，效果非常明显。

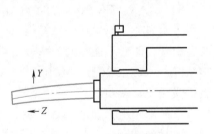

图 3-48　镗轴自重挠曲的补偿

　　自重挠曲（垂度）的补偿是"坐标轴间的补偿"，即补偿一个坐标轴的垂度，将会影响到另外的坐标轴。通常把变形坐标轴称为基础轴，如图 3-48 中的 Z 轴，受影响的坐标轴称为补偿轴，如图 3-48 中的 Y 轴。把一个基础轴与一个补偿轴定义成一种补偿关系，基础轴作为输入，由此轴决定补偿点（插补点）的位置，补偿轴作为输出，计算得到的补偿值加到它的位置调节器中。具有两个以上坐标轴的数控机床，由于一个坐标轴自重挠曲的补偿轴的垂度可能影响到其他几个坐标轴，需要为一个基础轴定义几个补偿关系。基础轴与补偿轴的补偿关系称为自重挠曲（垂度）补偿表，由系统规定的变量组成，以补偿文件的形式存入内存中，SIEMENS 系统数控机床的文件头是"%N NC_CEC_INI"。

　　为了编制自重挠曲（垂度）补偿表，应当进行以下几项工作：定义作为输入的基础轴和作为输出的补偿轴；确定基础轴的坐标补偿范围，即补偿的位置起点和终点；确定两补偿点间的距离，以便计算自重挠曲（垂度）的补偿点数；还要给出基础轴的补偿方向，如有必要还可引入补偿加权因子或补偿的模功能。每一个补偿关系的最大补偿点数量设置在机床数据 MD18342 中，由下式决定的实际补偿点数应小于 MD18342 中的设定值

$$k = \frac{\$ \ AN_{CEC_{MAX[t]}} - \$ \ AN\_CEC\_MIN[t]}{\$ \ AN\_CEC\_STEP[t]}$$

自重挠曲（垂度）补偿表包含下列系统变量。

1）$ AN_CEC_STEP [t]：在补偿表 t 中，两个相邻补偿点之间的距离。

2）$ AN_CEC_MIN [t]：在补偿表 t 中，基础轴补偿点的起始位置。

3）$ AN_CEC_MAX [t]：在补偿表 t 中，基础轴补偿点的结束位置。

若 k = MD18342-1，全范围补偿。

若 k < MD18342-1，进行全范围补偿，但比 7 大的补偿点无效。

若 k > MD18342-1，应考虑增大 MD18342 设置值或减小补偿点数，否则在给定的范围内得不到完全补偿。

4）$ AN_CEC [t, N]：在补偿表 t 中，基础轴补偿点 N 对应补偿轴的补偿值，一般取 $0 \leq N \leq k$。

5）$ AN_CEC_INPUT_AXIS [t]：定义自重挠曲（垂度）的基础轴，作为补偿输入。

6）$ AN_CEC_OUTPUT_AXIS [t]：定义需要补偿的补偿轴，作为补偿值的输出。

7）$ AN_CEC_DIRECTION [t]：基础轴的补偿方向。其中，0 表示基础轴的两个方向补偿都有效；1 表示仅在基础轴的正方向补偿有效；-1 表示仅在基础轴的负方向补偿有效。

8）$ AN_CEC_MULT_BY_TABLE [t1] = t2：定义一个表的补偿值与另一个表相乘，其积作为附加补偿值累加到总补偿值中。t1 为补偿坐标轴表 1 的索引号，t2 为补偿坐标轴表 2 的索引号，两者不能相同，一般 t1 = t2+1。

9）$ AN_CEC_IS_MODULO [t]：带模补偿功能，等于 0 表示无模补偿功能，等于 1 表示激活模补偿功能。

下面是两坐标轴的某数控机床自重挠曲（垂度）补偿的一个实例，Z 轴的位置变化，影响 Y 轴的实际坐标位置，Z 轴作为基础轴，Y 轴作为补偿轴。

%_N_NC_CEC_1NI;自重挠曲（垂度）补偿的文件头

CHANDATA(1)

$ AN_CEC[0,0] = 0;补偿点 0 的 Y 轴补偿值

$ AN_CEC[0,1] = 0.010;补偿点 1 的 Y 轴补偿值

$ AN_CEC[0,2] = 0.012;补偿点 2 的 Y 轴补偿值

$ AN_CEC[0,3] = 0.013;补偿点 3 的 Y 轴补偿值

$ AN_CEC[0,4] = 0.018;补偿点 4 的 Y 轴补偿值

$ AN_CEC[0,5] = 0.025;补偿点 5 的 Y 轴补偿值

$ AN_CEC[0,6] = 0.030;补偿点 6 的 Y 轴补偿值

$ AN_CEC_INPUT_AXIS[0] = Z1;基础轴为 Z 轴

$ AN_CEC_OUTPUT_AXIS[0] = Y1;补偿轴为 Y 轴

$ AN_CEC_STEP[0] = 50;相邻补偿点间的距离，50mm

$AN\_CEC\_MIN[0]=0$；补偿点起始位置，0mm

$AN\_CEC\_MAX[0]=300$；补偿点结束位置，300mm

$AN\_CEC\_DIRECTION[0]=1$；Z 轴正向自重挠曲（垂度）补偿有效

$AN\_CEC\_IS\_MODULO[0]=0$；模功能无效

M17；

系统能对自重挠曲（垂度）的值进行监控，若计算的总自重挠曲（垂度）的值大于机床数据 MD32720 中设定的自重挠曲（垂度）的最大值，将会发生 20124 号 "总补偿值太高" 报警，但程序不会被中断，此时以设置的最大值作为补偿值。此外，系统还对补偿值的变化进行监控，限制补偿值的改变，当发生 20125 号报警时，说明当前补偿值的改变太快，超过了机床数据 MD32730 设定的自重挠曲（垂度）补偿值的最大变化量。

在数控机床中使用自重挠曲（垂度）补偿功能，为使其补偿生效，需要满足下列条件：

1）插补补偿已经使能。

2）激活了坐标轴自重挠曲（垂度）补偿功能，即 MD32710＝1。

3）补偿值已经存入数控机床的用户存储器中。

4）相应的补偿表已经赋值且使能生效，即 SD41300＝1。

5）基础轴和补偿轴已经完成返参考点操作，参考点/同步信号 DB31、DBX60.4～DB61.DBX60.4、DB61.DBX60.5～DB61.DBX60.5 的值为 1。

 任务拓展

数控机床故障维修的原则

1. 先外部后内部

数控机床是机械、液压、电气一体化的机床，故其故障的发生必然要从机械、液压、电气这三者综合反映出来。数控机床的检修要求维修人员掌握先外部后内部的原则。即当数控机床发生故障后，维修人员应先采用望、闻、听、问等方法，由外向内逐一进行检查。

2. 先机械后电气

由于数控机床是一种自动化程度高、技术复杂的先进机械加工设备。机械故障一般较易察觉，而数控系统故障的诊断则难度要大些。先机械后电气的原则就是首先检查机械部分是否正常，行程开关是否灵活，气动、液压部分是否存在阻塞现象等。然后，再检查电气部分。

3. 先静后动

维修人员本身要做到先静后动，不可盲目动手，应先询问机床操作人员故障发生的过程及状态，阅读机床说明书、图样资料后，方可动手查找并处理故障。其次，对有故障的机床也要本着先静后动的原则，先在机床断电的静止状态，通过观察测试、分析，确认为非恶性循环性故障，或非破坏性故障后，方可给机床通电，在运行工况下进行动态的观察、检验和测试，查找故障。对恶性的破坏性故障，必须先行处理排除危险后，方可进行通电，在运行工况下进行动态诊断。

4. 先公用后专用

公用性的问题往往影响全局，而专用性的问题只影响局部。如机床的几个进给轴都不能运动，这时应先检查和排除各轴公用的 CNC、PLC、电源、液压等公用部分的故障，然后再设法排除某轴的局部问题。

5. 先简单后复杂

当出现多种故障互相交织掩盖、一时无从下手时，应先解决容易的问题，后解决较大的问题。常常在解决简单故障的过程中，难度大的问题也可能变得容易，或者在排除容易故障时受到启发，对复杂故障的认识更为清晰，从而也有了解决办法。

6. 先一般后特殊

在排除某一故障时，要先考虑最常见的可能原因，然后再分析很少发生的特殊原因。

任务4 数控机床自动换刀装置的装调与维修

任务4.1 认识数控机床自动换刀装置

学习目标

了解自动换刀选择方法；能看懂刀库与机械手装配图；理解无机械手换刀与机械手换刀的工作过程；了解常用刀库、机械手的工作原理。

任务布置

到数控机床生产企业参观或观看数控机床自动换刀装置视频，认识数控机床自动换刀装置的结构，了解换刀装置的工作原理、工作过程。

任务分析

数控机床为了能在工件一次装夹中完成多道甚至所有加工工序，以缩短辅助时间和减小多次安装工件所引起的误差，必须带有自动换刀装置，在加工中根据工艺要求，更换不同加工刀具。自动换刀装置应当具备换刀时间短、刀具重复定位精度高、足够的刀具储备量、占地面积小、安全可靠等特性。

数控车床一般配备数控四方刀架、转塔刀架、动力刀架等自动换刀装置，且换刀装置结构简单。数控镗铣加工中心配备刀库和自动换刀装置，这类换刀装置结构比较复杂。随着数控机床的发展，机床多工序功能的不断拓展，逐步发展和完善了各类刀具自动更换装置，扩大了换刀数量，从而能实现更为复杂的换刀操作。

学习自动选刀的选刀方式，自动换刀装置的结构，换刀装置的工作原理、工作过程，去认识数控机床自动换刀装置。

相关知识

一、刀具选择方法

在刀库中选择刀具的方法通常有两种：顺序选择法和任意选择法。

1. 顺序选择法

按预定工序的先后顺序将刀具插入刀库的刀座中，使用时刀具按顺序转到取刀位置。

刀具用完后可以放回原来的刀座内，也可以按加工顺序放入下一个刀座内。该法不需要刀具识别装置，驱动控制也较简单，工作可靠。但刀库中每一把刀具在不同的工序中不能重复使用，为了满足加工需要，必须增加刀具的数量和刀库的容量，这就降低了刀具和刀库的利用率。此外，装刀时必须十分谨慎，如果刀具不按顺序装在刀库中，将会产生严重的后果。

2. 任意选择法

这种方法是根据程序指令的要求任意选择所需要的刀具，刀具在刀库中不必按照工件的加工顺序排列，可以任意存放。每把刀具（或刀座）都编有代码，自动换刀时，刀库旋转，每把刀具（或刀座）都经过刀具识别装置接受识别。当一把刀具的代码与数控指令的代码相符时，该把刀具即被选中，刀库将刀具送到换刀位置，等待机械手抓取。任意选择法的优点是刀库中刀具的排列顺序与工件加工顺序无关，相同的刀具可重复使用。因此，刀具数量比顺序选择法少一些，刀库也相应地小一些。任意选择法主要有四种编码方式：刀具编码方式、刀座编码方式、编码附件方式、随机换刀。

（1）刀具编码方式　这种方式是对每把刀具进行编码，由于每把刀具都有自己的代码（表4-1），因此，可以存放于刀库的任一刀座中。这样刀库中的刀具在不同的工序中也就可以重复使用，用过的刀具也不一定放回原刀座中，避免了因刀具存放在刀库中的顺序差错而造成的事故，同时也缩短了刀库的运转时间。

（2）刀座编码方式　这种编码方式是对每个刀座和刀具都进行编码（表4-1），并将刀具放到与其编码相符的刀座中，换刀时刀库旋转，使各个刀座依次经过刀具识别装置，直至找到规定的刀座，刀库便停止旋转。这种编码方式取消了刀柄中的编码环，使刀柄结构大为简化。因此，刀具识别装置的结构不受刀柄尺寸的限制，而且可以放在较适当的位置。另外，在自动换刀过程中，必须将用过的刀具放回原来的刀座中，增加了换刀动作。与顺序选择刀具的方式相比，刀座编码的突出优点是刀具在加工过程中可重复使用。

（3）编码附件方式　编码附件方式可分为编码钥匙（表4-1）、编码卡片、编码杆和编码盘等，其中早期应用最多的是编码钥匙。这种方式是先给各刀具都附上一把表示该刀具号的编码钥匙，当把各刀具存放到刀库的刀座中时，将编码钥匙插进刀座旁边的钥匙孔中。这样就把钥匙的号码转记到刀座中，给刀座编上了号码。识别装置可以通过识别钥匙上的号码来选取该钥匙对应刀座中的刀具。

近年来还出现了在刀柄上嵌入IC芯片的办法。这种IC芯片是刀具的"身份证"和"档案"，不仅可编号，而且存有该刀具的多种数据供读取。

（4）利用可编程序控制器（PLC）实现随机换刀　计算机技术的发展使软件选刀得以实现，它代替了传统的编码环和刀具识别装置。通过这种选刀与换刀的方式，刀库上的刀具能与主轴上的刀具任意地直接交换，即随机换刀。主轴上换来的新刀号及还回刀库上的刀具号，均相应地存储于PLC内部的单元记忆。随机换刀控制方式需要在PLC内部设置一个模拟刀库的数据表，其长度和表内设置的数据与刀库的位置数和刀具号相对应。由于这种方法主要由软件完成，从而消除了由于刀具识别装置的稳定性、可靠性差所带来的选刀失误。

二、自动换刀装置的类型

各类数控机床的自动换刀装置的结构取决于机床的类型、工艺范围以及使用刀具的种类和数量。数控机床常用自动换刀装置的类型、特点、适用范围见表 4-1。

表 4-1　数控机床常用自动换刀装置的类型、特点、适用范围

类　型		特　点	适用范围
转塔式	回转刀架	多为顺序换刀,换刀时间短、结构简单紧凑、容纳刀具较少	各种数控车床、数控车削加工中心
	转塔头	顺序换刀,换刀时间短,刀具主轴部集中在转塔头上,结构紧凑。但刚性较差,刀具主轴数受限制	数控钻、镗、铣床
刀库式	刀具与主轴之间直接换刀	换刀运动集中,运动部件少,但刀库容量受限	各种类型的自动换刀数控机床,尤其是使用回转类刀具的数控镗、铣床,立式、卧式加工中心
	用机械手配合刀库进行换刀	刀库只有选刀运动,机械手进行换刀运动,刀库容量大	要根据工艺范围和机床特点,确定刀库容量和自动换刀装置类型

三、刀库的种类

目前,多坐标数控机床(如加工中心)大多数采用刀库进行自动换刀。刀库一般由电动机或液压系统提供转动动力,用刀具运动机构来保证换刀的可靠性,用定位机构来保证更换的每一把刀具或刀套都能可靠地准停。

刀库的功能是储存加工工序所需的各种刀具,按程序指令把将要用的刀具准确地送到换刀位置,并接收从主轴送来的已用刀具。刀库的容量一般为 8~64 把,多的可达 100~200 把,甚至更多。刀库的容量首先要考虑加工工艺的需要。例如,立式加工中心的主要工艺为钻、铣。统计了 15000 种工件,按成组技术分析,各种加工所必需的刀具数是:4 把铣刀可完成工件 95% 左右的铣削工艺,10 把孔加工刀具可完成 70% 的钻削工艺,因此,14 把刀具就可完成 70% 以上的工件钻、铣工艺。对完成工件的全部加工所需的刀具数目统计,所得结果是:对于 80% 的工件(中等尺寸,复杂程度一般),其全部加工任务完成所需的刀具数在 40 种以下,所以一般的中、小型立式加工中心配有 14~30 把刀具的刀库就能够满足 70%~95% 的工件加工需要。

图 4-1 所示为几种典型的刀库种类。

1. 转塔式刀库

图 4-1a 所示为转塔式刀库,主要用于小型立式加工中心。转塔式刀库转位方式有两种:一种为借助机械方式转位,此种方式的选刀均为顺序选刀;另一种为由伺服电动机驱动转位,此种刀库可以实现刀具的任意选择。

2. 圆盘式刀库

图 4-1b、c、d 所示的刀库,卧式、立式加工中心均可采用。圆盘式(侧挂型)刀库一般挂在立式加工中心立柱的侧面(刀库主轴是垂直的,又称为斗笠式刀库),或挂在无机械手换刀的卧式加工中心立柱的正面;圆盘式(顶端型Ⅰ、Ⅱ)刀库则设在立柱顶上。

3. 链式刀库

链式刀库(图 4-1e)是目前用得最多的一种形式,由一个主动链轮带动装有刀套的链条转动(移动)。

4. 格子式刀库

如图 4-1f 所示,装有刀套的格子架固定不动,在它的前面有抓刀器在上下、左右移动

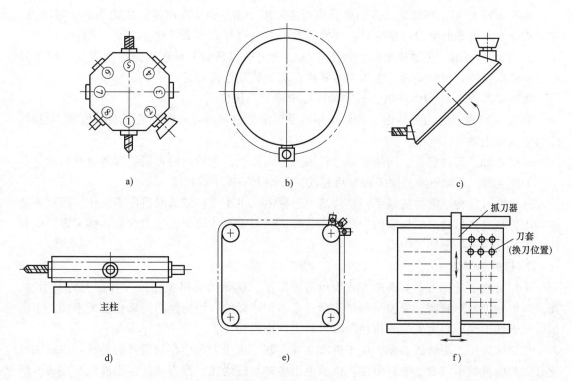

图 4-1　几种典型的刀库

a）转塔式　b）圆盘式（侧挂型）　c）圆盘式（顶端型 I ）　d）圆盘式（顶端型Ⅱ）　e）链式　f）格子式

（两轴控制），根据指令把需用的刀具抓到与主轴换刀的位置上，换刀后再把已用刀具送回原位，然后把下道工序将要用的刀具送到换刀位置。这种刀库的容量大，适用于作为加工单元使用的加工中心。

四、刀库刀具的交换方法

刀库刀具的交换方法分为无机械手换刀和有机械手换刀。

1. 无机械手换刀

无机械手换刀方式是利用刀库与机床主轴的相对运动实现刀具交换。无机械手换刀方式只适用于 40 号刀柄以下的小型加工中心。XH754 型卧式加工中心就是采用这类刀具交换装置的实例。该机床主轴在立柱上可以沿 Y 轴上、下移动，工作台的横向运动沿 Z 轴方向，纵向移动沿 X 轴方向。鼓轮式刀库位于机床顶部，有 30 个装刀位置，可装 29 把刀具。换刀过程如图 4-2 所示。

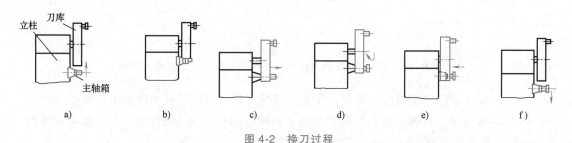

图 4-2　换刀过程

如图 4-2a 所示，当加工工步结束后执行换刀指令，主轴实现准停，主轴箱沿 Y 轴上升。这时机床上方刀库的空刀位正好处在交换位置，装夹刀具的卡爪打开。

如图 4-2b 所示，主轴箱上升到极限位置，被更换刀具的刀杆进入刀库空刀位，即被刀具定位卡爪钳住，与此同时，主轴内刀杆自动夹紧装置放松刀具。

如图 4-2c 所示，刀库伸出，从主轴锥孔中将刀具拔出。

如图 4-2d 所示，刀库转出，按照程序指令要求将选好的刀具转到最下面的位置，同时，压缩空气将主轴锥孔吹净。

如图 4-2e，刀库退回，同时将新刀具插入主轴锥孔。主轴内的夹紧装置将刀杆拉紧。

如图 4-2f，主轴下降到加工位置后起动，开始下一工步的加工。

这种换刀机构不需要机械手，结构简单、紧凑。由于交换刀具时机床不工作，所以不会影响加工精度，但会影响机床的生产率。此外，因刀库尺寸限制，装刀数量不能太多。这种换刀方式常用于小型加工中心。

2. 机械手换刀

采用机械手进行刀具交换的方式应用最为广泛，这是因为机械手换刀有很大的灵活性，而且可以减少换刀时间。机械手的结构形式是多种多样的，因此换刀运动也有所不同。下面以卧式镗铣加工中心为例说明机械手换刀的工作原理。

该机床采用的是链式刀库，位于机床立柱左侧。由于刀库中存放刀具的轴线与主轴轴线垂直，故而机械手需要 3 个自由度：机械手沿主轴轴线的插、拔刀动作，由液压缸实现；绕竖直轴 90°的摆动，进行刀库与主轴间刀具的传送，由液压马达实现；绕水平轴旋转 180°，完成刀库与主轴上的刀具交换，也由液压马达实现。其换刀分解动作如图 4-3a ~ f 所示。

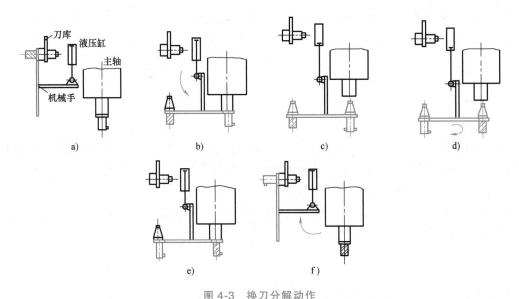

图 4-3　换刀分解动作

a) 抓待换刀具　b) 抓主轴上的刀具　c) 拔刀　d) 换刀　e) 装刀　f) 松刀

如图 4-3a 所示，刀爪伸出，抓住刀库上的待换刀具，刀库刀座上的锁板拉开。

如图 4-3b 所示，机械手带着待换刀具绕竖直轴逆时针方向转过 90°，与主轴轴线平行，另一个抓刀爪抓住主轴上的刀具，主轴将刀杆松开。

如图 4-3c 所示，机械手前移，将刀具从主轴锥孔内拔出。

如图 4-3d 所示，机械手绕自身水平轴转 180°，将两把刀具交换位置。

如图 4-3e 所示，机械手后退，将新刀具装入主轴，主轴将新刀具锁住。

如图 4-3f 所示，抓刀爪缩回，松开主轴上的刀具。机械手沿竖直轴顺时针方向转 90°，将刀具放回刀库的相应刀座上，刀库上的锁板合上。

最后，抓刀爪缩回，松开刀库上的刀具，恢复到初始位置。

五、刀库的结构

1. 斗笠式刀库的结构

斗笠式刀库由于其形状像个大斗笠而得名，一般只能储存 16～24 把刀具，斗笠式刀库在换刀时整个刀库向主轴移动。当主轴上的刀具进入刀库的卡槽时，主轴向上移动脱离刀具，这时刀库转动。当要更换的刀具对正主轴正下方时主轴下移，使刀具进入主轴锥孔内，夹紧刀具后，刀库退回原来的位置。斗笠式刀库具有体积小和安装方便等特点，在立式加工中心中应用较多。斗笠式刀库的外形及结构如图 4-4 所示。

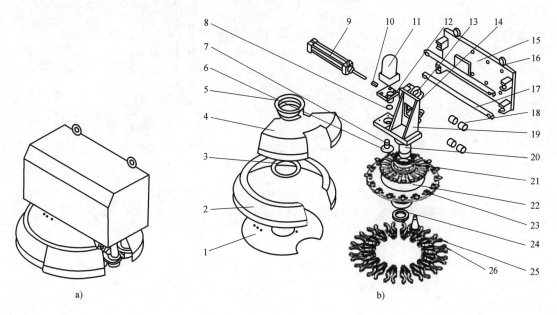

图 4-4　斗笠式刀库的外形及结构

a）外形　b）结构

1—吊板　2—防护罩　3—下垫板　4—活动门　5—上垫板　6—拨盘　7—拨销　8、21—角接触球轴承
9—气缸　10—气缸螺母　11—减速电动机　12—电动机座　13—缓冲器　14—气缸座
15—刀库界面板　16—吊环螺钉　17—导轨轴　18—直线轴承　19—刀库滑座　20—刀盘主轴
22—刀盘　23—定位键　24—螺母　25—左刀臂　26—右刀臂

2. 盘式刀库的结构

图 4-5 所示为 JCS-018A 型加工中心的盘式刀库结构简图。数控系统发出换刀指令后，直流伺服电动机 1 接通，其运动经过滑块联轴器 2、蜗杆 4、蜗轮 3 传递到图 4-5 右图所示的刀盘 14，刀盘带动其上面的 16 个刀套 13 转动，完成选刀工作。每个刀套尾部有一个滚子 11，当待换刀具转到换刀位置时，滚子 11 进入拨叉 7 的槽内，同时气缸 5 的下腔通入压缩

空气，活塞杆 6 带动拨叉 7 上升，松开位置开关 9，用以断开相关的电路，防止刀库、主轴等有误动作。如图 4-5 右图所示，拨叉 7 在上升的过程中，带动刀套绕着销轴 12 逆时针方向向下翻转 90°，从而使刀具轴线与主轴轴线平行。

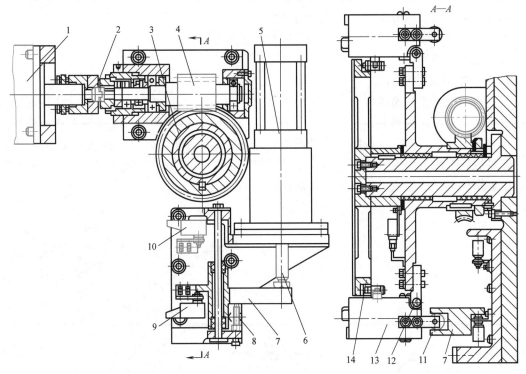

图 4-5　JCS-018A 型加工中心的盘式刀库结构简图

1—直流伺服电动机　2—滑块联轴器　3—蜗轮　4—蜗杆　5—气缸　6—活塞杆　7—拨叉
8—螺杆　9—位置开关　10—定位开关　11—滚子　12—销轴　13—刀套　14—刀盘

刀库向下翻转 90°后，拨叉 7 上升到终点，压住定位开关 10，发出信号使机械手抓刀。通过图 4-5 左图中的螺杆 8，可以调整拨叉的行程。拨叉的行程决定刀具轴线相对主轴轴线的位置。

JCS-018A 型加工中心的盘式刀库刀套结构如图 4-6 所示，*F—F* 剖视图中的件 7 即为图 4-5 中的滚子 11，*E—E* 剖视图中的件 6 即为图 4-5 中的销轴 12。刀套 4 的锥孔尾部有两个球头销钉 3。在螺纹套 2 与球头销钉之间装有弹簧 1，当刀具插入刀套后，由于弹簧力的作用，使刀柄被夹紧。拧动螺纹套，可以调整夹紧力大小，当刀套在刀库中处于水平位置时，靠刀套上部的滚子 5 来支承。

3. 链式刀库的结构

图 4-7 所示为方形链式刀库的典型结构。主动链轮由伺服电动机通过蜗轮减速装置驱动（根据需要，还可经过齿轮副传动）。这种传动方式不仅在链式刀库中采用，在其他形式的刀库传动中也多采用。

导向轮一般做成光轮，其圆周表面硬化处理。兼起张紧轮作用的左侧的两个导轮，其轮座必须带有导向槽（或导向键），以免松开安装螺钉时，轮座位置歪扭，给张紧调节带来麻

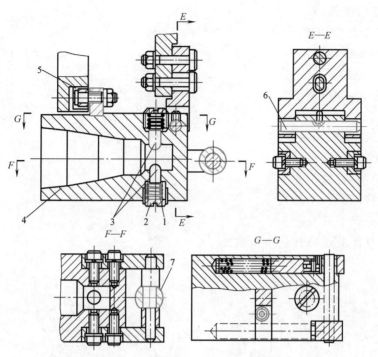

图 4-6　JCS-018A 型加工中心的盘式刀库刀套结构图

1—弹簧　2—螺纹套　3—球头销钉　4—刀套　5、7—滚子　6—销轴

烦。回零撞块可以装在链条的任意位置上，而回零开
关则安装在便于调整的地方。调整回零开关位置，使
刀套准确地停在换刀机械手抓刀位置上。这时处于机
械手抓刀位置的刀套，编号为 1 号，然后依次编上其
他刀号。刀库回零时，只能从一个方向回零，至于是
顺时针方向回转回零还是逆时针方向回转回零，可由
机电设计人员商定。

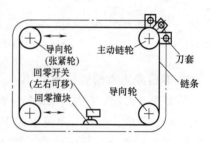

图 4-7　方形链式刀库的典型结构

　　如果刀套不能准确地停在换刀位置上，将会使换
刀机械手抓刀不准，以致换刀时容易产生掉刀现象。
因此，刀套的准停问题是影响换刀动作可靠性的重要因素之一。为了确保刀套准确地停止在
换刀位置上，需要采取如下措施：

　　1）定位盘准停方式（图 4-8a）。液压缸推动定位销，插入定位盘的定位槽内，以实现
刀套的准停。如图 4-8b 所示，定位盘上的每个定位槽（或定位孔）对应于一个相应的刀套，
而且定位槽（或定位孔）的节距要一致。这种准停方式的优点是能有效地消除传动链反向
间隙的影响，保护传动链，使其免受换刀撞击力，并且驱动电动机可不用制动自锁装置。

　　2）链式刀库要选用节距精度较高的套筒滚子链和链轮，而且在把套筒装在链条上时，
要用专用夹具来定位，以保证刀套节距一致。

　　3）传动时要消除传动间隙。消除反向间隙的方法有以下几种：电气系统自动补偿方
式；在链轮轴上安装编码器；单头双导程蜗杆传动方式；使刀套单向运行、单向定位方式以
及使刀套双向运行、单向定位方式等。

六、机械手的种类

在自动换刀数控机床中，机械手的形式也是多种多样的，每个厂家都生产有具有自己特性的换刀机械手。图 4-9 所示为部分机械手形式。

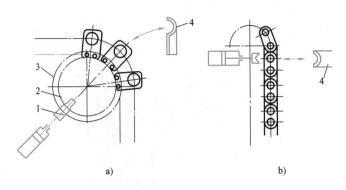

1. 单臂单爪回转式机械手

单臂单爪回转式机械手如图 4-9a 所示，这种机械手的手臂可以通过旋转不同的角度进行自动换刀，手臂上只有一个手爪，不论在刀库上还是在主轴上，均靠这一个手爪来装刀及卸刀，因此换刀时间较长。

图 4-8　刀套的准停

a）定位　b）松开

1—定位插锁　2—定位盘　3—链轮　4—手爪

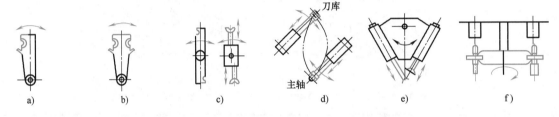

图 4-9　部分机械手形式

a）单臂单爪回转式机械手　b）单臂双爪摆动式机械手　c）单臂双爪回转式机械手　d）双机械手
e）双臂往复交叉式机械手　f）双臂端面夹紧机械手

2. 单臂双爪摆动式机械手

单臂双爪摆动式机械手如图 4-9b 所示，这种机械手的手臂上有两个手爪，两个手爪有分工，一个手爪只执行从主轴上取下"旧刀"送回刀库的任务，另一个手爪则执行由刀库取出"新刀"送到主轴的任务，其换刀时间较上述单臂单爪回转式机械手要短。

3. 单臂双爪回转式机械手

单臂双爪回转式机械手如图 4-9c 所示，这种机械手的手臂两端各有一个手爪，两个手爪可同时抓取刀库及主轴上的刀具，回转 180°后，又同时将刀具装入主轴及放回刀库。这种机械手换刀时间较前述两种单臂机械手的换刀时间均短，是最常用的一种形式。图 4-17c 中右边的一种机械手在抓取刀具或将刀具送入刀库及主轴时，两臂可伸缩。

4. 双机械手

双机械手如图 4-9d 所示，这种机械手相当于两个单爪机械手，两者相互配合进行自动换刀。其中一个机械手从主轴上取下"旧刀"后送回刀库，另一个机械手从刀库里取出"新刀"后装入机床主轴。

5. 双臂往复交叉式机械手

双臂往复交叉式机械手如图 4-9e 所示，这种机械手的两臂可以往复运动，并交叉成一定的角度。工作时，其中一个手臂从主轴上取下"旧刀"后送回刀库，另一个手臂由刀库取出"新刀"后装入主轴。整个机械手可沿某导轨直线移动或绕某个转轴回转，以实现刀库与主轴间的运刀运动。

6. 双臂端面夹紧机械手

双臂端面夹紧机械手如图4-9f所示，这种机械手只是在夹紧部位上与前几种不同。前几种机械手均靠夹紧刀柄的外圆表面以抓取刀具，这种机械手则夹紧刀柄的两个端面。

七、常用换刀机械手的结构

1. 单臂双爪机械手

单臂双爪机械手也称为扁担式机械手，它是目前加工中心上用得较多的一种。这种机械手的拔刀、插刀动作大都由液压缸来完成。根据要求，其结构可以采取缸体运动、活塞固定或活塞运动、缸体固定的形式。而手臂的回转动作则通过活塞的运动带动齿条齿轮传动来实现。机械手臂不同的回转角度由活塞的可调行程来保证。

由于这种机械手采用液压装置，所以既要保证不漏油，又要保证机械手动作灵活，而且每个动作结束之前均靠缓冲机构来保证机械手工作的平衡、可靠。其缺点是：由于液压驱动的机械手需要严格的密封以及较复杂的缓冲机构，并且控制机械手动作的电磁阀都有一定的时间常数，因而其换刀速度慢。

（1）机械手的结构与动作过程　图4-10所示为JCS-018A型加工中心机械手传动结构示意图。当前面所述刀库中的刀套逆时针方向旋转90°后，压下上行程位置开关，发出机械手抓刀信号。此时，机械手21正处在图4-10所示的上面位置，液压缸18右腔通压力油，推动活塞杆带动齿条17向左移动，使得齿轮11转动。如图4-11所示，件8为图4-10中液压缸15的活塞杆，齿轮1、齿条7和轴2即为图4-10中的齿轮11、齿条17和轴16。连接盘3与齿轮1用螺钉连接，它们空套在轴2上（图4-11），传动盘5与轴2用花键连接，它上端的销4插入连接盘3的销孔中，因此齿轮转动时带动轴2转动，使机械手回转75°抓刀。如图4-10所示，抓刀动作结束时，齿条17上的挡环12压下位置开关14，发出拔刀信号，于是液压缸15的上腔通压力油，活塞杆推动轴16下降，拔刀。在轴16下降时，传动盘10随之下降，其下端的销8（图4-11中的销6）插入连接盘5的销孔中，连接盘5和其下面的齿轮4也是用螺钉连接的，它们

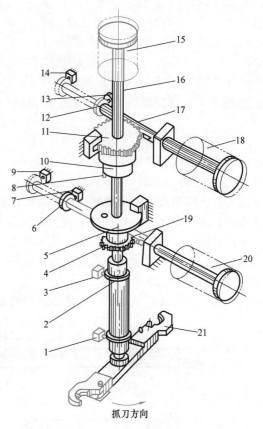

图4-10　JCS-018A型加工中心机械手传动结构示意图

1、3、7、9、13、14—位置开关　2、6、12—挡环

4、11—齿轮　5—连接盘　8—销　10—传动盘

15、18、20—液压缸　16—轴　17、19—齿条　21—机械手

空套在轴 16 上。当拔刀动作完成后，轴
16 上的挡环 2 压下位置开关 1，发出换刀
信号。这时液压缸 20 的右腔通压力油，
推动活塞杆带动齿条 19 向左移动，使齿
轮 4 和连接盘 5 转动，通过销 8，由传动
盘带动机械手转过 180°，交换主轴上和刀
库上的刀具位置。换刀动作完成后，齿条
19 上的挡环 6 压下位置开关 9，发出插刀
信号，使液压缸 15 下腔通压力油，推动
活塞杆带动机械手臂轴上升，插刀，同时
传动盘下面的销 8 从连接盘 5 的销孔中移
出。插刀动作完成后，轴 16 上的挡环压
下位置开关 3，使液压缸 20 的左腔通压力
油，推动活塞杆带动齿条 19 向右移动复
位，而齿轮 4 空转，机械手无动作。齿条
19 复位后，其上挡环压下位置开关 7，使
液压缸 18 的左腔通压力油，推动活塞杆
带动齿条 17 向右移动，通过齿轮 11 使机
械手反转 75°复位。机械手复位后，齿条

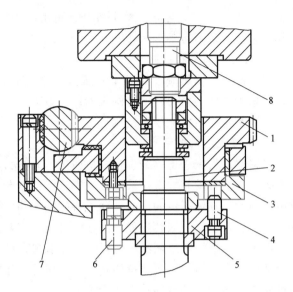

图 4-11　机械手传动结构局部视图

1—齿轮　2—轴　3—连接盘　4、6—销

5—传动盘　7—齿条　8—活塞杆

17 上的挡环压下位置开关 13，发出换刀完成信号，使刀套向上翻转 90°，为下次选刀做好
准备。

（2）机械手抓刀部分的结构　图 4-12 所示为机械手抓刀部分的结构，它主要由手臂 1
和固定在其两端的、结构完全相同的两个手爪 7 组成。手爪上握刀的圆弧部分有一个锥销
6，机械手抓刀时，该锥销插入刀柄的键槽中。当机械手由原位转过 75°抓住刀具时，两手
爪上的长销 8 分别被主轴前端面和刀库上的挡块压下，使轴向开有长槽的活动销 5 在弹簧 2
的作用下右移，顶住刀具。机械手拔刀时，长销 8 与挡块脱离接触，锁紧销 3 被弹簧 4 弹
起，使活动销 5 顶住刀具不能后退，这样机械手在回转 180°时，刀具不会被甩出。当机械
手上升插刀时，两长销 8 又分别被两挡块压下，锁紧销从活动销的孔中退出，松开刀具，机
械手便可反转 75°复位。

近年来，国内外研制出了凸轮联动式单臂双爪机械手，其工作原理如图 4-13 所示。

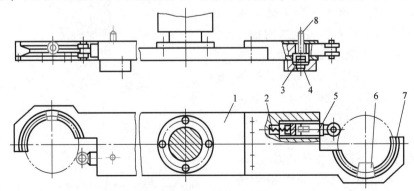

图 4-12　机械手抓刀部分的结构

1—手臂　2、4—弹簧　3—锁紧销　5—活动销　6—锥销　7—手爪　8—长销

这种机械手的优点是：由电动机驱动，不需要较复杂的液压系统及其密封、缓冲机构，没有漏油现象，结构简单，工作可靠。同时，机械手手臂的回转和插刀、拔刀的分解动作是联动的，部分时间可重叠，从而大大缩短了换刀时间。

2. 两手爪呈180°的单臂双爪回转式机械手

（1）两手爪不伸缩的单臂双爪回转式机械手　如图4-14所示，这种机械手适用于刀库中刀座中心线与主轴轴线平行的自动换刀装置，机械手回转时不得与换刀位置刀座相邻的刀具干涉，手臂的回转由蜗杆凸轮机构传动，快速可靠，换刀时间在2s以内。

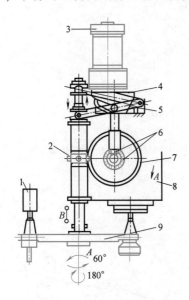

图4-13　凸轮联动式单臂双爪机械手的工作原理

1—刀套　2—十字轴　3—电动机　4—圆柱槽凸轮

（手臂上、下）　5—杠杆　6—锥齿轮　7—凸轮

滚子（平臂旋转）　8—主轴箱　9—换刀机械手手臂

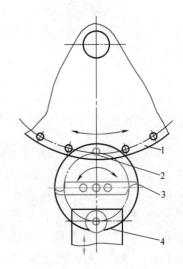

图4-14　两手爪不伸缩的单

臂双爪回转式机械手

1—刀库　2—换刀位置的刀座

3—机械手　4—机床主轴

（2）两手爪伸缩的单臂双爪回转式机械手　如图4-15所示，这种机械手也适用于刀库中刀座中心线与主轴轴线平行的自动换刀装置。由于两手爪可以伸缩，缩回后回转，可避免与刀库中其他刀具干涉。但是，这种机械手由于增加了两手爪的伸缩动作，因此换刀时间相对较长。

（3）剪式手爪的单臂双手回转式机械手　这种机械手是用两组剪式手爪夹持刀柄的，故又称为剪式机械手。图4-16a所示为刀库刀座中心线与机床主轴轴线平行时用的剪式机械手。图4-16b所示为刀库刀座中心线与机床主轴轴线垂直时用的剪式机械手示意图。与上述机械手不同的是两组剪式手爪分别动作，因此换刀时间较长。

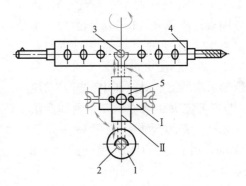

图4-15　两手爪伸缩的单

臂双爪回转式机械手

1—机床主轴　2—主轴中的刀具

3—刀库中的刀具　4—刀库　5—机械手

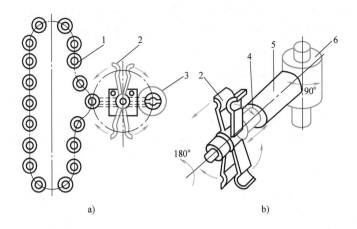

图 4-16 剪式机械手

a）刀库刀座中心线与机床主轴轴线平行时用的剪式机械手

b）刀库刀座中心线与机床主轴轴线垂直时用的剪式机械手

1—刀库 2—剪式手爪 3—机床主轴 4—伸缩臂 5—伸缩与回转机构 6—手臂摆动机构

3. 两手爪互相垂直的单臂双手回转式机械手

图 4-17 所示的机械手用于刀库刀座中心线与机床主轴轴线垂直，刀库为径向存取刀具的自动换刀装置。机械手有伸缩、回转和抓刀、松刀等动作。伸缩动作：液压缸（图中未示出）带动手臂托架 5 沿主轴轴向移动。回转动作：液压缸活塞驱动齿条 2 使与机械手相连的齿轮 3 旋转。抓刀动作：液压驱动抓刀活塞 4 移动，通过活塞杆末端的齿条驱动两个小齿轮 10，再分别通过小齿条 14、小齿轮 12、小齿条 13，移动两个手部中的抓刀动块 7，抓刀动块上的销子 8 插入刀具颈部后法兰上的对应孔中，抓刀动块 7 与抓刀定块 9 撑紧在刀具颈部两法兰之间。松刀动作：换刀后在弹簧 11 的作用下，抓刀动块松开及销子 8 退出。

4. 两手平行的单臂双手回转式机械手

如图 4-3 所示，由于刀库中刀具的轴线与机床主轴轴线垂直，故机械手需有三个动作：沿主轴轴线移动

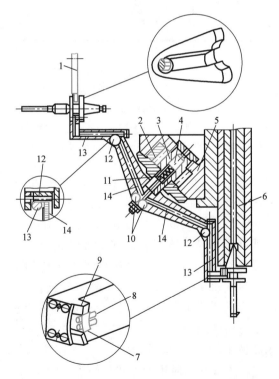

图 4-17 两手爪互相垂直的单臂双手回转式机械手

1—刀库 2—齿条 3—齿轮 4—抓刀活塞 5—手臂托架 6—机床主轴 7—抓刀动块 8—销子 9—抓刀定块 10、12—小齿轮 11—弹簧 13、14—小齿条

（Z向），进行主轴的插、拔刀；绕垂直轴做90°摆动，完成主轴与刀库间的刀具传递；绕水平轴做180°回转，完成刀具交换。抓刀、松刀动作如图4-18所示，机械手有两对手爪，由液压缸1驱动实现夹紧和松开。液压缸1驱动手爪外伸时（见图中上部手爪），支架上的导向槽2拨动销3，使该对手爪绕销轴4摆动，手爪合拢实现抓刀动作。液压缸驱动手爪回缩时（见图中下部手爪），支架上的导向槽2使该对手爪放开，实现松刀动作。

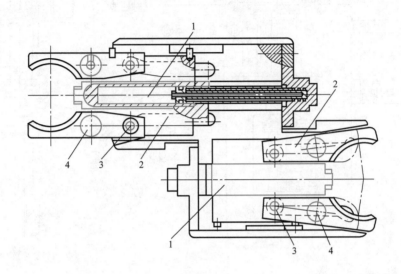

图4-18　机械手抓刀、松刀动作

1—液压缸　2—导向槽　3—销　4—销轴

八、机械手的驱动机构

图4-19所示为机械手的驱动机构。升降气缸1通过杆6带动机械手臂升降。当机械手在上边位置时（图示位置），液压缸4通过齿条2、齿轮3、传动盘5、杆6带动机械手臂回转；当机械手在下边位置时，转动气缸7通过齿条9、齿轮8、传动盘5和杆6，带动手臂回转。

九、机械手手爪

1. 钳形机械手手爪

钳形机械手手爪如图4-20所示，锁销2在弹簧（图中未画出此弹簧）作用下，其大直径外圆顶着止退销3，手爪6就不能摆动而张开，手中的刀具就不会被甩出。当抓刀和换刀时，锁销2被装在刀库主轴端部的撞块压回，止退销3和手爪6就能够摆动，手爪放开，刀具就能装入和取出。这种手爪均为直线运动抓刀。

2. 刀库夹爪

刀库夹爪既起着刀套的作用，又起着手爪的作用，如图4-21所示。

任务实施

在教师的带领下到工厂参观或观看视频。详细观察常见刀库与机械手的种类、机械手换刀与无机械手换刀的工作过程。

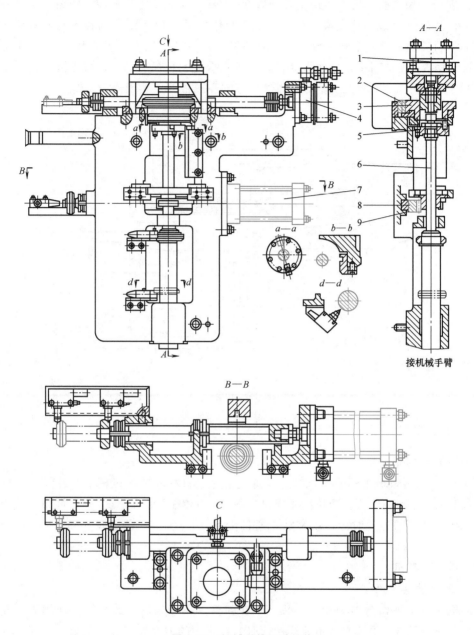

图 4-19　机械手的驱动机构

1—升降气缸　2、9—齿条　3、8—齿轮　4—液压缸

5—传动盘　6—杆　7—转动气缸

任务拓展

一、机械故障的分类

机械故障是指机械系统（零件、组件、部件、整台设备乃至一系列的设备组合）因偏离其设计状态而丧失部分或全部功能的现象。数控机床机械故障的分类见表4-2。

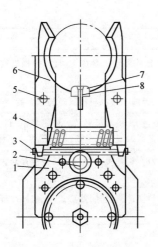

图 4-20　钳形机械手手爪

1—手臂　2—锁销　3—止退销　4—弹簧
5—支点轴　6—手爪　7—键　8—螺钉

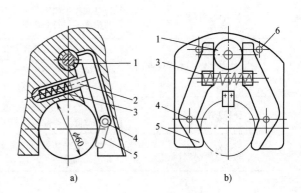

图 4-21　刀库夹爪

a）单活动爪　b）双活动爪

1—锁销　2—顶销　3—弹簧　4—支
点轴　5—手爪　6—挡销

表 4-2　数控机床机械故障的分类

标准	分类	说明
故障发生的原因	磨损性故障	正常磨损而引发的故障,对这类故障形式,一般只进行寿命预测
	错用性故障	使用不当而引发的故障
	先天性故障	由于设计或制造不当而造成机械系统中存在某些薄弱环节而引发的故障
故障性质	间断性故障	只是短期内丧失某些功能,稍加修理调试就能恢复,不需要更换零件
	永久性故障	某些零件已损坏,需要更换或修理才能恢复
故障发生后的影响程度	部分性故障	功能部分丧失的故障
	完全性故障	功能完全丧失的故障
故障造成的后果	危害性故障	会对人身、生产和环境造成危险或危害的故障
	安全性故障	不会对人身、生产和环境造成危害的故障
故障发生的快慢	突发性故障	不能靠早期测试检测出来的故障。对这类故障只能进行预防
	渐发性故障	故障的发展有一个过程,因而可对其进行预测和监视
故障发生的频次	偶发性故障	发生频率很低的故障
	多发性故障	经常发生的故障
故障发生、发展的规律	随机故障	故障发生的时间是随机的
	有规则故障	故障的发生比较有规则

二、机械故障的特点

数控机床机械故障的特点见表 4-3。

表 4-3　数控机床机械故障的特点

故障部位	特点
进给传动链故障	运动品质下降
	修理常与运动副预紧力、松动环节和补偿环节有关
	定位精度下降、反向间隙过大、机械爬行、轴承噪声过大

（续）

故障部位	特　　点
主轴部件故障	可能出现故障的部分有自动换刀部分的刀杆拉紧机构、自动换档机构及主轴运动精度的保持装置等
自动换刀装置（ATC）故障	自动换刀装置用于加工中心等设备，目前50%的机械故障与它有关
	故障主要是刀库运动故障、定位误差过大、机械手夹持刀柄不稳定和机械手运动误差过大等。这些故障最后大多数都造成换刀动作卡住，使整机停止工作等
行程开关压合故障	压合行程开关的机械装置的可靠性及行程开关本身的品质特性都会大大影响整机的故障及排除故障的工作
附件的可靠性	附件包括切削液装置、排屑装置、导轨防护罩、切削液防护罩、主轴冷却恒温油箱和液压油箱等

任务4.2　数控车床换刀装置的装调及维修

 学习目标

了解数控车床常用刀架的工作原理，能看懂常用数控车床刀架的装配图，会对常用数控车床刀架进行拆装，能排除常用数控车床刀架的机械故障，会对常用数控车床刀架进行维护与保养。

 任务布置

数控车床电动四工位刀架的拆卸，刀架的日常维护，刀架的故障分析及排除。

 任务分析

通过读懂数控车床电动四工位刀架的装配图，了解电动四工位刀架的结构，进行刀架的拆卸。根据数控机床刀架的工作特点分析其维护、维修点。

 相关知识

一、经济型数控车床电动四工位刀架

经济型数控车床电动四工位刀架是在普通车床四方刀架的基础上发展出的一种自动换刀装置，其功能和普通四方刀架一样，有四个刀位，能装夹四把不同功能的刀具，四工位刀架回转90°时，刀具交换一个刀位，但四方刀架的回转和刀位号的选择是由加工程序指令控制的。换刀时四方刀架的动作顺序是：刀架抬起、刀架转位、刀架定位和夹紧。完成上述动作要求要由相应的机构来实现，下面就以WZD4型电动刀架为例说明其结构（图4-22）。

图4-22所示刀架可以安装四把不同的刀具，转位信号由加工程序指定。当换刀指令发出后，小型电动机1起动正转，通过平键套筒联轴器2使蜗杆轴3转动，从而带动蜗轮4转动。蜗轮的上部外圆柱加工有外螺纹，所以该零件也称为蜗轮丝杠。刀架体7内孔加工有内螺纹，与蜗轮旋合。蜗轮内孔与刀架中心轴外圆是滑配合（即间隙配合或过渡配合），在转位换刀时，中心轴固定不动，蜗轮环绕中心轴旋转。当蜗轮开始转动时，由于在刀架底座5和刀架体7上的端面齿处在啮合状态，且蜗轮轴向固定，刀架体7抬起。当刀架体抬至一定

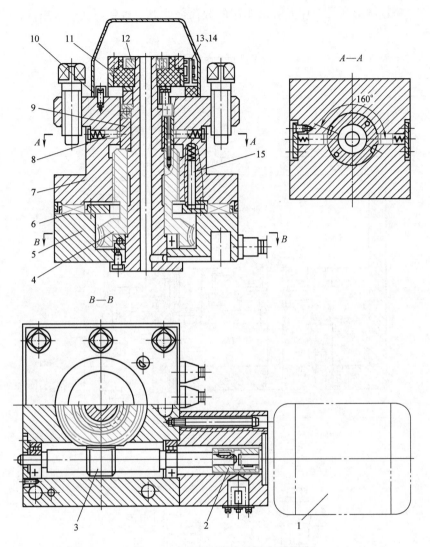

图 4-22　WZD4 型电动刀架结构

1—电动机　2—平键套筒联轴器　3—蜗杆轴　4—蜗轮丝杠　5—刀架底座　6—粗定位盘　7—刀架体
8—球头销　9—转位套　10—电刷座　11—发信盘　12—螺母　13、14—电刷　15—粗定位销

距离后，端面齿脱开，转位套 9 通过销钉与蜗轮 4 连接，随蜗轮一同转动。当端面齿完全脱开时，转位套正好转过 160°（图 A—A），球头销 8 在弹簧力的作用下进入转位套 9 的槽中，带动刀架体转位。刀架体 7 转动时带动电刷座 10 转动，当转到程序指定的刀号时，粗定位销 15 在弹簧的作用下进入粗定位盘 6 的槽中进行粗定位，同时电刷 13、14 接触导通，使电动机 1 反转，由于粗定位槽的限制，刀架体 7 不能转动，只能在该位置垂直落下，刀架体 7 和刀架底座 5 的端面齿啮合，实现精确定位。电动机继续反转，此时蜗轮停止转动，蜗杆轴 3 继续转动，夹紧力增加，转矩不断增大，当达到一定值时，电动机 1 在传感器的控制下停止转动。

　　译码装置由发信盘 11 和电刷 13、14 组成，电刷 13 发信，电刷 14 判断位置。若刀架不定期出现过位或不到位，可松开螺母 12，调好发信盘 11 与电刷 14 的相对位置。

这种刀架在经济型数控车床及普通车床的数控化改造中得到广泛的应用。

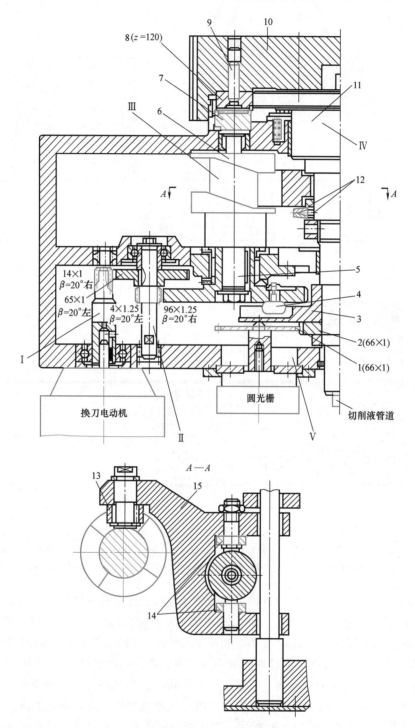

图 4-23 转塔刀架结构

1、2—齿轮 3—槽轮盘 4—滚子 5—换刀轴 6—凸轮轴 7、8—端齿盘 9—锥销
10—转塔盘 11—转塔轴 12—碟形弹簧 13、14—滚子 15—杠杆

二、双齿盘转塔刀架（转塔刀架）

转塔刀架由刀架换刀机构和刀盘组成，结构如图 4-23 所示，其传动系统如图 4-24 所示。转塔刀架的刀盘用于刀具的安装。刀盘的背面装有端齿盘，用于刀盘的圆周定位。换刀机构是刀盘实现开定位、转动换刀位、定位和夹紧的传动机构。换刀时，刀盘的定位机构首先脱开，驱动电动机带动刀盘转动。当刀盘转动到位后，定位机构重新定位，并由夹紧机构夹紧。转塔刀架的换刀由换刀电动机提供动力。换刀运动传递路线如下：

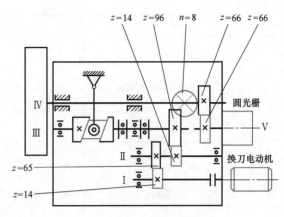

图 4-24　传动系统

换刀电动机经轴 I，由齿轮副 14/65 驱动轴 II，再经齿轮副驱动轴 III，轴 III 即是凸轮轴 6，其上的凸轮槽带动拨叉，由拨叉使轴 IV 实现纵向运动（开定位和定位夹紧），在拨叉使轴 IV 轴向移动、定位齿盘脱开（开定位）时，轴 III 上的齿轮 96 与在它上面和短圆柱滚子组成的槽杆，驱动轴上的槽轮（槽数 $n=8$）转动，实现刀盘的转动。当转位完成后，凸轮槽驱动拨叉，压动碟形弹簧 12，使轴 IV 轴向移动，实现刀盘的定位和夹紧。轴每转一周，刀盘转动一个刀位。刀盘的转动经齿轮副 66/66 传到轴 V 上的圆光栅，由圆光栅将转位信号送至可编程序控制器进行刀位计数。加工时，如果端齿盘上的定位销拔出、切削力过大或撞车，刀盘会产生微量转动，这时圆光栅会检测到刀架的转动信号，数控系统收到信号后通过 PMC 发出刀架过载报警信号，机床会迅速停止。

 任务实施

一、刀架的拆卸

以经济型数控车床电动四工位刀架为例来介绍数控车床刀架的拆卸过程，见表 4-4。

表 4-4　经济型数控车床电动四工位刀架的拆卸过程

步骤	说　明	图　示
1	拆下上防护盖	
2	拆发信盘连接线	

（续）

步骤	说　明	图　示
3	拆发信盘锁紧螺母	
4	拆磁钢	
5	拆转位盘锁紧部件	
6	拆转位盘	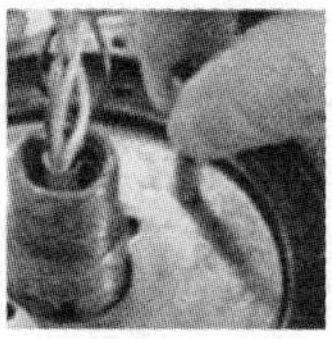
7	拆刀架体	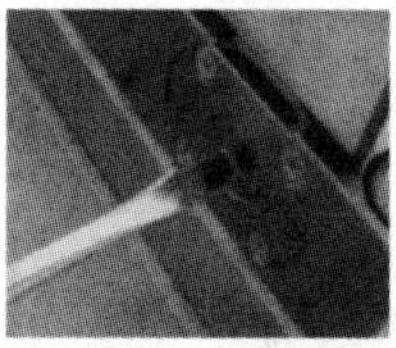
8	旋出刀架体	 
9	拆粗定位盘	

（续）

步骤	说　　明	图　　示
10	拆刀架底座	
11	拆刀架轴和蜗轮-丝杠	
12	拆分丝杠和蜗轮	

注：1）在刀架的拆卸过程中，应将各零部件集中放置，特别注意细小零件的存放，避免遗失。

　　2）刀架的安装基本上是拆卸的逆过程，按照正确的安装顺序把刀架装好即可。操作时要注意保持双手的清洁，并注意零部件的防护。

二、刀架的维护

刀架的维护与维修一定要紧密结合起来，维修中容易出现故障的地方，要重点维护。刀架的维护主要包括以下几个方面：

1）每次上、下班清扫散落在刀架表面上的灰尘和切屑。刀架体类的部件容易积留一些切屑，几天就会黏连成一体，清理起来很费事，且容易与切削液混合，发生氧化腐蚀等。特别是刀架体，因为刀架体需要在旋转时抬起，到位后反转落下，最容易将未及时清理的切屑卡在里面。故应每次上、下班清理刀架表面的切屑、灰尘，防止其进入刀架体内。

2）及时清理刀架体上的异物。如图 4-25 所示，及时清理刀架体上的异物，防止其进入刀架内部，保证刀架换位的顺畅无阻，利于刀架回转精度的保持；及时拆开并清洁刀架内部机械接合处，否则容易产生故障，如内齿盘上有碎屑就会造成夹紧不牢或加工尺寸不稳定。定期对电动刀架进行清洁处理，包括拆开电动刀架、定位齿盘进行清扫。

3）严禁超负荷使用。

4）严禁撞击、挤压通往刀架的连线。

5）避免刀架被间断撞击（断续切削），保持良好的操作习惯，严防刀架与卡盘、

不要积留太多切屑

不要积留太多切屑　　　　注意刀塔防锈

图 4-25　清理刀架体上的异物

尾座等部件碰撞。

6）保持刀架的润滑良好，定期检查刀架内部润滑（图4-26）情况，如果润滑不良，易造成旋转件研死，导致刀架不能起动。

7）尽可能减少腐蚀性液体的喷溅，无法避免时，下班后应及时擦拭干净，并涂油。

图 4-26　刀架内部润滑

8）注意刀架预紧力的大小要调节适度，如过大会导致刀架不能转动。

9）经常检查并紧固连线、传感器元件盘（发信盘）、磁铁，注意发信盘螺母应紧固，如果松动，易引起刀架的越位过冲或转不到位。

10）定期检查刀架内部机械配合是否松动，若松动，则容易造成刀架不能正常夹紧的故障。

11）定期检查刀架内部反靠定位销、弹簧、反靠棘轮等是否起作用，以免造成机械卡死故障。

三、刀架故障的分析及排除

1. 经济型数控车床刀架旋转不停的故障分析及排除

故障现象：刀架旋转不停。

故障分析：刀架刀位信号未发出。应检查发信盘弹性片触点是否磨坏，发信盘地线是否断路。

故障排除：更换弹性片触点或调整发信盘地线。

2. 经济型数控车床刀架越位的故障分析及排除

故障现象：刀架越位。

故障分析：反靠装置不起作用。应检查反靠定位销是否灵活，弹簧是否疲劳，反靠棘轮与螺杆连接销是否折断，使用的刀具是否太长。

故障排除：针对检查出的具体原因给予排除。

3. 经济型数控车床刀架转不到位的故障分析及排除

故障现象：刀架转不到位。

故障分析：发信盘触点与弹簧片触点错位。应检查发信盘夹紧螺母是否松动。

故障排除：重新调整发信盘与弹簧片触点位置，锁紧螺母。

4. 经济型数控车床自动刀架不动的故障分析及排除

故障现象：刀架不动。

故障分析：造成刀架不动的原因分别如下。

1）电源无电或控制箱开关位置不对。

2）电动机相序接反。

3）夹紧力过大。

4）机械卡死，当用6mm六角扳手插入蜗杆端部，顺时针方向转不动时，即为机械卡死。

故障排除：针对上述原因，故障处理方法如下。

1）应检查电动机是否旋转。

2）检查电动机是否反转。

3）可用 6mm 六角扳手插入蜗杆端部，顺时针方向旋转，如用力时可转动，但下次夹紧后仍不能起动，则可将电动机夹紧电流按说明书稍调小一些。

4）观察夹紧位置，检查反靠定位销是否在反靠棘轮槽内。如果定位销在反靠棘轮槽内，则将反靠棘轮与蜗杆连接销孔回转一个角度，重新钻孔连接。检查主轴螺母是否锁死，如螺母锁死，则应重新调整。检查润滑情况，如因润滑不良造成旋转零件研死，则应拆开处理。

5. 经济型数控车床刀架不转的故障分析及排除

故障现象：上刀体抬起但转动不到位。

故障分析：该车床所配套的刀架为 LD4-1 四工位电动刀架。根据电动刀架的机械原理，上刀体不能转动的原因可能是粗定位销在锥孔中卡死或断裂。拆开电动刀架，更换新的定位销后，上刀体仍然不能旋转到位。重新拆卸，发现在装配上刀体时，与下刀体的四边不对齐，而且齿牙盘没有完全啮合，而装配要求是，装配上刀体时，应与下刀体的四边对齐，而且齿牙盘必须啮合。

故障处理：按照上述要求装配后，故障排除。

6. 经济型数控车床刀架不能动作的故障分析及排除

故障现象：电动机无法起动，刀架不能动作。

故障分析：该数控车床配套的刀架为 LD4-1 四工位电动刀架。分析该故障产生的原因，可能是电动机相序接反或电源电压偏低，但调整电动机电枢线及电源电压后，故障仍不能排除。这说明故障为机械原因所致。将电动机罩卸下，旋转电动机风叶，发现阻力过大。打开电动机进一步检查发现，蜗杆轴承损坏，电动机轴与蜗杆离合器质量差，使电动机旋转遇到阻力。

故障处理：更换轴承，修复离合器后，故障排除。

 任务拓展

一、数控车床电动刀架常见故障诊断及排除方法

数控车床电动刀架常见故障诊断及排除方法见表 4-5。

表 4-5　数控车床电动刀架常见故障诊断及排除方法

序号	故障现象	故障原因	排除方法
1	刀架不能起动	刀架预紧力过大	调小刀架电动机夹紧电流
		夹紧机构的反靠装置位置不正确造成机械卡死	反靠定位销如不在反靠棘轮槽内，就调整反靠定位销位置；若在，则需将反靠棘轮与螺杆连接销孔回转一个角度重新钻孔连接
		主轴螺母锁死	重新调整主轴螺母
		润滑不良造成旋转件研死	拆开刀架、注油润滑
		可能是熔断器损坏、电源开关接通不好、开关位置不正确，或是刀架与控制器之间断线、刀架内部断线、霍尔元件位置变化导致不能正常通断	更换熔断器，使接通部位接触良好，调整开关位置，重新连接，调整霍尔元件位置

（续）

序号	故障现象	故障原因	排除方法
1	刀架不能起动	电动机相序接反	检查线路,变换相序
		如果手动换刀正常、不执行自动换刀,则应重点检查计算机与刀架控制器之间的接线、计算机 I/O 接口及刀架到位回答信号	分别对其加以调整、修复
2	刀架连续运转,到位不停	若没有刀架到位信号,则是发信盘故障	发信盘是否损坏、发信盘地线是否断路或接触不良或漏接,针对其线路中的继电器接触情况、到位开关接触情况、线路连接情况相应地进行线路故障排除
		若仅为某号刀不能定位,一般是该号刀位线断路或发信盘上霍尔元件烧毁	重新连接或更换霍尔元件
3	刀架越位过冲或转不到位	反靠定位销不灵活,弹簧疲劳	应修复定位销使其灵活或更换弹簧
		反靠棘轮与蜗杆连接断开	需更换连接销
		刀具太长过重	应更换弹性模数稍大的定位销弹簧
		发信盘位置固定偏移	重新调整发信盘与弹性片触点位置并固定牢靠
		发信盘夹紧螺母松动,造成位置移动	紧固调整
4	刀架不能正常夹紧	夹紧开关位置是否固定不当	调整至正常位置
		刀架内部机械配合松动,有时会出现由于内齿盘上有碎屑造成夹紧不牢而使定位不准	应调整其机械装配并清洁内齿盘

二、动力刀架

车削中心的动力刀具主要由三部分组成：动力源、变速装置和刀具附件（钻孔附件和铣削附件等）。

1. 动力刀具的结构

车削中心加工工件端面或圆柱面上与工件不同轴的孔时，主轴带动工件做分度运动或直接参与插补运动，切削加工主运动由动力刀具来实现。图 4-27 所示为车削中心转塔刀架上的动力刀具结构。

当动力刀具在转塔刀架上转到工作位置时（图 4-27a 中位置），定位夹紧后发出信号，驱动液压缸 3 的活塞杆通过杠杆带动离合齿轮轴 2 左移，离合齿轮轴左端的内齿圈与动力刀具传动轴 1 右端的齿轮啮合，这时大齿轮 4 驱动动力刀具旋转。控制系统接收到动力刀具在转塔刀架上需要转位的信号时，驱动液压缸活塞杆通过杠杆带动离合齿轮轴右移至转塔刀盘体内（脱开传动），动力刀具在转塔刀架上才开始转位。

2. 动力刀具的传动装置

图 4-28 所示为动力刀具的传动装置。传动箱 2 装在转塔刀架体（图中未画出）的上方。变速电动机 3 经锥齿轮副和同步带，将动力传至位于转塔回转中心的空心轴 4。空心轴 4 的左端是锥齿轮 5。

3. 动力刀具附件

动力刀具附件有许多种，现介绍常用的两种。

图 4-29 所示为高速钻孔附件。轴套 4 的右部装入转塔刀架的刀具孔中。刀具主轴 3 的右端装有锥齿轮 1，与图 4-28 中的锥齿轮 5 相啮合。主轴前端支承是三联角接触球轴承 5，后支承为滚针轴承 2。主轴头部有弹簧夹头 6。拧紧外面的套，就可靠锥面的收紧力夹持刀具。

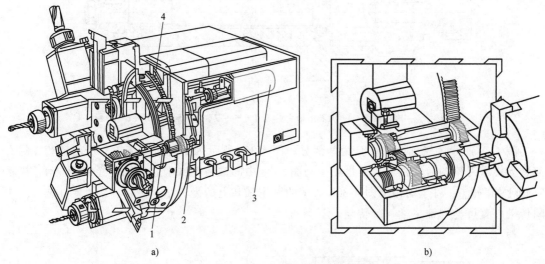

a)   b)

图 4-27　车削中心转塔刀架上的动力刀具结构

a）总体结构　b）反向设置的动力刀具

1—动力刀具传动轴　2—离合齿轮轴　3—液压缸　4—大齿轮

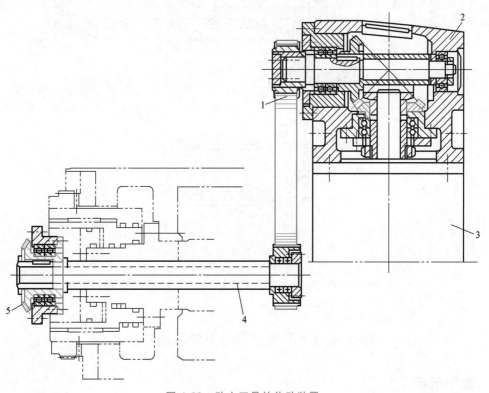

图 4-28　动力刀具的传动装置

1—同步带　2—传动箱　3—变速电动机　4—空心轴　5—锥齿轮

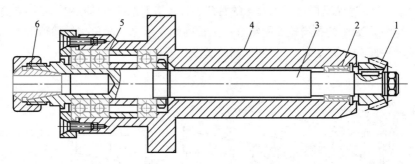

图 4-29 高速钻孔附件

1—锥齿轮　2—滚针轴承　3—刀具主轴　4—轴套　5—三联角接触球轴承　6—弹簧夹头

图 4-30 所示为铣削附件，分为两部分。图 4-30a 所示为中间传动装置，仍由轴套 2 的右部装入转塔刀架的刀具孔中，锥齿轮 1 与图 4-28 中的锥齿轮 5 啮合。轴 3 经锥齿轮 4、横轴 5 和圆柱齿轮 6，将运动传至图 4-30b 所示的铣主轴 8 上的齿轮 7，铣主轴 8 上装有铣刀。中间传动装置可连同铣主轴一起转动。

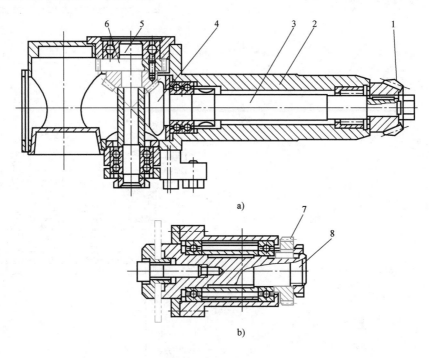

a)

b)

图 4-30 铣削附件

1、4—锥齿轮　2—轴套　3—轴　5—横轴　6、7—圆柱齿轮　8—铣主轴

任务 4.3 刀库换刀装置的装调与维修

 学习目标

了解刀库的拆装工艺，能对刀库换刀装置进行拆装与保养，会排除刀库由于机械原因引

起的故障。

 任务布置

刀库换刀装置的装调与维修。

 任务分析

通过了解刀库的结构，学习刀库的拆装工艺，进行换刀机构的拆装；根据数控机床刀库、机械手的工作特点分析其维护、维修点。

 相关知识

一、刀库的拆装

刀库的拆装结构图如图 4-31~图 4-35 所示。

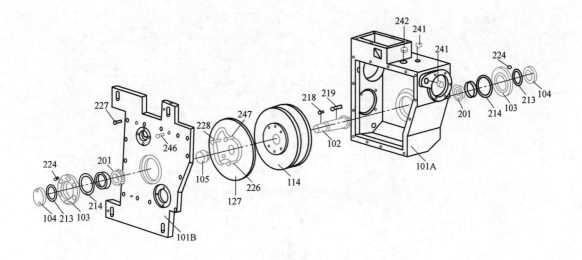

序号	名称	序号	名称	序号	名称
101A	主轴箱	114	凸轮座	219	双圆头平键 10×8×55
101B	盖板	127	大锥齿轮	224~228	螺栓
102	凸轮轴	201	圆锥滚子轴承	241	油塞
103	偏心盖	213	O 形密封圈 φ52×2	241	油镜
104	偏心螺母	214	O 形密封圈 G75	246	推拔销
105	连接盘	218	双圆头平键 5×5×20	247	平行销

图 4-31　传动轴的拆装结构图

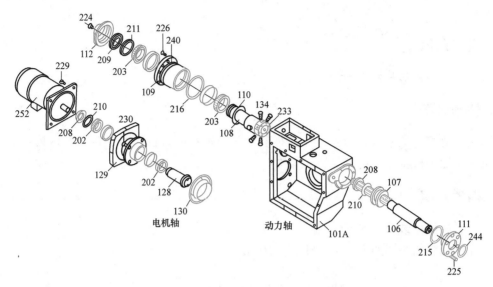

电动机轴		动力轴			
序 号	名 称	序 号	名 称	序 号	名 称
128	小锥齿轮轴	101A	箱体	134	滚针轴承
129	电动机座	106	花键轴	203	圆锥滚子轴承
130	偏心轴套	107	传动轮	208～211	螺母
202	轴承	108	轴套	215	O 形橡胶密封圈 G80
208	螺母	109	轴套架	216	O 形橡胶密封圈 G100
210	垫圈	110	垫圈	224～226、233	螺栓
229、230	螺栓	111	固定座	240	油塞
252	制动电动机	112	后盖	244	油封

图 4-32 电动机轴和动力轴的拆装结构图

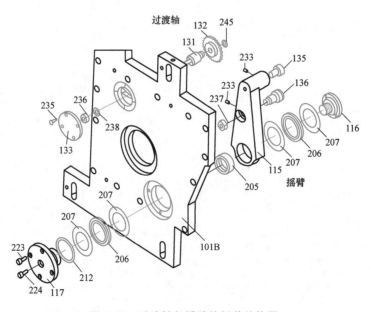

图 4-33 过渡轴与摇臂的拆装结构图

过渡轴		摇臂			
序号	名称	序号	名称	序号	名称
131	轴	101B	箱盖	207	止推轴承片
132	连接盘	115	摇臂	212	O 形橡胶密封圈 G50
133	外盖	116	固定轴	223、224、233	螺栓
235	沉头螺钉	117	固定座	237	螺母
236	螺母	135、136	转轴		
238	垫圈	205	滚针轴承		
245	扣环	206	止推轴承		

图 4-33　过渡轴与摇臂的拆装结构图（续）

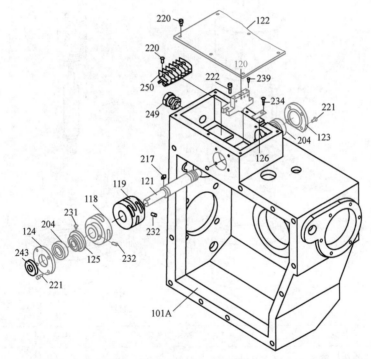

图 4-34　检测轴的拆装结构图

序号	名称	序号	名称	序号	名称
101A	箱体	124	左盖(有孔)	234	紧固螺钉
118	制动检测轮	125	连接盘	239	塑胶螺栓
119	凸轮	126	校验片	243	油封
120	固定座	204	深沟球轴承	249	电缆固定头
121	轴	217	双圆头平键	250	接线座
122	检测防压盖	220~222、231、232	螺栓		
123	右盖(无孔)				

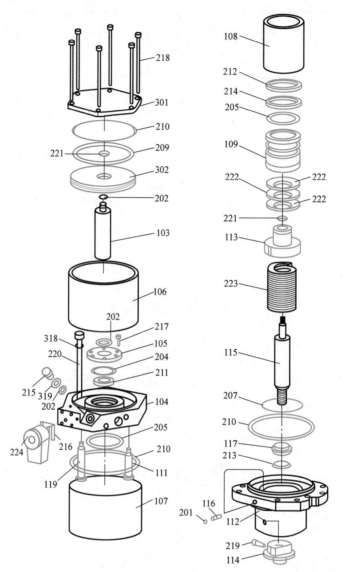

序号	名称	序号	名称	序号	名称
101	液压缸盖	110	油管	118、119	垫片
102	盖	111	线管	201~210	O 形密封圈
103	杆	112	固定座	211~214	垫圈
104	液压缸座	113	连接座	215~220	螺栓
105	密封盖	114	调整螺母	221	螺母
106	液压缸	115	拉杆	222	碟形弹簧
107	液压缸	116	螺栓	223	弹簧
108	活塞	117	钢环	224	接线端子
109	活塞头				

图 4-35　换刀液压缸的拆装结构图

任务实施

一、同步换刀机构（QM 系列）的拆装

同步换刀机构（QM 系列）的结构如图 4-36 所示，其拆卸过程见表 4-6，其装配过程是表 4-5 所列拆卸过程的逆过程，注意事项如图 4-37 所示。

图 4-36 同步换刀机构（QM 系列）的结构

表 4-6 同步换刀机构（QM 系列）的拆卸过程

步骤	图 示	备 注
1		拆掉机械手驱动马达
2		拆掉马达固定板
3		用记号笔把刀库轴承预压螺母标上记号

（续）

步骤	图　示	备　注
4		用勾形扳手或錾子旋开预压螺母
5		拆下刀库电动机
6		旋开刀盘盖上的 4 个螺钉,旋转刀盘盖,将刀套退出沟槽外
7		将刀盘盖取下
8		取下平键及轴承
9		拆下整个刀盘

（续）

步骤	图　示	备　注
10		拆下弓形连杆与气压缸座
11		打开连杆轴轴承防尘盖
12		拆下轴承预压螺母（在拆前先将螺母预压位置做好记号），卸下箱盖固定螺钉及定位销
13		用两个 M10 螺钉顶起箱盖，压住换刀臂就可打开换刀机构箱盖
		打开箱盖后的内部结构
14		一手按住换刀臂就可取出凸轮机构

（续）

步骤	图　示	备　注
14	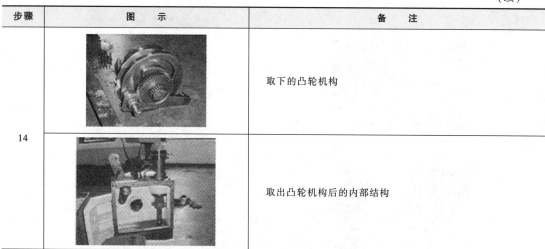	取下的凸轮机构
		取出凸轮机构后的内部结构

凸轮原点位置，安装时机械手要在原点位置才可

a)

安装时换刀臂及凸轮机构要在原点状态(如图状态)

b)

安装时凸轮机构的位置(原点状态)

c)

安装时，先装箱盖，再装摇臂轴承座及轴承

d)

安装刀库时，转动刀盘。调修1号刀套的滚子与刀套上、下扣爪的位置

e)

图 4-37　装配注意事项

二、机械手与刀库的维护

1. 机械手与刀库维护的注意事项

1）严禁把超重、超长、非标准的刀具装入刀库，防止在机械手换刀时掉刀，或者刀具与工件、夹具等发生碰撞。

2）对于采取顺序选刀方式的机床，必须注意刀具放置在刀库上的顺序是否正确。对于其他的选刀方式，也要注意所换刀具号是否与所需刀具一致，防止换错刀具而导致事故发生。

3）用手动方式往刀库上装刀时，要确保放置到位、牢固，同时还要检查刀座上的锁紧装置是否可靠。

4）刀库容量较大时，重而长的刀具在刀库上应均匀分布，避免集中于一段。

5）刀库的链带不能调得太松，否则会有"飞刀"的危险。

6）经常检查刀库的回零位置是否正确，机床主轴回换刀点的位置是否到位，发现问题应及时调整，否则不能完成换刀动作。

7）要注意保持刀具刀柄和刀套的清洁，严防异物进入。

8）开机时，应先使刀库和换刀机械手空运行，检查各部分工作是否正常，特别是各行程开关和电磁阀能否正常动作。检查机械手液压系统的压力是否正常，刀具在机械手上的锁紧是否可靠，发现异常时应及时处理。

9）对于无机械手换刀方式，主轴箱往往要做上下运动。平衡垂直运动部件的重量，减小移动部件因位置变动造成的机床变形，使主轴箱上下移动灵活、运行稳定性好、迅速且准确，就显得很重要。通常平衡的方法主要有三种：第一种是当垂直运动部件的重量较轻时，可采用直接加粗传动丝杠、加大电动机转矩的方法。但这样将使得传动丝杠始终承担着运动部件的重力，导致其单面磨损加重，影响机床精度的保持性。第二种是使用平衡重锤，但这将增加运动部件的重量，使惯性增大，影响系统的快速性。第三种是液压平衡法，使用这种方法可以避免前面两种方法所出现的问题。采取液压平衡法时，要定期检查液压系统的压力。

2. 机械手与刀库的维护操作

机械手与刀库的维护操作见表4-7。

表4-7　机械手与刀库的维护操作

项目	图　示	说　明
刀库维护	主轴头侧面护板，拆除此玻璃护板即可加注润滑油　换刀润滑油缸（10号锭子油）	每半年检查加工中心换刀缸润滑油，不足时要及时添加

（续）

项 目	图　示	说　明
刀库 维护	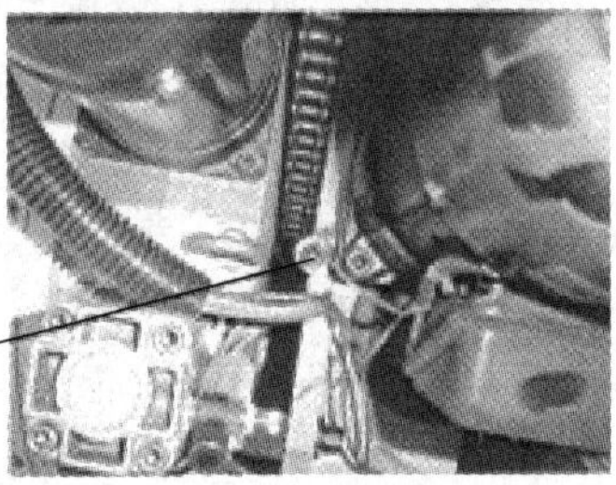 　注油口	每季度检查加工中心换刀机构齿轮箱油量,不足时要添油
	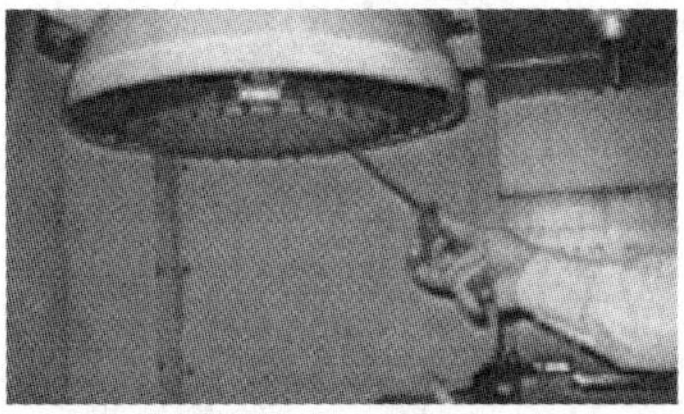	用气枪吹掉刀库内的切屑
	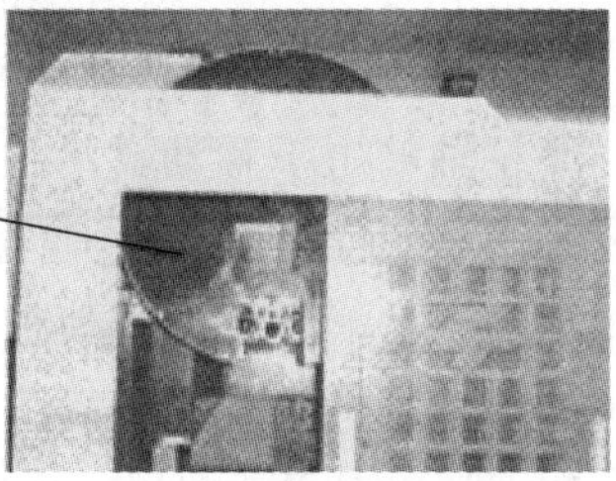 先拆除刀库外层塑胶护罩 	
	 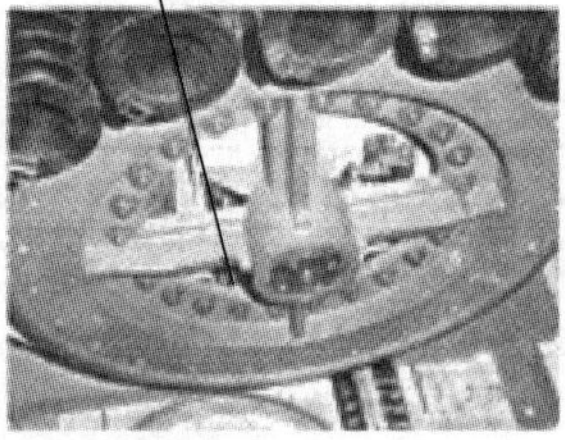 再拆除里层金属护罩　　在滑道轴承处涂上适量润滑油脂 	每季度在刀库传动部分须及时加润滑油脂,保持刀套在刀库上能顺畅转动及刀库能灵活转动
	 每周需要检查并及时清洁斗笠式刀库接近开关 每周需要检查并及时清除斗笠式刀库的驱动机构内的切屑 	

（续）

项 目	图　　示	说　　明
机械手维护	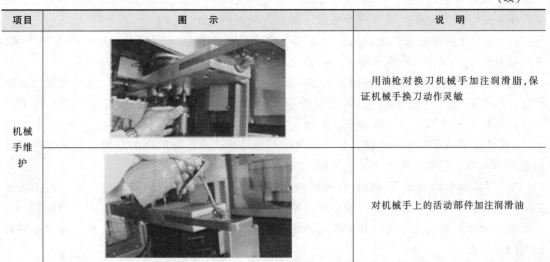	用油枪对换刀机械手加注润滑脂，保证机械手换刀动作灵敏
		对机械手上的活动部件加注润滑油

注意：气枪所用的气源必须经过压缩空气净化器将水分过滤后才能使用，严禁吹出的气体中带有水，以免导致刀库零部件生锈，影响其机械精度。

三、常见故障的分析与排除

1. 刀库无法旋转的故障分析与排除

故障现象：自动换刀时，刀链运转不到位就停止运转了，机床自动报警。

故障分析：由故障报警可知，此故障是伺服电动机过载。检查电气控制系统，没有发现什么异常，故障原因可能是刀库链或减速器内有异物卡住、刀库链上的刀具太重、润滑不良。经检查，上述三项均正常，则判断问题可能出现在其他方面。卸下伺服电动机，发现伺服电动机内部有许多切削液，致使线圈短路。进一步检查发现，电动机与减速器连接处的密封圈磨损，从而导致了切削液渗入电动机。

故障处理：更换密封圈和伺服电动机后，故障排除。

2. 机械手不能缩爪的故障分析与排除

故障现象：某配套 FANUC 11 系统的 BX-110P 加工中心，在 JOG 方式下，机械手在取送刀具时，不能缩爪。机床在 JOG 状态下加工工件时，机械手将刀具从主刀库中取出后送入送刀盒中，不能缩爪，但却不报警；选择到 ATC 状态，手动操作都正常。

故障分析：经查看梯形图，发现限位开关 LS916 并没有压合。调整限位开关位置后，机床恢复正常。但过一段时间后，再次出现此故障，而 LS916 并没有松动，但却没有压合，由此怀疑机械手的液压缸拉杆没伸到位。进一步检查发现，液压缸拉杆顶端锁紧螺母的紧定螺钉松动，使液压缸伸缩的行程发生了变化。

故障排除：调整锁紧螺母并拧紧紧定螺钉后，此故障排除。

3. 机械手无法从主轴和刀库中取出刀具的故障分析与排除

故障现象：某卧式加工中心机械手，换刀过程中，动作中断，报警指示灯亮，显示器发出 2012 号报警，显示内容为"ARM EXPENDING TROUBLE"（机械手伸出故障）。

故障分析：机械手不能伸出，以致无法完成从主轴和刀库中取刀的故障原因可能如下：

1）松刀感应开关失灵。在换刀过程中，各动作的完成信号均由感应开关发出，只有上一动作完成后才能进行下一步动作。主轴松刀动作完成后，如果感应开关未发出信号，机械手就不会进行拔刀动作。检查两个感应开关，发现其信号正常。

2）松刀电磁阀失灵。主轴的松刀是由电磁阀接通液压缸来完成的。如果电磁阀失灵，液压缸就进不了油，刀具就松不了。检查主轴的松刀电磁阀，发现其动作均正常。

3）松刀液压缸因液压系统压力不够或漏油而不动作，或行程不到位。检查刀库松刀液压缸，动作正常，行程到位；打开主轴箱后罩，检查主轴松刀液压缸，发现已到达松刀位置，油压也正常，液压缸无漏油现象。

4）怀疑机械手系统有问题，建立不起拔刀条件。造成这种问题的原因可能是电动机控制电路有问题。但检查电动机控制电路系统发现正常。

5）刀具是靠碟形弹簧通过拉杆和弹簧卡头而将刀具尾端的拉钉拉紧的。松刀时，液压缸的活塞杆顶压顶杆，顶杆通过空心螺钉推动拉杆，一方面使弹簧卡头松开刀具的拉钉，另一方面又顶动拉钉，使刀具右移而在主轴锥孔中变"松"。因此，主轴系统不松刀的原因可能有以下几点：

① 刀具尾部拉钉的长度不够，致使液压缸虽已运动到位，但仍未将刀具顶"松"。

② 拉杆尾部空心螺钉的位置发生变化，使液压缸行程满足不了松刀要求。

③ 顶杆出了问题（如变形或磨损），从而使刀具无法松开。

④ 弹簧卡头出故障，不能张开。

⑤ 主轴装配调整时，刀具移动量调得太小，不能满足使用过程中的松刀条件。

拆下松刀液压缸，检查发现故障原因是：制造装配时，空心螺钉的伸出量调整得太小，故尽管松刀液压缸行程到位，但刀具在主轴锥孔中压出不够，刀具无法取出。

故障处理：调整空心螺钉的伸出量，保证在主轴松刀液压缸行程到位后，刀柄在主轴锥孔中的压出量为 0.4~0.5mm。进行以上调整后，故障排除。

4. JCS-018A 型加工中心机械手失灵的故障分析与排除

故障现象：机械手手臂旋转速度快慢不均匀，气液转换器失油频率加快，机械手旋转不到位，手臂升降不动作或手臂复位不灵。调整 SC-15 节流阀配合手动调整，只能维持短时间正常运行，且排气声音逐渐混浊，不像正常动作时清晰，最后发展到不能换刀。

故障分析：

1）手臂旋转 75°抓取主轴和刀套上的刀具，必须到位抓牢，才能下降脱刀。动作到位后旋转 180°换刀位置上升分别插刀，手臂再复位、刀套上。旋转 75°、180°，其动力传递是压缩空气源推动气液转换器转换成液压油，由电控程序指令控制，其旋转速度由 SC-15 节流阀调整，换向由 5ED-10N18F 电磁阀控制。一般情况下，这些元件的寿命很长，可以排除这类元件存在的问题。

2）因刀套上下和手臂上下是独立的气源推动，排气也是独立的消声排气口，所以不受手臂旋转力传递力矩的影响，但旋转不到位时，手臂升降是不可能的。根据这一原理可知，着重检查手臂旋转系统执行元件是必要的。

3）观察手臂旋转 75°、180°，或不旋转时液压缸伸缩对应气液转换各油标的升降、高低情况，发现左、右配对的气液转换器的左边呈上限时，右边呈下限，反之亦然，且公用的排气口有较多的油液排出，但因气液转换器、尼龙管道均属密闭安装，所以此故障原因应在执行器件即液压缸上。

4）拆卸机械手液压缸，解体检查，发现活塞支承环 O 形密封圈均有直线性磨损，已不能密封。液压缸内壁粗糙，环状刀纹明显，精度太差。

故障处理：更换液压缸缸筒与 O 形密封圈，重装调整后故障消失。

5. 因刀库互锁 M03 指令不能执行的故障分析与排除

故障现象：某配套 SINUMERIK 810M 数控系统的立式加工中心，在自动运行如下指令时有时出现主轴不转，而 Z 轴向下运动的情况。

T＊＊M06；

S＊＊M03；

G00 Z-100；

故障分析：本机床采用的是无机械手换刀方式，是通过气动控制刀库的前后、上下实现换刀动作的。由于故障偶然出现，分析故障原因，它应与机床换刀和主轴之间的互锁有关。仔细检查机床的 PLC 程序设计，发现该机床的换刀动作与主轴之间存在互锁，即：只有当刀库在后位时，主轴才能旋转；一旦刀库离开后位，主轴必须立即停止。现场观察刀库的动作过程，发现该刀库运动存在明显的冲击，在刀库到达后位时，存在振动现象。通过系统诊断功能，可以明显发现刀库的后位信号有多次通断的情况。而程序中的换刀完成信号（M06执行完成）为刀库的后位到达信号。因此，当刀库后退时，在第一次发出到位信号后，系统就认为换刀已经完成，并开始执行"S＊＊M03"指令。但在 M03 指令执行过程中（或执行完成后），由于振动，刀库后位信号再次消失，引起了主轴的互锁，从而出现了主轴停止转动而 Z 轴继续向下的现象。

故障处理：通过调节气动回路，使得刀库振动消除，并适当减少无触点开关的检测距离，避免出现后位信号的多次通断现象。在以上调节不能解决时，可以通过在 PLC 程序或加工程序中增加延时程序段来解决。

 任务拓展

一、刀库和机械手等换刀装置常见故障诊断

刀库及换刀机械手结构复杂，且在工作中又频繁起动，所以故障率较高。目前数控机床 50%以上的故障都与它们有关。

刀库和换刀机械手的常见故障及其排除方法见表 4-8。

表 4-8　刀库和换刀机械手的常见故障及其排除方法

序号	故障现象	故障原因	排除方法
1	刀库不能旋转	连接电动机轴与蜗杆轴的联轴器松动	紧固联轴器上的螺钉
		刀具超重	刀具重量不得超过规定值
2	刀套不能夹紧刀具	刀套上的调整螺钉松动或弹簧太松,造成夹紧力不足	顺时针方向旋转刀套两端的调节螺母,压紧弹簧,顶紧夹紧销
		刀具超重	刀具重量不得超过规定值
3	刀套上不到位	装置调整不当或加工误差过大而造成拨叉位置不正确	调整好装置,提高加工精度
		限位开关安装不正确或调整不当造成反馈信号错误	重新调整安装限位开关

（续）

序号	故障现象	故障原因	排除方法
4	刀具不能夹紧	气压不足	将气压调整在额定范围内
		增压漏气	关紧增压
		刀具夹紧液压缸漏油	更换密封装置,使夹紧液压缸不漏
		刀具松夹弹簧上的螺母松动	旋紧螺母
5	刀具夹紧后不能松开	锁刀弹簧压力过紧	调节锁刀弹簧上的螺钉,使其最大载荷不超过额定值
6	刀具从机械手中脱落	机械手夹紧销损坏或没有弹出来	更换夹紧销或弹簧
		换刀时主轴箱没有回到换刀点或换刀点发生漂移	重新操作主轴箱运动,使其回到换刀点位置,并重新设定换刀点
		机械手抓刀时没有到位就开始拔刀	调整机械手手臂,使手爪抓紧刀柄后再拔刀
		刀具超重	刀具重量不得超过规定值
7	机械手换刀速度过快或过慢	气压太高或节流阀开口过大	保证气源的压力和流量,旋转节流阀到换刀速度合适

二、普通换刀机构（FV 系列）的拆卸

普通换刀机构（FV 系列）的拆卸过程见表 4-9，其装配过程是表 4-9 所列过程的逆过程。

表 4-9 普通换刀机构（FV 系列）的拆卸过程

步骤	图　示	备　注
1	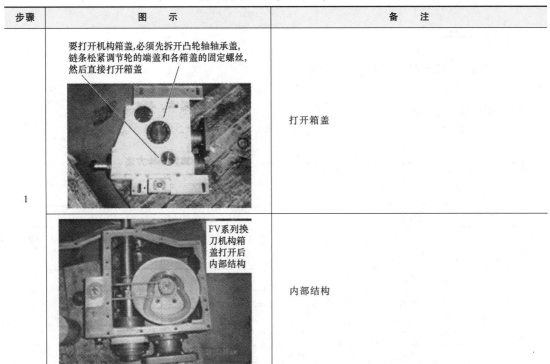 要打开机构箱盖,必须先拆开凸轮轴轴承盖,链条松紧调节轮的端盖和各箱盖的固定螺丝,然后直接打开箱盖	打开箱盖
	FV系列换刀机构箱盖打开后内部结构	内部结构

（续）

步骤	图　示	备　注
1	刀库拆掉后FV系列换刀机构的背面结构 　FV系列换刀机构箱盖背面结构	背面结构 箱盖背面结构
2	 　FV系列换刀机构取出凸轮单元后的内部结构	取出凸轮
3	 　换刀臂原点时凸轮位置	做标记
4		取出齿轮

任务5 数控机床液压与气动系统的装调与维修

数控机床对控制的自动化程度要求很高，而液压与气压系统能方便地实现机床电气控制与自动化，故而在数控机床上得到了广泛的应用。液压和气动装置应具备结构紧凑、工作可靠、易于控制和调节的特点。虽然它们的工作原理类似，但适用范围不同。

任务5.1 数控机床液压系统的装调与维修

学习目标

能看懂数控机床液压系统的工作原理图；了解数控机床液压系统的装调方法，能对数控机床液压系统进行维护；能排除由液压系统引起的数控机床故障。

任务布置

学习数控机床液压系统的工作原理，进行数控机床液压系统的维护维修。

任务分析

读懂液压系统的工作原理图后，学习数控机床液压系统的装调方法，根据数控机床液压系统的工作特点分析其维护、维修点。

相关知识

一、数控车床液压系统

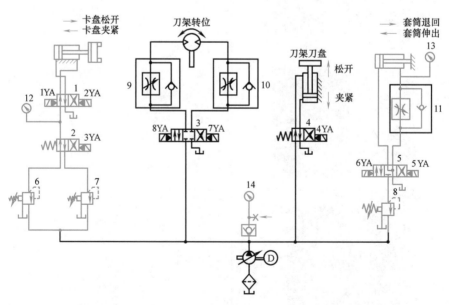

图 5-1 MJ-50 型数控车床液压系统的原理图

1、2、4—二位四通换向阀 3、5—三位四通换向阀 6、7、8—减压阀 9、10、11—单向调速阀 12、13、14—压力表

MJ-50 型数控车床液压系统主要承担卡盘、回转刀架、刀盘及尾座套筒的驱动与控制，它能实现：卡盘的夹紧、放松及两种夹紧力（高与低）之间的转换；回转刀盘的正、反转及刀盘的松开与夹紧；尾座套筒的伸缩。液压系统的所有电磁铁的通、断均由数控系统通过 PLC 来控制。整个液压系统由卡盘分系统、回转刀盘分系统与尾座套筒分系统组成，并以一个变量液压泵为动力源。系统的压力调定为 4MPa。图 5-1 所示为 MJ-50 型数控车床液压系统的原理图。各分系统的工作原理如下。

1. 卡盘分系统

卡盘分系统的执行元件是一个液压缸，控制油路则由一个有两个电磁铁的二位四通换向阀 1、一个二位四通换向阀 2、两个减压阀 6 和 7 组成。

高压夹紧：3YA 失电、1YA 得电，二位四通换向阀 2 和 1 均位于左位。分系统的进油路：液压泵→减压阀 6→二位四通换向阀 2→二位四通换向阀 1→液压缸右腔。回油路：液压缸左腔→二位四通换向阀 1→油箱。这时活塞左移使卡盘夹紧（称正夹或外夹），夹紧力的大小可通过减压阀 6 调节。由于减压阀 6 的调定值高于减压阀 7，所以卡盘处于高压夹紧状态。松夹时，使 2YA 得电、1YA 失电，二位四通换向阀 1 切换至右位。进油路：液压泵→减压阀 6→二位四通换向阀 2→二位四通换向阀 1→液压缸左腔。回油路：液压缸右腔→二位四通换向阀 1→油箱。活塞右移，卡盘松开。

低压夹紧：油路与高压夹紧状态基本相同，唯一的不同是这时 3YA 得电，使二位四通换向阀 2 切换至右位，因而液压泵的供油只能经减压阀 7 进入分系统。通过调节阀 7 便能实现低压夹紧状态下的夹紧力。

2. 回转刀盘分系统

回转刀盘分系统有两个执行元件，刀盘的松开与夹紧由液压缸执行，而液压马达则驱动刀盘回转。因此，分系统的控制回路也有两条支路。第一条支路由三位四通换向阀 3 和两个单向调速阀 9 和 10 组成，通过三位四通换向阀 3 的切换控制液压马达，即刀盘正、反转，而两个单向调速阀 9 和 10 与变量液压泵，则使液压马达在正、反转时都能通过进油路容积节流调速来调节旋转速度。第二条支路控制刀盘的放松与夹紧，它是通过二位四通换向阀的切换来实现的。

刀盘的完整旋转过程是刀盘松开→刀盘通过左转或右转就近到达指定刀位→刀盘夹紧。因此电磁铁的动作顺序是 4YA 得电，刀盘松开→8YA（正转）或 7YA（反转）得电，刀盘旋转→8YA（正转时）或 7YA（反转时）失电，刀盘停止转动→4YA 失电（刀盘夹紧）。

3. 尾座套筒分系统

尾座套筒通过液压缸实现顶出与缩回。控制回路由减压阀 8、三位四通换向阀 5 和单向调速阀 11 组成。分系统通过调节减压阀 8，将系统压力降为尾座套筒顶紧所需的压力。单向调速阀 11 用于在尾座套筒伸出时实现回油节流调速，控制伸出速度。所以，尾座套筒伸出时，6YA 得电，其油路为：系统供油经减压阀 8、三位四通换向阀 5 左位进入液压缸的无杆腔，而有杆腔的液压油则经单向调速阀 11 和三位四通换向阀 5 回油箱。尾座套筒缩回时，5YA 得电，系统供油经减压阀 8、三位四通换向阀 5 右位、单向调速阀 11 的单向阀进入液压缸的有杆腔，而无杆腔的油则经三位四通换向阀 5 直接回油箱。

通过上述系统的分析，数控机床液压系统的特点为：

1）数控机床控制的自动化程度要求较高，类似于机床的液压控制，它对动作的顺序要求较严格，并有一定的速度要求。液压系统一般由数控系统的 PLC 或 PC 来控制，所以动作顺序较多地直接用电磁换向阀切换来实现。

2）由于数控机床的主运动已趋于直接用伺服电动机驱动，所以液压系统的执行元件主要承担各种辅助功能，虽然其负载变化幅度不是太大，但要求稳定。因此，常采用减压阀来保证支路压力的恒定。

二、加工中心液压系统

VP1050 型加工中心为工业型龙门结构立式加工中心，它利用液压系统传动功率大、效率高、运行安全可靠的优点，实现了链式刀库的刀链驱动、上下移动的主轴箱的平衡配重、刀具的安装和主轴高低速的转换等辅助动作。图 5-2 所示为 VP1050 型加工中心的液压系统工作原理图。整个液压系统采用变量叶片泵为系统提供压力油，并在泵后设置单向阀 2，用于减小系统断电或其他故障造成的液压泵压力突降而对系统的影响，避免机械部件的冲击损坏。压力开关 YK1 用以检测液压系统的状态，如压力达到预定值，则发出液压系统压力正常的信号，该信号作为计算机数控系统开启后 PLC 高级报警程序自检的首要检测对象，如 YK1 无信号，PLC 自检发出报警信号，整个数控系统的动作全部停止。

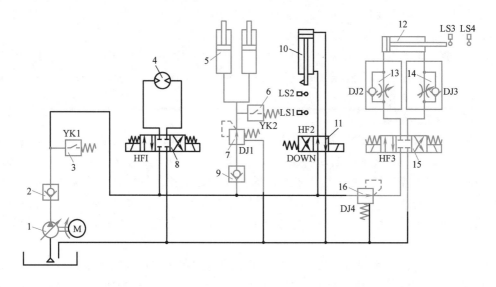

图 5-2　VP1050 型加工中心的液压系统工作原理图

1—液压泵　2、9—单向阀　3、6—压力开关　4—双向液压马达　5—配重液压缸

7、16—减压阀　8、11、15—换向阀　10—松刀缸　12—变速液压缸

13、14—单向节流阀　LS1、LS2、LS3、LS4—行程开关

1. 刀链驱动分系统

VP1050 型加工中心配备 24 刀位的链式刀库，为节省换刀时间，选刀采用就近原则。换刀时，双向液压马达 4 拖动刀链，使所选刀位移动到机械手抓刀位置。液压马达的转向控制由双电控三位电磁阀 HF1 完成，计算机数控系统运算后，发信号至 PLC，通过控制 HF1 不同的得电方式来控制双向液压马达 4 的不同转向。刀链不需要驱动时，HF1 失电，处于中位截止状态，双向液压马达 4 停止。刀链到位信号由感应开关发出。

2. 主轴箱平衡分系统

VP1050 型加工中心的 Z 轴进给是通过主轴箱的上下移动实现的，为消除主轴箱自重对 Z 轴伺服电动机驱动 Z 向运动的精度和控制的影响，采用两个液压缸进行平衡。主轴箱向上运动时，高压油通过单向阀 9 和减压阀 7 向平衡缸下腔供油，产生向上的平衡力；当主轴箱向下移动时，液压缸下腔高压油通过减压阀 7 适当减压。压力开关 YK2 用于检测主轴箱平衡支路的工作状态。

3. 松刀缸分系统

VP1050 型加工中心采用 BT40 型刀柄连接刀具与主轴。为了能够可靠地夹紧与快速地更换刀具，采用碟形弹簧拉紧机构，使刀柄与主轴连接为一体，用液压缸使刀柄与主轴脱开。机床在不换刀时，单电控二位四通电磁换向阀 HF2 失电，控制高压油进入松刀缸 10 的下腔，松刀缸 10 的活塞始终处于上位状态，感应开关 LS2 检测松刀缸上位信号；当主轴需要换刀时，通过手动或自动操作，使单电控二位四通电磁阀 HF2 得电换位，松刀缸 10 上腔通入高压油，活塞下移，使主轴刀爪松开刀柄拉钉，刀柄脱离主轴，松刀缸运动到位后感应开关 LS1 发出到位信号并提供给 PLC，PLC 协调刀库、机械手等其他机构完成换刀操作。

4. 高低速转换分系统

VP1050 型加工中心主轴传动链中，通过一级双联滑移齿轮进行高低速转换。在由高速向低速转换时，主轴电动机接收到数控系统的调速信号后，转速降低到额定值，然后齿轮滑移，完成高低速的转换。在液压系统中，该支路采用双电控三位四通电磁阀 HF3 控制液压油的流向，变速液压缸 12 通过推动拨叉控制主轴箱交换齿轮的位置，从而实现主轴高低速的自动转换。高速、低速齿轮位置信号分别由感应开关 LS3、LS4 向 PLC 发送。当机床停机或控制系统出现故障时，液压系统通过双电控三位四通电磁阀 HF3 使变速齿轮处于原工作位置，避免高速运转的主轴传动系统产生硬件冲击损坏。单向节流阀 DJ2、DJ3 用于控制液压缸的速度，避免齿轮换位时的冲击振动。减压阀 16 用于调节变速液压缸 12 的工作压力。

 任务实施

一、液压系统装调的认识

教师带领学生到工厂中参观数控机床液压系统的装调，给学生介绍数控机床液压系统的组成，并找到图样上所标液压系统元件在数控机床、液压站上的位置，请工程技术人员介绍液压系统的装配调试方法，使学生对于数控机床的液压系统装调有一个感性认识。

二、液压系统的维护

数控机床上液压系统的主要驱动对象有液压卡盘、静压导轨、拨叉变速液压缸、主轴箱的液压平衡、液压驱动机械手和主轴上的松刀液压缸等。液压系统的维护及其工作正常与否，对数控机床的正常工作十分重要。

1. 液压系统的维护要点

1）控制油液污染，保持油液清洁，是确保液压系统正常工作的重要措施。据统计，液压系统的故障有 80% 是由于油液污染引发的，油液污染还会加速液压元件的磨损。

2）控制液压系统中油液的温升是减少能源消耗、提高系统效率的一个重要环节。一台机床的液压系统，若油温变化范围大，其后果是：

① 影响液压泵的吸油能力及容积效率。

② 系统工作不正常，压力、速度不稳定，动作不可靠。

③ 液压元件内外泄漏增加。

④ 加速油液的氧化变质。

3）控制液压系统泄漏极为重要，因为泄漏和吸空是液压系统常见的故障。要控制泄漏，首先是提高液压元件零部件的加工精度、元件的装配质量以及管道系统的安装质量；其次是提高密封件的质量，注意密封元件的安装使用与定期更换；最后是加强日常维护。

4）防止液压系统振动与噪声。振动影响液压元件的性能，使螺钉松动、管接头松脱，从而引起漏油，因此要防止和排除振动现象。噪声影响人身健康与生产率。

5）严格执行日常点检制度。液压系统故障存在着隐蔽性、可变性和难以判断性。应对液压系统的工作状态进行点检，把可能产生的故障现象记录在日检维修卡上，并将故障排除在其萌芽状态，减少故障的发生。

6）严格执行定期紧固、清洗、过滤和更换制度。液压设备在工作过程中，由于冲击振动、磨损和污染等因素，管件松动，金属件和密封元件磨损，因此必须对液压件及油箱等实行定期清洗和维修，对油液、密封元件执行定期更换制度。

2．液压系统的维护操作

液压系统的维护操作如图 5-3~图 5-6 所示。

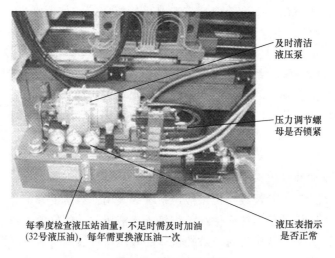

及时清洁液压泵

压力调节螺母是否锁紧

每季度检查液压站油量，不足时需及时加油（32号液压油），每年需更换液压油一次

液压表指示是否正常

图 5-3　液压站的维护

三、液压系统常见故障的分析与排除方法

1．弹性夹具无法张开的故障分析与排除

故障现象：某配套 GSK 980M 系统的数控磨床，在装卸工件时，发现夹具无法张开。

故障分析及处理过程：数控磨床液压系统原理图如图 5-7 所示，靠液压缸压力顶开夹具进行工件装夹。经检查发现，夹具顶开的行程远远不够，因此调整夹具行程，但调整后发现效果不佳，工件仍很难装夹。进一步检查电气控制回路，发现 DC 24V 电磁阀线圈两端电压为 22V（属正常），检查液压管路，发现管路正常。手动控制液压阀，使其处于左位机能，工件装夹正常；拆开电磁阀，发现阀芯处一个固定螺钉松脱，导致电磁阀在得电过程中，阀

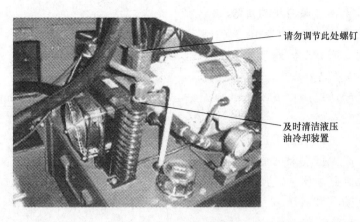

请勿调节此处螺钉

及时清洁液压
油冷却装置

图 5-4　液压油冷却装置的维护

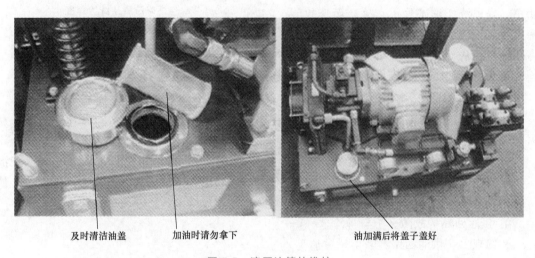

及时清洁油盖　　　加油时请勿拿下　　　　　油加满后将盖子盖好

图 5-5　液压油箱的维护

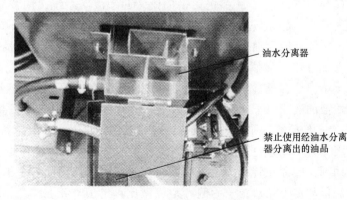

油水分离器

禁止使用经油水分离
器分离出的油品

图 5-6　油水分离器的维护

芯不能准确到位，引起部分用于顶开液压缸的液压油处于卸荷状态。拧紧该螺钉，重新调试
夹具行程，故障排除。

2. 液压泵噪声大的故障分析与排除

故障现象：某配套 FANUC PM0 数控系统的数控专用磨床，在大修后发现机床起动后液压泵噪声特别大。

分析及处理过程：据用户反映，机床大修前液压泵起动声音较小，维修后液压泵噪声反而变大了。根据用户反映和现场分析可知，产生该现象的原因可能是液压系统某处管路堵塞、液压泵损坏，因此拆开液压油管和液压泵，发现泵和油管均正常。但在拆卸过程中，发现液压油黏度特别高，核对机床使用说明书，发现液压油牌号不正确，而且故障发生时正值冬天，低温使油液黏度进一步增大，从而使液压泵噪声变大。更换液压油后，故障排除。

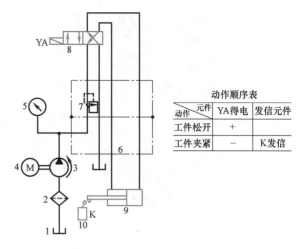

动作顺序表		
元件 动作	YA得电	发信元件
工件松开	+	
工件夹紧	−	K发信

图 5-7 数控磨床液压系统原理图

1—油箱 2—过滤器 3—液压泵 4—电动机 5—压力表
6—基板 7—溢流阀 8—换向阀 9—液压缸
10—信号开关

3. 润滑油路电磁阀的故障分析与排除

故障现象：一台配套 SINUMERIK 810T 数控系统的数控立式车床，出现刀架上下运动时，刀架顶端进油管路出现异常的连续冒油现象，系统报警油压过低。

故障分析及处理过程：检查液压系统管路无损坏，PLC 控制系统正常。进一步检查液压系统控制元件，发现刀架润滑油路中的一个二位三通电磁阀线圈烧坏，阀芯不能回位，使得刀架润滑供油始终处于常开状态。更换电磁阀，故障排除。

4. 供油回路的故障分析与排除

故障现象：供油回路不输出压力油。

故障分析过程：以一种常见的变量泵供油装置回路为例，如图 5-8 所示。液压泵为限压式变量叶片泵，换向阀为三位四通 M 型电磁换向阀。起动液压系统，调节溢流阀，压力表指针不动作，说明无压力；起动电磁阀，使其置于右位或左位，液压缸均不动作。电磁换向阀置于中位时，系统中没有液压油回油箱。检测溢流阀和液压缸，其工作性能参数均正常。而液压系统没有压力油输出，显然液压泵没有吸进液压油，其原因可能是液压泵的转向不对；吸油过滤器严重堵塞或容量过小；油液的黏度过高或温度过低；吸油管路严重漏气；过滤器没有全部浸入油液的液面以下或油箱液面过低；叶片在转子槽中卡死；液压泵至油箱液面高度大于 500mm 等。经检查，泵的转向正确，过滤器工作正常，油液的黏度、温度合适，泵运转时无异常噪声，说明没有过量空气进入系统，泵的安装位置也符合要求。将液压泵解体，检查泵内各运动副，叶片在转子槽中滑动灵活，但发现可移动的定子卡死在零位附近。变量叶片泵的输出流量与定子相对转子的偏心距成正比，定子卡死在零位，即偏心距为零，因此泵的输出流量为零。具体来说，叶片泵与其他液压泵一样都是容积泵，吸油过程是依靠吸油腔的容积逐渐增大，形成部分真空，液压油箱中液压油在大气压力的作用下，沿着管路进入泵的吸入腔，若吸入腔不能形成足够的真空（管路漏气，泵内密封破坏），或大气压力和吸入腔压力差值低于吸油管路压力损失（过滤器堵塞、管路内径小、油液黏度高），或者泵内部吸油腔与排油腔互通（叶片卡死于转子槽内、转子体与配油盘脱开）等因素存在，液压泵都不能完成正常的吸油过程。液压泵压油过程是依靠密封工作腔的容积逐渐减小，油液被挤压在密闭的容积中，压力升高，由排油口输送到液压系统中。由此可见，变量叶片泵密闭的工作腔逐渐增大（吸油过程）和密闭的工作腔逐渐减小（压油过程），完全是由于定子和转子存在偏心距而形成的。当偏心距为零时，密闭的工作腔容积不变化，所以不能完成吸油、压油过程，因此上述回路中无液压油输入，系统也就不能工作。

故障原因查明，相应排除方法就很清楚了。排除步骤是：将叶片泵解体，清洗并正确装配，重新调整泵的上支承盖和下支承盖螺钉，使定子、转子和泵体的水平中心线互相重合，使定子在泵体内调整灵活，并无较大的上下窜动，从而避免发生定子卡死而不能调整的故障。

5. 压力控制回路的故障分析与排除

故障现象：压力控制回路中溢流不正常。

故障分析过程：图 5-9 所示的定量泵压力控制回路中，溢流阀主阀阀芯卡住，液压泵为定量泵，采用三位四通换向阀，中位机能为 Y 型。因此，液压缸停止工作运行时，系统不卸荷，液压泵输出的压力油全部由溢流阀溢回油箱。系统中的溢流阀通常为先导式溢流阀，这种溢流阀的结构为三级同轴式，三处同轴度要求较高。这种溢流阀用在高压、大流量系统中，调压溢流性能较好。将系统中换向阀置于中位，调整溢流阀的压力时发现，压力值在 10MPa 以下时，溢流阀工作正常；而当压力调整到高于 10MPa 的任一压力值时，系统会发出像吹笛一样的尖叫声，此时可看到压力表指针剧烈振动，并发现噪声来自溢流阀。其原因是在三级同轴高压溢流阀中，主阀阀芯与阀体、阀盖有两处滑动配合，如果阀体和阀盖装配后的内孔同轴度超出规定要求，主阀阀芯就不能灵活地动作，而是贴在内孔的某一侧做不正常运动。当压力调整到一定值时，就必然激起主阀阀芯振动。这种振动不是主阀阀芯在工作运动中出现的常规振动，而是其卡在某一位置（此时因主阀阀芯同时承受着液压卡紧力）而激起的高频振动。这种高频振动必将引起弹簧，特别是调压弹簧的强烈振动，并出现共振噪声。另外，由于高压油不通过正常的溢流口溢流，而是通过被卡住的溢流口和内泄油道溢回油箱，这股高压油流会发出高频率的流体噪声。这种振动和噪声是在系统特定的运行条件下激发出来的，这就是在压力低于 10MPa 时不产生尖叫声的原因。

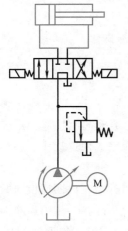

图 5-8　变量泵供油装置回路

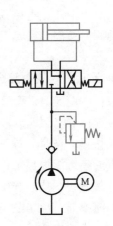

图 5-9　定量泵压力控制回路

故障处理过程：首先可以调整阀盖，因为阀盖与阀体配合处有调整余量；装配时，调整同轴度，使主阀阀芯能灵活运动，无卡滞现象，然后按装配工艺要求，依照一定的顺序用扭力扳手拧紧，使拧紧力矩基本相同。当阀盖孔有偏心时，应进行修磨，消除偏心。主阀阀芯与阀体配合滑动面若有污物，应清洗干净，保证主阀阀芯滑动灵活的工作状态，避免产生振动和噪声。另外，主阀阀芯上的阻尼孔，在主阀阀芯振动时有阻尼作用，当工作油液黏度降低或温度过高时，阻尼作用将相应减小。因此，选用合适黏度的油液和控制系统温升过高也有利于减振降噪。

6. 速度控制回路的故障分析与排除

故障现象：速度控制回路中速度不稳定。

分析及处理过程：节流阀前后压差小，致使速度不稳定，在图 5-10 所示的进口节流调速回路中，液压泵为定量泵，采用三位四通电磁换向阀，中位机能为 O 型。系统回油路上设置单向阀以起背压阀的作用。系统的故障是液压缸推动负载运动时，运动速度达不到调定值。经检查，系统中各元件工作正常，油液温度在正常范围内，但溢流阀的调节压力只比液压缸工作压力高 0.3MPa，压差值偏小，即溢流阀的调节压力较低，回路中油液通过换向阀的压力损失为 0.2MPa，造成节流阀前后压差值低于 0.2～0.3MPa，致使通过节流阀的流量达不到设计要求的数值，于是液压缸的运动速度就不可能达到调定值。提高溢流阀的调节压力，使节流阀的前后压差达到合理压力值后，故障消除。

7. 方向控制回路的故障分析与排除

故障现象：方向控制回路中滑阀没有完全回位。

分析及处理过程：在方向控制回路中，换向阀的滑阀因回位阻力增大而没有完全回位是常见的故障，会造成液压缸回程速度变慢。排除故障时，首先应更换合格的弹簧。如果是由于滑阀精度差而使径向卡滞，应对滑阀进行修磨或重新配制。一般阀芯的圆度和锥度公差为 0.003～0.005mm，最好使阀芯有微量的锥度，并使它的大端在低压腔一边，这样可以自动减小偏心量，从而减小摩擦力，减小或避免径向卡紧力。引起卡滞的原因还可能有脏物进入滑阀缝隙中而使阀芯移动困难；间隙配合过小，以致油温升高时阀芯膨胀而卡滞；电磁铁推杆的密封圈处阻力过大，以及安装紧固电动阀时使阀孔变形等。找到卡紧的原因，就容易排除故障了。

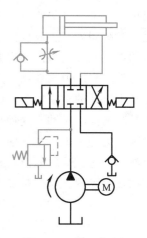

图 5-10 进口节流调速回路

8. 阀换向滞后引起的故障分析与排除

故障现象：在图 5-11a 所示液压系统中，液压泵为定量泵，三位四通换向阀中位机能为 Y 型。系统为进口节流调速。液压缸快进、快退时，二位二通换向阀接通。系统故障是液压缸在开始完成快退动作时，首先出现向工件方向前冲，然后完成快退动作。此种现象影响加工精度，严重时还可能损坏工件和刀具。

分析及处理过程：从系统中可以看出，在执行快退动作时，三位四通换向阀和二位二通换向阀必须同时换向。由于三位四通换向阀换向时间的滞后，即在二位二通换向阀接通的一瞬间，有部分压力油进入液压缸工作腔，使液压缸出现前冲。当三位四通换向阀换向终了时，压力油才全部进入液压缸的有杆腔，无杆腔的油液才经二位二通换向阀回油箱。

改进后的系统如图 5-11b 所示。在二位二通换向阀和节流阀上并联一个单向阀，液压缸快退时，无杆腔油液经单向阀回油箱，二位二通换向阀仍处于关闭状态，这样就避免了液压缸前冲的故障。

9. 数控车床卡盘失压的故障分析与排除

故障现象：液压卡盘夹紧力不足，卡盘失压，监视不报警。

故障检查与分析：该数控车床配套的电动刀架为 LD4-1 型。卡盘夹紧力不足，可能是系统压力不足、执行件内泄、控制回路动作不稳定及卡盘移动受阻造成。

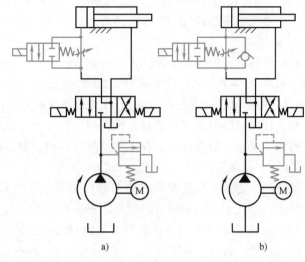

图 5-11　液压系统原理图

故障处理：调整系统压力至要求，检修液压缸的内泄及控制回路动作情况，检查卡盘各摩擦副的滑动情况，卡盘仍然夹紧力不足。经过分析，调整液压缸与卡盘之间连接拉杆的调整螺母，故障排除。

10. T40 型卧式加工中心刀链不执行校准回零的故障分析与排除

故障现象：开机，待自检通过后，起动液压系统，执行轴校准，其后在执行机械校准时出现以下两个报警：

ASL40　　ALERT　　CODE　　16154
　　　　　CHAIN　　NOT　　ALIGNED
ASL40　　ALERT　　CODE　　17176
　　　　　CHAIN　　POSITION　　ERROR

因此机床不能正常工作。

故障检查与分析：美国辛辛那提·米拉克龙公司的 T40 型卧式加工中心计算机部分采用该公司的 A950 系统。刀链校准是在数控系统接到校准指令后，使电磁阀 3SOL 得电，控制液压马达驱动刀链顺时针方向转动，同时数控系统等待接收刀链回归校准点（HOME POSITION）的接近开关 3PROX（常开）信号，收到该信号后，电磁阀 3SOL 失电，并使电磁阀 1SOL 得电，刀链制动销插入，同时数控系统再接收到制动销插入限位开关 1LS（常开）信号，刀链校准才能完成。

据此分析，故障范围在以下三方面：

1）刀链因故未能转到校准位置（HOME POSITION）就停止。

2）刀链确已转到了校准位置，但由于接近开关 3PRC 故障，数控系统没有接收到到位信号，刀链一直转动，直到数控系统在设定接收该信号的时间范围到时产生以上报警，刀链才停止校准。

3）刀链在转到校准位置时，数控系统虽接到了到位信号，但由于 1SOL 故障，导致制动销不能插入，限位开关 1LS 没有信号，而且 3SOL 因惯性使刀链错开回归点，又没有接近开关信号。

故障处理：根据以上分析，首先检查接近开关 3PROX 正常。再通过该机在线诊断功能发现在机械校准操作时 1LS 信号、I0033（LS APIN-ADV）和 3PROX 信号 10034（PR-CHNA-HOME）状态一直都为 OFF，观察刀链在校准过程中确实没有到位就停止转动，而且发现每次校准时转过的刀套数目也没有规律，怀疑电磁阀 3SOL 或者液压马达有问题。进一步查得液压马达有漏油现象，拆下并更换密封圈，漏油排除，但仍不能校准，最后更换电磁阀 3SOL，故障排除。

说明：由于用万用表测量电磁阀电压及阻值基本正常，而且每次校准时刀链也确实转动，因此在排除了其他原因后，最后才更换性能不良的电磁阀。

11．JOG 方式下机械手在取送刀具时不能缩爪的故障分析与排除

故障现象：机床在 JOG 方式下加工工件时，机械手将刀具从主刀库中取出并送入送刀盒中，不能缩爪，但却不报警，将方式选择到 ATC 状态，手动操作都正常。

故障分析与处理：BX-110P 型加工中心采用的 FANUC-11 系统，由日本某公司制造。经查看梯形图，原来是限位开关 LS916 没有压合。调整限位开关位置后，机床恢复正常。但过一段时间后，再次出现此故障，检查 LS916 并没松动，但却没有压合，由此怀疑机械手的液压缸拉杆没伸到位，经检查发现液压缸拉杆顶端锁紧螺母的顶丝松动，使液压缸伸缩的行程发生了变化，调整锁紧螺母并拧紧顶丝后，此故障排除。

 任务拓展

一、数控机床的修理制度

根据数控机床磨损的规律，"预防为主、养修结合"是数控机床检修工作的正确方针。但是，在实际工作中，由于修理期间除了产生各种维修费用以外，还引起一定的停工损失，尤其在生产繁忙的情况下，往往由于吝惜有限的停工损失而宁愿让数控机床"带病"工作，不到万不得已时决不进行修理，这是极其有害的做法。由于对磨损规律的了解不同，对预防为主的方针的认识不同，因而在实践中产生了不同的数控机床修理制度，主要有以下几种：

1．随坏随修

随坏随修即坏了再修，也称为事后修，事实上是等出了事故后再安排修理，这通常会造成更大的损坏，甚至有时会到无法修复的程度，即使可以修复也需要更多的耗费、更长的时间，造成更大的损失。应当避免随坏随修的现象。

2．计划预修

计划预修是进行有计划的维护、检查和修理，以保证数控机床经常处于完好状态。其特点在于预防性与计划性，即在数控机床未曾发生故障时就有计划地进行预防性的维修。

计划预修是一种比较科学的设备维修制度，有利于事先安排维修力量，有利于同生产进度安排相衔接，减少了生产的意外中断和停工损失。它是在了解和掌握数控机床的故障理论和规律，充分掌握设备及其组成部分的磨损与破坏的各种具体资料与数据的基础上建立的维修制度。

在设备众多、资料有限的情况下，可以在重点设备以及设备的关键部件上应用。计划预

修制的内容主要有：日常维护、定期检查、清洗换油和计划修理。

3. 分类维修

分类维修的特点是将数控机床分为 A、B、C 三类。其中，A 类为重点数控机床，B 类为非重点数控机床，C 类为一般数控机床，对 A、B 两类机床采用计划预修，而对 C 类机床采取随坏随修的办法。

选取何种修理制度，应根据生产特点、数控机床重要程度、经济得失的权衡，综合分析后确定。但应坚持预防为主的原则，减少随坏随修的现象，也要防止过分修理带来的不必要的损失（对可以工作到下一次修理的零件予以强制更换，不必修理却予以提前更换，称为过分修理）。

任务 5.2　数控机床气动系统的装调与维修

 学习目标

能看懂数控机床气动系统原理图；了解数控机床气动系统的装调方法，能对数控机床气动系统进行维护；能对气动系统引起的数控机床故障进行维修。

 任务布置

学习数控机床气动系统的工作原理，进行数控机床气动系统的维护维修。

 任务分析

读懂气动系统的工作原理图后，学习数控机床气动系统的装调方法，根据数控机床气动系统的工作特点分析其维护、维修点。

 相关知识

数控机床上常有利用气动来控制和实现机床部分功能的装置。有的数控车床有气动刀塔、气动卡盘等装置。加工中心上有实现主轴吹气等功能的气动装置，有的加工中心还利用气动装置来完成刀套的上下、刀具的夹紧和松开等。

一、数控车床用真空卡盘

车削薄工件时很难夹紧，这已成为工艺技术人员的一大难题。虽然对钢铁材料的工件可以使用磁性卡盘，但是工件容易被磁化，这是一个很麻烦的问题，而真空卡盘则是较理想的夹具。

真空卡盘的结构简图如图 5-12 所示，下面简单介绍其工作原理。

卡盘的前面装有吸盘，盘内形成真空，而薄的工件就靠大气压力被压在吸盘上以达到夹紧的目的。一般在卡盘本体 1 上开有数条圆形的沟槽 2，这些沟槽就是前面提到的吸盘，这些吸盘通过转接件 5 上的孔道 4 与小孔 3 相通，然后与卡盘体内的气缸腔室 6 相连接。另外，气缸腔室 6 通过气缸活塞杆后部的孔 7 通向连接管 8，然后与装在主轴后面的转阀 9 相通，通过软管 10 同真空泵系统相连接。按上述的气路，卡盘本体沟槽内形成真空，以吸住工件。反之，要取下工件时，则向沟槽内通以空气。气缸腔室 6 内有时真空，有时充气，所以活塞 11 有时缩进有时伸出。此活塞前端的凹窝在夹紧时起到吸附的作用。即工件安装之前气缸腔室与大气相通，活塞在弹簧12的作用下伸出卡盘的外面。当工件被夹紧时，气缸内形成真空，则活塞头缩进。一般真空卡盘的吸引力与吸盘的有效面积和吸盘内的真空度成正比。在自动化应用时，有时要求夹紧速度要快，而夹紧速度则由真空卡盘的排气量来决定。

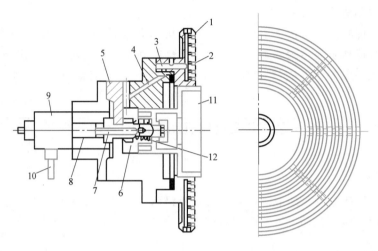

图 5-12　真空卡盘的结构简图

1—卡盘本体　2—沟槽　3—小孔　4—孔道　5—转接件　6—气缸腔室

7—孔　8—连接管　9—转阀　10—软管　11—活塞　12—弹簧

真空卡盘的夹紧与松开是由图 5-13 所示的气动回路中的电磁阀1的换向来实现的。打开包括真空罐 3 在内的回路，形成吸盘内的真空，实现夹紧动作。松开时，在关闭真空回路的同时，通过电磁阀 4 迅速地打开空气源回路，以实现真空下瞬间松开的动作。电磁阀 5 是用来开闭压力继电器 6 的回路。在夹紧的情况下此回路打开，当吸盘内真空度达到压力继电器的规定压力时，给出夹紧完了的信号。在松开的情况下，回路已换成空气源的压力了，为了不损坏检测真空的压力继电器，将此回路关闭。如上所述，夹紧与松开时，通过上述的三个电磁阀自动地进行操作，而夹紧力则是由真空调节阀 2 来调节的，根据工件的尺寸、形状可选择最合适的夹紧力数值。

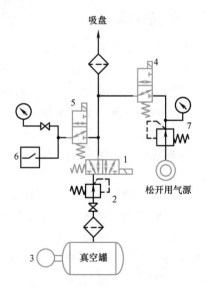

图 5-13　真空卡盘的气动回路

1、4、5—电磁阀　2、7—减压阀

3—真空罐　6—压力继电器

二、H400 型卧式加工中心气动系统

加工中心气动系统的设计及布置与加工中心的类型、结构、要求完成的功能等有关，结合气压传动的特点，一般在要求力或力矩不太大的情况下采用气压传动。

H400 型卧式加工中心作为一种中小功率、中等精度的加工中心，为降低制造成本、提高安全性、减少污染，结合气、液压传动的特点，该加工中心的辅助动作主要采用气压驱动装置来完成。

图 5-14 所示为 H400 型卧式加工中心气动系统原理图。该气动系统主要包括松刀气缸支路、主轴吹气支路、交换台托升支路、工作台拉紧支路、工作台定位面吹气支路、鞍座定位支路、鞍座锁紧支路、刀库移动支路等。

H400 型卧式加工中心气动系统要求提供额定压力为 0.7MPa 的压缩空气，压缩空气通过 φ8mm 的管道连接到气动系统的气源处理装置，经过处理后，干燥、洁净的压缩空气中加入适当润滑用油雾，供给后面的执行机构使用，保证整个气动系统的稳定、安全运行，避免或减少执行部件、控制部件的磨损而使其寿命降低。YK1 为压力开关，该元件在气动系统达到额定压力时发出电参量开关信号，通知机床气动系统正常工作。在该系统中，为了减小负载变化对系统工作稳定性的影响，设计时均采用单向出口节流的方法调节气缸的运行速度。

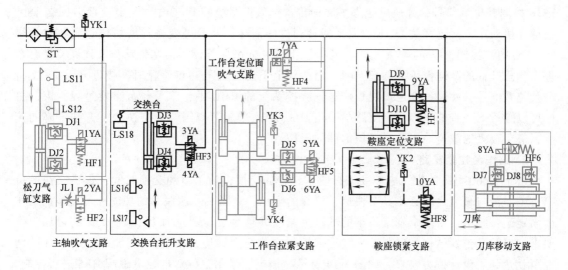

图 5-14 H400 型卧式加工中心气动系统原理图

1. 松刀气缸支路

松刀气缸是完成刀具的拉紧和松开的执行机构。为保证机床切削加工过程的稳定、安全、可靠，刀具拉紧拉力应大于 12000N，抓刀、松刀动作时间在 2s 以内。换刀时，通过气动系统对刀柄与主轴间的 7∶24 定位锥孔进行清理，使用高速气流清除接合面上的杂物。为达到这些要求，并且尽可能地使气缸结构紧凑、重量轻，再考虑到工作缸直径不能大于150mm，所以采用复合双作用气缸（额定压力 0.5MPa）。

在无换刀操作指令的状态下，松刀气缸在自动复位控制阀 HF1（图 5-14）的控制下始终处于上位状态，并由感应开关 LS11 检测该位置信号，以保证松刀气缸活塞杆与拉杆脱离，避免主轴旋转时活塞杆与拉杆摩擦损坏。主轴对刀具的拉力由碟形弹簧受压产生的弹力提供。当进行自动或手动换刀时，二位四通电磁阀 HF1 线圈 1YA 得电，松刀气缸上腔通入高压气体，活塞向下移动，活塞杆压住拉杆克服弹簧弹力向下移动，直到刀爪松开刀柄上的拉钉，刀柄与主轴脱离。感应开关 LS12 检测到位置信号，通过变送扩展板传送到计算机数控系统的 PMC 中，作为对换刀机构进行协调控制的状态信号。DJ1、DJ2 是调节气缸压力和松刀速度的单向节流阀，以避免气流冲击和振动的产生。电磁阀 HF2 是控制主轴和刀柄之间的定位锥面在换刀时的吹气清理气流的开关，主轴锥孔吹气的气体流量大小用节流阀 JL1 调节。

2. 交换台托升支路

交换台是实现双工作台交换的关键部件，由于 H400 型加工中心交换台提升载荷较大（达 12000N），工作过程中冲击较大，设计上升、下降动作时间为 3s，且交换台位置空间较大，故采用大直径气缸（$D=\phi350\text{mm}$）、$\phi6\text{mm}$ 内径的气管，满足设计载荷和交换时间的要求。机床无工作台交换时，在二位双电控电磁阀 HF3 的控制下交换台托升缸处于下位，感应开关 LS17 有信号，交换台与托叉分离，可自由运动。当进行自动或手动双工作台交换时，数控系统通过 PMC 发出信号，使二位双电控电磁阀 HF3 的 3YA 得电，托升缸下腔通入高压气体，活塞带动托叉连同交换台一起上升，当达到上下运动的上终点位置时，接近开关 LS16 检测其位置信号，并通过变送扩展板传送到数控系统的 PMC 中，控制交换台回转 180° 运动开始动作，接近开关 LS18 检测到回转到位的信号，并通过变送扩展板传送到数控系统的 PMC 中，控制 HF3 的 4YA 得电，托升缸上腔通入高压气体，活塞带动托叉连同交换台在重力和托升缸的共同作用下一起下降，当达到上下运动的下终点位置时，接近开关 LS17 检测其位置信号，并通过变送扩展板传送到数控系统的 PMC 中，双工作台交换过程结束，机床可以进行下一步的操作。该支路中采用 DJ3、DJ4 单向节流阀调节交换台上升和下降的速度，避免较大的载荷冲击及对机械部件的损伤。

3. 工作台拉紧支路

由于 H400 型卧式加工中心要进行双工作台的交换，为了节约交换时间，保证交换的可靠，工作台与鞍座之间必须具有快速、可靠的定位、夹紧及迅速脱离的功能。可交换的工作台固定于鞍座上，由四个带定位锥的气缸夹紧，并且为了达到拉力大于 12000N 的可靠工作要求，以及受位置结构的限制，该气缸采用了弹簧增力结构，在气缸内径仅为 $\phi63\text{mm}$ 的情况下就达到了设计拉力要求。如图 5-14 所示，该支路采用二位双电控电磁阀 HF5 进行控制，当双工作台交换将要进行或已经进行完毕时，数控系统通过 PMC 控制电磁阀 HF5，使线圈 5YA 或 6YA 得电，分别控制气缸活塞的上升或下降，通过钢珠拉套机构放松或拉紧工作台上的拉钉，完成鞍座与工作台之间的放松或拉紧。为了避免活塞运动时的冲击，采用具有得电动作、失电不动作、双线圈同时得电不动作特点的二位双电控电磁阀 HF5 进行控制，可避免在动作进行过程中突然断电造成的机械部件冲击损伤。采用单向节流阀 DJ5、DJ6 来调节拉紧的速度，避免较大的冲击载荷。该位置由于受结构限制，用感应开关检测放松与拉紧信号较为困难，故采用可调工作点的压力继电器 YK3、YK4 检测压力信号，并以此信号作为气缸到位信号。

4. 鞍座定位与锁紧支路

H400 型卧式加工中心工作台的回转分度功能，是通过与工作台连为一体的鞍座采用蜗轮蜗杆机构实现的。鞍座与床鞍之间有相对回转运动，并分别采用插销和可以变形的薄壁气缸实现床鞍和鞍座之间的定位与锁紧。当数控系统发出鞍座回转指令并做好相应的准备后，二位单电控电磁阀 HF7 得电，定位插销气缸活塞向下带动定位销从定位孔中拔出，到达下运动极限位置后，感应开关检测到位信号，通知数控系统可以进行鞍座与床鞍的放松，此时二位单电控电磁阀 HF8 得电动作，锁紧气缸中的高压气体放出，锁紧活塞弹性变形恢复，使鞍座与床鞍分离。该位置由于受结构限制，检测放松与锁紧信号较困难，故采用可调工作点的压力继电器 YK2 检测压力信号，并以此信号作为位置检测信号。该信号送入数控系统，控制鞍座进行回转动作，鞍座在电动机、同步带、蜗轮蜗杆机构的带动下进行回转运动。当达到预定位置时，感应开关发出到位信号，鞍座停止转动，回转运动的初次定位完成。电磁阀 HF7 断电，插销气缸下腔通入高压气体，活塞带动插销向上运动，插入定位孔，进行回转运动的精确定位。定位销到位后，感应开关发出信号通知锁紧气缸锁紧，电磁阀 HF8 失电，锁紧气缸充入高压气体，锁紧活塞变形，YK2 检测到压力达到预定值后，鞍座与床鞍夹紧完成。至此，整个鞍座回转动作完成。另外，在该定位支路中，DJ9、DJ10 是为避免插销冲击损坏而设置的调节上升、下降速度的单向节流阀。

5. 刀库移动支路

H400 型卧式加工中心采用盘式刀库，具有 10 个刀位。进行自动换刀时，要求气缸驱动刀盘前后移动，与主轴上、下、左、右方向的运动进行配合来实现刀具的装卸，并要求在运行过程中稳定、无冲击。如图 5-14 所示，换刀时，当主轴到达相应位置后，使电磁阀 HF6 得电和失电，从而使刀盘前后移动，到达两端的极限位置，并由位置开关检测到位信号，与主轴运动、刀盘回转运动协调配合，完成换刀动作。HF6 断电时，刀库部件处于远离主轴的原位。DJ7、DJ8 是为避免冲击而设置的单向节流阀。

该气动系统中，交换台托升支路和工作台拉紧支路采用二位双电控电磁阀（HF3、HF5），以避免在动作进行过程中突然断电造成的机械部件的冲击损伤。系统中所有的控制阀完全采用板式集装阀连接。这种安装方式结构紧凑，易于控制、维护与故障点检测。为避免气流放出时所产生的噪声，在各支路的放气口均加装了消声器。

 任务实施

一、气动系统装调的认识

教师带领学生到工厂中参观数控机床气动系统的装调，给学生介绍数控机床气动系统的组成，并找到图样上所标气动系统元件在数控机床上的位置，请工程技术人员介绍气动系统的装配调试方法，使学生对于数控机床的气动系统装调有一个感性认识。

二、气动系统的维护

气动系统的维护操作见表 5-1。

表 5-1　气动系统的维护操作

项　目	图　示	备注
每日检查并保持气源压力 0.6 ~ 0.8MPa（可通过气压调节阀进行调节），流量为 200L/min	气压调节阀 空压三点组合 润滑油泵	

（续）

项　目	图　示	备注
每日给三点组合排水（上推排水管即可）	气压调节阀 放水	
每月检查并及时添加 10 号锭子油，保持气压管路的润滑	该处可旋转拧下加油	

二、气动系统的故障分析与排除

故障现象：机床开机时出现空气静压压力不足，发生故障报警而停机。查看空气静压单元压力表，无压力显示。

故障检查与分析：RAPID-6K 型数控叶片铣床，德国 WOTAN 公司制造，采用 SINUMERIK 8 数控系统。

该数控叶片铣床采用静压导轨，其空气由空气静压单元提供，工作原理如图 5-15 所示。

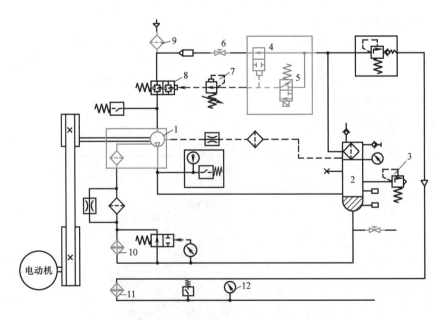

图 5-15　空气静压单元系统工作原理图

1—压缩机　2—油气分离器　3—溢流阀　4、5—控制-排气组合阀　6—球阀　7—局部调节阀

8—进气阀　9—过滤网　10—油冷却器　11—空气冷却器　12—压力表

经分析研究，认为可能产生故障的原因是进口空气过滤器阻塞、出口管路有泄漏、溢流阀失灵、排气阀失灵、进气阀没有打开、压缩机失效等。

按照故障原因的分析逐一查找故障点。

首先查找压缩机出口外部元件。经检查，管道及各插头无任何泄漏，溢流阀也正常。

其次查找控制进气-排气回路。从原理图中可以看出，如果压缩机在工作状态，排气阀动作失灵没有断开排气回路，就会造成空气直接回进气口。所以检查该回路时，让压缩机处于工作状态，将球阀关闭，这时压力表显示压力为 6.5MPa，证明空气在此回路跑失，没有达到工作压力 10MPa 的要求。进而判断压缩机也存在进气阀工作不到位而造成吸气不足。由于排气阀和进气阀动作是由控制-排气组合阀 5 控制，工作时控制-排气组合阀 5 没有动作，那么进气阀和排气阀无法正常工作，故而导致该故障的出现。所以决定拆卸控制-排气组合阀 5，发现其电磁铁线圈损坏。故障点找到。

故障处理：由于控制-排气组合阀 5 是组合阀，而且连同球阀等一起安装在油气分离器壁体上，进、出气口并不都是管路连接，没有原样阀体根本无法替换。在修理过程中只好将原回路做微小改动。第一步，将控制-排气组合阀 5 的阀芯取出使其处于常通状态，并将排气小孔堵死。第二步，借助局部调节阀引出管路，在其上接一个排气阀（图 5-16），利用它来解决当压缩机停机时的排

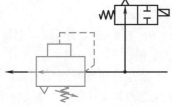

图 5-16　排气组合阀更改图

气问题。同时把该阀电磁铁线圈接到原控制阀控制线路上。经过改动后，空气静压单元正常工作。

 任务拓展

数控机床机械故障的诊断技术，分为简易诊断技术和精密诊断技术。一般情况都采用简易诊断技术来诊断机床的现时状态，只有对那些在简易诊断中提出疑难问题的机床才进行精密诊断，这样使用两种诊断技术才最经济有效。

一、数控机床机械故障的简易诊断技术

由现场维修人员使用一般的检查工具（如百分表、水准仪、光学仪）或通过感觉器官的问、看、听、触、嗅等对机床进行故障诊断，称为简易诊断技术，简易诊断技术有时也称为机械检测技术。简易诊断技术能快速测定故障部位，监测劣化趋势，选择有疑难问题的故障进行精密诊断。

1. 问

弄清故障是突发的还是渐发的，以及机床开动时有哪些异常现象。对比故障前后工件的精度和表面粗糙度，以便分析故障产生的原因。弄清传动系统是否正常，出力是否均匀，背吃刀量和进给量是否减小等；润滑油品牌号是否符合规定，用量是否适当；机床何时进行过保养检修等。

2. 看

（1）看转速　观察主传动速度的变化。看带传动中的传动带线速度变慢，主要看传动带是否过松或负荷太大。对主传动系统中的齿轮，主要看它是否跳动、摆动。对传动轴，主

要看它是否弯曲或晃动。

（2）看颜色　主轴和轴承运转不正常就会发热。长时间升温会使机床外表颜色发生变化，大多呈黄色。油箱里的油也会因温升过高而变稀，颜色改变；有时也会因长久不换油、杂质过多或油变质而变成深墨色。

（3）看伤痕　机床零部件碰伤损坏部位很容易发现，当发现裂纹时，应做记号，隔一段时间后再比较它的变化情况，以便进行综合分析。

（4）看工件　若车削后的工件表面粗糙度 Ra 值大，主要是由于主轴与轴承之间的间隙过大，溜板、刀架、压板、镶条等有松动以及滚珠丝杠预紧松动等。若是磨削后的表面粗糙度 Ra 值大，主要是由于主轴或砂轮动平衡差，机床出现共振以及工作台爬行等原因引起的。工件表面出现波纹，则看波纹数是否与机床主轴传动齿轮的齿数相等，如果相等，则表明主轴齿轮啮合不良是故障的主要原因。

（5）看变形　观察机床的传动轴、滚珠丝杠是否变形，大直径的带轮和齿轮的端面是否有轴向跳动。

（6）看油箱与冷却箱　主要观察油或切削液是否变质，确定其能否继续使用。

3. 听

一般运行正常的机床，其声音具有一定的音律和节奏，并保持持续的稳定。机械运动发出的正常声音见表 5-2，异常声音见表 5-3。异常声音主要是机件的磨损、变形、断裂、松动和腐蚀等原因，致使在运行中发生碰撞、摩擦、冲击或振动所引起的。有些异常声音，表明机床中某一零件产生了故障；还有些异常声音，则是机床可能发生更大事故性损伤的预兆，其诊断见表 5-4。异常声音与故障征象的关系见表 5-5。

表 5-2　机械运动发出的正常声音

机械运动部件	正 常 声 音
一般做旋转运动的机件	在运转空间较小或处于封闭系统时,多发出平静的"嘤嘤"声
	若处于非封闭系统或运行空间较大时,多发出较大的蜂鸣声
	各种大型机床则产生低沉而振动声浪很大的轰隆声
正常运行的齿轮副	一般在低速下无明显的声响
	链轮和齿条传动副一般发出平稳的"唧唧"声
	直线往复运动的机件一般发出周期性的"咯噔"声
	常见的凸轮顶杆机构、曲柄连杆机构和摆动摇杆机构等,通常都发出周期性的"嘀嗒"声
	多数轴承副一般无明显的声响,借助传感器(通常用金属杆或螺钉旋具)可听到较为清晰的"嘤嘤"声
各种介质的传输设备	气体介质多为"呼呼"声
	流体介质为"哗哗"声
	固体介质发出"沙沙"声或"呵罗呵罗"声响

表 5-3　异常声音

声音	特　征	原　因
摩擦声	声音尖锐而短促	两个接触面相对运动的研磨。如带打滑或主轴轴承及传动丝杠副之间缺少润滑油,均会产生这种异常声音

（续）

声音	特　征	原　　　因
冲击声	音低而沉闷	一般由于螺栓松动或内部有其他异物碰击
泄漏声	声小而长,连续不断	如漏风、漏气和漏液等
对比声	用锤子轻轻敲击来鉴别零件是否缺损。有裂纹的零件敲击后发出的声音就不那么清脆	

表 5-4　异常声音的诊断

过程	说　　　明
确定应诊的异常声音	新机床运转过程中一般无杂乱的声音,一旦由某种原因引起异常声音,便会清晰而单纯地暴露出来
	旧机床运行期间声音杂乱,应当首先判明哪些异常声音是必须予以诊断并排除的
确诊异常声音部位	根据机床的运行状态,确定异常声音的部位
确诊异常声音零件	机床的异常声音,常因产生异常声音零件的形状、大小、材质、工作状态和振动频率不同而声音各异
根据异常声音与其他故障的关系进一步确诊或验证异常声音零件	同样的声音,其高低、大小、尖锐、沉重及脆哑程度等不一定相同每个人的听觉也有差异,所以仅凭声响特征确诊机床异常声音的零件,有时还不够确切
	根据异常声音与其他故障征象的关系,对异常声音零件进一步确诊与验证(表 5-5)

表 5-5　异常声音与故障征象的关系

故障征象	说　　　明
振动	振动频率与异常声音的声频一致。据此便可进一步确诊和验证异常声音零件
	如对于动不平衡引起的冲击声,其声音次数与振动频率相同
爬行	在液压传动机构中,若液压系统内有异常声音,且执行机构伴有爬行现象,则可证明液压系统混入空气。这时,如果在液压泵中心线以下还有"吱嗡吱嗡"的噪声,就可进一步确诊是液压泵吸空导致液压系统混入空气
发热	有些零件产生故障后,不仅有异常声音,而且发热
	某一轴上有两个轴承,其中有一个轴承产生故障,运行中发出"隆隆"声,这时只要用手一摸就可确诊,发热的轴承即为损坏的轴承

4. 触

（1）温升　人的手指触觉是很灵敏的，能相当可靠地判断各种异常的温升，其误差可准确到 3~5℃。不同温度的感觉见表 5-6。

（2）振动　轻微振动可用手感鉴别，至于振动的大小，可以找一个固定基点，用一只手去同时触摸，便可以比较出振动的大小。

（3）伤痕和波纹　肉眼看不清的伤痕和波纹，若用手指去摸则可很容易地感觉出来。摸的方法是：对圆形零件要沿切向和轴向分别去摸；对平面则要左右、前后均匀地去摸。摸时不能用力太大，只轻轻把手指放在被检查面上接触便可。

（4）爬行　用手摸可直观地感觉出来。

（5）松或紧　用手转动主轴或摇动手轮，即可感到接触部位的松紧是否均匀适当。

表 5-6　不同温度的感觉

机床温度	感　觉
0℃左右	手指感觉冰凉，长时间触摸会产生刺骨的痛感
10℃左右	手感较凉，但可忍受
20℃左右	手感到稍凉，随着接触时间延长，手感潮温
30℃左右	手感微温有舒适感
40℃左右	手感如触摸高烧病人
50℃左右	手感较烫，如掌心扣的时间较长可有汗感
60℃左右	手感很烫，但可忍受 10s 左右
70℃左右	手有灼痛感，且手的接触部位很快出现红色
80℃左右	瞬时接触手感"麻辣火烧"，时间过长，可出现烫伤 为了防止手指烫伤，应注意手的触摸方法，一般先用右手并拢的食指、中指和无名指指背中节部位轻轻触及机件表面，断定对皮肤无损害后，才可用手指肚或手掌触摸

5. 嗅

剧烈摩擦或电器元件绝缘破损短路，使附着的油脂或其他可燃物质发生氧化，蒸发或燃烧产生油烟气、焦糊气等异味，应用嗅觉诊断的方法可收到较好的效果。

二、数控机床机械故障的简易诊断技术

根据简易诊断中提出的疑难故障，由专职故障精密诊断人员利用先进测试手段进行精确的定量检测与分析，找出故障位置、原因和数据，以确定应采取的最合适的修理方法和时间的技术称为精密诊断技术。

1. 温度监测

温度监测分为接触型和非接触型监测。温度监测用于机床运行中发热异常的检测。

接触型温度监测采用温度计、热电偶、测温贴片、热敏涂料直接接触轴承、电动机、齿轮箱等装置的表面进行测量。非接触型温度监测采用先进的红外测温仪、红外热像仪、红外扫描仪等遥测不宜接近的物体。

温度监测具有快速、正确、方便的特点。

2. 振动监测

振动监测是通过安装在机床某些特征点上的传感器，利用振动计巡回检测，测量机床上特定测量处的总振级大小，如位移、速度、加速度和幅频特性等，对故障进行预测和监测的方法。

振动是应用最多的诊断信息之一。首先是强度测定，确认有异常时，再做定量分析。

3. 噪声监测

噪声监测采用噪声测量计、声波计对机床齿轮、轴承在运行中的噪声进行测量，对噪声信号频谱中的变化规律进行深入分析，识别和判别齿轮、轴承磨损失效故障状态。

噪声是应用最多的诊断信息之一。首先是强度测定，确认有异常时，再做定量分析。

4. 油液分析

油液分析通过原子吸收光谱仪，对进入润滑油或液压油中磨损的各种金属微粒和外来杂

质等残余物的形状、大小、成分、浓度进行分析，判断磨损状态、机理和严重程度，有效掌握零件磨损情况。

油液分析一般用于监测零件磨损。

5. 裂纹监测

裂纹监测通过磁性探伤法、超声波法、电阻法、声发射法等观察零件内部机体的裂纹缺陷。

疲劳裂缝可导致重大事故，测量不同性质材料的裂纹应采用不同的方法。

项目二

数控机床电气系统的安装与调试

任务 6 FANUC 数控系统数控机床电路连接

任务 6.1 认识 FANUC 数控系统的主要功能部件

 学习目标

能根据数控装置上标明的接口名称，认识数控装置的控制对象；能正确选用伺服电动机和主轴电动机；了解位置检测装置的安装方法；能根据电源模块、伺服模块和主轴模块的接口名称，认识各接口的连接对象。

 任务布置

学生在老师带领下到 FANUC 数控系统的数控机床旁认识数控系统的主要功能部件。

 任务分析

学习数控系统主要部件的基础知识，了解其功能，再在实际机床上去具体分析。

 相关知识

一、FANUC 0i C 数控装置

目前，市面上广泛使用的数控系统有很多种，常见的有西门子系统、FANUC 系统、三菱系统、海德汉数控系统、华中数控系统等。其中，日本 FANUC 公司的数控系统具有高质量、高性能、全功能的特点，适用于各种机床和生产机械的特点，更为重要的是，FANUC 系统对于电压、温度等外界条件的要求不是很高，对我国工业环境的适应性很强，因此在国内市场的占有率很高。

1. FANUC 数控系统概述

目前，在国内市场上常见的 FANUC 数控系统有 FANUC 0 C/D 系列、FANUC 0i A/B/C/D 系列、FANUC 21/21i 系列、FANUC 16/16i 系列、FANUC 18/18i 系列、FANUC 15/15i 系列、FANUC 30i/31i/32 i 系列、FANUC Power-Mate 系列。总体上讲，FANUC 0 C/D 系列、FANUC 0i A/B/C 系列以及 FANUC 21i 系列数控系统用于 4 轴以下的普及型数控机床。

FANUC 0 C/D 系列是 20 世纪 90 年代的产品，早已停产，该系统硬件为双列直插型大板结构，CPU 是 Intel-486 系列，驱动采用全数字伺服。

FANUC 0i A/B/C/D 系列是 2000 年后的产品，硬件采用 SMT 技术（表面贴装技术），驱动采用 α 及 αi 系列或 β 及 βi 系列全数字伺服，特别是 αi 采用 FSSB（FANUC Serial Servo Bus 总线）结构，光缆传输，具有 HRV（High Response Vector 高速响应矢量控制）功能，可以实现高精度高轮廓精度加工。

FANUC 0i D 系列是于 2008 年 9 月推出的高性价比的产品，该产品采用 FANUC 30i/31i/32i 平台技术，数字伺服采用 HRV3 及 HRV4，可以具有纳米插补（Nano Interpolation）功能，可以实现高精度纳米加工，同时系统具有 AICC（AI Contour Control，高精度轮廓控制），特别适宜高速、高精度、微小程序段模具加工。在 PMC 配置上也有了较大的改进，采用了新版本的 FLADDER 梯形图处理软件，增加到了 125 个专用功能指令，并且可以自己定义功能块，可实现多通道 PMC 程序处理，兼容 C 语言 PMC 程序。作为应用层的开发工具，提供了 C 语言接口，机床厂可以方便地用 C 语言开发专用的操作界面。

FANUC 21/21i 系列数控系统和 FANUC 0i C 数控系统基本上是同类系统，FANUC 公司本土生产，主要在海外市场销售。

FANUC 16i/18i 系列数控系统属于 FANUC 中档系统，适用于 5 轴以上的卧式加工中心、龙门镗铣床、龙门加工中心等。

FANUC 15/15i 系列数控系统是 FANUC 公司的全功能系统，软件丰富，可扩充联动轴数多。

FANUC 30i/31i/32i 系列采用新一代数控系统 HRV4，可以实现纳米级加工，用于医疗器械、大规模集成电路芯片模具加工等。

FANUC Power-Mate 系列一般与上述系统 Link 线相连，用于上下料、刀库、鼠牙盘转台等非插补轴定位控制。

FANUC Open CNC（FANUC 00/210/160/180/150/320 等）是在上述系统系列标志后面加上"O"表示 Open CNC——开放式数控系统。所谓开发式数控系统，就是可以在 FANUC 公司产品平台外，灵活挂接非 FANUC 公司产品，如工业计算机+Windows 软件平台+FANUC NC 硬件+FANUC 驱动，或 FANUC 硬件平台+Windows 软件平台，便于机床制造厂开发工艺软件和操作界面。

本书将围绕 FANUC 0i C 介绍数控系统安装与调试的方法。

2. FANUC 0i C 数控系统的基本配置

FANUC 0i C 数控系统是高可靠性、高性价比、高集成度的小型化系统，使用了高速串行伺服总线（光缆连接）和串行 I/O 数据口，有以太网口。用该系统的机床可以单机运行，也可以方便地入网用于柔性加工生产线系统。FANUC 0i C 系统具有高精、高速加工等控制功能：AI 前瞻控制、AI 轮廓控制、刚性攻螺纹、坐标系旋转、自动转角速度倍率控制、比例缩放、刀具寿命管理、复合加工循环、直接尺寸编程、用户宏程序/宏执行器、圆柱插补、极坐标插补、记忆型螺距补偿等功能，此外还具备针对磨床的独特控制、以太网、数据服务器等功能。FANUC 0i C 数控系统的基本配置如图 6-1 所示。

（1）显示器与 MDI 键盘　系统的显示器使用 LCD（液晶显示器），可以是单色的也可以是彩色的，在显示器的右边或下面有 MDI 键盘。

（2）进给伺服　经 FANUC 串行伺服总线 FSSB，用一条光缆与多个进给伺服放大器（α系列）相连。进给伺服电动机使用 αis 或 βis 系列。最多可接 4 个进给轴电动机。

（3）主轴电动机控制　主轴电动机控制有模拟接口（输出 0～±10V 模拟电压）和串行口（二进制数据串行传送）两种。串行口只能用 FANUC 主轴驱动器和主轴电动机。

（4）机床强电的 I/O 接口　FANUC 0i C 取消了内置的 I/O 卡，只用 I/O 模块或 I/O 单元，最多可连接 1024 个输入点和 1024 个输出点。

（5）I/O Link βi 伺服　可以使用经 I/O Link 口连接的 β 伺服放大器驱动和 βi 电动机，

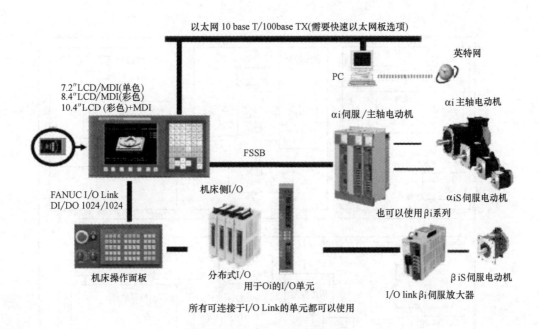

以太网 10 base T/100base TX(需要快速以太网板选项)

英特网

PC

αi 主轴电动机

7.2″LCD/MDI(单色)
8.4″LCD/MDI(彩色)
10.4″LCD (彩色)+MDI

αi伺服/主轴电动机

FSSB

αiS伺服电动机

FANUC I/O Link
DI/DO 1024/1024

机床侧I/O

也可以使用βi系列

机床操作面板

分布式I/O
用于0i的I/O单元

βiS伺服电动机
I/O link βi伺服放大器

所有可连接于I/O Link的单元都可以使用

图 6-1　FANUC 0i C 数控系统的基本配置

用于驱动外部机械（如换刀、交换工作台、上下料装置等）。

（6）网络接口　经该口可连接车间或工厂的主控计算机，为了将 CNC 侧的各种信息传送至主机并在其上显示，FANUC 开发了相应软件。以太网有三种形式：以太网板、数据服务器板和 PCMCIA 网卡，根据使用情况选择。

（7）数据输入/输出　FANUC 0i C 有 RS232-C 和 PCMCIA 口。经 RS232-C 可与计算机连接，在 PCMCIA 口中可插入以太网卡或 ATA 存储卡。

3. FANUC 0i C 数控装置的基本硬件

FANUC 0i C 数控装置主要由轴控制卡、显示卡、CPU 卡、存储器和电源单元等组成，工作原理框图如图 6-2 所示。

（1）轴控制卡　目前数控机床广泛采用全数字伺服交流同步电动机控制。全数字伺服的运算以及脉冲调制已经以软件的形式打包装入 CNC 系统内（写入 F-ROM 中），支持伺服软件运算的硬件环境由 DSP（Digital Signal Process，数字信号处理器）以及周边电路组成，这就是所谓的"轴控制卡"。

（2）显示卡　显示卡是数控系统 CPU 与显示器之间的重要配件，因此也称为"显示适配器"。显示卡的作用是在 CPU 的控制下，将主机送来的显示数据转换成为视频和同步信号给显示器，最后再由显示器输出各种各样的图像。

（3）CPU 卡　负责整个系统的运算、中断控制等。

（4）存储器　由 F ROM、S RAM、D RAM 组成。

F ROM（Flash Read Only Memory，快速可改写只读存储器）存放着 FANUC 公司的系统软件，包括插补控制软件、数字伺服软件、PMC 控制软件、PMC 控制程序、网络通信软件、图形显示软件等。

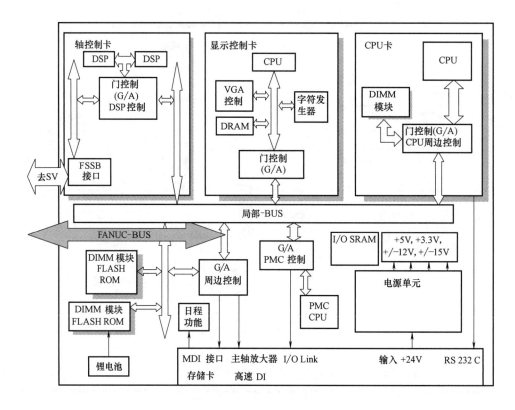

图 6-2　FANUC 0i C 系列工作原理框图

S RAM（Static Random Access Memory，静态随机存储器）存放着机床厂及用户数据，包括系统参数、加工程序、用户宏程序及宏变量、PMC 参数、刀具补偿及工件坐标补偿参数、螺距误差补偿数据等。

D RAM（Dynamic Random Access Memory，动态随机存储器）作为工作存储器，在控制系统中起缓存作用。

（5）电源单元　电源单元是数控系统的基本组成部分，根据输出功率的不同有不同的型号，主要是为系统内部提供 5V、15V、24V 电源。

（6）主板　在系统中又称为 Mother Board，它包含 CPU 外围电路、I/O Link（串行输入输出转换电路）、数字主轴电路、模拟主轴电路、RS232C 数据输入输出电路、MDI（手动数据输入）接口电路、High Speed Skip（高速输入信号）、闪存卡接口电路等。

4. FANUC 0i C 数控装置的接口

FANUC 0i C 数控装置接口定义如图 6-3 所示。

1）CP1：DC 24V 电源输入。

2）CA55：MDI 键盘。

3）JD36A、JD36B：RS232 C 串行口。

4）JA40：模拟主轴或高速跳转插座。

5）JD1A：I/O Link 总线接口。

6）JA7A：串行主轴接口及位置编码器接口。

7）COP10A-1、COP10A-2：FSSB 总线接口。

8）CA69：伺服检测板接口。

当基本功能不能满足机床工作需要时，就需要增加选择配置板。FANUC 0i C 数控系统的控制单元可以选择两个插槽，如图 6-4 所示，可以增加选择配置板，如以太网板、串行通信板、HSSB 接口板、数据服务器板等，其中，数据服务器板和以太网板不能用于紧邻的 LCD 的插槽。

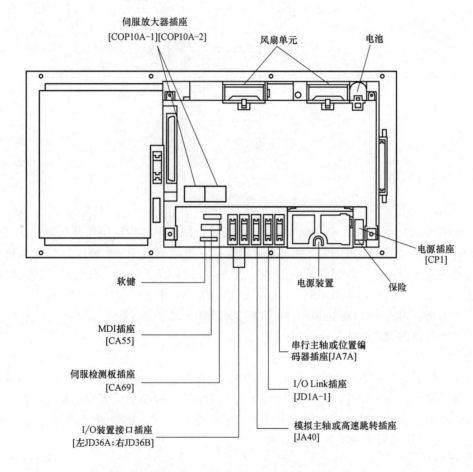

图 6-3 FANUC 0i C 数控装置接口定义

选择卡的功能如下：

数据服务器板：FANUC 基本系统的内存容量非常有限，SRAM 容量根据订货不同一般为 512KB~2MB，如果需要加大内存、提高缓存速度，可以通过追加数据服务器扩容提速。数据服务器卡作为选项卡插在 CNC 本体上，通过它把 CNC 存储器内的 NC 程序作为主程序，用调用子程序的方法调用装在数据服务卡上（硬盘或 Flash 卡）的 NC 程序，这样可以进行高速加工，并且硬盘或 Flash 卡上的 NC 程序经以太网与主机进行高速输出输入。

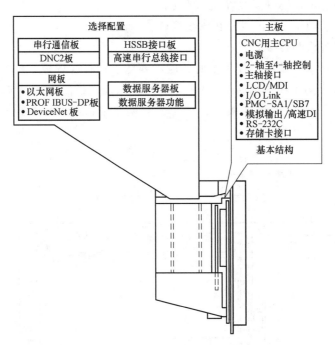

图 6-4　数控装置结构图

HSSB（High Speed Serial Bus）板：高速串行总线，用于上位机或工作站与数控系统的通信。如 FMS 柔性制造系统、CIMS 计算机集成制造系统需要通过 HSSB 协议构成自动化工厂管理，也有些机床制造上，根据机床的特点，开发自己的 CPU 单元，编制自己的人机操作界面，然后将处理后的数据通过 HSSB 送到 FANUC 的 CNC 中。

串行通信板：内含 Remote buffer 功能以及 DNC1/DNC2 功能。

二、交流同步伺服电动机

1. 结构

交流同步伺服电动机主要由定子、转子和检测元件三部分组成，其中定子与普通的交流感应电机基本相同，由定子冲片、三相绕组线圈、支承转子的前后端盖和轴承等组成；转子由多对极的磁钢和电动机轴构成；检测元件由安装在电动机尾端的位置编码器构成。图 6-5 所示为 FANUC 交流伺服电动机的内部结构。

2. 工作原理

图 6-6 所示为交流伺服电动机的工作原理，图中只画了一对永磁转子，当定子三相绕组通上交流电源后，就产生一个旋转磁场，旋转磁场将以同步转速 n_s 旋转。根据磁极的同性相斥、异性相吸的原理，定子旋转磁极与转子旋转磁极相互吸引，带动转子一起同步旋转。当转子加上负载转矩之后，转子磁极轴线将落后定子磁场轴线一个 θ 角，随着负载增加，θ 角也随之增大，负载减小，θ 角也减小。只要不超过一定限度，转子始终跟着定子的旋转磁场以恒定的同步转速 n_s 旋转。当负载超过一定极限后，转子不再按同步转速旋转，甚至可能不转，这就是同步电动机的失步现象，此负载的极限称为最大同步转矩。

3. 调速方法

交流伺服电动机旋转磁场的同步转速 n_s 用公式表示为

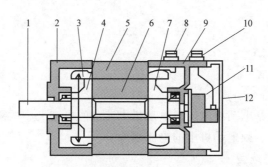

图 6-5　FANUC 交流伺服电动机的内部结构

1—电动机轴　2—前端盖　3—三相绕组线圈　4—压板　5—定子　6—磁钢　7—后压板　8—动力线插头
9—后端盖　10—反馈线插头　11—脉冲编码器　12—电动机后盖

$$n_{s} = \frac{60f_{1}}{p} \qquad (6\text{-}1)$$

式中　f_{1}——通电频率（Hz）；

　　　p——磁极对数。

由式（6-1）可以看出交流伺服电动机调速的主要方法是调节定子绕组的通电频率 f_{1} 和磁极对数 p。

4. 工作特性

交流伺服电动机的性能可用特性曲线和数据表来反映。其中，最重要的是电动机的工作曲线即转矩-速度特性曲线，如图 6-7 所示。

从图 6-7 中可以看出，在额定转速以下，电动机能输出基本不变的转矩，伺服电动机通常工作在该速度区间，此速度称为额定转速。在持续运转区，转速和转矩的任意组合可长时间连续工作，该区域的划分受到电动机温度限制。在短时间运转区，电动机只允许短时间工作或周期间歇工作，间歇循环允许时间的长短因载荷大小而异。最大转矩主要受永磁材料的性能限制。

电动机主要特性参数如下：

额定转速 n_{e}：铭牌速度，是电动机在额定电压和频率下输出额定功率的速度。

额定转矩 T_{e}：电动机在额定转速下所能输出的长时间工作转矩。

额定功率 P_{e}：电动机长时间连续运行所能输出的最大功率，在数值上约为额定转矩与额定转速的乘积。

失速转矩：零速时的转矩，此时电动机作为电制动器将所带的负载保持在指定位置，称为正常工作时的励磁制动。

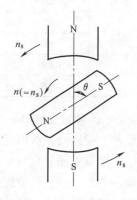

图 6-6　交流伺服电动机的工作原理

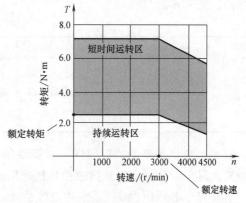

图 6-7　伺服电动机的转矩-速度特性曲线

$$P_e = \frac{T_e n_e}{9550} \tag{6-2}$$

式中　P_e——额定功率（kW）；

　　　T_e——额定转矩（N·m）；

　　　n_e——额定转速（r/min）。

由于电动机的功率也是电动机电压与电动机中流过的电流大小的乘积，在电动机电压一定的时候，负载转矩越大，则电动机中的电流越大。

5. 交流伺服电动机的选型

（1）αi 系列交流伺服电动机　FANUC αi 系列交流伺服电动机包括 αiS 和 αiF 系列，见表 6-1。

表 6-1　FANUC αi 交流伺服电动机

系列	电压/V	转矩/N·m	特征	应用场合
αiS	200	2~500	高的加速性能	车床、加工中心、磨床
	400	2~3000	应用于三相交流 400V 输入电压	
αiF	200	1~53	适用于中等惯量的机床进给轴	
	400	4~22	应用于三相交流 400V 输入电压	

αiS 系列的交流伺服电动机采用最新的稀土磁性材料钕-铁-硼，这种铁磁材料具有高的磁能积，磁路经过有限元分析以达到最佳设计。转子采用所谓的 IPM 结构，即把磁铁嵌在转子的磁轭里面，与以前的 α 系列比较，其速度和出力增加了 30%，或者说，同样的出力，同样的法兰尺寸，电动机的长短缩小了 20%。转子的结构不但具有力学的特征，如鲁棒性、高度平衡及适于高速运转等，另外由于减小电动机的电枢反应，优化了磁路的磁饱和，于是减小了电动机的尺寸，适应了高加速度的要求。

αiF 系列的交流伺服电动机采用铁氧体磁性材料，其成本比 αiS 系列采用的钕-铁-硼稀土磁性材料要低些，但不论是 αiS 还是 αiF 系列的交流伺服电动机，均为高性能的交流同步电动机。

（2）βi 系列交流伺服电动机　FANUCβi 系列交流伺服电动机备有 200V 和 400V 输入电源规格，见表 6-2。

表 6-2　FANUC βi 交流伺服电动机

系列	电压/V	转矩/N·m	特征	应用场合
βiS	200	0.2~20	高性价比，小容量驱动	数控机床进给轴控制、外围设备控制、其他机械装置
	400	2~20	应用于三相交流 400V 输入电压	

βi 系列交流伺服电动机同样具有模块结构简单、节省空间、发热少等优点，同样是节能型放大器，但是由于电动机磁性材料采用经济型的稀土磁性材料，所以属于经济型驱电动机，主要置于 FANUC Mate 系列的数控系统，如 0i-Mate MC/TC 的数控系统，并且伺服电动机一般不超过 22N·m。这种 βi 系列交流伺服电动机及驱动也适于 PMC 轴的控制（由于通过 I/O Link 线连接，也称 Link 轴），用于刀库、齿牙盘转台、机械手的定位控制。

6. FANUC 伺服电动机的命名

FANUC 公司驱动产品，一般主轴电动机规格以功率表示，而伺服电动机规格则以转矩表示，例如 FANUC αi 系列主轴电动机标牌为 αi22，表明该主轴电动机功率为 22kW，而 FANUC αi 系列伺服电动机标牌为 αi22，则表示伺服电动机转矩为 22N·m。

转矩和功率的换算关系为

$$N = 9559\frac{P}{n} \tag{6-3}$$

式中　N——转矩（N·m）；

　　　P——功率（kW）；

　　　n——转速（r/min）。

如 FANUC i22/3000（额定转矩 22 N·m，最高转速）的伺服电动机，由式（6-2）可知，在最高转速 3000r/min 时，输出功率约为 6.9kW，在转速 100r/min 时，输出功率约为 2.3kW。

三、交流主轴电动机

1. 主传动的变速方式

数控机床主传动系统是用来实现机床主运动的，它将主轴电动机的原动力变成可供主轴上刀具切削加工的切削力矩和切削速度。为了适应各种不同的加工及各种不同的加工方法，数控机床的主传动系统应具有较大的调速范围，以保证加工时能选用合理的切削用量，同时主传动系统还需要有较高精度和刚度并尽可能降低噪声，从而获得最佳的生产率、加工精度和表面质量。常见的主传动变速方式有带和齿轮变速、带传动等。

（1）带和齿轮变速的主传动　这是大、中型数控机床使用较多的一种主传动配置方式，如图 6-8 所示。

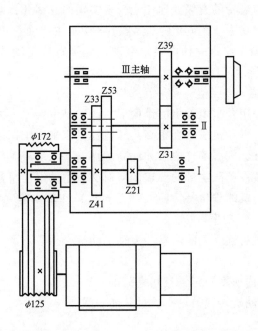

图 6-8　带和齿轮变速的主传动系统

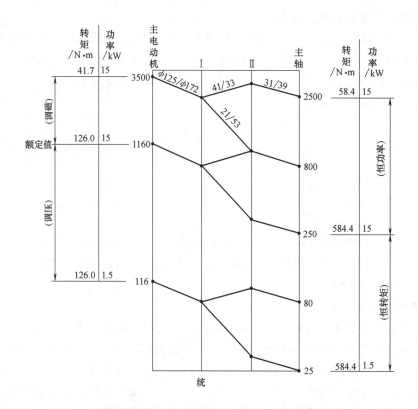

图 6-9　带和齿轮变速的主轴转速图

主轴电动机通过带传动和主轴箱 2~3 级变速齿轮带动主轴运转，由于主轴的变速是通过主轴电动机无级变速与齿轮的有级变速相配合来实现的，因此，既可以扩大主轴的调速范围，又可扩大主轴的输出功率。图 6-9 所示为图 6-8 所示主传动系统的主轴转速图。

（2）带传动的主传动　这是一种由主轴电动机经带直接带动主轴的方式，适用于中小型数控机床，如图 6-10 所示。图 6-11 为图 6-10 所示主传动系统的主轴转速图。

2. 主轴电动机的特点

交流主轴电动机均采用异步电动机的结构形式，这是因为，一方面受永磁体的限制，当电动机容量做得很大时，电动机成本会很高，对数控机床来讲难以采用；另一方面，数控机床的主传动系统不必像进给伺服那样要求如此高的性能，采用成本低的异步电动机进行矢量闭环控制，完全可满足数控机床主轴的要求。但对交流主轴电动机性能要求又与普通异步电动机不同，要求主轴电动机的输出特性曲线（图 6-12）在基本速度 n_0 以下时为恒转矩区域，而在基本速度 n_0 以上时为恒功率区域。

为了满足数控机床对主轴驱动的要求，主轴电动机必须具备下列功能特点：

1）输出功率大。

2）在整个调速范围内速度稳定，且功率范围宽。

3）在断续负载下电动机转速波动小，过载能力强。

4）加速时间短。

5）电动机升温低、振动、噪声小。

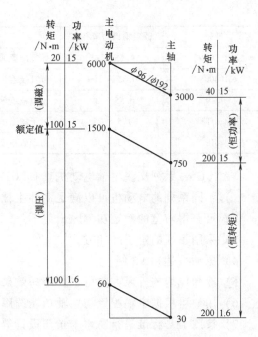

图 6-11　带传动的主轴转速图

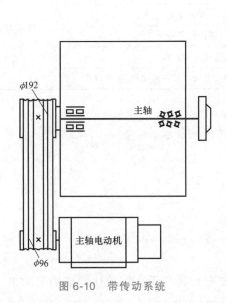

图 6-10　带传动系统

6）电动机可靠性高、寿命长、易维护。

7）体积小、重量轻。

3. FANUC 交流主轴电动机

目前在国内 0i 系列上采用的 FANUC 主轴电动机，均采用交流感应异步电动机，它不同于用于伺服驱动的交流同步电动机。交流感应异步电动机的控制原理如图 6-13 所示。

交流感应异步电动机通过有效的控制可以使电动机在额定转速区间工作，额定转速范围内的恒功率输出是感应电动机的特性。在数控机床中这一特性被用于主轴驱动，因为刀具切削时需要稳定的输出功率。

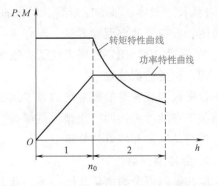

图 6-12　主轴电动机的特性曲线

交流感应异步电动机基于材料的选择不同，仍然分为 αi 和 βi 系列，αi 系列主轴为高性能主轴驱动，βi 系列主轴为经济型结构。

（1）FANUC αi 系列主轴电动机　FANUC αi 系列交流主轴电动机包括 αiI、αiIP、αiIT、αiIL 系列，见表 6-3。

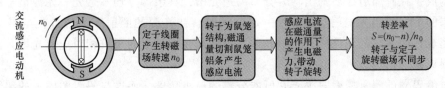

图 6-13　交流感应异步电动机的控制原理

表 6-3　FANUC αi 系列交流主轴电动机

系列	额定输出功率/kW	特征	应用场合
αiI（200V）	0.55 ~ 45	标准配置的机床主轴电动机	数控车床、加工中心
αiI（400V）	0.55 ~ 100	可直接连接到 400V 的输入电源	
αiIP	0.55 ~ 30	无须减速单元、宽范围的恒定输出	
αiIT	1.5 ~ 22	用于加工中心上的直接主轴连接	
αiIL	7.5 ~ 30	用于高精度加工中心上的直接主轴连接、液体冷却	

FANUC αi 系列交流主轴电动机具有以下特点：

1）不同系列的电动机可以满足多种主轴驱动结构的要求。

2）可获得较宽的额定功率输出范围。

3）采用了新的定子冷却方式。

4）振动可达到 V3 级。

5）冷却风扇的排风方向可选，冷却效果更好。

6）用户可根据主轴配置与主轴功能选用内置速度传感器 αiM 或 αiMZ。

7）按照 IEC 标准进行防水与抗压设计等。

（2）FANUC βi 系列　FANUC βi 系列交流主轴电动机属于高性价比的主轴电动机，其性能非常适合于机床的主轴驱动，具有如下特点：

1）尺寸紧凑、基本性能高。优化的线圈设计和有效的冷却结构实现了主轴的高效率、高转矩，安装尺寸也更加紧凑。

2）通过主轴 HRV 控制实现了高效率与低热量。

四、位置检测装置

位置检测装置是数控系统的重要组成部分，起着测量和反馈的作用，数控机床中常用的检测装置有脉冲编码器、光栅、磁栅等。下面将以在数控机床上常见的脉冲编码器和光栅为例，进行其结构和特点的分析。

1. 脉冲编码器

脉冲编码器分为增量式脉冲编码器和绝对式脉冲编码器。

（1）增量式脉冲编码器　增量式脉冲编码器是一种脉冲发生器，每转产生一定数量的脉冲，它的特点是只能测量位移增量，因此均有零点标志，作为测量基准。

常用的增量式脉冲编码器为增量式光电编码器，如图 6-14 所示。

光电码盘和转轴连在一起。码盘可用玻璃材料制成，表面镀上一层不透光的金属铬，然后在边缘制成向心透光狭缝。透光狭缝在码盘圆周上等分，数量从几百条到几千条不等。这样，整个码盘圆周上就等分成透明和不透明区域。除此之外，增量式光电码盘也可以用不锈钢薄板制成，在圆周边缘切割出均匀分布的透光槽，其余部分均不透光。光源最常用的是有聚光效果的 LED，当光电码盘随转轴一起转动时，在光源的照射下，透过光电码盘和光栏板狭缝形成忽明忽暗的光信号，光敏元件的排列与光栏板上的条纹相对应，光敏元件将此光信号转换成脉冲信号。

光电编码器的测量精度取决于它所能分辨的最小角度，而这与码盘圆周上的狭缝条纹数 n 有关，最小分辨角度的计算公式为

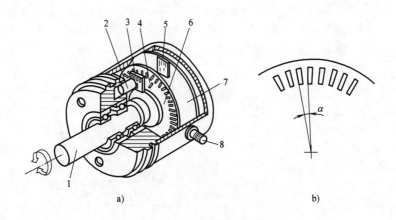

图 6-14 增量式光电编码器

a）结构组成 b）码盘条纹及分辨率

1—转轴 2—LED 3—光栏板 4—零标志槽 5—光敏元件

6—码盘 7—印制电路板 8—电源及信号连接座

$$\alpha = \frac{360°}{n} \tag{6-4}$$

例如，若条纹数 $n = 1024$，则最小分辨角度 $\alpha = 360°/1024 = 0.325°$。

光电编码器常用 PC（Pulse Coder）来表示，意为脉冲编码器，也有用 ENC（Encoder）来表示的。

实际应用的光电编码器的光栏板上有 A（A、$\overline{A}$）组和 B（B、$\overline{B}$）组两组条纹。A 组与 B 组的条纹彼此错开 1/4 节距的整数倍，两组条纹相对应的光敏器件所产生的信号彼此相差 90°相位，用于辨向。当光电码盘正转时，A 组信号超前 B 组信号 90°；当光电码盘反转时，B 组信号超前 A 组信号 90°，数控系统正是利用这一相位关系来判断方向的。光电编码器的输出波形如图 6-15 所示，光电编码器的输出信号 A、$\overline{A}$ 和 B、$\overline{B}$ 为差动信号，差动信号大大提高了传输的抗干扰能力。

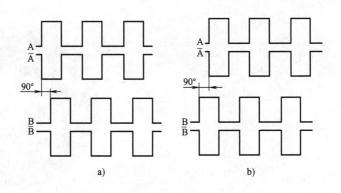

图 6-15 光电编码器的输出波形

此外，为了得到码盘转动的绝对位置，还须设置一个基准点，在光电码盘的里圈还有一条透光条纹 C，用以每转产生一个脉冲，该脉冲信号又称"一转脉冲"或"零标志脉冲"。

在数控系统中，常对上述信号进行倍频处理，进一步提高分辨率，如图 6-16 所示。

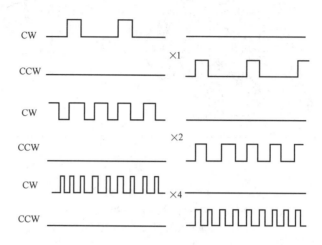

图 6-16　信号倍频

例如，配置 2000 脉冲/r 光电编码器的伺服电动机，直接驱动 8mm 螺杆的滚珠丝杠，经数控系统 4 倍频处理后，相当于 8000 脉冲/r 的角分辨率，对应工作台的直线分辨率由倍频前的 0.004mm 提高到 0.001mm。

（2）绝对式脉冲编码器　绝对式脉冲编码器旋转时，有与位置一一对应的代码（二进制、BCD 码等）输出，从代码的变更即可判断正、反方向和运动所处的位置。因此，在使用绝对式脉冲编码器作为测量反馈元件的系统中，机床调试第一次开机调整到合适的参考点后，只要绝对式脉冲编码器的后备电池有效，此后的每次开机，不必进行回参考点操作。

图 6-17 所示为绝对式编码器的结构和工作原理。绝对式编码器的工作原理与增量式编码器大致相同，不同之处在于圆盘上透光、不透光的区域，其中，黑的区域是不透光区，用"0"表示；白的区域是透光区，用"1"表示，因此绝对式编码器直接输出数字量编码。如

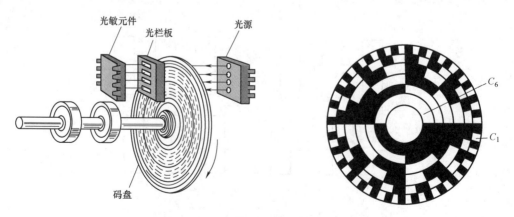

图 6-17　绝对式编码器的结构和工作原理

图 6-17 所示，在码盘的一侧是光源，另一侧对应每一码道有一光敏元件，当码盘处于不同位置时，各光敏元件根据受光照是否转换出相应的电平信号，形成二进制数。显然，码道越多，分辨率越高，如 6 位二进制码盘，能分辨出 2^6 个位置。

（3）编码器的命名规则　编码器的命名规则如图 6-18 所示。

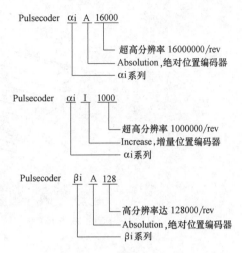

图 6-18　编码器的命名规则

2. 光栅

光栅是一种高精度的位置传感器，数控机床中用的光栅为计量光栅，有直线光栅和圆光栅两大类。直线光栅用于直线位移测量，用于工作台或刀架的直线位移测量，并组成位置闭环伺服系统；圆光栅用于角位移测量，常用于回转工作台的角位移测量。直线光栅和圆光栅两者工作原理基本相似，图 2-19 所示为直线光栅外观及截面示意图。

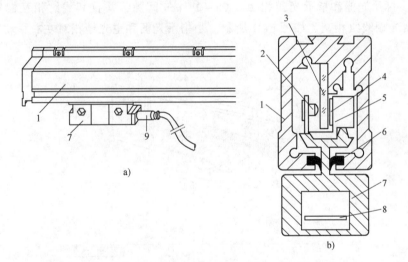

图 6-19　直线光栅外观及截面示意图

1—尺身　2—透镜　3—标尺光栅　4—指示光栅　5—游标　6—密封唇
7—读数头　8—电子线路　9—信号电缆

安装时，标尺光栅固定在尺身上，指示光栅和光源、透镜、光敏器件装在读数头中，随读数头移动。图 6-20 所示为直线光栅在数控车床上的安装示意图。

光栅尺是在透明玻璃片或长条形金属镜面上，用真空镀膜的方法刻制均匀密集的线纹。对于长光栅，这些线纹相互平行，各线纹之间距离相等，我们称此距离为栅距 ω，如图 6-21 所示，每毫米长度上的线纹称为线密度 K，常见的直线光栅的线密度为 50 线/mm、100 线/mm、200 线/mm。对于圆光栅，这些线纹是等栅距角的向心条纹，直径为 70mm，一周内刻线 100～768 条；若直径为 110mm，一周内刻线达 600～1024 条，甚至更高。对于同一光栅元

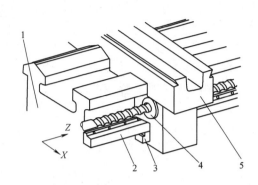

图 6-20　直线光栅在数控车床上的安装示意图

1—床身　2—标尺光栅　3—读数头　4—滚珠丝杠副　5—床鞍

件，其标尺光栅和指示光栅的线纹密度必须相同。

读数头的光源一般采用白炽灯泡，白炽灯泡发出的辐射光线，经过透镜后变成平行光束，照射在光栅尺上。光敏元件是一种将光强信号转换为电信号的光电转换元件，它接收透过光栅尺的光强信号，并将其转换成与之成比例的电压信号。

安装时，标尺光栅和指示光栅相距 $0.05 \sim 0.1 \text{mm}$ 间隙，并且其线纹相互偏斜一个很小的角度 θ，两光栅线纹相交，如图 6-21 所示。当指示光栅和主光栅相对左右移动时，就会形

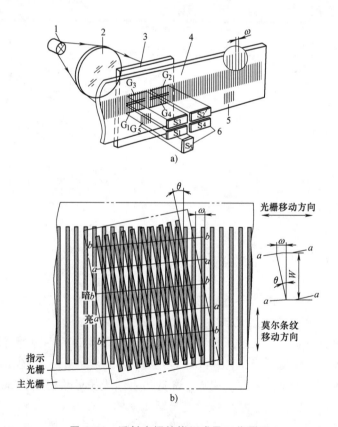

图 6-21　透射光栅结构组成及工作原理

成上下移动且明暗相间的条纹，该条纹称为莫尔条纹。莫尔条纹的方向与光栅线纹方向大致垂直，两条莫尔条纹的间距称为纹距 W，如果栅距为 ω，则有 $W = \omega / \theta$，当工作台左右移动一个栅距 ω 时，莫尔条纹向上或向下移动一个纹距 W。莫尔条纹由光敏器件接收，从而产生电信号。

五、αi 系列伺服驱动系统的三大模块

FANUC 0i C 数控系统中采用 αi 系列伺服驱动系统，该系统由电源模块（Power Source Module，PSM）、主轴模块（Spindle Module，SPM）和伺服模块（Servo Module，SVM）等组成，总体连接如图 6-22 所示。

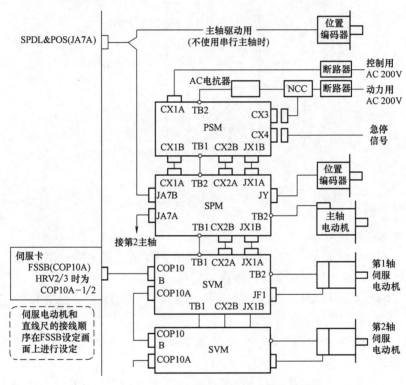

图 6-22 αi 系列伺服驱动系统总体连接图

1. 电源模块

图 6-23 所示为电源模块实装图，电源模块是为主轴和伺服提供逆变直流电源的模块，三相 200V 输入经 PSM 处理后，向直流母排输入 DC 300V 电压供主轴和伺服放大器用。另外，PSM 模块中有输入保护电路，通过外部急停信号和内部继电器控制主接触器（MCC），起到输入保护作用。

电源模块要根据所用的伺服电动机和主轴电动机来选择电源。有 3 种类型的电源模块：

1）PSM。该电源模块的供电电压为 200~240V，减速时它将再生能量反馈至电网。

2）PSMR。该电源模块的供电电压为 200~240V，减速时它利用能耗制动形式将再生能量消耗在电阻上。

3）PSM-HV。该电源模块的供电电压为 400~480V，因此可直接供电而无须变压器，电动机减速时它将再生能量反馈至电网。该模块需与 400-V 系列伺服放大器模块（SVM-HV）

和主轴放大器（SPM-HV）配套使用。

型号识别举例：PSM-11HV。其中 PSM 代表电源模块；11 表示连续的额定输出功率为 11kW；HV 表示输入电压为 400V，如果输入电压为 200V，则省略此项。

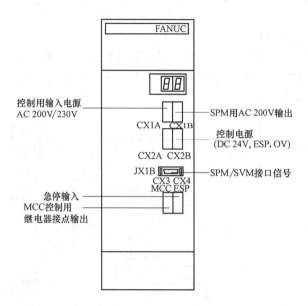

图 6-23　电源模块实装图

2. 伺服放大器模块 SVM

图 6-24 所示为伺服放大器模块实装图。伺服放大器模块用来驱动伺服电动机，需根据伺服电动机来选择匹配的伺服驱动器。根据控制的轴数不同，伺服模块可以分为单轴模块、两轴模块和三轴模块；根据输入电压的不同，可以分为 200-V 系列、400-V 系列。说明如下：

1）SVM。这种伺服放大器驱动 200-V 输入系列的伺服电动机，有驱动 1 轴、2 轴和 3 轴等不同轴数的模块。

2）SVM-HV。这种伺服放大器驱动 400-V 输入系列的伺服电动机，有驱动 1 轴、2 轴和 3 轴等不同轴数的模块。

型号识别举例：SVM2-20/40HV。其中 SVM 代表伺服放大器模块；2 代表控制的轴数；20 表示第 1 轴的峰值电流为 20A；40 代表第 2 轴的峰值电流为 40A；HV 表示输入电压为 400V，如果无此项表示输入电压为 200V。

3. 主轴放大器模块 SPM

图 6-25 所示为主轴放大器模块实装图。主轴放大器模块用来驱动主轴电动机，需根据驱动的主轴电动机来选择对应的主轴放大器。有 3 种类型的主轴放大器模块：

1）SPM。该模块驱动 200-V 输入系列的主轴电动机。

2）SPMC。该模块驱动 αCi 系列的主轴电动机。

3）SPM-HV。该模块驱动 400-V 系列的主轴电动机。

型号识别举例：SPM-11HV。其中 SPM 代表主轴放大器模块；11 表示额定输出功率为 11kW；HV 表示输入电压为 400V，输入电压为 200V 时，则省略此项。

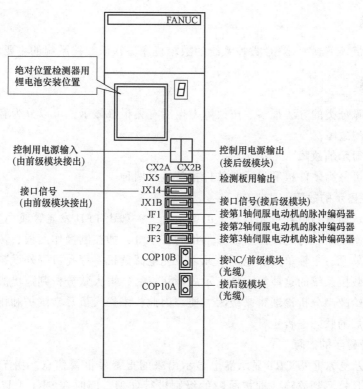

图 6-24　伺服放大器模块实装图

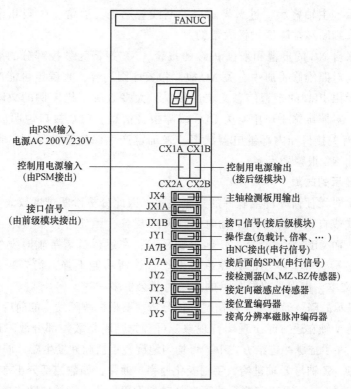

图 6-25　主轴放大器模块实装图

任务实施

学生在老师带领下到 FANUC 数控系统的数控机床旁认识数控系统的主要功能部件。

 任务拓展

数控系统故障分类的方法很多，按故障发生后有无报警显示，可以分为有报警显示的故障和无报警显示的故障。

一、有报警显示的故障

这类故障又可分为硬件报警显示与软件报警显示两种。

1. 硬件报警显示的故障

硬件报警显示通常是指各单元装置上的警示灯（一般由 LED 发光管或小型指示灯组成）的指示。在数控系统中设有用以指示故障部位的警示灯，如控制操作面板、位置控制印制电路板、伺服控制单元、主轴单元、电源单元以及光电阅读机、穿孔机等外设装置上常设有这类警示灯。一旦数控系统的这些警示灯指示故障状态后，可大致分析判断出故障发生的部位与性质，这无疑给故障分析诊断带来极大方便。因此，维修人员日常维护和排除故障时应认真检查这些警示灯的状态是否正常。

2. 软件报警显示的故障

软件报警显示通常是指 CRT 显示器上显示出来的报警号报警信息。由于数控系统具有自诊断功能，一旦检测到故障，即按故障的级别进行处理，同时在 CRT 上以报警号形式显示该故障信息。这类报警显示常见的有：存储器警示、过热警示、伺服系统警示、轴超程警示、程序出错警示、主轴警示、过载警示以及断线警示等，通常，少则几十种，多则上千种，这无疑为故障判断和排除提供极大帮助。

软件报警有来自 NC 的报警和来自 PLC 的报警，NC 报警为数控部分的故障报警，可通过显示的报警号，对照维修手册中有关 NC 故障报警原因内容，来确定可能产生该故障的原因。PLC 报警显示由 PLC 的报警信息文本所提供，大多数属于机床侧的故障报警，可通过所显示的报警号，对照维修手册中有关 PLC 故障报警信息、PLC 接口说明以及 PLC 程序等内容，检查 PLC 有关接口和内部继电器状态，来确定产生该故障的原因。通常，PLC 报警发生的可能性要比 NC 报警高得多。

二、无报警显示的故障

这类故障发生时无任何硬件或软件的报警显示，因此分析诊断难度较大。例如：机床通电后，在手动方式或自动方式运行 X 轴时出现爬行现象，无任何报警显示；机床在自动方式运行突然停止，而 CRT 显示器上无任何报警显示；在运行机床某轴时发生异常声响，一般也无故障报警显示。一些早期的数控系统由于自诊断功能不强，尚未采用 PLC 控制器，无 PLC 报警信息文本，出现无报警显示的故障情况会更多一些。

对于无报警显示故障，通常要具体情况具体分析，要根据故障发生的前后变化状态进行分析判断。例如上述 X 轴在运行时出现爬行现象，可首先判断是数控部分故障还是伺服部分故障，具体做法是：在手摇脉冲进给方式中，可均匀地旋转手摇脉冲发生器，同时分别观察比较 CRT 显示器上 Y 轴、Z 轴与 X 轴进给数字的变化速率。通常，如数控部分正常，三个轴的上述变化速率应基本相同，从而可确定爬行故障是 X 轴的伺服部分或机械传动造成的。

任务6.2　FANUC 数控系统数控机床功能部件的连接

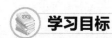 **学习目标**

能进行 CNC 电源电路的连接；能进行 CNC 与主轴单元的连接；能进行 CNC 与伺服单元的连接；能进行急停电路的连接。

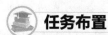 **任务布置**

进行 CNC 电源电路的连接；进行 CNC 与主轴单元的连接；进行 CNC 与伺服单元的连接；进行急停电路的连接。

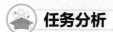 **任务分析**

在理解电路连接原理图、了解相关知识的基础上进行电路连接。

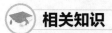 **相关知识**

一、电源电路的连接

电源主要是指 CNC 电源和伺服放大器电源，这两个电源的通电及断电的顺序是有要求的，不满足要求会出现报警或损坏驱动放大器，原则上要保证通电和断电都在 CNC 的控制下。图 6-26 绘出了 AC 200V 电流的 ON/OFF 电路 A 和 DC 24V 电源的 ON/OFF 电路 B，一般不采用 DC 24V 电源的 ON/OFF 电路 B。

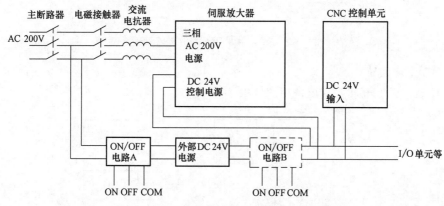

图 6-26　CNC 和伺服放大器电源连接回路

1. 通断电顺序

按下列顺序接通各单元的电源或全部同时接通：

1）机床的电源（三相 AC 200V）。

2）伺服放大器的控制电源（DC 24V）。

3）I/O Link 连接的从属 I/O 设备；显示器的电源（DC 24V）；CNC 控制单元的电源。

"全部同时通电"的意思是在上述 3）通电后 500ms 内结束 1）和 2）通电操作。

按下列顺序关断各单元的电源或者全部同时关断：

1）I/O Link 连接的从属 I/O 单元；显示器的电源（DC 24V）；CNC 控制单元的电源。

2）伺服放大器的控制电源（DC 24V）。

3）机床的电源（三相 AC 200V）。

"全部同时关断"的意思是在上述 1）操作前 500ms 内完成 2）和 3）的操作，否则将有报警发生。

2. CNC 控制单元的电源连接

CNC 控制单元的电源是由外部 DC 24V 电源提供的，可使用开关电源。开关电源是把 AC 220V 输入电源整流输出为 DC 24V 的稳压电源，供给 CNC 控制单元使用。FANUC 0i C CNC 的电源电压范围为 DC 24V(1±10%)，即电源电压的瞬间变化和波动要求在 10% 在内。

CNC 开关电源容量的选择应为下列项目之和：

1）控制器中各印制电路板耗容。

2）MDI 键盘耗容。

3）LCD 或 CRT 的耗容（以上三项共计 1.5A）。

4）I/O 单元耗容（约 1A）。

5）伺服放大器控制电路耗容（1.5A）。

6）约 20% 的余量。

控制单元与外部电源的连接如图 6-27 所示。

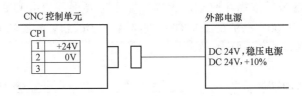

图 6-27　控制单元与外部电源的连接

3. CNC 上电回路

CNC 控制单元上电回路建议使用图 6-28 所示的电路。

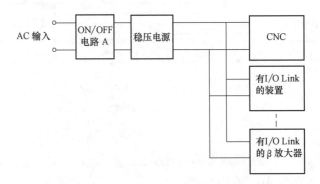

图 6-28　推荐使用的控制单元 ON/OFF 电路

案例：VMC750 型加工中心中的 CNC 上电回路如图 6-29 所示。

1）CNC 主回路各元件的作用如下：

隔离变压器 TC2：使 CNC 电源与电网隔离。

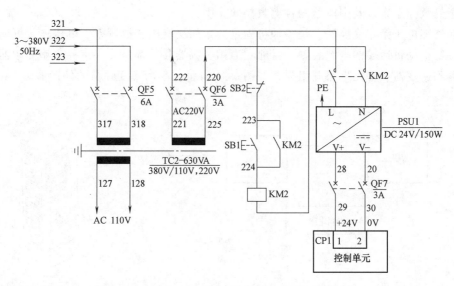

图 6-29　VMC 750 型加工中心中的 CNC 上电回路

稳压电源 PSU1：将 AC 220V 转换为 DC 24V。

断路器 QF7：CNC 电源短路保护，正常时接通。

接触器触点 KM2：控制 CNC 电源的通断。

CNC 控制单元：最终控制对象。

2）CNC 控制回路元件的作用如下：

SB1、SB2：机床控制面板上的 CNC 启动和 CNC 停止按钮。

CNC 启动按钮 SB1：接通 CNC 电源（正常时触点断开）。

CNC 停止按钮 SB2：切断 CNC 电源（正常时触点闭合）。

接触器线圈 KM2：接通 CNC 电源（线圈通电，主触点闭合，CNC 通电）。

二、CNC 与主轴单元的连接

在 CNC 中，主轴转速通过 S 指令进行编程，被编程的 S 指令可以转换为模拟电压或数字量输出，因此主轴的转速有两种控制方式：一种是模拟量输出控制（简称模拟主轴），另一种是利用串行总线进行控制（简称串行主轴）。

1．模拟主轴连接

模拟主轴驱动采用 CNC 侧 $-10 \sim +10\mathrm{V}$ 模拟指令信号，外接第三方变频调速器，加之三相异步电动机作为主轴驱动。连接如图 6-30 所示。这种方案成本低、使用灵活，多用于经

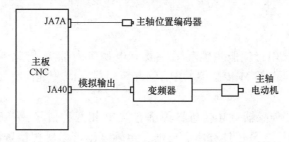

图 6-30　模拟主轴连接

济型配置的数控车床以及中高档的各类数控磨床中。

变频器即电压频率变换器，是一种将固定频率的交流电变成频率、电压连续可调的交流电，以供给电动机运转的电源装置。目前，通用变频器几乎都是交—直—交型变频器，主要由整流器和逆变器、控制电路等组成，如图 6-31 所示。小功率变频器的外形如图 6-32 所示。

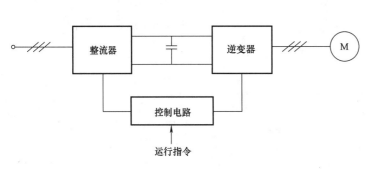

图 6-31　变频器的基本构成

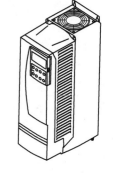

图 6-32　小功率变频器的外形

2. 串行主轴连接

串行主轴驱动的指令及反馈实现数字控制，可以实现 C_S 轴控制（通过异步电动机的矢量控制，可以实现定位控制），通常用于中、高档数控车削中心、卧式加工中心等，特点是可以实现位置控制，但成本高。本节以主轴放大器模块 SPM 为例，介绍串行主轴的连接方法。

CNC 系统的 JA7A 接口与串行主轴的放大器的 JA7B 接口通过串行数据电缆进行连接，第二串行主轴作为主轴放大器的分支进行连接，如图 6-33 所示。αi 主轴不能使用通常的I/O Link 光缆适配器，必须选择规格为 A13B-0154-B003 的光缆适配器。

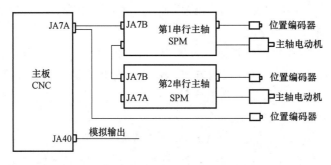

图 6-33　串行主轴的连接

3. 串行主轴的反馈

FANUC Oi 数控系统串行伺服主轴反馈主要有电动机内部 M 传感器、电动机内部 M 传感器+主轴定向、电动机内部 M 传感器+主轴位置编码器、BZ 传感器、BZi 传感器+CZi 传感器五种方式。

（1）电动机内部 M 传感器　M 传感器内部有 A/B 相两种信号，一般用来检测主轴电动机的转速。这种连接的特点是：仅有速度反馈，主轴既不可以实现位置控制，也不能做简单定向。图 6-34 所示为 M 传感器的连接。

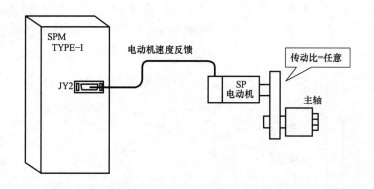

图 6-34　M 传感器的连接

（2）电动机内部 M 传感器+主轴定向　这种结构在 M 传感器的基础上增加了一个定向开关，所以可以实现主轴定向。图 6-35 所示为 M 传感器+主轴定向的连接。

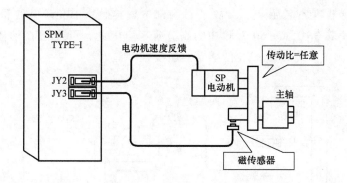

图 6-35　M 传感器+主轴定向的连接

（3）电动机内部 M 传感器+主轴位置编码器　这种结构在 M 传感器的基础上增加了一个主轴位置编码器，可以输出位置脉冲信号和一转脉冲信号。图 6-36 所示为电动机内部 M 传感器+主轴位置编码器的连接。

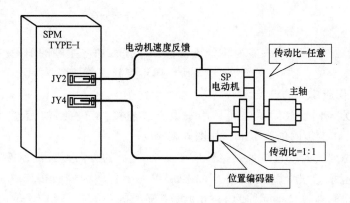

图 6-36　电动机内部 M 传感器+主轴位置编码器的连接

（4）**BZ 传感器** BZ 传感器装在机床主轴上，有 A、B、Z 三种信号，除了可以检测主轴的速度、位置外，还可检测主轴的固定位置。图 6-37 所示为 BZ 传感器的连接。

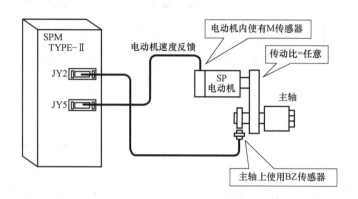

图 6-37 BZ 传感器的连接

（5）**BZi 传感器+CZi 传感器** SPM 通过内部电路接收由 BZi 传感器和 CZi 传感器发出的信号，可得到每转 36 万或 360 万脉冲的高分辨率。因此，可进行 C 轴控制和 C_S 轮廓控制。图 6-38 所示为 BZi 传感器+CZi 传感器的连接。

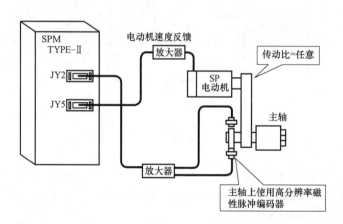

图 6-38 BZi 传感器+CZi 传感器的连接

由于 BZi 传感器和 CZi 传感器为高分辨率检测装置，加之主轴的 HRV 控制，可实现异步电动机的高精度定位。图 6-39 所示为主轴的 HRV 控制。

三、CNC 与伺服单元的连接

CNC 控制单元与伺服放大器之间只用一根光缆连接，与控制轴无关。在控制单元侧，COP10A 插头安装在主板的伺服卡上，如图 6-40 所示。

当使用分离型编码器或直线尺时，需要图 6-41 所示的分离型检测器接口单元，分离型检测器接口单元应该通过光缆连接到 CNC 控制单元上，作为伺服接口（FSSB）的单元之一。虽然分离型检测器接口单元作为 FSSB 的最终连接，但它也可作为第一级连接到 CNC 控制单元，或者也可以安装在两个伺服放大器模块之间。

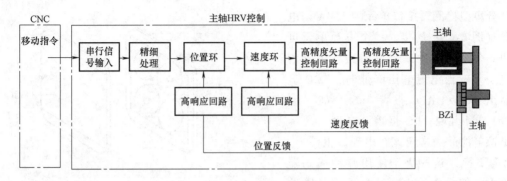

图 6-39　主轴 HRV 控制

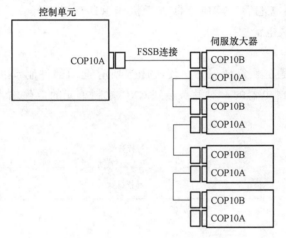

图 6-40　CNC 与伺服放大器的连接

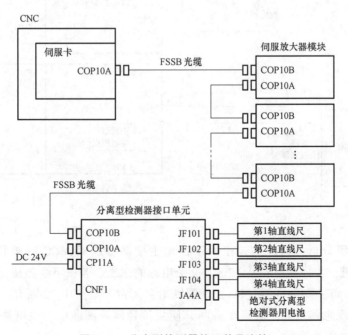

图 6-41　分离型检测器接口单元连接

分离型检测器接口单元的 JA4A 与电池盒（图 6-42）连接。一个电池单元可以使 6 个绝对脉冲编码器的当前位置值保持一年，当电池电压降低时，LCD 显示器上会显示 APC 报警 3n6～3n8（n：轴号）。当出现 APC 报警 3n7 时，应尽快更换电池。通常应该在出现该报警 1～2 周内更换，这取决于使用脉冲编码器的数量。如果电池电压降低太多，脉冲

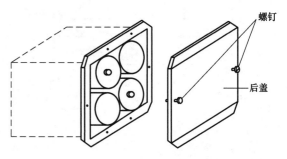

图 6-42　分离型电池脉冲编码器的电池

编码器的当前位置就可能丢失，此时接通控制器的电源，就会出现 APC 报警 3n0（请求返回参考点报警），更换电池后，就应立即进行机床返回参考点操作。因此不管有无 APC 报警，都需每年更换一次电池。

四、急停的连接

急停控制的目的是在紧急情况下，使机床上所有运动部件制动，使其在最短时间内停止。图 6-43 中，急停继电器的一对触点接到 CNC 控制单元的急停输入上，另一对触点接到电源模块 PSW 的 CX4 上。

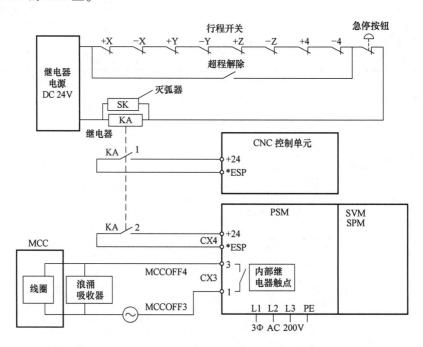

图 6-43　急停控制线路

急停控制过程分析：急停的连接用于控制主接触器线圈 MCC 的通断点（MCCOFF3、MCCOFF4），并进一步控制三相 AC 200V 交流电源的通断。若按下急停按钮或机床运行时超程（行程开关断开），则继电器（KA）线圈断电，其常开触点 1、2 断开，触点 1 的断开使 CNC 控制单元出现急停报警，触点 2 的断开使主接触器线圈断电。主电路断开，进给电动机、主轴电动机便停止运行。

五、电动机制动器的连接

如果伺服轴是重力轴，一般是通过伺服电动机自带的制动器（也称"抱闸"）在失电状态下制动，所以是"失电电磁制动器"。

通电后的保持电压是 DC 24V 的，FANUC 系统一旦按下紧急停止开关，或出现系统报警，均要立即将重力轴制动，并且伺服驱动器切断输入的动力电源。一旦失电制动失效，伺服或系统报警时，重力轴就会下滑，非常危险。因此熟悉 FANUC 伺服电动机制动原理，在日常维修保养中非常重要。

1. 电动机内置制动器

目前中小型数控机床最为常见的进给传动形式是通过滚珠丝杠副，将伺服电动机的旋转运动变成直线运动。但由于滚珠丝杠副运动的可逆性，即一方面能将旋转运动转换成直线运动，反过来也能将直线运动转换成旋转运动，并不能实现自锁。因此，机床不用或突然断电时，对于垂直传动或水平放置的高速大惯量运动，必须装有制动装置，使用具有制动装置的电动机是最简单的方法。

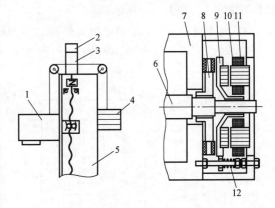

图 6-44　电磁制动器的结构

1—主轴箱　2—电磁制动器　3—伺服电动机　4—配重　5—立柱　6—转子　7—电动机定子机壳　8—制动盘　9—衔铁　10—电磁铁心　11—制动器线圈　12—弹簧

电磁制动器的结构如图 6-44 所示，制动盘与转子用花键连接，随转子一起转动，并可轴向移动。电动机正常运行时，电磁制动器线圈得电，衔铁在电磁力的作用下克服弹簧力与铁心吸合，制动盘松开，电动机处于放松状态；制动时，电磁制动器线圈失电，电磁力消失，衔铁在弹簧的作用下快速轴向移动并推动制动盘，使制动盘被紧紧压在衔铁和电动机端盖之间，于是，通过制动盘产生的摩擦力矩将电动机转子锁紧，从而产生制动效果。

2. 电磁制动器的连接

图 6-45 所示为伺服电动机电磁制动器的连接。图中的开关为 I/O 输出点的继电器常开

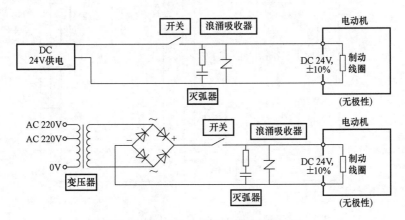

图 6-45　伺服电动机电磁制动器的连接

触点，控制制动器的开闭。

 任务实施

根据实验室具体实训设备进行 CNC 电源电路的连接。进行 CNC 与主轴单元的连接。进行 CNC 与伺服单元的连接。进行急停电路的连接。

 任务拓展

一、FANUC αi 系列伺服驱动系统的连接

FANUC αi 系列伺服驱动系统由电源模块 PSM、主轴模块 SPM 和伺服模块 SVM 等组成，硬件总体连接如图 6-22 所示。

1. 电源模块 PSM 与伺服放大器模块 SVM 的连接

FANUC 系统的电源模块 PSM 与伺服放大器模块 SVM 的连接如图 6-46 所示。

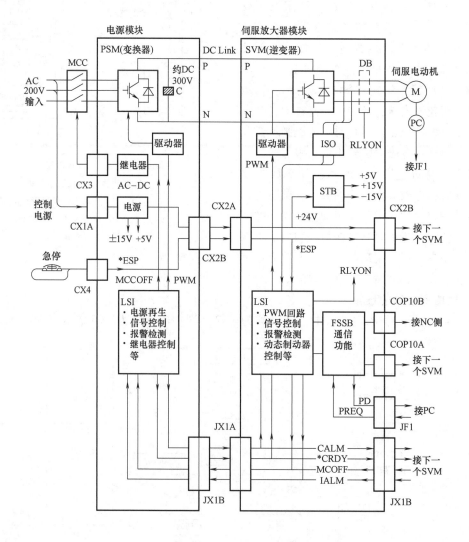

图 6-46　电源模块 PSM 和伺服放大器模块 SVM 的连接

信号说明：

（1）逆变器报警信号（IALM）　这是把在伺服放大器模块 SVM 或主轴模块 SPM 中检测到的报警通知电源模块 PSM 的信号。

（2）MCC 断开信号（MCCOFF）　从 NC 侧到 SVM，根据 ∗MCON 信号和送到主轴模块 SPM 的急停信号的条件，当主轴模块 SPM 或伺服放大器模块 SVM 停止时，由本信号通知电源模块 PSM。PSM 接到本信号后，即接通内部的 MCCOFF 信号，断开输入端的 MCC（电磁开关）。

（3）变换器（电源模块）准备就绪信号（∗CRDY）　电源模块 PSM 的输入接上三相200V 动力电源，经过一定时间后，内部电源（DC Link 直流环，约 300V）启动，电源模块 PSM 通过本信号，将其准备就绪通知主轴模块 SPM 和伺服放大器模块 SVM。但是，当 PSM 内检测到报警，或从电源模块 SPM 或伺服放大器模块 SVM 接收到"IALM""MCCOFF"信号，立即切断本信号。

（4）变换器报警信号（CALM）　该信号的作用是在电源模块 PSM 检测到报警信号后，通知主轴模块 SPM 和伺服放大器模块 SVM，停止电动机转动。

驱动部分上电顺序：系统利用以上所述部分信号进行保护上电和断电。图 6-47 所示为电源模块 PSM 外围保护电路。

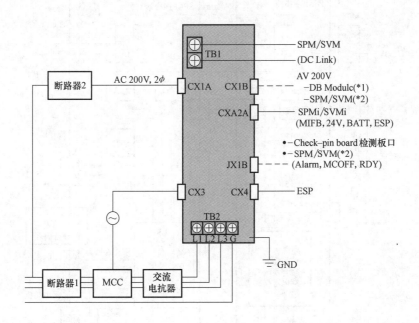

图 6-47　电源模块 PSM 外围保护电路

上电过程如图 6-48 所示：控制电源两相 200V 接入，急停信号释放，如果没有 MCC 断开信号 MCCOFF，外部 MCC 接触器吸合，三相 200V 动力电源接入，变换器就绪信号 ∗CRDY发出，如果伺服放大器准备就绪，发出 ∗DRDY（Digital Servo Ready）信号，SA（Servo Already 伺服准备好）信号发出，完成一个周期上电。

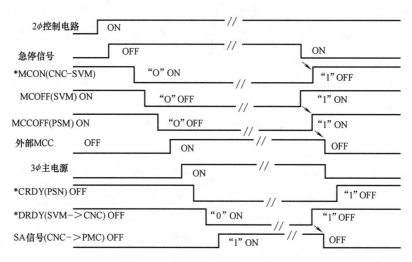

图 6-48 伺服放大器上电顺序

2. 电源模块 PSM 与主轴放大器模块 SPM 的连接

电源模块 PSM 与主轴放大器模块 SPM 的连接如图所 6-49 示。工作过程如下：当 CNC

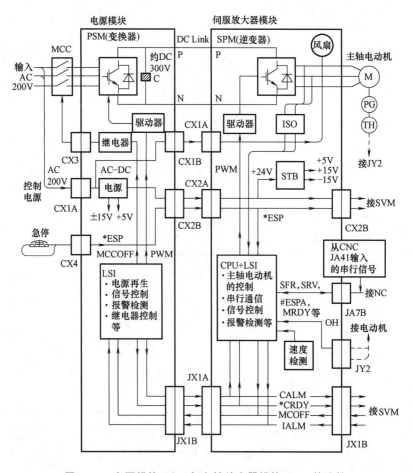

图 6-49 电源模块 PSM 与主轴放大器模块 SPM 的连接

准备完成后，CNC 输出系统准备信号 MA（Machine Already），之后驱动电源回路（在没有紧急停止的状态下）将主轴放大器模块 SPM 内的继电器吸合，致使 MCC 得电，MMC 触点吸合，三相 200V（对于高压驱动进入三相 400V）动力电源接入电源模块 PSM，主轴单元及伺服放大器进入工作状态。

一旦 CNC，或者伺服放大器侧，或者反馈元件故障，或者紧急停止信号激活，均会导致电源模块 PSM 中继电器立即动作，使 MCC 触点立即断开，三相动力电源立即切断，又由于 MCC 的切断，利用 B 类触点（失电闭合），FANUC 电动机定子线圈各绕组间立即形成闭合回路状态，形成一个阻尼磁场，给电动机施加了一个制动力，既安全保护了驱动回路不再有动力电源的进入，同时也通过辅助制动，使执行机构尽快停止。

二、编码器在数控机床中的应用

1. 位移测量

编码器在数控机床中用于工作台或刀架的直线位移测量有两种安装方式：一是和伺服电动机同轴连接在一起（称为内装式编码器），伺服电动机再和滚珠丝杠连接，编码器在进给传动链的前端，如图 6-50a 所示；二是编码器连接在滚珠丝杠末端（称为外装式编码器），如图 6-50b 所示。由于后者包含的进给传动链误差比前者多，因此，在半闭环伺服系统中，后者的位置控制精度比前者高。

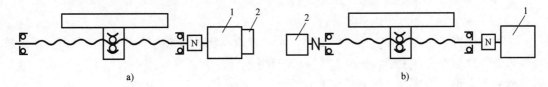

图 6-50　编码器安装图示

a）内装式　b）外装式

1—伺服电动机　2—编码器

由于增量式光电编码器每转过一个分辨角就发出一个脉冲信号，因此，根据脉冲数量、传动比及滚珠丝杠螺距即可得出移动部件的直线位移量。如某带光电编码器的伺服电动机和滚珠丝杠直连（传动比为 1：1），光电编码器为 1024 脉冲/r，丝杠螺距为 8mm，在数控系统位置控制时间内计数 2048 个脉冲，则在该时间段里，工作台移动的距离为 8mm×（1/1024）×2048＝16mm。

在数控回转工作台中，通过在回转轴末端安装角编码器，就可直接测量回转工作台的角位移。

2. 主轴控制

（1）螺纹车削和刚性攻螺纹　卧式车床在车削螺纹时，通过在主轴箱和进给箱之间挂装齿轮实现主轴转动和进给运动的匹配，从而切削不同螺距的螺纹。数控机床的主轴转动和进给运动之间没有机械方面的直接联系。为了加工螺纹，就要求主轴转速和刀具进给速度之间有一定的对应关系。为了保证切削螺纹的螺距，就必须有固定的起刀点和退刀点，如图 6-51 所示。

安装在主轴上的光电编码器在切削螺纹时主要解决两个问题：

1）通过对编码器输出脉冲的计算，保证主轴每转一周，刀具准确地移动一个螺距（导程）。

2）螺纹加工一般要经过几次切削才能完成，每次重复切削，开始进刀的位置必须相同。为了保证重复切削不乱扣，数控系统在接收到光电编码器中的一转脉冲后才开始螺纹切削的计算。

加工中心用丝锥攻螺纹时，如果在主轴或主轴电动机上配置编码器，就能实现轴向（Z向）进给与主轴旋转同步，实现刚性攻螺纹，提高螺纹加工精度。

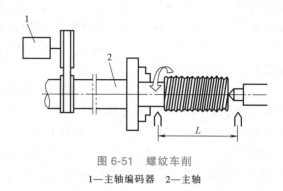

图 6-51　螺纹车削

1—主轴编码器　2—主轴

（2）恒线速切削控制　车床和磨床进行断面或锥面切削时，为了使加工表面的表面粗糙度值保持一定的数值，要求刀具与工件接触点的线速度为恒值，如图 6-52 所示。随着刀具的径向进给及切削直径的逐渐减小或增大，应不断提高或降低主轴转速，保持切削速度 v_c 为常值，即

$$v_c = \pi d n \tag{6-5}$$

式中　v_c——切削速度；

d——工件切削处直径；

n——主轴转速。

工件切削直径 d 随刀具进给不断变化，由位置检测装置如光电编码器检测获得，测量数据经软件处理后即得到主轴转速 n，转换成速度控制信号后至主轴驱动装置，控制主轴的转速。

（3）主轴定向控制　通过安装在主轴或主轴电动机上的编码器，实现加工中自动换刀或精镗孔退刀时的主轴定向控制。在加工中心中，切削转矩通常是通过主轴上的定位键和刀柄上的键槽来传递的，因此每次自动换刀时，都必须使刀柄上的键槽对准主轴上的定位键，使机床换刀能够顺利进行，如图 6-53 所示。机床在换刀时必须对主轴进行定向，也称为主轴准停。

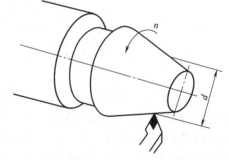

图 6-52　恒线速切削

（4）C 轴控制　数控车床配置主轴编码器后，能检测出主轴的角位移，数控系统对主轴角位移进行控制，主轴就具有了 C 轴功能。在配有带动力头回转刀架的数控车床上，C 轴和 X 轴或 Z 轴联动，可完成空间曲线加工；另外，C 轴可任意角度定位，由动力头进行平面铣削或钻孔。图 2-54 所示为空间曲线加工示意图。

3. 测速

通过计算每秒光电编码器输出脉冲的个数（即脉冲频率）就能反映当前电动机的转速，这种测速方法属于数字测速，因此光电编码器可以代替测速发电机（模拟测速），向速度环提供反馈值，如图 6-55 所示。速度可以无限累加测量，目前增量式编码器在测速应用方面仍处于无可取代的位置。

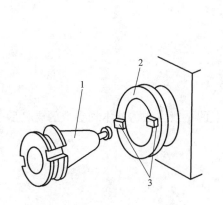

图 6-53　刀具交换时主轴定向

1—刀柄　2—主轴　3—定位键

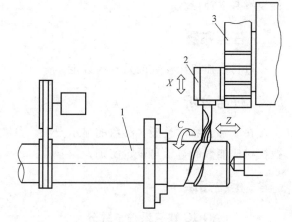

图 6-54　空间曲线加工示意图

1—车床主轴　2—动力头　3—回转刀架

图 6-55　编码器测速原理图

转速的计算公式为

$$n = \frac{60C}{NT_c} \qquad\qquad (6\text{-}6)$$

式中　n——主轴的转速（r/min）；

　　　N——编码器每转脉冲数（脉冲/r）；

　　　C——在时间间隔内脉冲总计数；

　　　T_c——计数时间间隔（s）。

例如，某编码器为 1024 脉冲/r，在 0.4s 时间内测得 4K 脉冲（1K = 1024），则转速 n 为

$$n = \frac{60 \times 4 \times 1024}{1024 \times 0.4} \text{r/min} = 600\text{r/min}$$

任务 7　FANUC 数控系统数控机床参数设置与调整

任务 7.1　参数功能及设定方法

 学习目标

能依据参数分类标准，进行参数的分类；能进行参数的显示与设定；能根据实际工作条

件设置基本轴参数。

 任务布置

进行数控机床参数的显示与设定。

 任务分析

在了解参数的类型、参数的显示方法、参数设置的一般方法、基本轴参数的含义后进行数控机床参数的显示与设定实训。

 相关知识

一、FANUC 数控系统参数分类

1. 根据参数功能的不同分类

根据参数功能的不同分类，FANUC 数控系统参数可以分为以下几大类：

1）与各轴的控制和设定单位相关的参数，参数号 NO. 1001~1023。

2）与机床坐标系的设定、参考点、原点相关的参数，参数号 NO. 1201~1280。

3）与存储行程相关的参数，参数号 NO. 1300~1327。

4）与机床各轴进给、快速移动速度、手动速度相关的参数，参数号 NO. 1401~1465。

5）与加减速控制相关的参数，参数号 NO. 1601~1785。

6）与程序编制相关的参数，参数号 NO. 3401~3460。

7）与主轴控制相关的参数，参数号 NO. 3700~4974。

8）与图形显示相关的参数，参数号 NO. 6300。

9）与加工运行相关的参数，参数号 NO. 5000、6000、7000 等。

10）与 PMC 的轴控制相关的参数，参数号 NO. 8000~8100。

11）基本功能参数，参数号 NO. 8130~8134。

12）维修用参数，参数号 NO. 8900~8950。

2. 根据数据形式不同分类

根据数据形式不同，数控系统参数可以分为位型、位轴型、字节型、字节轴型、字型、字轴型、双字型、双字轴型，见表 7-1。

表 7-1　参数数据形式

数　据　形　式	取　值　范　围	说　　　明
位型	0 或 1	—
位轴型		—
字节型	−128~127 0~256	有些参数不使用符号
字节轴型		
字型	−32768~32767 0~65535	有些参数不使用符号
字轴型		
双字型	−99 999 999~99 999 999	—
双字轴型		—

位型和位轴型参数，每个参数号由 8（#0~#7）位组成，每一位有不同的意义，数据格式为：数据号#位号，比如参数号 NO.8031 的第 3 位表示为：8031#2。对于轴型参数允许参数分别设定给每个控制轴。

二、系统参数的设定的一般方法

1. 上电全清

当系统第一次通电时，需先做上电全清，也就是上电时，同时按下 MDI 面板上的［RE-SET］键和［DEL］键，全清后一般会出现报警，见表 7-2。

表 7-2　上电全清后出现的系统报警

报警号	含　义	报警原因及对策
100	参数可输入	原因：参数写保护打开 对策：设定画面第一项 PWE=1
506/507	硬超程报警	原因：梯形图中没有处理硬件限位信号 对策：设定 3004#5(OTH) 为 1 可消除
417	伺服参数设定不正确	对策：重新设定伺服参数,进行伺服参数初始化
5136	FSSB 电动机号码太小	原因：FSSB 设定没有完成或根本没有设定 对策：如果需要系统不带电调试,把 1023 设定为 -1,屏蔽伺服电动机, 可消除 5136 报警

2. 数控系统参数的显示与设定

（1）显示机床参数　按 MDI 面板上的功能键【SYSTEM】一次或多次后，再按软键［参数］，选择参数画面。参数画面由多页组成，可通过以下两种方法显示需要显示的参数：

1）用翻页键或光标移动键，显示需要的参数。

2）从键盘上输入要寻找的参数号，再按软键［NO. 检索］，显示画面到达要寻找参数的画面，并且光标停在指定参数的位置。

（2）设定机床参数

1）将 NC 置于 MDI 方式或急停状态。

2）按 MDI 面板上功能键【OFFSET SETTING】，再按软键［SETTING］，显示设定画面，如图 7-1 所示。

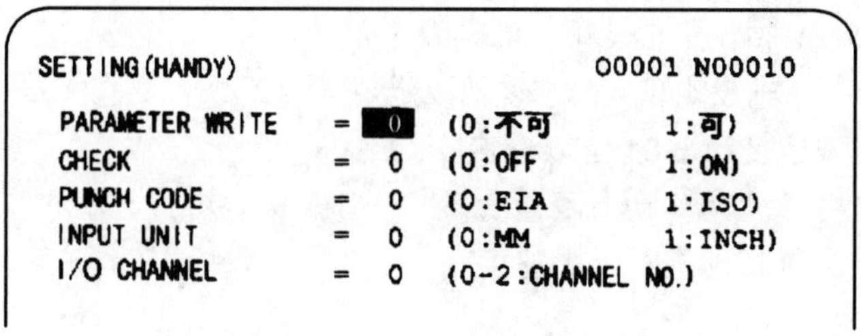

```
SETTING(HANDY)                00001 N00010

PARAMETER WRITE  =  0    (0:不可    1:可)
CHECK            =  0    (0:OFF     1:ON)
PUNCH CODE       =  0    (0:EIA     1:ISO)
INPUT UNIT       =  0    (0:MM      1:INCH)
I/O CHANNEL      =  0    (0-2:CHANNEL NO.)
```

图 7-1　参数设定画面

3）将 PARAMETER WRITE = 0（0：不可，1：可），修改为"1"，这样系统处于参数可写入状态，同时 CNC 发生 "P/S100" 报警（允许参数写入）。

4）按 MDI 面板上的功能键【SYSTEM】，再按软键［参数］，选择参数画面。

5）用翻页键或光标移动键，显示需要的参数；或从 MDI 上输入要寻找的参数号，再按软键【NO. 检索】，光标停在指定参数的位置。

6）输入数据，按软键【输入】，输入的数据被设定到光标指示的参数中。

7）设定或修改参数后，将设定画面的"PARAMETER WRITE = 1"修改为"PARAMETER WRITE = 0"，以禁止参数设定。

8）复位CNC，结束"P/S100"报警。有的参数修改后需要断一次电才能生效，此时会出现P/S报警（NO.000：需切断电源），这时需要关断电源再开机。

三、基本轴参数的设置

所谓基本轴参数，是指该数控系统最终使用了几个轴、各轴的命名、是直线轴还是旋转轴、系统的最小检测单位（最小输入单位）、指令制式（公制/英制）等基本轴控制数量。

1. 公英制选择

表明该系统编程指令是公制或英制输入。

NO. 1001#0（INM）= 0：公制输入。

$\qquad\qquad\quad$ = 1：英制输入。

2. 最小输入单位

表明该系统编程指令输入的最小输入单位。

NO. 1004#1和#0（ISC和ISA）= 00：0.001mm，0.001°或0.0001in（简称IS-B。）

$\qquad\qquad\qquad\qquad\qquad\qquad$ = 00：0.01mm，0.01°或0.001in（简称IS-A）。

$\qquad\qquad\qquad\qquad\qquad\qquad$ = 00：0.0001mm，0.0001°或0.00001in（简称IS-C）。

1004#7 = 0：不把各轴的最小设定单位设定为最小移动单位的10倍。

$\qquad\qquad\quad$ = 1：把各轴的最小设定单位设定为最小移动单位的10倍。

3. 控制轴数

该系统的总控制轴数。

NO. 1010：CNC控制轴数。

NO. 8130：CNC总控制轴数。

4. 各轴的命名

在总控制轴数确定的前提下，分别给各轴命名，即编程的命名。

X轴设定值 = 88、Y轴设定值 = 89、Z轴设定值 = 90。

U轴设定值 = 85、V轴设定值 = 86、W轴设定值 = 87。

A轴设定值 = 65、B轴设定值 = 66、C轴设定值 = 67。

5. 各轴G00上限速度和G01上限速度

NO. 1420：设定各轴快速移动上限速度。

NO. 1422：设定各轴切削进给上限速度。

6. 各轴位置增益

NO. 1825：设定各轴位置控制中的伺服环增益。

进行直线与圆弧等插补（切削加工）时，将所有轴设定相同的值。机床只做定位时，各轴可设定不同的值。环路增益越大，则位置控制的响应越快，但如果太大，伺服系统不稳定。位置偏差值和进给速度的关系如下：

$$位置偏差值 = \frac{进给速度}{60 \times 环路增益}$$

7. 各轴移动时跟随误差的临界值

NO.1828：设定各轴移动时的位置偏差值（即跟随误差）的临界值。

如果移动中位置偏差量超过最大允许位置偏差量时，会出现伺服报警并立刻停止移动。通常在参数中设定快速移动的位置偏差量，并考虑余量。

$$设定值 = \frac{快速移动速度}{60} \times \frac{1}{伺服增益} \times \frac{1}{检测单位} \times 1.2$$

8. 各轴停止时跟随误差的临界值

NO.1829：各轴停止时位置误差值的临界值。在没有给出移动指令的情况下，位置偏差值超出该设定值时即发出报警。例如，垂直轴上没有装平衡配重块时，如果伺服放大器和伺服电动机状态不好，而伺服电动机上又没有电流流过时，机械就会因自重而下落。

9. 各轴到位宽度

NO.1826：设定各轴的到位宽度。

机床位置与指令位置的差（位置偏差值的绝对值）比到位宽度小时，机床即认为到位。

10. 各轴加减速时间常数

NO.1620：设定各轴快速进给的直线形加减速时间常数。

NO.1622：设定各轴切削进给的指数形加减速时间常数。

快速进给加减速一般为直线形，切削进给加减速一般为指数形，如图7-2所示。

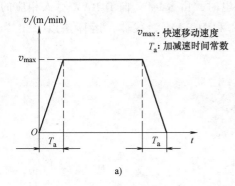 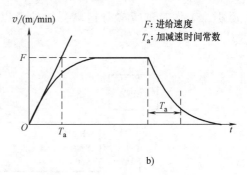

图 7-2 加减速曲线图

a）G00 的速度曲线 b）G01 的速度曲线

 任务实施

在实验室具体实训设备上进行数控机床参数的显示与设定实训。

任务7.2 伺服参数设定及调整

学习目标

能进行伺服参数的初始化；能进行 FSSB 的设定。

任务布置

进行伺服参数的初始化；进行 FSSB 的设定。

 任务分析

在理解伺服参数初始化的目的、理解伺服参数的含义、了解伺服参数初始化的步骤、了解伺服 FSSB 设定的步骤后进行伺服参数的初始化、FSSB 的设定实训。

 相关知识

一、伺服参数初始化设定

在 FANUC 0i 数控系统参数中，伺服参数是十分重要的，也是维修、调试中干预最多的参数。

图 7-3 所示为 FANUC 0i 系统总线结构，主 CPU 管理整个控制系统，系统软件和伺服软件装在 F-ROM 中，此时 F-ROM 中装载的伺服数据是 FANUC 所有电动机型号规格的伺服数据，但具体到某一台机床的某一电动机时，需要的伺服数据是唯一的（仅符合这个电动机规格的伺服参数）。例如某机床 X 轴电动机为 αi12/3000，Y 轴和 Z 轴电动机为 αi22/3000，X 轴通道与 Y 轴、Z 轴通道所需的伺服数据应该是不同的，所以 FANUC 系统加载伺服数据的过程是：第一次调试时，确定各伺服通道的电动机规格，将相应的伺服数据写入 S-RAM 中，这个过程称为"伺服参数初始化"；之后每次上电时，由 S-RAM 向 D-RAM 写入相应的伺服数据，工作时进行实时运算，软件是以 S-RAM 和 D-RAM 为载体，运算是以 DSP 为核心。

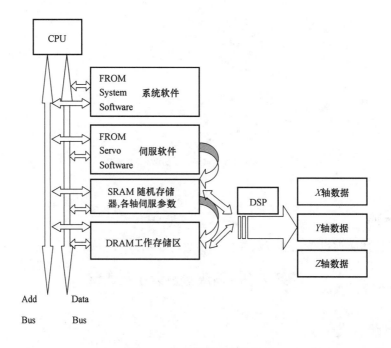

图 7-3　数字伺服总线结构

由于伺服参数存在 S-RAM 中，有易失性，所以系统参数丢失或存储器板维修后，需要很快恢复伺服参数。另外，在日常维修工作中，如遇全闭环改做半闭环实验，或者恢复调乱的伺服参数，都需要进行伺服参数初始化画面的设定与调整。

二、伺服参数初始化

1. 打开伺服参数初始化设定画面

打开伺服参数初始化设定画面的操作步骤如下：

1）在急停状态下，接通电源。

2）设置参数位 NO.3111#0 = 1，使系统能够显示伺服画面。

3）暂时切断电源，再次打开电源。

4）按功能键【SYSTEM】→扩展键 [▷] →软键 [SV-PRM]，伺服参数初始化画面如图 7-4 所示。

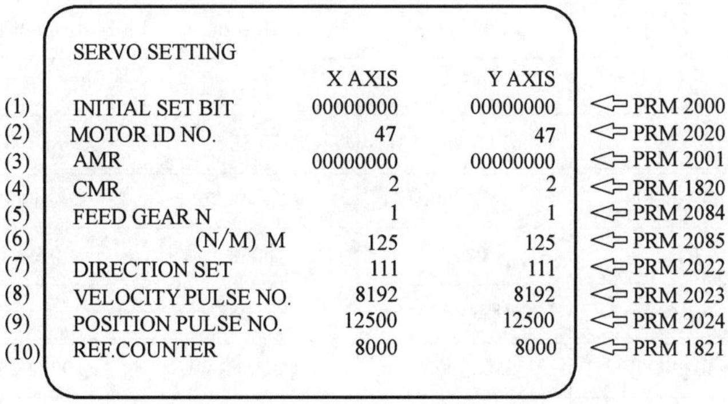

```
┌─────────────────────────────────────────────┐
│                                             │
│   SERVO SETTING                             │
│                          X AXIS    Y AXIS   │
│ (1)  INITIAL SET BIT     00000000  00000000 ◁ PRM 2000 │
│ (2)  MOTOR ID NO.             47        47  ◁ PRM 2020 │
│ (3)  AMR                00000000  00000000  ◁ PRM 2001 │
│ (4)  CMR                       2         2  ◁ PRM 1820 │
│ (5)  FEED GEAR N               1         1  ◁ PRM 2084 │
│ (6)         (N/M) M          125       125  ◁ PRM 2085 │
│ (7)  DIRECTION SET           111       111  ◁ PRM 2022 │
│ (8)  VELOCITY PULSE NO.      8192      8192 ◁ PRM 2023 │
│ (9)  POSITION PULSE NO.     12500     12500 ◁ PRM 2024 │
│ (10) REF.COUNTER            8000      8000  ◁ PRM 1821 │
│                                             │
└─────────────────────────────────────────────┘
```

图 7-4　伺服参数初始化画面

2. 伺服参数初始化设定

（1）INITIAL SET BIT（初始设定位）　通常设定为 0000 0000。

参数位 NO.2000#0（PLC01）= 0：使用参数号 NO.2023（速度脉冲数）和参数号 NO.2024（位置脉冲数）的值，检测单位为 $1\mu m$。

　　　　　　　　　　　 = 1：在内部把参数号 NO.2023 和 NO.2024 的值乘 10，检测单位为 $0.1\mu m$。

参数位 NO.2000#1（DGPRM）= 0：进行数字伺服参数的初始化设定。

　　　　　　　　　　　　 = 1：不进行数字伺服参数的初始化设定。

参数位 NO.2000#3（PRMCAL）：进行参数初始化设定时，自动变成 1。

（2）MOTOR ID NO（电动机 ID 号）　在 F-ROM 中写有很多种电动机数据，只要正确选择各轴所使用的电动机代码（MOTOR ID No.——Identification，即电动机"身份识别"号），就可以从 F-ROM 中读取相匹配的数组。

具体的方法为：按照电动机型号和规格号（中间 4 位：A06B-××××-B-××××），从电动机规格表中选择相应的电动机代码（见表 7-3）。

表 7-3 为 $\alpha i/\beta i$ 系列电动机规格，不带括号的电动机类型是对于 HRV1 的，带括号的电动机类型是对于 HRV2 和 HRV3 的。

表 7-3 αi/βi 系列电动机规格

电动机型号	β2/4000is	β4/4000is	β8/3000is	β12/3000is	β22/2000is
电动机规格	0061（20A）	0063（20A）	0075（20A）	0078（40A）	0085（40A）
电动机代码	153（253）	156（256）	158（258）	172（272）	174（274）
电动机型号	αc4/3000i	αc8/2000i	αc12/2000i	αc22/2000i	αc30/1500i
电动机规格	0221	0226	0241	0246	0251
电动机代码	171（271）	176（276）	191（291）	196（296）	201（301）
电动机型号	α1/5000i	α2/5000i	α4/3000i	α8/3000i	α12/3000i
电动机规格	0202	0205	0223	0227	0243
电动机代码	152（252）	155（255）	173（273）	177（277）	193（293）
电动机型号	α22/3000i	α30/3000i	α40/3000i	α40/3000i FAN	
电动机规格	0247	0253	0257	0258-β_1_	
电动机代码	197（297）	203（303）	207（307）	208（308）	
电动机型号	α4/5000is	α8/4000is	α12/4000is	α22/4000is	α30/4000is
电动机规格	0215	0235	0238	0265	0268
电动机代码	165（265）	185（285）	188（288）	215（315）	218（318）
电动机型号	α40/4000is	α50/3000is	α50/3000is FAN	α100/2500is	α200/2500is
电动机规格	0272	0274	0275-β_1_	0285	0288
电动机代码	222（322）	224（324）	225（325）	235（325）	238（328）

（3）AMR 根据电动机的编码器输出脉冲数，设定编码器参数 AMR，通常情况下，使用串行脉冲编码器，AMR 设定为 0000 0000。

（4）CMR 如图 7-5 所示，伺服位置控制是指令与反馈不断比较运算的结果，为了使反馈脉冲数和指令脉冲数相匹配，FANUC 伺服的解决方案引入了一个当量概念——"指令当量=反馈当量"，也就是说，发出的脉冲数和反馈的脉冲数相匹配。CMR（指令倍乘比）与 DMR（N/M）就是调整"指令当量"和"反馈当量"的参数，通俗地讲，它是一个"凑数"的过程，就是想方设法使指令脉冲数和反馈脉冲数建立一个合理的关系。

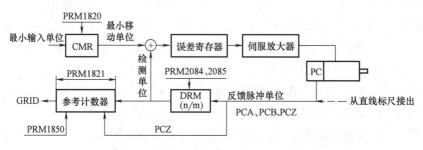

图 7-5 伺服位置控制原理图

最小输入单位、最小移动单位、检测单位和反馈脉冲之间满足的关系如下：

$$\frac{最小输入单位}{CMR} = 最小移动单位 = 检测单位 = \frac{反馈脉冲单位}{DMR}$$

指令倍乘比的设定原则：

$$反馈脉冲单位 = \frac{脉冲编码器转一转的移动量}{脉冲编码器转一转的脉冲数}$$

当 $CMR = 1/27 \sim 1/2$ 时，设定值 $= \dfrac{1}{CMR} + 100$。

当 $CMR = 0.5 \sim 48$ 时，设定值 $= 2 \times CMR$。

（5）FEED GEAR（N/M）　柔性齿轮比，它相当于 DMR（DMR 用于并行输出型编码器的设定）。N/M 按照下式计算：

$$\frac{N}{M} = \frac{电动机每转动一转所需的位置脉冲数}{1000000}$$

对柔性齿轮比，αi 脉冲编码器电动机每转 1000000 个脉冲。

对分子和分母，最大设定值（约分后）是 32767。

电动机每转一转所需的位置脉冲数的物理含义是：电动机旋转一转，工作台移动的距离换算成位置脉冲，而距离与位置脉冲的关系取决于伺服轴的基本参数位 NO.1004#7 最小输入单位的设定，通常该值为 0.001mm，并代表 1 个脉冲数，假如电动机转一转工作台移动了 10mm，最小指令单位是 0.001mm，相当于电动机转一转产生 1000 个脉冲数。

例如，直接连接螺距 5mm/r 的滚珠丝杠，检测单位为 1μm 时，电动机每转一转所需的脉冲数为 5000，电动机每转一转就从串行脉冲编码器（电动机内装）返回 1000000 个脉冲，因此

$$\frac{N}{M} = \frac{5mm/r}{1μm/脉冲 \times 1000000 脉冲/r} = \frac{1}{200}$$

（6）DIRECTION SET　方向设置。标准设定为 111，如果需要设定相反方向，则设定为 -111。

（7）VELOCITY PULSE NO.　速度反馈脉冲数。当设定单位为 1μm 时，设定值为 8192，当设定单位为 0.1μm 时，设定值为 819。

（8）POSITION PULSE NO.　位置反馈脉冲数。当设定单位为 1μm 时，设定值为 12500，当设定单位为 0.1μm 时，设定值为 1250。

（9）REF COUNTER　参考计数器容量。参考计数器的设定主要用于栅格方式回零点，根据参考计数器的容量，每隔该容量脉冲就溢出一个栅格脉冲，栅格（电气栅格）脉冲与光电编码器中的一转信号（物理栅格）通过 1850# 参数偏移后，作为回零的基准栅格。

参考计数器容量设定值是指电动机转一转所需的（位置反馈）脉冲数，或者设定为该数能够被整数除尽的分数。需要注意的是，由于"零点基准脉冲"是由栅格指定的，而栅格又是由参考计数器容量决定的，当参考计数器容量设定错误后，会导致每次回零的位置不一致，即回零点不准。

三、伺服 FSSB 设定

FSSB 是 FANUC Serial Servo Bus（FANUC 串行伺服总线）的英文缩写，FSSB 是一个连接 CNC 与伺服放大器的高速串行总线，它上面串联着三个主要的功能部件：CNC、伺服放大器、光栅适配器，并承接着它们之间的数据双向传输，包括移动指令、半闭环反馈或全闭环反馈信息、报警、准备信息等。FANUC αi 系列 FSSB 连接如图 7-6 所示。

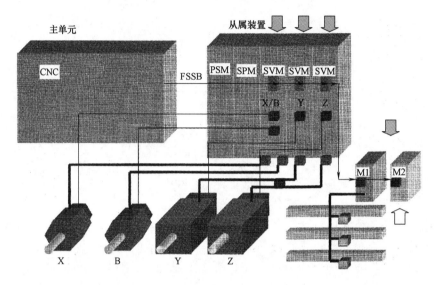

图 7-6　FANUC αi 系列 FSSB 连接图

在伺服初始化设定完成后，就需要进行 FSSB 设定，所谓 FSSB 设定，就是将 FSSB 总线上的设备进行地址分配，建立 CNC 与伺服的对应关系。使用 FSSB 系统，必须设定有关参数：NO.1023、NO.1905、NO.1910~1919、NO.1936、NO.1937。

进行 FSSB 设定最常用的方法是自动设定：在 FSSB 画面，通过输入与轴和放大器相互关联的数据，轴设定值被自动计算，用该计算结果自动设定：NO.1023、NO.1905、NO.1910~1919、NO.1936、NO.1937。

进行自动设定时，应将参数位 NO.1902#0、#1 两位设定为 0。

对于 FSSB 设定画面的自动设定，按照下列步骤进行操作：

1）在参数号 NO.1023 中设定伺服轴数。确认 NO.1023 中设定的伺服轴数与通过光缆连接的伺服放大器的总轴数对应。

2）在伺服初始化画面，初始化伺服参数。

3）关闭 CNC 电源，再打开。

4）按功能键【SYSTEM】。

5）反复按扩展键［▷］，直到显示［FSSB］为止。

6）按软键［FSSB］切换屏幕显示到伺服设定画面。

7）按软键［AMP］。

8）在图 7-7 所示的伺服放大器设定画面中，设定相关参数。放大器设定画面包括如下内容：

NO.：从属器号。从属器号按照驱动分配以升序排列，越小的号码离 CNC 越近。

AMP：放大器的形式。A 表示放大器，编号（1，2，3，…）表示放大器的安装位置，离 CNC 最近的编号为 1。

SERIES：放大器的系列号。

UNIT：放大器的种类。

CUR：最大额定电流。

AXIS：即参数号 NO.1920~1929 中指定的轴号。

NAME：轴的名称，即参数号 NO.1020 中指定的轴名。

EXTRA：它包含字母 M 和序号。M 表示分离型检测器接口单元，序号表示其安装位置，离 CNC 最近的编号为 1。

TYPE：分离型检测器接口单元的形式。

PCB ID：4 位数字，用以表示分离型检测器接口单元的 ID 码。

9）按软键［SETTING］（当输入一个值以后，此软键才出现）。

10）按功能键【SYSTEM】。

11）反复按扩展键［▷］，直到显示［FSSB］为止。

12）按软键［FSSB］切换显示画面到放大器设定画面，显示的软键如下：

　　　　　［AMP］　　　［AXIS］　　　［MAINT］　　　［　］　　　［OPRT］

13）按软键［AXIS］，进入轴设定画面，如图 7-8 所示。在轴设定画面中，设定各个轴的信息。如分离型检测接口（光栅尺适配器）单元的连接器号。

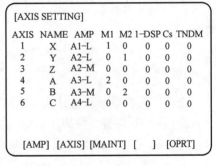

图 7-7　伺服放大器设定画面　　　　　　　　　　　图 7-8　轴设定画面

14）各轴执行下列任一项操作时，此画面的设定都是需要的：使用分离型检测器、一个轴单独使用一个 DSP（伺服控制 CPU）、使用 Cs 轴控制、使用双电动机驱动（TANDEM）控制。

轴设定画面各项内容的意义如下：

AXIS：轴号。表明轴的安装位置。

M1：分离型检测器接口单元 1 的连接器号。参数号 NO.1931 中设定的值。

M2：分离型检测器接口单元 2 的连接器号。参数号 NO.1932 中设定的值。

1-DSP：这是参数号 NO.1904#0 的设定值。如果设为 1，表示该轴使用专门的 DSP；通常设为 0，表示 1 个 DSP 控制 2 个轴。

Cs：参数号 NO.1933 中的设定值。对于 Cs 控制轴，应设为 1。

TNDM：参数号 N0.1934 中的设定值。在双电动机驱动（TANDEM）控制中连续的奇偶数，即主动轴和从动轴的奇偶轴号，必须是连续的。

15）按软键［SETTING］，此操作开始自动运算，参数号 NO.1023、NO.1905、NO.1910～1919、NO.1936 和 NO.1937 被自动设定。参数号 NO.1902#1 设为 1，说明以上参数被自动设定了。当电源关断后再开机，对应各个轴的参数就完成了。

【例 7-1】 设定半闭环 4 轴控制的伺服 FSSB 参数，具体连接如图 7-9 所示。

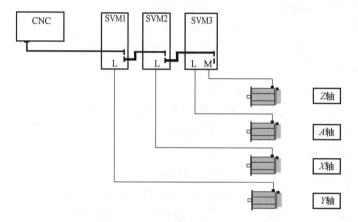

图 7-9　半闭环 4 轴控制连接图

设定半闭环 4 轴控制的伺服 FSSB 参数步骤如下：

1）设定参数号 NO.1023，根据图 7-9 进行伺服通道排序，结果如下：

Y：1

X：2

A：3

Z：4

2）进行伺服参数初始化，初始化结束后关电，再开机。

3）进行 FSSB 设置，按照上面的连接配置放大器参数，如图 7-10 所示。

4）按软键［SETTING］，关电再开电，完成操作。

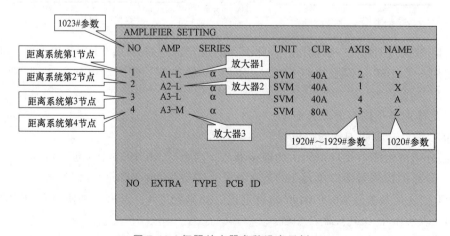

图 7-10　伺服放大器参数设定示例 1

【例7-2】 设定全闭环4轴控制的伺服FSSB参数，具体连接如图7-11所示。

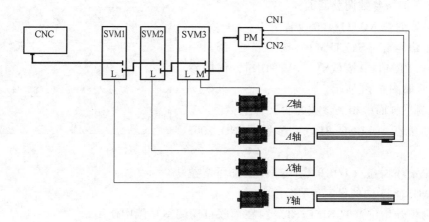

图7-11 全闭环4轴控制连接图

设定全闭环4轴控制的伺服FSSB参数步骤如下：

1）进行基本轴参数设定。

Y：1

X：2

A：3

Z：4

2）进行伺服参数初始化，初始化结束后关电，再开机。

3）进行FSSB设置，按照上面的连接配置放大器参数，如图7-12所示。

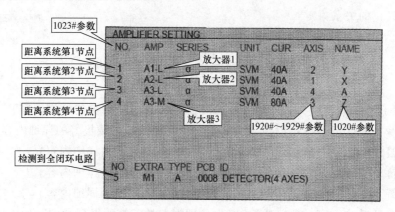

图7-12 伺服放大器参数设定示例2

4）按软键［SETTING］，然后找到［FSSB］，在FSSB子菜单下按［AXIS］，进入轴设定画面，如图7-13所示。

5）对分离型检测器进行配置，然后按软键［SETTING］。

6）将伺服参数位NO.1815#1设置为1，即设定Y轴和A轴使用分离型脉冲编码器。

7）断电再开电，完成设置。

四、伺服参数调整

1. 打开伺服参数调整画面

1) 将参数位 NO. 3111#0 设置为 1。

2) 按功能键【SYETEM】→按扩展键[▷]→按软键[SV. PRM]→按软键[SV. TUN]，伺服参数调整画面如图 7-14 所示。

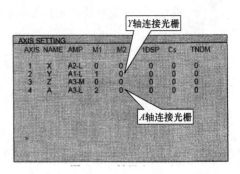

图 7-13　轴设定画面

伺服调整画面中相关参数的含义如下：

1) 功能位（FUNC. BIT）：参数号 NO. 2003 的内容。

2) 位置环增益（LOOP GAIN）：位置环增益（参数号 NO. 1825 中的设定值）。

3) 调整开始位（TUNING ST.）：在伺服自动调整功能中使用。

4) 设定周期（SET PERIOD）：在伺服自动调整功能中使用。

5) 积分增益（INT. GAIN）：速度环增益 PKV1（参数号 NO. 2043 的设定值）。

6) 比例增益（PROP. GAIN）：速度环增益 PKV2（参数号 NO. 2044 的设定值）。

7) 滤波器（FILTER）：转矩指令滤波器（参数 NO. 2067 的设定值）。

8) 速度环增益（VELOC. GAIN）：设定整个速度环的增益。与负载惯量比（参数号 NO. 2021）的关系为

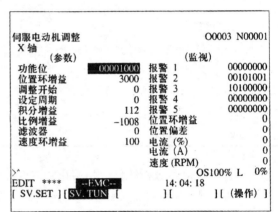

图 7-14　伺服参数调整画面

$$速度环增益 = \frac{(PRM. 2021) + 256}{256} \times 100$$

9) 报警 1（ALARM1）：诊断 200 号的内容（400、414 报警的详细内容）。

10) 报警 2（ALARM2）：诊断 201 号的内容（断线、过载报警的详细内容）。

11) 报警 3（ALARM3）：诊断 202 号的内容（319 报警的详细内容）。

12) 报警 4（ALARM4）：诊断 203 号的内容（319 报警的详细内容）。

13) 报警 5（ALARM5）：诊断 204 号的内容（414 报警的详细内容）。

14) 位置环增益（LOOP GAIN）：显示位置误差量反算所得到的实际位置环增益。

15) 位置偏差量（POS ERROR）：显示位置误差量（诊断 300）。

16) 电流（%）：用电动机额定电流的百分比显示电流值。

17) 电流（A）：显示电动机的额定电流。

18) 速度（RPM）：显示电动机的实际回转速度。

2. 伺服参数调整画面应用

(1) 电流（%）和电流（A）　一般工作条件下，FANUC 电动机最佳的负载电流百分比

应该在30%～40%，电动机短时间可以在90%，甚至超过100%的状态下工作，但仅仅是短暂的，否则电动机将发热并出现过载、过热报警。如果电动机长期工作在60%～70%电流负载状态，伺服及电动机虽然不报警，但是影响机床的伺服性能，会导致高精度定位性能变差，到位检测时间增长（与参数号NO.1826相关）或不得不放大移动及停止到位宽度（与参数号NO.1827～1829相关）。

通过读取伺服运转画面中的电流（%）和电流（A）的实际值，当机床出现爬行、过载、过热等与外围机械有关的报警时，观察机床移动过程中的实际负载电流变化，判断故障点是机械部分还是电气部分，因而可以用于系统的维护和故障的预防。

（2）"位置偏差"的应用　位置偏差量为指令值与反馈值的差，存放在误差寄存器中。当出现伺服误差过大报警时，检查实际位置偏差量是否大于参数号NO.1827～1829中的设定值。

（3）位置环增益　FANUC系统标准设定的位置环增益为3000，在机床运行过程中，如果实际检测到位置环增益接近或超过3000，说明机床的跟踪精度非常好；如果实际检测到的位置环增益小于2000，甚至小于1500，即使当时机床不报警，但是机床移动中或停止时的控制精度已经大大降低了。

五、伺服轴虚拟化

有时为了调试方便和操作方便，或为了判断伺服系统故障点，需要将伺服脱开或电动机脱开（使失效），即伺服轴"虚拟化"，或称之为"屏蔽"。

1. 伺服屏蔽

系统开机自检后，如果没有急停和报警，则发出 * MCON 信号给所有轴伺服单元，当任何一个单元出现故障，系统在规定时间内没有收到 * DRDY 信号，则断开所有轴的 * MCON 信号，同时发出伺服准备完成信号断开报警（报警号401），有时很难判断故障点，这就需要将整个伺服进行屏蔽，这样即使这个轴有故障，也把这个轴的信号屏蔽掉，使其他轴能正常工作，从而判定该轴放大器或轴板为故障点。通过调整以下参数可以实现伺服轴虚拟化。

（1）CNC侧将数控通道封闭　将该轴参数号NO.1023（设定各控制轴为对应的第几号伺服轴）的内容设定为-1或（-128）将该伺服屏蔽。

（2）忽略伺服上电顺序　设定参数位NO.1800#1（CRV）=1，使忽略伺服上电顺序。

如果数控系统在调试初期希望所有伺服轴都不进行连接，可以将NO.1023全部设为-1或（-128），将NO.1800#0（CRV）设定为1，即可以不进行伺服的联机调试。

2. 轴屏蔽

轴屏蔽是将某轴电动机脱开，在不使用该电动机的情况下，去掉该电动机及其动力电缆、反馈电缆。

方法一　（虚拟反馈）：

1）相应轴的参数设定。设定参数位NO.2009#0（DUMP）=1，轴抑制参数设为有效。设定参数位NO.2165（放大器最大电流值）=0。

2）硬件处理。将相应伺服电动机电缆接口JFX的第11、12各管脚短接。处理完毕后，没被屏蔽的轴可正常移动，如果被屏蔽的轴移动会出现411（误差过大）报警。如果只设定了两个参数但是处理反馈管脚短接，则出现401报警。

方法二 （轴脱开功能）：

1）参数位 NO.1005#7（RMB）设定为"1"，使轴脱开功能有效。

2）相应轴的参数为 NO.0012#7（RMV）设定为"1"，使需要脱开轴的轴脱开参数设为"1"，否则将出现 368#报警（串行数据出错）。

 任务实施

在实验室具体实训设备上进行数控机床伺服参数的初始化、进行 FSSB 的设定。

任务7.3 主轴参数设定

 学习目标

能进行主轴齿轮换档参数的计算；能进行模拟主轴参数的设定；能进行串行主轴参数的设定。

 任务布置

进行数控机床主轴参数的设定。

 任务分析

在了解主轴参数初始化的方法、主轴参数相关参数的意义、主轴参数的设定方法后进行主轴参数的设定实训。

 相关知识

一、模拟主轴参数设定

主轴参数既包括串行主轴参数，也包括模拟主轴参数，两者的参数在设定时不能冲突，也要能相互穿插设定。

1．主轴参数初始化设置

1）参数位 NO.3701#1 设定为 1，屏蔽串行主轴。

2）在参数号 NO.4133 中输入主轴电动机代码（部分电动机代码见表 7-4）。

表 7-4 主轴电动机代码表

电动机型号	β3/10000i	β6/10000i	β8/8000i	β12/7000i	αc15/6000i	αc1/6000i	αc2/6000i	αc3/6000i	αc6/6000i	αc8/6000i	αc12/6000i	α0.5/10000i
电动机代码	332	333	334	335	246	240	241	242	243	244	245	301
电动机型号	α1/10000i	α1.5/10000i	α2/10000i	α3/10000i	α6/10000i	α8/8000i	α12/7000i	α15/7000i	α18/7000i	α22/7000i	α30/6000i	α40/6000i
电动机代码	302	304	306	308	310	312	314	316	318	320	322	323

（续）

电动机型号	α50/4500i	α1.5/15000i	α2/15000i	α3/12000i	α6/12000i	α8/10000i	α12/10000i	α15/10000i	α18/10000i	α22/10000i	α22/6000ip	α12/8000ip
电动机代码	324	305	307	309	401	402	403	404	405	406	407	4020（8000）4023（94）

电动机型号	α15/6000ip	α15/8000ip	α18/6000ip	α18/8000ip	α22/6000ip	α22/8000ip	α30/6000ip	α40/6000ip	α50/6000ip	α60/4500ip		
电动机代码	408	4020（8000）4023（94）	409	4020（8000）4023（94）	410	4020（8000）4023（94）	411	412	413	414		

把参数号 NO.4019#7 设定为 1，自动进行初始化，断电后再上电，系统会自动加载部分电动机参数，如果在参数手册上查不到代码，则输入最接近的电动机代码（注意：如果在 PMC 中 MRDY 信号没有设置为 1，则参数 4001#0 设为 0）。

2. 主轴控制功能参数

参数位 NO.3701#1（ISI）= 0：使用第一、第二串行接口。

　　　　　　　　　　　= 1：使用模拟主轴，屏蔽串行主轴。

3. 主轴与位置编码器传动比参数

参数位 NO.3706#0（PG1）和 NO.3706#1（PG2）设定主轴与位置编码器的传动比，见表 7-5。

表 7-5　主轴与位置编码器传动比设定

齿轮比	PG2	PG1	
×1	0	0	
×2	0	1	齿轮比 = $\dfrac{主轴转速}{位置编码器转速}$
×4	1	0	
×8	1	1	

4. 主轴速度输出极性设定

参数位 NO.3706#7（TCW）和 NO.3706#6（CWM）设定主轴速度输出电压极性，见表 7-6。

表 7-6　主轴速度输出电压极性设定

TCW	CWM	电压极性
0	0	M03,M04 同时为正
0	1	M03,M04 同时为负
1	0	M03 为正,M04 为负
1	1	M03 为负,M04 为正

5. 主轴速度到达信号

参数位 NO.3708#0（SAR）= 0：不检查主轴速度到达信号。

=1：检查主轴速度到达信号。

模拟主轴没有磁信号，误设时主轴无输出；串行主轴时如果设为"1"，系统 PMC 控制中还要编制程序实现切削进给的开始条件。

6. 主轴齿轮换档参数

在带有齿轮变速的分段无级变速系统中，主轴的正、反转、起动、停止与制动是通过直接控制电动机来实现的，主轴的变速则是由电动机转速的无级变速与齿轮的有级变速相配合来实现。

CNC 系统把编程的 S 指令和主轴信号的乘积换成 4095 代码，再与主轴最高转速配合后输出 0～10V 模拟量信号。

M 系列既可使用 M 型齿轮换档，也可使用 T 型齿轮换档，M 型齿轮换档又分为 A 型主轴换档和 B 型主轴换档。

（1）M 系列 A 型主轴换档　当参数位 NO.3706#4＝0 且参数位 NO.3705#2＝0 时，为 M 系列 A 型主轴齿轮换档，在此方式下，换档时主轴电动机处于最高转速（最高钳制速度）下。M 系列 A 型主轴换档图解如图 7-15 所示。

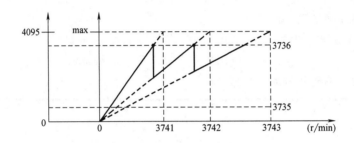

图 7-15　M 系列 A 型主轴换档参数含义

NO.3741～NO.3744：各档主轴的最高转速，即各档输出 10V 时主轴的最大转速。

NO.3735：主轴最低钳制转速。

$$设定值 = \frac{主轴最低钳制转速}{主轴最高转速} \times 4095$$

NO.3736：主轴最高钳制转速。

$$设定值 = \frac{主轴最高钳制转速}{主轴最高转速} \times 4095$$

NO.4020：主轴电动机的最高转速。

各档主轴的最高转速与主轴电动机的最高转速参数之比即是实际各档的齿轮比。

（2）M 系列 B 型换档方式　当参数位 NO.3706#4＝0 且参数位 NO.3705#2＝1 时，为 M 系列 B 型主轴齿轮换档，在此方式下，换档时主轴电动机在一个特定的转速下。M 系列 B 型主轴换档图解如图 7-16 所示。

NO.3751：低档到中档时主轴电动机的界限转速。

NO.3752：中档到高档时主轴电动机的界限转速。

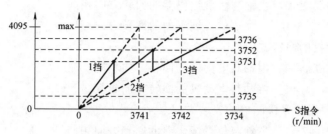

图 7-16 M 系列 B 型主轴换档图解

$$界限转速设定值=\frac{主轴电动机的界限转速}{主轴电动机的最高转速}\times4095$$

（3）T 型换档方式   这里以高低两档为例介绍 T 系列换档方式，图解如图 7-17 所示。

NO.3741：低档主轴的最高转速，即输出 10V 时主轴的低档最大转速。

NO.3742：高档主轴的最高转速，即输出 10V 时主轴的高档最大转速。

由于转速和控制电压成正比，则当转速为 S 时，位于低档时的控制电压 U_1 由如下算式得出：

$$U_1=\frac{10}{主轴的低档最高转速}S$$

位于高档时的控制电压 U_2 为：

$$U_2=\frac{10}{主轴的高档最高转速}S$$

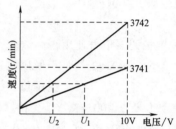

图 7-17 T 系换档方式图解

7. 主轴最高转速

NO.3722：设定主轴最高转速。

当指令速度超过主轴最高转速，或主轴转速由于使用主轴速度倍率功能而超过最高转速时，主轴转速被钳制在参数设定的最高转速。此参数设定为 0 时，主轴转速不受钳制。

二、串行主轴参数设定

串行主轴放大器与 CNC 连接进行第一次运转时，对串行主轴电动机的控制须按电动机对应的参数进行设定，传送电动机标准参数的基本步骤如下：

1）在急停状态下接通 NC 电源。

2）使参数写入有效。

3）设定参数位 NO.3701#1 = 1，使用串行主轴。

4）设定参数号 NO.4133，从电动机型号表中找出型号代码进行设定。

5）设定参数位 NO.4019#7 = 1，进行自动设定。

6）断电然后接上 NC 电源。

7）自动设定结束后，在起动主轴电动机运转之前，还要确定以下参数的设定。

① 电动机的最高转速。

参数号 NO.4020。

② 位置编码器的安装方向。

参数位 NO. 4000#2 = 0：主轴与位置编码器的回转方向相同。

　　　　　　　　　　　 = 1：主轴与位置编码器的回转方向相反。

③ 主轴和电动机的回转方向。

参数位 NO. 4000#0 = 0：主轴与电动机的回转方向相同。

　　　　　　　　　　　 = 1：主轴与电动机的回转方向相反。

④ CS 轮廓控制用位置检测器的安装方向。

参数位 NO. 4001#7 = 0：主轴与位置编码器的回转方向相同。

　　　　　　　　　　　 = 1：主轴与位置编码器的回转方向相反。

⑤ CS 轮廓控制用内置主轴电动机检测器的设定。

参数位 NO. 4001#6 = 0：不使用（主轴与电动机分开时）。

　　　　　　　　　　　 = 1：使用（内置主轴电动机时）。

⑥ CS 轮廓控制用位置检测器使用否。

参数位 NO. 4001#5 = 0：不使用。

　　　　　　　　　　　 = 1：使用。

⑦ 位置编码器信号使用否。

参数位 NO. 4001#2 = 0：不使用位置编码器。

　　　　　　　　　　　 = 1：使用位置编码器。

⑧ 参数位 NO. 4003#7，6，4 位置编码器信号的设定。

参数位 NO. 4003#7，6，4 = 0，0，0：BZ 传感器（256λ/r）。

　　　　　　　　　　　 = 0，0，1：BZ 传感器（128λ/r）。

　　　　　　　　　　　 = 0，1，0：BZ 传感器（512λ/r）。

　　　　　　　　　　　 = 0，1，1：BZ 传感器（64λ/r）。

　　　　　　　　　　　 = 1，0，0：高分辨率磁性脉冲编码器（Φ195）。

　　　　　　　　　　　 = 1，1，0：BZ 传感器（384λ/r）。

⑨ 参数位 NO. 4003#1 电动机内置 MZ 传感器使用否。

参数位 NO. 4003#1 = 0：不使用。

　　　　　　　　　　　 = 1：使用。

⑩ 参数位 NO. 4004#4 电动机内置 MZ 传感器的种类。

参数位 NO. 4004#4 = 0：下述以外。

　　　　　　　　　　　 = 1：α0.5，0.5S，0.3S，IP65（1~3）电动机时。

⑪ 参数位 NO. 4004#3 外部 1 转信号检测方法的设定。

参数位 NO. 4004#3 = 0：外部 1 转信号检测上升沿。

　　　　　　　　　　　 = 1：外部 1 转信号检测下降沿。

⑫ 参数位 NO. 4004#2 外部 1 转信号使用否。

参数位 NO. 4004#2 = 0：不使用外部 1 转信号。

　　　　　　　　　　　 = 1：使用外部 1 转信号。

⑬ 参数位 NO. 4004#1 主轴上安装的 BZ 传感器（内置传感器）使用否。

参数位 NO. 4004#1 = 0：不使用安装在电动机轴以外的 BZ 传感器。

　　　　　　　　　　　 = 1：使用安装在电动机轴以外的 BZ 传感器。

⑭ 参数位 NO.4004#0 高分辨率位置编码器信号使用否。

参数位 NO.4004#0 = 0：不使用高分辨率位置编码器。

　　　　　　 = 1：使用高分辨率位置编码器。

⑮ 参数位 NO.4007#5 位置检测器用信号是否进行断线检测。

参数位 NO.4007#5 = 0：进行断线检测。

　　　　　　 = 1：不进行断线检测。

⑯ 参数位 NO.4011#2，1，0 电动机速度检测器用脉冲数的设定。

本设定根据电动机型号代码自动设定。

 任务实施

在实验室具体实训设备上进行数控机床主轴参数的设定。

任务 7.4　螺距误差补偿和反向间隙补偿

 学习目标

能进行螺距误差的测量和补偿；能进行反向间隙的测量和补偿。

 任务布置

进行数控机床螺距误差补偿和反向间隙补偿。

 任务分析

在了解螺距误差产生的原因、螺距误差补偿参数的含义、螺距误差检测程序的编写方法、测量螺距误差的方法、反向间隙补偿参数的含义、测量反向间隙的方法后进行数控机床螺距误差补偿和反向间隙补偿实训。

 相关知识

一、存储型螺距误差补偿

螺距误差补偿指由螺距累计误差引起的常值系统性定位误差。CNC 可对实测的进给轴滚珠丝杠的螺距误差进行补偿，一般用激光干涉仪测量滚珠丝杠的螺距误差。测量的基准点为机床的零点，每隔一定的距离设定一个补偿点，用参数来设定补偿的间隔。螺距误差补偿数据可以由外部设备进行设定，也可以从 MDI 面板上设定。补偿原点是机床各轴回零的零点。进行螺距误差补偿时，必须设定以下参数：

1）参数号 NO.3620：各轴参考点的螺距误差补偿号码，范围 0～1023。

2）参数号 NO.3621：各轴负方向最远端的螺距误差补偿点号码，范围 0～1023。

3）参数号 NO.3622：各轴正方向最远端的螺距误差补偿点号码，范围 0～1023。

4）参数号 NO.3623：各轴螺距误差补偿倍率，范围 0～100。

5）参数号 NO.3624：各轴的螺距误差补偿点的间距，范围 0～99999999。最小补偿间隔是有限制的，可由下式计算：

$$补偿位置的最小间隔 = \frac{最大进给速度(快速移动速度)}{3750}$$

在补偿之前需要先确定各轴的行程和方向，确定了行程和方向后有效补偿距离就随之确定，通常补偿的原点为各轴的参考点，补偿的方向非正即负。根据有效补偿距离确定激光干涉仪的测量点数、补偿点数和补偿间距，再将确定的值分别设定在参数号 NO.3620、NO.3621、NO.3622 和 NO.3624 中，将 NO.1851 和 NO.1852 中的值清零。参数设定后，输入检测程序。

【例 7-3】 以 X 轴为例，机床行程为 -800 ~ +10mm，补偿的原点为 X 轴的参考点，参考点的补偿位置号为 60，X 轴的有效补偿距离就是 -800.00 ~ 0mm，如果测量 20 个点，各点间的距离为 40.000mm。

（1）参数设定如下

参数号 NO.3620 = 60；此参数在 0 ~ 1023 之间根据需要设定。

参数号 NO.3621 = 41；负向最远端。

参数号 NO.3622 = 61；正向最远端。

参数号 NO.3624 = 40000；补偿间隔 40.000mm。

机床坐标值和补偿位置号的对应关系如图 7-18 所示。

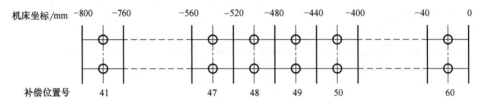

图 7-18 机床坐标值和补偿位置号之间的对应关系（直线轴）

（2）编写检测程序 检测程序包括主程序 O0001、子程序 O0002 和 O0003。程序如下：

O0001

N0010 G90 G0 X0；	X 轴移动至参考点，G54 里面不能键入偏移值
N0020 X5；	X 轴向正方向移动 5mm
N0030 X0；	X 轴负方向移动 5mm（测出反向间隙）
N0040 G04 X5；	暂停 5s，等待激光干涉仪测量并计数
N0050 M98 P0002 L20；	调用 O0002 子程序并连续循环 20 次，共测 20 个点
N0060 G0 X-5；	X 轴向负方向移动 5mm
N0070 G0 X5；	X 轴向正方向移动 5mm（测出反向间隙）
N0080 G04 X5；	暂停 5s，等待激光干涉仪测量并计数
N0090 M98 P0003 L20；	调用 O0003 子程序并连续循环 20 次，共测 20 个点
N0100 M30；	

O0002

N10 G91 G0 X-40；	X 轴向负方向移动 40mm
N20 G04 X5；	暂停 5s

N30 M99;　　返回主程序

O0003
N10 G91 G0 X40;　　X 轴向正方向移动 40mm
N20 G04 X5;　　暂停 5s，等待激光干涉仪测量并计数
N30 M99;　　返回主程序

（3）在补偿位置点处输入补偿量　补偿值根据实际测量的滚珠丝杠误差确定，有正负之分，按照补偿点输入到 CNC 补偿螺距误差补偿存储器内，如图 7-19 所示。在进给轴运动时，CNC 实时检测移动距离，按照事先设定的参数值在各轴的补偿点分别输出补偿值，使相应轴在 CNC 插补脉冲的基础上多走或少走相应的螺距补偿脉冲数。近年来，CNC 系统开发了双向螺距误差补偿的功能，它的应用进一步提高了进给轴的移动精度。

二、反向间隙补偿

机床工作台运动过程中反向运动时，会由于滚珠丝杠和螺母的间隙或丝杠的变形而丢失脉冲，即失动量。在机床上实测各轴的反向移动间隙量，根据这个实测的间隙量，用参数设定其补偿量，这样在工作台方向，执行 CNC 程序指令移动前，CNC 经脉冲分配器，按 CNC 事先设定的速率，将补偿脉冲输出至相应轴的伺服放大器，对失动量进行补偿。进行反向间隙补偿时需设定以下参数：

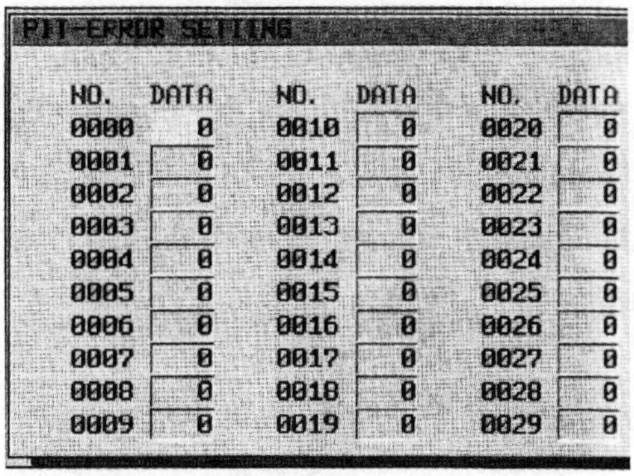
PIT-ERROR SETTING

NO.	DATA	NO.	DATA	NO.	DATA
0000	0	0010	0	0020	0
0001	0	0011	0	0021	0
0002	0	0012	0	0022	0
0003	0	0013	0	0023	0
0004	0	0014	0	0024	0
0005	0	0015	0	0025	0
0006	0	0016	0	0026	0
0007	0	0017	0	0027	0
0008	0	0018	0	0028	0
0009	0	0019	0	0029	0

图 7-19　螺距误差补偿存储器

参数号 NO. 1800#4：切削进给和快速进给移动是否分别进行反向间隙补偿，0：否，1：是。

参数号 NO. 1851：各轴的反向间隙补偿量，单位为 μm。

参数号 NO. 1852：各轴快速移动时的反向间隙补偿量，单位为 μm。

根据进给速度的变化，在快速移动和切削进给时用不同的反向间隙值可实现较高精度的加工。当参数位 NO. 1800#4 = 1 时，需要对参数号 NO. 1851 和 NO. 1852 分别进行补偿，若切削进给时测量的反向间隙为 A，快速移动时测量的反向间隙为 B，根据进给率的变化和移动方向的变化，反向间隙的补偿值见表 7-7 和图 7-20。

表 7-7　反向间隙的补偿值

移动方向变化	进给速度变化			
	切削进给到切削进给	快速移动到快速移动	快速移动到切削进给	切削进给到快速移动
相同方向	0	0	$\pm a$	$\pm(-a)$
相反方向	$\pm A$	$\pm B$	$\pm(B+a)$	$\pm(B+a)$

注：a 为机械的超调量，$a=(A-B)/2$；补偿值的正负符号与移动方向一致。

任务实施

在实验室具体实训设备上进行数控机床螺距误差补偿和反向间隙补偿实训。

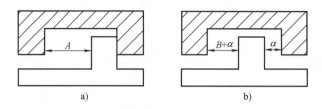

图 7-20 切削进给和快速移动时的反向间隙

a）切削进给时停止 b）快速进给时停止

任务 7.5 回参考点参数设置

 学习目标

能分析回参考点的过程；能根据回参考点的过程，设定回参考点参数；能针对参考点整螺距偏移的问题，调整减速挡块的位置。

 任务布置

进行数控机床数控机床回参考点参数设置。

 任务分析

在了解增量方式回参考点的过程、减速挡块长度的计算方法、位置伺服误差的计算方法、绝对方式回参考点的过程、回参考点参数的含义后进行回参考点参数设置。

 相关知识

一、增量方式回参考点

数控机床返回参考点的方式因数控系统类型和机床生产厂家而异，就大多数而言，常用的返回参考点方式有两种，即增量方式和绝对方式。

1. 增量方式回参考点的过程

所谓增量方式回参考点，就是采用增量式编码器，工作台快速靠近，经减速挡块减速后低速寻找栅格作为机床零点，增量方式回零过程如图 7-21 所示，回参考点开关采用行程开关。行程开关（也称为限位开关）主要用于将机械位置变为电信号，以实现对机械运动的电气控制。当机械的运动部件（如挡块）撞击触杆时，触杆下移使常闭触点断开，常开触点闭合；当运动部件离开后，在复位弹簧的作用下，触杆回复到原来位置，各触点恢复常态。

具体的返回参考点过程如下：

1）首先在回参考点方式下，按轴移动键，轴以快速（参数号 NO.1420 中的设定值）移动寻找减速挡块。

2）当压下减速挡块时，信号 * DECn 由 "1" 变到 "0"，轴按设定低速（参数号 NO.1425 中的设定值）向参考点移动。

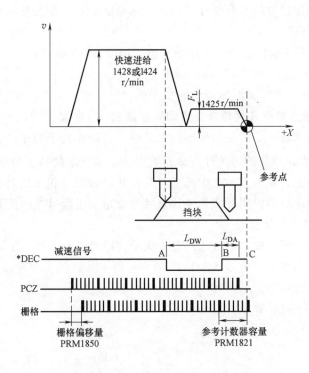

图 7-21　增量方式回参考点

3）当减速挡块释放后，信号 * DECn 由 "0" 变到 "1"，开始寻找栅格信号（GRID）或编码器零脉冲（PCZ）。

4）当寻找到第一个栅格信号（GRID）或编码器零脉冲（PCZ）时，进给停止，这个点就是参考点。也可以再移动一个偏移量（参数号 NO.1850 中的设定值）后停止，CNC 发出回参考点完成信号。

2. 对减速挡块宽度 L_{DW} 的要求

图 7-21 中，A 点为减速开关动作点，B 点为减速开关释放点，C 点为参考点。L_{DW} 为减速挡块的宽度，L_{DA} 为参考点和减速极限开关释放位置间的距离。

为了确保参考点定位的准确性，手动回参考点对减速挡块的长度有一定的要求。若减速挡块太短，在减速范围内导致坐标轴无法降至低速 V_L。当开关被释放时，栅格信号出现，而软件未检测到进给速度到达 V_L，回参考点操作不会停止，这样就造成了参考点发生螺距偏移。

$$L_{DW} > \frac{V_R\left(\dfrac{T_R}{2}+30+T_S\right)+4V_L T_S}{60\times1000}$$

式中　V_R——快速移动速度（mm/min）；

　　　T_R——快速移动时间常数（ms）；

　　　T_S——伺服时间常数（ms）；

　　　V_L——返回参考点速度（mm/min）。

可用编码器测量出挡块的实际长度。例如，测量 Z 轴挡块的长度，操作步骤如下：

1）Z 轴回到参考点。

2）在 JOG 方式下，选择相应的进给增量值，记录 X9.2 由 "1" 到 "0" 的坐标值 Z_1。

3）记录 X9.2 由 "0" 到 "1" 的坐标值 Z_2。

4）$|Z_2 - Z_1|$ 的值即为 Z 轴减速挡块的长度值。

3. 对参考点和减速极限开关释放位置间的距离 L_{DA} 的要求

由于减速开关动作有一定的先后偏差，如果将开关动作置于两个栅格中间（$L_{DA} \approx$ 螺距的一半），就可以减少误动作的可能性。诊断数据 302 中显示的数值应大约为各轴螺距的一半。通过调整挡块的位置可改变 302 中的值。若挡块释放时，机床恰巧在 "零脉冲" 附近，就会出现参考点整螺距偏移，因此该值是检查参考点是否正确可靠的重要依据。

4. 位置伺服误差和一转信号

未建立参考点时，机床操作前必须执行 1 次手动回参考点操作。手动回参考点时，伺服移动的位置误差量必须超过参数号 NO.1836 的设定值。并且要求位置编码器旋转一周以上，系统必须收到一个一转信号。

伺服位置误差按下式计算：

$$伺服位置误差值 = \frac{1000F}{60K\mu}$$

式中　　F——进给速度（mm/min）；

　　　　K——伺服回路增益 $[\text{s}^{-1}]$；

　　　　μ——检测单位（μm）。

应用举例如下：

当机床以 6000mm/min 速度进给，伺服回路增益 K 为 30 s^{-1}，检测单位为 1μm，伺服位置误差的计算结果如下：

$$伺服位置误差值 = \frac{6000 \times 1000}{60} \times \frac{1}{30} \times \frac{1}{1} = 3333$$

反之，当伺服增益 K 为 30s^{-1}，检测单位为 1μm，伺服位置偏差量为 128（即设定参数号 NO.1836 = 0，实际为 128）时，在完成回参考点操作前，手动回参考点的速度必须在 230mm/min 以上。

5. 栅格偏移量

电子栅格通过参数号 NO.1850 设定距离来进行参考点偏移，该参数中设定的栅格偏移量不能超过参考计数器容量（参数号 NO.1821 中的设定值）。

二、绝对方式回参考点

所谓绝对方式回参考点，就是采用绝对位置编码器建立零点，并且一旦零点建立，无需每次开电回零，即使系统关断电源，断电后的机床位置偏移被保存在电动机编码器的 SRAM 中，并通过伺服放大器上的电池支持电动机编码器 SRAM 中的数据。

传统的增量式编码器，在机床断电后不能将零点保存，所以每当断电再开电后，均需要操作者进行回零点操作。20 世纪 80 年代中后期，断电后仍可保存机床零点的绝对位置编码器被用于数控机床上，其保存零点的方法就是在机床断电后，机床微量位移的信息被保存在编码器电路的 SRAM 中，并由后备电池保持数据。

绝对方式回参考点的过程如图 7-22 所示。

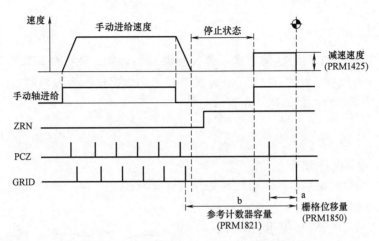

图 7-22　绝对方式回参考点

具体的回参考点过程如下：

1）置参数位 NO. 1815#b4 = 0。

2）用手动操作使伺服电动机转 1 转以上的距离，在该位置先切断、再接上 CNC 电源（对绝对位置检测器，第一次供电时必须进行这一操作），使脉冲编码器内检测到 1 转以上信号。

3）用手动操作将轴移动到靠近参考点（约数毫米前）的位置。

4）选择"回零"方式。

5）按进给轴方向选择信号"+"或"-"按钮后，向下 1 个 GRID 位置移动，当找到栅格位置后，系统返回参考点完成，轴移动停止，该位置即作为参考点。

需要说明的是，绝对位置零点建立时寻找到的栅格，是"电气栅格"，即在编码器"物理栅格"的基础上通过参数号 NO. 1850 偏置后的栅格。

需要注意的是，当更换电动机或伺服放大器后，由于将反馈线与电动机航空插头脱开，或电动机反馈线与伺服放大器脱开，必将导致编码器电路与电池脱开，SRAM 中的位置信息即刻丢失，再开机会出现 300# 报警，需要重新建立零点。

 任务实施

在实验室具体实训设备上进行数控机床回参考点参数设置实训。

任务 7.6　数据的恢复和备份

 学习目标

能用超级终端进行数据文件的备份和恢复；能用 WinPCIN 软件进行数据文件的备份和恢复。能用存储卡进行数据的备份和恢复；能进行系统的电池的更换。

任务布置

进行数控机床数据的恢复与备份。

 任务分析

在了解 CNC 数据文件的存储方式、备份和恢复的含义、数据备份和恢复的常用方法、BOOT 功能进行备份和恢复的方法、I/O 方式进行个别数据输入与输出的方法、系统电池的作用与更换方法后进行数据的恢复和备份。

 相关知识

一、CNC 数据文件分析

FANUC 0i 系列数控系统的存储数据文件主要分为系统文件、MTB（机床制造厂）文件和用户文件，如图 7-23 所示。

1）系统文件：FANUC 提供 CNC 软件包、数字伺服软件、LADDER 编辑软件以及通信软件等。

2）MTB（Machine Tool Builder）文件：机床的 PMC 程序、机床厂编辑的宏程序执行器。

3）用户文件：CNC 参数、螺距误差补偿值、宏程序、刀具补偿值、工件坐标系数据、PMC 参数、加工程序等数据。

FROM 中的数据相对稳定，一般情

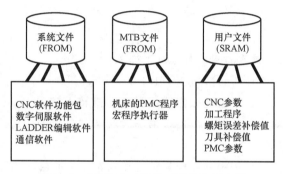

图 7-23　FANUC 0i 数控系统的数据存储

况下不容易丢失，但是如果遇到更换 CPU 板或存储器板时，FROM 中的数据就有可能丢失。其中系统文件一般无需备份，因为 FANUC 可以提供系统文件服务；而 MTB 文件是需要备份的，因为这是机床厂的文件，FANUC 公司无法提供，而且一定要移交 PMC 程序给最终用户。这类文件可以用 Compact Flash（简称 CF）卡来存储。

SRAM 中的数据由于断电后需要电池保护，有易失性，所以保留数据非常必要。一旦发生参数误操作，需要恢复原来的参数值，如果没有详细准确的记录可查，也没有数据备份，就会造成比较严重的后果。

SRAM 中的数据需要通过 BOOT 引导系统操作方式或者 ALL I/O 画面操作方式进行保存。用 BOOT 引导系统方式备份的是系统数据的整体，下次恢复或调试其他相同机床时，可以迅速完成恢复。但是，数据为机器码且为打包形式，不能在计算机上打开。通过 ALL I/O 画面操作方式得到的数据可以通过写字板或 Word 文件打开。

二、数据备份和恢复的三种方式

数据的备份和恢复一般方式有 PC 侧超级终端、WinPCIN 专用软件、CF 存储卡。

1. 超级终端

CNC 数控装置与 PC 的连接电缆可以使用 RS232 电缆（25 芯-9 芯）。在进行数据传输前，用电缆线将 CNC 数控装置与 PC 连接好，然后按以下步骤进行操作：

（1）PC侧参数设定

1）单击Windows开始→附件→通信→超级终端，出现如图7-24所示的超级终端画面。

2）设定新建连接的名称（如CNC），并选择连接的图标。设定方法如图7-25所示。

图7-24　超级终端

图7-25　输入连接名称

3）用鼠标单击"确定"按钮，则出现如图7-26所示的画面，根据本计算机的资源情况设定"连接时使用"串口，本例选择为COM1。

4）用鼠标单击"确定"按钮，出现图7-27所示的画面，进行端口设置。本例中波特率：9600；数据位：8；奇偶校验：无；停止位：1；流量控制：Xon/Xoff。

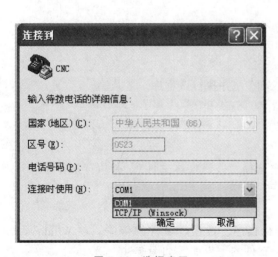

图7-26　选择串口

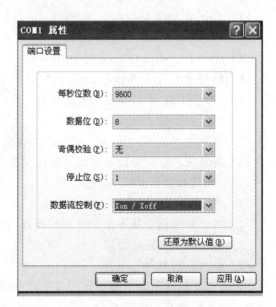

图7-27　通信协议设置

5）用鼠标单击"确定"按钮，进入"CNC—超级终端"界面，在文件菜单下，选择"属性"，设定 CNC 连接的属性，按照图 7-28 所示画面进行设定。

6）用鼠标单击"ASCII 码设置（A）…"，进行 ASCII 码的设定，按照图 7-29 所示画面进行设定。

图 7-28　CNC 属性设置

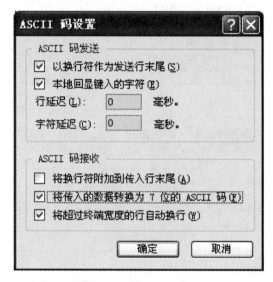

图 7-29　ASCII 码的设置

（2）数控装置侧参数设定

1）I/O 通道设定：参数号 NO. 20 = 0。

2）停止位的位数：参数位 0101#0 = 1。

3）数据输出时 ASCII 码：参数位 0101#3 = 1。

4）FEED 不输出：参数位 0101#7 = 1

5）使用 DC1~DC4：参数号 0102 = 0。

6）波特率 9600：参数号 0103 = 11

（3）接受 CNC 数控装置的数据文件。

1）将计算机的 CNC 连接打开。

2）从下拉菜单的"传送"中选择"捕获文件"，并执行该程序。

3）选择文件存放的位置并给捕获的文件命名，确认开始。

（4）发送数据给 CNC 装置

1）将 CNC 数控装置处于接收状态。

2）在计算机侧，从下拉菜单的"传送"中选择"发送文本文件"，并执行该程序。

3）选择需要传送的数据文件，单击"打开"按钮。

2. WinPCIN 软件

WinPCIN 软件主要用于与数控系统之间进行程序、数据等文件的传输。在 Windows 的开始菜单下启动 WinPCIN 软件。进入 WinPCIN 软件的主界面，如图 7-30 所示。

（1）PC 侧参数设定　在通信前，需对 RS232 接口进行设定，单击"RS232 Config"按

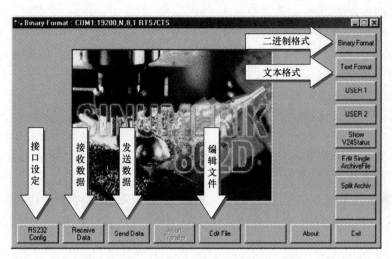

图 7-30　WinPCIN 通信界面

钮，进入通信参数设定界面，如图 7-31 所示。

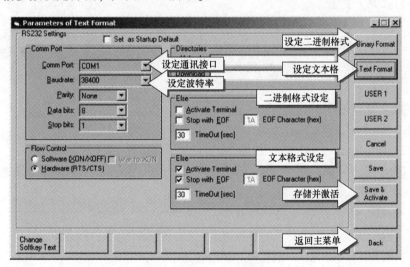

图 7-31　通讯画面设定画面

（2）数控装置侧参数设定　设定方法与采用超级终端方式时的设定相同。

（3）传送数据文件　单击图 7-30 中的"Send Data"按钮，选择需要传送的数据文件，开始数据传送。

（4）接受数据文件　单击图 7-30 中的"Receive Data"按钮，选择文件保存的路径及文件名，开始数据传送。

要注意的是发送和接受双方的通信要先等待再发送数据。

3. CF 存储卡

FANUC 0i-C、0i Mate-C 均提供 PCMCIA（Personal Computer Memory Card International Association，PC 机内存卡）插槽，位于显示器左侧，在这个 PCMCIA 插槽中插入 CF 卡，可以方便地对系统的各种数据进行备份和恢复。

存储卡的插入方法：

1）确认存储卡的"WRITE PROTECT（写保护）"是关断的（可以写入）。

2）机床断电，将储存卡可靠插入存储卡的插槽中。存储卡上有插入导槽，如方向反了，则不能插入。

三、用 BOOT 功能进行整体数据的备份与恢复

数据的备份就是即将 CNC 中的数据文件输出至外设（如存储卡、个人 PC 机等）中，用于数据的后备，一旦 CNC 中的数据丢失或系统有软件方面的故障，即可利用备份的数据进行数据的恢复和软故障的排除，从而恢复数控机床的运行。对于新机床的调试，数据的恢复也称为数据的装载。

BOOT 功能是在接通电源时把存放在 FROM 存储器中的各种软件传送到系统工作用 DRAM 存储器中的一种程序。通过系统引导程序 BOOT 画面进行数据备份的方法适用于全部数据的恢复。

1. 进入 BOOT 画面

方法一：通过软键操作。同时按住屏幕下方最右边的两个软键，并接通 CNC 电源，直到出现如图 7-32 所示的画面。

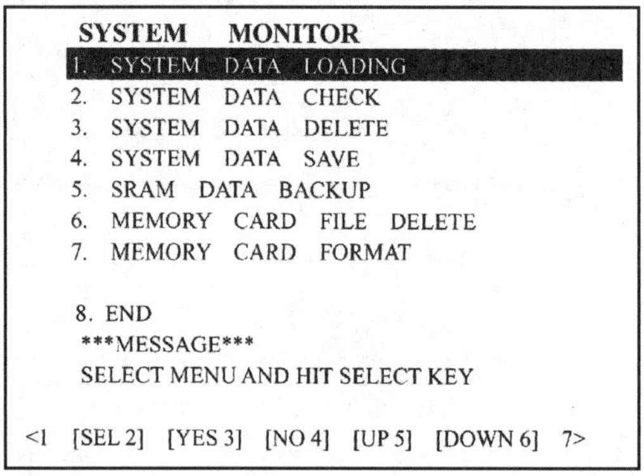

1）SYSTEM DATA LOADING：从 CF 存储卡读取系统文件，并写入 FROM（加载）。

2）SYSTEM DATA CHECK：显示确认 FROM 内文件。

3）SYSTEM DATA DELETE：删除写入 FROM 的 PMC 程序等用户文件。

4）SYSTEM DATA SAVE：把写入 FROM 中的 PMC 程序等保存到存储卡。

5）SRAM DATA BACKUP：把 SRAM 中存储的 CNC 参数，加工程序等用户数据保存至存储卡或从存储卡恢复数据至 SRAM。

6）MEMORY CARD FILE DELETE：删除 SRAM 存储卡内的文件。

图 7-32 CNC 的 BOOT 画面

7）MEMORY CARD FORMAT：存储卡第一次使用或存储卡内容被破坏时进行存储卡的格式化。

8）END：结束 BOOT。

方法二：通过数字键操作，同时按住 6 和 7 键，并接通 CNC 电源，进入 BOOT 引导画面。

2. 基本操作方法

用软键［UP］或［DOWN］把光标移到要选择的功能键上，按软键［SELECT］激活。按画面提示信息，在执行功能之前要按软键［YES］或［NO］进行确认。

3. SRAM 中的数据备份/恢复

SRAM 中保存的内容为 CNC 参数、加工程序、螺距误差补偿值、宏程序、刀具补偿值、工件坐标系数据、PMC 参数等数据，通过第 5 项 SRAM DATA BACKUP，可以实现 SRAM

和 CF 卡之间数据的传送。

操作步骤如下：

1）进入系统引导画面，按软键［UP］或［DOWN］，把光标移动至 "5. SRAM DATA BACKUP" →按软键［SELECT］，即出现图 7-33 所示的画面。

2）按软键［UP］或［DOWN］，选择备份或恢复功能。

把数据备份至 CF 卡，选择 SRAM BACKUP，新购机床安装调试后，应及时备份机床参数，零件加工程序等数据。

把数据恢复到 SRAM 时，选择 RESTORE SRAM，若系统参数丢失，机床无法工作，这时使用备份数据覆盖 SRAM 中的内容是恢复机床最有效的方法。

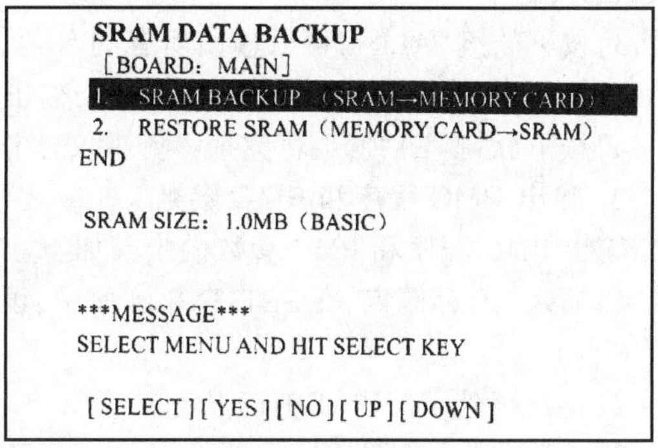

3）按［END］退出。

```
SRAM DATA BACKUP
 [BOARD: MAIN]
1.   SRAM BACKUP  (SRAM→MEMORY CARD)
2.   RESTORE SRAM (MEMORY CARD→SRAM)
END

SRAM SIZE: 1.0MB（BASIC）


***MESSAGE***
SELECT MENU AND HIT SELECT KEY

[ SELECT ] [ YES ] [ NO ] [ UP ] [ DOWN ]
```

图 7-33　数据备份画面

4. FROM 中的数据备份/恢复

FROM 中保存的内容为系统文件、PMC 梯形图程序、用户宏程序执行器等。

数据备份操作步骤如下：

1）进入系统引导区。

2）选择菜单 "4. SYSTEM DATA SAVE"。

3）进行 CF 卡复制操作。

4）将 CF 卡中的数据存入计算机，备用。

数据恢复操作步骤如下：

1）进行系统引导区。

2）选择菜单 "1. SYSTEM DATA LOADING"。

3）进行加载操作。

四、用 I/O 方式进行个别数据输入与输出

有时用户需要将 CNC 中的程序或参数分别备份，通过 CF 卡传输到个人计算机上直接查看和编辑。这时可用系统的个别数据输入与输出功能，逐个输出 CNC 参数、加工程序、定时器计数器等 PMC 参数、螺距误差补偿量、用户宏变量的变量值、刀具补偿量、梯形图等。

1. 输入参数到 SRAM

从 CF 存储卡输入 CNC 参数到 SRAM 的步骤如下：

1）插入 CF 存储卡，在 SETTING 画面中，设定 I/O 通道参数 "I/O＝4"（输入输出类型定义为 CF 卡）。

2）在 SETTING 画面中，设置数据写入参数 PWE＝1，允许参数写入。

3）按功能键【SYSTEM】→按软键［PARAM］→按软键［OPRT］→按扩展键［▷］→按软键［READ］→按软键［EXEC］,参数被读入内存中。

4）回到 SETTING 设定画面,将数据写入参数 PWE 设置为 0,禁止参数写入。

5）切断 CNC 电源后再通电。

2. 输出参数到 CF 存储卡

输出 CNC 参数到 CF 存储卡的步骤如下：

1）插入 CF 存储卡，使系统处于 EDIT 方式。

2）按功能键【SYSTEM】→按软键[PARAM]→按软键[OPRT]→按扩展键[▷]→按软键[PUNCH]。

3）按下软键[ALL]，可以输出所有的参数，输出文件名为 ALL PARAMETER；若按下软键[NON 0]，可以输出参数值为非 0 的参数，输出文件名为 NON-0. PARAMETER。

4）按下软键[EXEC]，将完成参数的文本格式输出。

3. 输出 PMC 程序和 PMC 参数

输出 PMC 程序和 PMC 参数的步骤如下：

1）插入 CF 存储卡，在 SETTING 画面中，设定 I/O 通道参数"I/O = 4"（输入输出类型定义为 CF 卡）。

2）使系统处于编辑（EDIT）状态。

3）按功能键【SYSTEM】→按软键[PARAM]→按软键[OPRT]→按扩展键[▷]→按软键[I/O]，出现输出选项画面，PMC 程序或 PMC 参数输出时的选项设定分别如图 7-34 和图 7-35 所示。

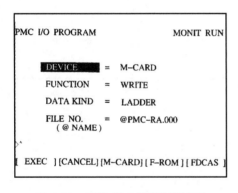
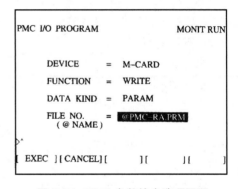

图 7-34　PMC 程序输出选项画面　　　图 7-35　PMC 参数输出选项画面

图中选项说明如下：

DEVICE =M-CARD：输入输出设备为 CF 卡存储卡。

　　　 =ROM：输入输出设备为 ROM。

　　　 =OTHER：输入输出设备为计算机接口（RS232）。

FUNCTION =WRITE：写数据到外设（输出）。

　　　　 =READ：从外设读数据（输入）。

DATA KIND =LADDER：数据为梯形图。

　　　　 =PARAM：数据为参数。

FILE NO. =@ PMC_RA.000：梯形图文件名为 PMC_RA.000。

　　　　 =@ PMC_RA.PRM：参数文件名为 PMC_RA.PRM。

4）按下软键[EXEC]，输出 PMC 程序或参数到 CF 卡。

4. 输入 PMC 程序和 PMC 参数

1）插入 CF 存储卡，在 SETTING 设定画面中，设定 I/O 通道参数"I/O = 4"（输入输出类型定义为 CF 卡）。

2)使系统处于编辑(EDIT)状态。

按功能键【SYSTEM】→按软键[PARAM]→按软键[OPRT]→按扩展键[▷]→按软键[I/O],出现输出选项画面,PMC程序或PMC参数输出时的选项设定分别如图7-36所示。

3)按下软键[EXEC],输入PMC程序到DRAM或输入PMC参数到SRAM。

新输入的PMC参数存储到由电池供电保存的SRAM中,再上电不会丢失,PMC参数输入操作全部完成。但是对于PMC程序来说,新输入的PMC程序只存储在DRAM中,关机再上电之后,由FROM向DRAM重新加载原有的PMC程序,上述操作存储到DRAM中的PMC程序被清除。因此若要输入的PMC程序长久保存,重新上电后不被清除,还需完成如下操作:

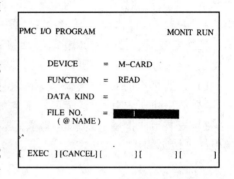

```
PMC I/O PROGRAM                    MONIT RUN


    DEVICE      =  M-CARD

    FUNCTION    =  READ

    DATA KIND   =

    FILE NO.    =          I
      ( @ NAME )


[ EXEC ][CANCEL][     ][     ][     ]
```

图 7-36　PMC 程序/参数输入选项画面

① 按功能键【SYSTEM】→按软键[PMC]→按软键[PMCPRM]→按软键[SETTING],调出PMC参数设定画面,设定控制参数"WRITE TO F-ROM(EDIT)=1",使允许写入FROM。

② 按功能键【SYSTEM】→按软键[PMC]→按扩展键[▷]→按软键[I/O],出现的画面中选项设定为:DEVICE-ROM输入输出设备为FROM。

③ 按软键[EXEC],PMC程序由DRAM输出到FROM。

5. 输出加工程序到 CF 存储卡

1)插入CF存储卡,在SETTING画面中,设定I/O通道参数"I/O=4"(输入输出类型定义为CF卡),同时指定文件代码类别(ISO或EIA)。

2)使系统处于编辑(EDIT)状态。

3)按功能键【PROG】→按软键[OPRT]→按扩展键[▷]→输入程序号。

4)按软键[PUNCH]→按软键[EXEC],指定的一个或多个加工程序就被输出到CF存储卡中。

6. 输入加工程序到 SRAM

1)插入CF存储卡,在SETTING画面中,设定I/O通道参数"I/O=4"(输入输出类型定义为CF卡)。

2)使系统处于编辑(EDIT)状态。

3)按功能键【PROG】→按软键[OPRT]→按菜单扩展键[>]→输入程序号。

4)按软键[PUNCH]→按软键[EXEC],指定的加工程序就被输入到CNC系统。

五、系统电池的作用与更换方法

CNC参数、零件程序、偏置数据都保存在CNC控制单元上的SRAM中,断电后需要电池保持。

FANUC 0i系列由装在控制单元板上的锂电池(3V)为SRAM存储器提供备份电源,主电源即使切断了,SRAM存储器中的数据也不会丢失,因为备份电池是装在控制单元上出厂的。备份电池可将存储器中的内容保存大约1年。

当电池电压降到 2.6V 以下时，LCD 画面上将显示［BAT］报警信息，同时电池报警信号输出给 PMC。当显示这个报警时，就应该尽快更换电池，通常可在 1~2 周内更换电池。电池使用时间长短，因系统配置而异。如果电池电压很低，存储器不能再备份数据，在这种情况下，如果接通控制单元的电源，存储器中的内容就会丢失，从而引起 910（SRAM 奇偶校验）、935（ECC 错误）系统报警。更换电池后，需全清存储器中内容，重新送数据。

更换电池时，控制单元电源必须接通。当电源关断时，拆下电池，存储器的内容会丢失，这一点一定要注意。更换电池的步骤如下：

1）接通机床的 CNC 电源，等待大约 30s 再关断电源。

2）拉出位于 CNC 装置背面右下方的电池单元。

3）安装事先准备好的新电池单元（一直将电池单元的卡爪按压到卡入盒为止），确认阀锁已经切实钩住。

 任务实施

在实验室具体实训设备上进行数控机床数据备份和恢复实训。

任务 8　SINUMERIK 数控系统数控机床电路连接

任务 8.1　802S 数控系统的组成认识与电路连接

 学习目标

能理解功能部件的接口作用；能进行步进驱动系统的连接；能根据系统连接框图，正确进行数控系统的连接。

 任务布置

802S 数控系统的组成认识与电路连接。

 任务分析

在了解 802S 数控系统的总体连接、数控装置的接口定义、步进驱动器的特点、步进驱动器的结构后进行电路连接。

 相关知识

一、802S 数控系统的组成

SIEMEMS 802S 系列数控系统包括 802S、802Se、802S Baseline 等型号，它是 SIEMENS 公司 20 世纪 90 年代末专为简易数控机床开发的集 CNC、PLC 于一体的经济型控制系统。

802S 采用独立操作面板 OP020 与机床控制面板 MCP，5.7in 单色液晶显示器，PLC 的 I/O 模块与 ECU 间通过总线连接。

802Se 系统将 CNC、PLC、HMI、I/O 高度集成于一体，与 802S 相比，系统更加紧凑，大大减少了各部件的连接，操作面板、机床控制面板不再需要与 CNC 连接。

802S Baseline 是在 802Se 的基础上开发的产品，与 802Se 相比最大的不同是有 48 个数字输入接线端子和 16 个数字输出接线端子，其余连接与 802Se 大致相同。

1. 802S 数控系统的总体连接框图

802S 数控系统采用 32 位微处理器（AM486DE2）、分离式操作面板（OP020）和机床控制面板（MCP），可控制 2~3 个步进电动机进给轴和一个伺服主轴（或者变频器）。PLC 模块带有 16 点数字输入和 16 点数字输出，输入/输出模块通过总线插头直接连接到 ECU 模块上，输入/输出点数可根据需要增加 DI/O 模块，可扩展至 64 点输入和 64 点输出。802S 常与 SIEMENS 公司的 STEPDRIVE C/C+步进驱动配套，步进电动机的控制信号为脉冲信号、方向信号和使能信号，步距角通常为 0.36°，图 8-1 所示为 SINUMERIK 802S 数控系统的总体连接框图。

2. 802S 数控装置的接口定义

802S 数控装置包含了 ECU 和 PLC 两部分，其接口布置如图 8-2 所示。

（1）ECU 模块

1）X1：连接 DC 24V 电源，L+为 DC 24V，M 为接地。

2）X2：驱动接口（AXIS），最多可连接 3 个步进驱动器，信号包括正、反向进给脉冲（+PULS、–PULS），正、反转方向脉冲（+DIR、–DIR），使能信号（+ENA、–ENA）。

3）X3：主轴驱动接口（SPINDLE），主轴模拟量信号输出，有 0~10V 和-10~10V 两种形式，前者只控制主轴电动机的转速，转速由 PLC 信号给出；后者既有转速控制又有转向控制。9 芯 D 型插座（针）的引脚定义见表 8-1。

表 8-1　X3 主轴驱动接口引脚定义

引脚号	信号	说明	引脚号	信号	说明
1	SW	DC+/–10V	6	BS	参考地
2			7		
3			8		
4			9	RF1	使能 1.2
5	RF2	使能 1.1	—	—	—

主轴使能（V38030002.1＝1）后，内部使能继电器触点闭合，即使能 1.1 和使能 1.2 导通，可以作为主轴变频器的使能控制。

4）X4：编码器接口（ENCD），连接主轴增量式光电编码器的"六脉冲"输出，用于螺纹车削或刚性攻螺纹。15 芯 D 型插座（孔）的引脚定义见表 8-2。

表 8-2　X4 编码器接口引脚定义

引脚号	信号	说明	引脚号	信号	说明
1			9	GND	接地
2			10	Z+	零脉冲+
3			11	Z–	零脉冲–
4	P5V	DC +5V	12	B–	B 相–
5			13	B+	B 相+
6	P5V	DC +5V	14	A–	A 相–
7	GND	接地	15	A+	A 相+
8			—	—	—

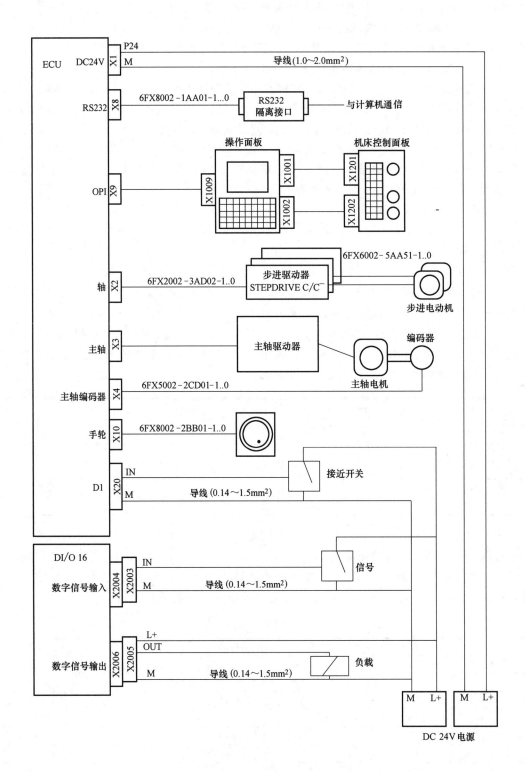

图 8-1　802S 数控系统的总体连接框图

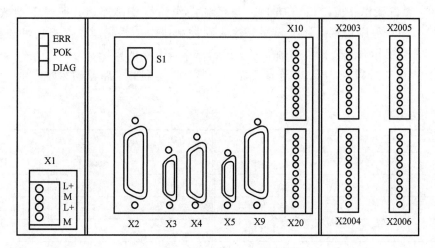

图 8-2 数控装置接口布置图

5）X8：RS232 通信接口，与外设计算机连接，传送机床数据、PLC 程序和零件加工程序等。X2 接口为 9 芯 D 型插头（孔），PC 分为 9 针和 25 针两种类型，与系统的接线如图 8-3 所示。

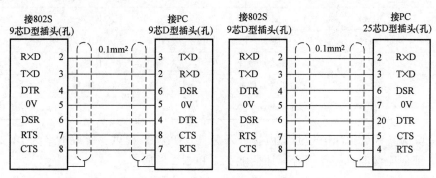

图 8-3 通信接口接线

9 芯 D 型插头引脚定义见表 8-3。

表 8-3 9 芯 D 型插头引脚定义

引脚号	信号名	说明
1	—	—
2	RXD	数据接收
3	TXD	数据发送
4	DTR	备用输出
5	M	接地
6	DSR	备用输入
7	RST	发送请求
8	CTS	发送使能
9	—	—

6）X9：系统操作面板接口（OPI），与系统操作面板接口连接，通过手动数据输入、将机床数据、PLC 程序和零件加工程序等输入到控制器中，系统操作面板还可与机床操作面板连接，进行工作方式选择、主轴倍率、进给倍率等方面的操作。

7）X10：手轮接口（MPG），连接手轮手摇脉冲发生器的二路差动脉冲信号。引脚定义见表 8-4。

表 8-4　X10 手轮接口引脚定义

引脚号	信号	说明	引脚号	信号	说明
1	A1+	手轮 1,A 相+	6	GND	接地
2	A1−	手轮 1,A 相−	7	A2+	手轮 2,A 相+
3	B1+	手轮 1,B 相+	8	A2−	手轮 2,A 相−
4	B1−	手轮 1,B 相+	9	B2+	手轮 2,B 相+
5	P5V	DC +5V	10	B2−	手轮 2,B 相−

8）X20：高速输入接口（仅用于 802S/802Se/802 Baseline），各引脚的含义见表 8-5。

表 8-5　X20 高速输入接口引脚定义

引脚号	信号	说明	引脚号	信号	说明
1	RDY1	使能 2.1	6	H1_4	
2	RDY2	使能 2.2	7	H1_5	
3	H1_1	X 轴参考点脉冲	8	H1_6	
4	H1_2	Y 轴参考点脉冲	9	M	
5	H1_3	Z 轴参考点脉冲	10	M	24V 信号地

X20 接口的参考点脉冲信号通常由接近开关（PNP 型）提供，有效电平为 DC 24V；NC 使能后，内部使能继电器触点闭合，即使能 2.1 和 2.2 导通。

9）ECU 报警。发光二极管 ERR（红色）、POK（绿色）、DIAG（黄色）分别表示 ECU 故障、电源及诊断状态。

10）S1：调试开关，1~4 位置，表示运行状态和不同的调试状态。

（2）PLC 模块

1）X2003 和 X2004：PLC 输入接口接线端子 X2003（I0.0-I0.7），X2004（I1.0-I1.7），共 16 个输入接口，可扩展为 64 点，接受机床侧如形成开关、接近开关等信号的输入，输入引脚定义见表 8-6。

表 8-6　PLC 输入引脚定义

引脚号	信号	说明	引脚号	信号	说明
1	—	—	6	IN_4	输入信号位 4
2	IN_0	输入信号位 0	7	IN_5	输入信号位 5
3	IN_1	输入信号位 1	8	IN_6	输入信号位 6
4	IN_2	输入信号位 2	9	IN_7	输入信号位 7
5	IN_3	输入信号位 3	10	M	24V 信号地

注意，高电平为 DC 15~30V，耗电流为 2~15mA；低电平为 DC -3~5V。

2) X2005 和 X2006：PLC 输出接口接线端子 X2005（Q0.0~Q0.7），X2006（Q1.0~Q1.7），共 16 个输出接口，可扩展为 64 点，将 PLC 运行后的结果输出到继电器线圈上，经后续的控制电路控制接触器、电磁阀等执行元件，实现主轴的正反转控制、刀架换刀控制、冷却控制及润滑控制等，输出引脚定义见表 8-7。

表 8-7　PLC 输出引脚定义

引脚号	信号	说明	引脚号	信号	说明
1	L+	DC 24V	6	OUT_4	输出信号位 4
2	OUT_0	输出信号位 0	7	OUT_5	输出信号位 5
3	OUT_1	输出信号位 1	8	OUT_6	输出信号位 6
4	OUT_2	输出信号位 2	9	OUT_7	输出信号位 7
5	OUT_3	输出信号位 3	10	M	24V 信号地

3) 802S I/O 模块。输入/输出模块接线原理如图 8-4 所示。

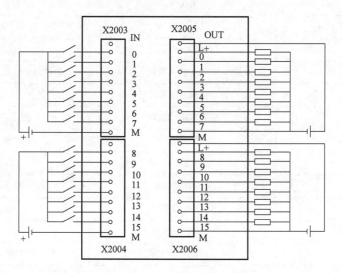

图 8-4　输入/输出模块接线原理

4) 数控系统内装 PLC 应用程序。数控系统内装 PLC 应用程序包括主程序 SAMPLE，子程序 COOLING（冷却）、LUBRICAT（润滑）、LOCK_ UNL（卡盘放松）、SPINDLE（主轴）、GEAR_ CHG（模拟主轴换档控制）、TURRET1（刀架控制）等子程序。内装 PLC 程序默认的输入/输出的定义以及逻辑定义见表 8-8。

表 8-8　输入/输出定义

输入信号说明		
信号名	用于车床：X2003	用于铣床：X2003
I0.0	硬件限位 X+	硬件限位 X+
I0.1	硬件限位 Z+	硬件限位 Z+
I0.2	X 参考点开关	X 参考点开关

(续)

输入信号说明		
信号名	用于车床：X2003	用于铣床：X2003
I0.3	Z 参考点开关	Z 参考点开关
I0.4	硬件限位 X-	硬件限位 X-
I0.5	硬件限位 Z-	硬件限位 Z-
I0.6	过载（611 馈入模块的 T52）	过载（611 馈入模块的 T52）
I0.7	急停按钮	急停按钮
信号名	用于车床：X2004	用于铣床：X2004
I1.0	刀架信号 T1	主轴低档到位信号
I1.1	刀架信号 T2	主轴高档到位信号
I1.2	刀架信号 T3	硬件限位 Y+
I1.3	刀架信号 T4	Y 参考点开关
I1.4	刀架信号 T5	硬件限位 Y-
I1.5	刀架信号 T6	无定义
I1.6	超程释放信号	超程释放信号
I1.7	就绪信号（611 馈入模块的 T72）	就绪信号（611 馈入模块的 T72）
输出信号说明		
信号名	用于车床：X2005	用于铣床：X2005
Q0.0	主轴正转 CW	主轴正转 CW
Q0.1	主轴反转 CCW	主轴反转 CCW
Q0.2	冷却控制输出	冷却控制输出
Q0.3	润滑输出	润滑输出
Q0.4	刀架正转 CW	刀架正转 CW
Q0.5	刀架反转 CCW	刀架反转 CCW
Q0.6	卡盘夹紧	卡盘夹紧
Q0.7	卡盘放松	卡盘放松
信号名	用于车床：X2006	用于铣床：X2006
Q1.0	无定义	主轴低档输出
Q1.1	无定义	主轴高档输出
Q1.2	无定义	无定义
Q1.3	电动机抱闸释放	电动机抱闸释放
Q1.4	主轴制动	主轴制动
Q1.5	馈入模块端子 T48	馈入模块端子 T48
Q1.6	馈入模块端子 T63	馈入模块端子 T63
Q1.7	馈入模块端子 T64	馈入模块端子 T64

二、STEPDRIVE C/C+步进驱动器的连接

1. STEPDRIVE C/C+步进驱动器的特点

STEPDRIVE C/C+步进驱动是 SIEMENS 公司为配套经济型数控车床、铣床等产品而开发的开环步进驱动器。在硬件上 STEPDRIVE C/C+系列驱动采用了独立布置的模块化结构，驱动器的电源、控制、功率放大集成于一体。

STEPDRIVE C/C+步进驱动器实质上是一种对输入脉冲进行功率放大的放大器，工作原理与普通步进电动机驱动器无本质区别。驱动器内部由电源、控制与功率放大三部分组成，电源部分主要用来产生驱动器内部所需要的各种控制电压和驱动步进电动机用的 DC 120V 电压；控制部分主要用来实现步进电动机的五相十拍环形分配控制、恒流斩波控制、过电流保护等；功率放大部分主要作用是对控制信号进行放大，转换为步进电动机控制用的高压、大电流信号，以驱动步进电动机。

STEPDRIVE C 与 STEPDRIVE C+步进驱动器的区别主要在输出功率上，前者最大输出电流为 2.55A，适用于额定输出转矩 3.5~12N·m 的五相十拍步进电动机（90 或 110 系列步进电动机）；后者最大输出电流为 5A，适用于额定输出转矩 18N·m/25N·m 的五相十拍步进电动机（130 系列步进电动机）。

配备 STEPDRIVE C/C+步进驱动器系列的 BYG 系列步进电动机有：

额定输出转矩 3.5N·m 的 90 步进电动机，SIEMEMS 订货号为 6FC5548-0AB03。

额定输出转矩 6N·m 的 90 步进电动机，SIEMEMS 订货号为 6FC5548-0AB06。

额定输出转矩 9N·m 的 90 步进电动机，SIEMEMS 订货号为 6FC5548-0AB08。

额定输出转矩 12N·m 的 90 步进电动机，SIEMEMS 订货号为 6FC5548-0AB012。

配备 STEPDRIVE C+步进驱动器的电动机有：

额定输出转矩 18N·m 的 90 步进电动机，SIEMEMS 订货号为 6FC5548-0AB18。

额定输出转矩 28N·m 的 90 步进电动机，SIEMEMS 订货号为 6FC5548-0AB25。

以上电动机的额定电压为 120V，步距角为 0.36°/0.72°，五相十拍工作时相当于电动机每转 1000 步，电动机允许的最高起动频率为 2.5~3kHz，最高空转运行频率大于 25kHz，但运行频率在 4kHz 时转矩明显下降，在使用、维修时应特别注意机械负载与运动阻力的情况，防止失步。

2. STEPDRIVE C/C+步进驱动器的结构

STEPDRIVE C/C+步进驱动器的外形如图 8-5 所示。

（1）调整开关　STEPDRIVE C/C+系列驱动器在正面设有 4 只调整开关（图 8-6），调整

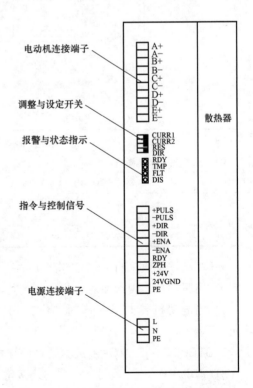

图 8-5　STEPDRIVE C/C+驱动器的外形

开关 CURR.1/CURR.2 用于驱动器输出相电流的设定，通过设定，使得驱动器与各种规格的电动机相匹配。方向开关用于改变电动机的转向，当电动机转向与要求不一致时，只需要将此开关在 ON 与 OFF 间进行转换，即可以改变电动机的旋转方向，方向开关的调整，必须在切断驱动器电源的前提下进行。

（2）状态指示灯　STEPDRIVE C/C+系列驱动器在正面设有 4 只状态指示灯（发光二极管），指示灯安装位置如图 8-6 所示，各指示灯的含义见表 8-9。

（3）驱动器的工作过程　驱动器的正常工作过程如下：

1）接通驱动器的输入电源，驱动器指示灯 DIS 亮，驱动等待"使能"信号输入。

2）CNC 输出"使能"信号，驱动器指示灯 DIS 灭，RDY 亮，步进电动机通电，并且产生保持力矩。

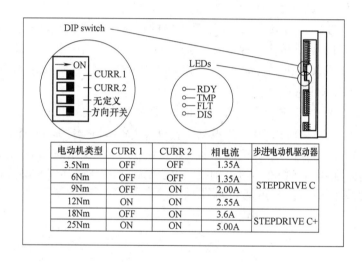

电动机类型	CURR 1	CURR 2	相电流	步进电动机驱动器
3.5Nm	OFF	OFF	1.35A	STEPDRIVE C
6Nm	OFF	OFF	1.35A	
9Nm	OFF	ON	2.00A	
12Nm	ON	ON	2.55A	
18Nm	OFF	ON	3.6A	STEPDRIVE C+
25Nm	ON	ON	5.00A	

图 8-6　开关位置与输出电流的对应关系

表 8-9　STEPDRIVE C/C+各指示灯的含义

符号	颜色	亮时的含义	措施
RDY	绿	驱动就绪	—
DIS	黄	驱动正常,但电动机无电流	NC 输出使能信号
FLT	红	电压过高或过低,或电动机相间短路,或电动机相与地短路	测量 AC 85V 工作电压,检测电缆连接
TMP	红	驱动超温	与供应商联系

3）驱动器接收来自 CNC 的指令脉冲，按照要求旋转。

4）当驱动器出现故障时，报警指示灯 FLT 或 TMP 亮。

5）当电动机转向不正确时，应先切断驱动器电源，然后通过 DIR 开关改变电动机转向。

3. STEPDRIVE C/C+步进驱动器的连接电缆

STEPDRIVE C/C+系列驱动器的连接电缆如图 8-7 所示，该电缆用于连接 CNC 输出的脉冲、方向指令与使能信号等，最大允许长度为 50m。

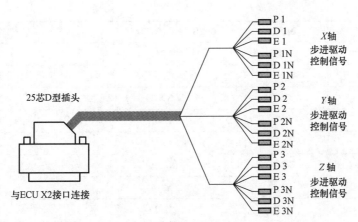

图 8-7　驱动器连接电缆

4. STEPDRIVE C/C+步进驱动器的连接

STEPDRIVE C/C+步进驱动系统的连接十分简单,只需要连接电源、指令电缆、电动机动力电缆、准备好信号即可,步进驱动器 STEP-DRIVE C/C+的连接如图 8-8 所示。

(1) 电源连接　STEPDRIVE C/C+步进驱动器要求的额定输入电源为单相 AC 85 V、50Hz,允许电压波动范围为±10%,必须使用驱动电源变压器。在驱动器中,电源的连接端为图 8-8 中的 L、N、PE 端。

(2) 指令与"使能"信号的连接　步进驱动器的指令脉冲(+PULS/-PULS、方向(+DIR/-DIR)与使能(+ENA/-ENA)信号从控制端 X2 输入,具体的连接方法见表 8-10。

表 8-9 中各信号的作用如下:

+PULS/-PULS:指令脉冲输出,上升沿生效,每一脉冲输出控制电动机运动一步(0.36°)。输出脉冲的频率决定了电动机的转速(即工作台运动速度),输出脉冲数决定了电动机运动的角度(即工作台运动距离)。

+DIR/-DIR:电动机旋转方向选择。"0"为顺时针方向,"1"为逆时针方向。

+ENA/-ENA:驱动器"使能"控制信号。"0"为驱动器禁止,"1"为驱动器"使能"。驱动器禁止时,电动机无保持力矩。

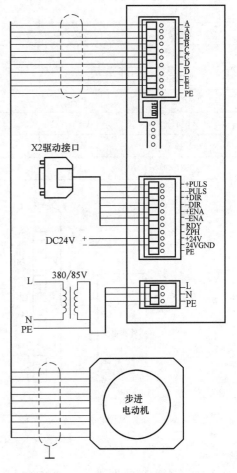

图 8-8　步进驱动器连接图

(3)"准备好"信号的连接　STEPDRIVE C/C+系列驱动器的"准备好"信号输出通常使用 DC 24V 电源,信号电源需要由外部电源提供,连接方法如图 8-9 所示。

表 8-10　驱动器与 X2 接口的连接

信号名称	线号	802S CNC（端口/脚号）	备注
+PULS1	P1	X2/1	X 轴
−PULS1	P1N	X2/14	X 轴
+DIR1	DI	X2/2	X 轴
−DIR1	DIN	X2/15	X 轴
+ENA1	E1	X2/3	X 轴
−ENA1	E1N	X2/16	X 轴
+PULS2	P2	X2/4	Y 轴
−PULS2	P2N	X2/17	Y 轴
+DIR2	D2	X2/5	Y 轴
−DIR2	D2N	X2/18	Y 轴
+ENA2	E2	X2/6	Y 轴
−ENA2	E2N	X2/19	Y 轴
+PULS3	P3	X2/7	Z 轴
−PULS3	P3N	X2/20	Z 轴
+DIR3	D3	X2/8	Z 轴
−DIR3	D3N	X2/21	Z 轴
+ENA3	E3	X2/9	Z 轴
−ENA3	E3N	X2/22	Z 轴

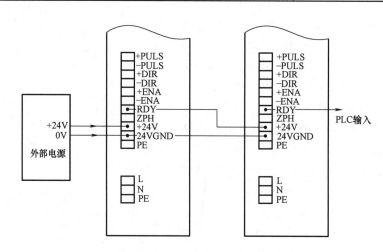

图 8-9　"准备好"信号的连接

+24V/24VGND：驱动器的"准备好"信号外部电源输入。

RDY：驱动器的"准备好"信号输出。当使用多轴驱动时，此信号一般串联使用，即将第一轴的 RDY 输出作为第二轴的+24V 输入，第三轴时再把第二轴的 RDY 输出作为第三轴的+24V 输入，依此类推，并从最后的轴输出 RDY 信号，作为 PLC 的输入信号。

（4）电动机的连接 STEPDRIVE C/C+系列驱动器的连接非常简单，只需要直接将驱动器上的 A+~E- 与电动机的对应端连接即可，对于无引出线标记的，各项的连接可按照图8-10进行。

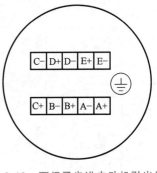

 任务实施

在对数控系统组成有一定认识后进行电路连接。

任务8.2 802C 数控系统的组成认识与电路连接

图 8-10 西门子步进电动机引出线

 学习目标

能进行 TSTE 东元驱动器的连接；能进行 G110 变频器的连接；能进行 802C 数控系统的连接。

 任务布置

802C 数控系统的组成认识与电路连接。

 任务分析

在了解 802C 数控系统的总体连接、802C 数控装置的接口定义、TSTE 东元驱动器的结构及特点、TSTE 东元驱动器的连接及调试步骤、G110 变频器的结构及特点后进行 TSTE 东元驱动器的连接、G110 变频器的连接、802C 数控系统的连接。

 相关知识

一、802C Baseline 数控系统的组成

SIEMEMS 802C 系列数控系统包括 802C、802Ce 、802C Baseline 等型号，具有结构简单、体积小、可靠性高的特点，近年来在国产经济型和普及型数控车床、铣床、磨床上有较多的应用。

802C 和 802Ce 可以控制 3 个 1FK6 交流伺服电动机轴和 1 个伺服或变频驱动器的主轴，连接 SIMODRIVE 611U 数字式交流伺服驱动系统。

802C Baseline 是在 SINUMERIK 802C 基础上开发的全功能数控系统。它可以控制 2~3 个伺服电动机进给轴和 1 个伺服主轴或变频主轴，提供了 48 个 24V 的直流输入和 16 个 24V 的直流输出，输出同时工作系数为 0.5，带负载能力可达 0.5A。在此将以 802C Baseline 型号为代表进行讲解。

1. 802C Baseline 数控系统的总体连接

802C Baseline 集数控单元、PLC、人机界面、输入/输出单元于一身，可独立于其他部件进行安装，操作面板提供了完成所有数控操作、编程的按键以及 8in LCD 显示器，同时还提供 12 个带有 LED 的用户自定义键。基本配置的驱动系统为 SIMODRIVE 611U 伺服驱动系统和带单极对旋转变压器的 1FK7 伺服电动机，802C Baseline 数控系统的总体连接框图如图 8-11 所示。

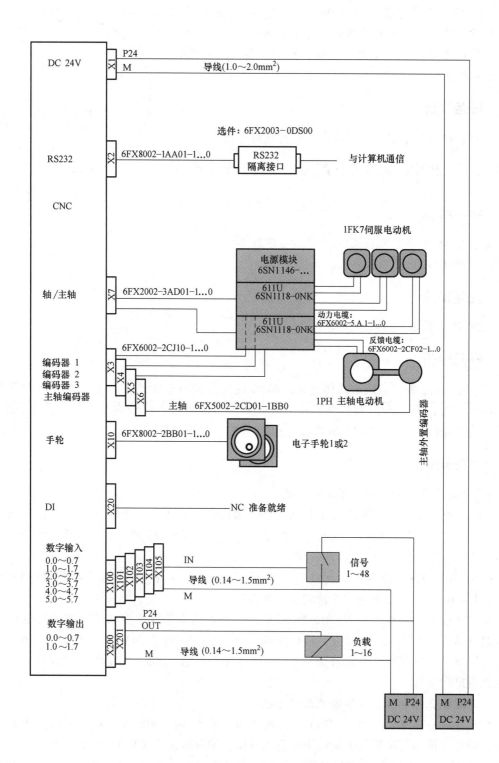

图 8-11　802C Baseline 的总体连接框图

2. 802C Baseline 数控装置的接口定义

802C Baseline 数控装置的接口位于机箱的背面，接口布置如图 8-12 所示。

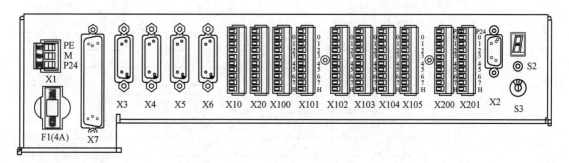

图 8-12　数控装置接口布置图

1）X1：电源接口（DC 24V）。3 芯螺钉端子块，用于连接 24V 负载电源，引脚定义见表 8-11。

表 8-11　电源接口引脚定义

引脚号	信号名	说明
1	PE	保护地
2	M	0V
3	P24	DC 24V

2）X2：RS232 接口。RS232 与 PC 机连接方式与 802S 一致。

3）X3～X6：编码器接口 X3～X6 为 SUB-D15 芯孔插座，X3～X6 接口引脚分配均相同，引脚定义见表 8-12。

表 8-12　编码器接口引脚定义

引脚号	信号	说明	引脚号	信号	说明
1	n. c.		9	M	电压输出
2	n. c		10	Z	输入信号
3	n. c		11	Z_N	输入信号
4	P5EXT	电压输出	12	B_N	输入信号
5	n. c		13	B	输入信号
6	P5EXT	电压输出	14	A_N	输入信号
7	M	电压输出	15	A	输入信号
8	n. c		—	—	—

4）X7：驱动接口（AXIS），50 芯 D 型插座，用于连接具有包括主轴在内最多 4 个模拟驱动的功率模块。引脚定义见表 8-13。

表 8-13　驱动接口引脚定义

引脚号	信号	说明	引脚号	信号	说明	引脚号	信号	说明
1	AO1	X 轴模拟指令值	18	n. c		35	AO2	Y 轴模拟指令值
2	AGND2	Y 轴模拟接地	19	n. c		36	AGND3	Z 轴模拟接地
3	AO3	Z 轴模拟指令值	20	n. c		37	AO4	主轴模拟指令值
4	AGND4	主轴模拟接地	21	n. c		38		
5	n. c		22	M	接地	39		
6	n. c		23	M	接地	40		
7	n. c		24	M	接地	41		
8	n. c		25	M	接地	42		
9	n. c		26	n. c		43		
10	n. c		27	n. c		44		
11	n. c		28	n. c		45		
12	n. c		29	n. c		46		
13	n. c		30	n. c		47		
14	SET1. 1	X、Z 轴伺服使能	31	n. c		48		
15	SET2. 1	Y、Z 轴伺服使能	32	n. c		49		
16	SET3. 1	Z 轴伺服使能	33	n. c		50		
17	SET4. 1	主轴使能	34	AGND1	X 轴模拟接地			

5）X10：手轮接口（MPG），10 芯插头，用于连接手轮，引脚定义见表 8-14。

表 8-14　手轮接口引脚定义

引脚号	信号	说明	引脚号	信号	说明
1	A1+	手轮 1，A 相+	6	GND	接地
2	A1-	手轮 1，A 相-	7	A2+	手轮 2，A 相+
3	B1+	手轮 1，B 相+	8	A2-	手轮 2，A 相-
4	B1-	手轮 1，B 相-	9	B2+	手轮 2，B 相+
5	P5V	DC 5V	10	B2-	手轮 2，B 相-

6）X20：用于连接 NC_ READY 继电器，NC_READY 是 NC 内部的一个继电器，10 芯插头，引脚定义见表 8-15，引脚 1 和 2 是该继电器的两个触点，当 NC 未准备好时，它的触点将断开，反之则闭合。继电器触点形式的 NC_ READY 可以接入急停电路。

表 8-15　继电器引脚定义

引脚号	信号	类型
1	NCRDY_1	使能 1
2	NC_RDY_2	使能 2
3	I0/BERO1	未定义
4	I1/BERO2	未定义
5	I2/BERO3	未定义
6	I3/BERO4	未定义
7	I4/BERO5	未定义
8	I5/BERO6	未定义
9	L-	数字输入的参考电位
10	L-	数字输入的参考电位

7) X100~X105: 输入接口。10 芯插头, 用于连接数字输入, 共有 48 个数字输出接线端子, 引脚定义见表 8-16。表中信号的高电平为 DC 15~30V, 耗电流为 2~15mA, 低电平为−3~5V。

表 8-16 输入接口引脚定义

引脚号	信号	X100	X101	X102	X103	X104	X105
1	空						
2	输入	I0. 0	I1. 0	I2. 0	I3. 0	I4. 0	I5. 0
3	输入	I0. 1	I1. 1	I2. 1	I3. 1	I4. 1	I5. 1
4	输入	I0. 2	I1. 2	I2. 2	I3. 2	I4. 2	I5. 2
5	输入	I0. 3	I1. 3	I2. 3	I3. 3	I4. 3	I5. 3
6	输入	I0. 4	I1. 4	I2. 4	I3. 4	I4. 4	I5. 4
7	输入	I0. 5	I1. 5	I2. 5	I3. 5	I4. 5	I5. 5
8	输入	I0. 6	I1. 6	I2. 6	I3. 6	I4. 6	I5. 6
9	输入	I1. 7	I1. 7	I2. 7	I3. 7	I4. 7	I5. 7
10	M24						

8) X200~X201: 输出接口。10 芯插头, 用于连接数字输出, 共有 16 个数字输出接线端子, 引脚定义见表 8-17。表中信号的高电平为 DC 24V, 0.5A, 漏电流小于 2mA, 同时系数为 0.5。

表 8-17 输出接口引脚定义

引脚号	信号	X200 地址	X201 地址
1	L+		
2	输出	Q0. 0	Q1. 0
3	输出	Q0. 1	Q1. 1
4	输出	Q0. 2	Q1. 2
5	输出	Q0. 3	Q1. 3
6	输出	Q0. 4	Q1. 4
7	输出	Q0. 5	Q1. 5
8	输出	Q0. 6	Q1. 6
9	输出	Q0. 7	Q1. 7
10	M24		

二、TSTE 东元伺服驱动器的连接

TSTE 系列经济型伺服驱动器, 具有标准的三种控制模式（位置、速度、转矩）、RS485 通信功能、自动增益调节功能, 输入/输出端口可根据客户要求自定义, 驱动器设计节能化, 使得外观更加精致, TSTE 系列驱动器可搭配 TRC 和 TST 系列电动机。

1. TSTE 东元伺服驱动系统概述

1) 东元驱动器型号的含义如图 8-13 所示。

2) 伺服马达型号的含义如图 8-14 所示。

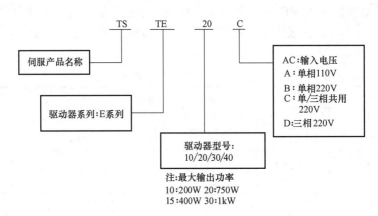

图 8-13 东元驱动器型号

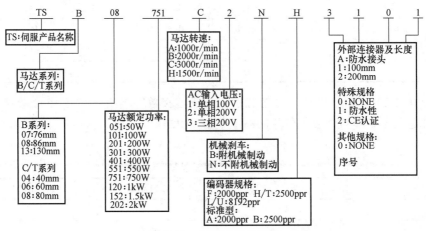

图 8-14 伺服马达的型号

3) 伺服驱动器的操作模式。TSTE 系列驱动器提供多种操作模式，见表 8-18。

表 8-18 TSTE 系列驱动器的操作模式

	模式名称	模式代码	说　明
单一模式	位置模式 （外部脉冲命令）	Pe	驱动器为位置回路,进行定位控制,外部脉冲命令输入模式是接受上位控制器输出的脉冲命令来达成定位功能。位置命令由 CN1 端子输入
	位置模式 （内部位置命令）	Pi	驱动器为位置回路,进行定位控制,位置命令由内部寄存器提供（共 16 组）
	速度模式	S	驱动器为速度回路,速度命令可由内部寄存器提供(共 3 组寄存器),或由外部端子输入模拟电压(-10 ~ +10V)
	转矩模式	T	驱动器为转矩回路,转矩命令由外部端子输入模拟电压(-10V ~ +10V)
切换模式		Pe-S	Pe 与 S 可通过数位输入引脚切换
		Pe-T	Pe 到 T 可通过数位输入引脚切换
		S-T	S 到 T 可通过数位输入引脚切换

2. TSTE 伺服驱动器的操作面板及接口定义

TSTE 伺服驱动器的操作面板如图 8-15 所示。

1）显示部分。由 5 位 7 段 LED 显示器显示伺服状态或报警。

2）电源指示灯。POWER 指示灯绿色时，表示装置已经通电，可以正常运作；当关闭电源后，驱动器的主电路尚有电能存在，使用者必须等到此灯全暗后才可以拆装电线。

3）四个操作按键。

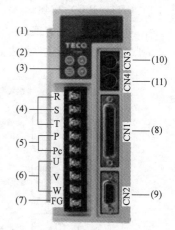

图 8-15　驱动器操作面板

（MODE）：模式选择键。

（ENTER）：资料设定键。

（▲）：数字增加键。

（▼）：数字减少键。

4）主回路电源输入端。R、S、T 连接外部 AC 电源。

5）外部回生电阻连接端子。当使用外部回生电阻时，需在 Cn012 设定电阻功率。

6）电动机连接输入端。连接三相电动机。

7）电动机外壳接地端子 FG。

8）控制信号接口 CN1。

9）编码器接口 CN2。

10）通信接口（for RS485）。

11）通信接口（for RS232/485）。

3. 驱动器接口定义

1）CN1 控制接口。CN1 控制接口引脚定义见表 8-19，其中分周输出处理表示将电动机的编码器旋转一转所出现的脉冲信号除以 Cn005 设定值，再由 CN1 上的脚位输出。

表 8-19　CN1 控制接口引脚定义

引脚号	名称	功能	引脚号	名称	功能
1	DI-1	数字输入端子 1	14	DI-2	数字输入端子 2
2	DI-3	数字输入端子 3	15	DI-4	数字输入端子 4
3	DI-3	数字输入端子 5	16	DI-6	数字输入端子 6
4	Pulse+	位置输入脉冲+	17	DICOM	数字输入端子公共端
5	Pulse-	位置输入脉冲-	18	DO-1	数字输出端子 1
6	Sign+	位置符号命令输入+	19	DO-2	数字输出端子 2
7	Sign-	位置符号命令输入-	20	DO-3	数字输出端子 3
8	IP24	+24V 电源输出	21	PA	分周输出 A 相
9	/PA	分周输出/A 相	22	PB	分周输出 B 相
10	/PB	分周输出/B 相	23	PZ	分周输出 Z 相
11	/PZ	分周输出/Z 相	24	IG24	+24V 电源接地端
12	SIN	模拟输入端子 速度/转矩命令输入	25	PIC	模拟输入端子 速度/转矩限制命令输入
13	AG	模拟信号地	—	—	—

2）CN2 编码器接口。CN2 编码器接口引脚定义见表 8-20。

表 8-20 编码器接口引脚定义

引脚号	名称	功能	引脚号	名称	功能
1	B	编码器 B 相输入	6	—	—
2	/A	编码/A 相输入	7	/Z	编码器/Z 相输入
3	A	编码器 A 相输入	8	Z	编码器 Z 相输入
4	GND	+5V 电源接地端	9	/B	编码器/B 相输入
5	+5E	+5V 电源输出	—	—	—

3）CN3：RS-485 串口。

4）CN4：RS-232/485。

4. 伺服驱动系统的连接

伺服驱动系统的连接方法如图 8-16 所示。

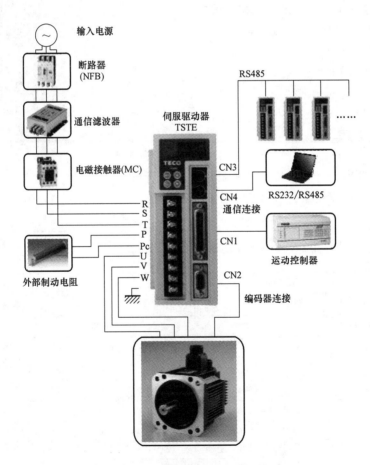

图 8-16　伺服驱动系统的连接

在此以速度控制的操作模式具体介绍驱动器各引脚与 CNC、伺服电动机、编码器的连接。速度控制的标准接线如图 8-17 所示。

1）驱动器 CN1 接口与 CNC 中 X7 接口的连接见表 8-21 。

表 8-21 驱动器 CN1 接口与 CNC 中 X7 接口的连接

CNC 侧		驱动侧	备注
引脚	中心颜色	引脚	轴号
1	橙	CN1:12	
34	红	CN1:13	
47	棕	CN1:01	驱动器 1 ——— X 轴
14	黑	CN1:24	
35	紫	CN1:12	
2	蓝	CN1:13	
48	绿	CN1:01	驱动器 2 ——— Y 轴
15	黄	CN1:24	
3	白棕	CN1:12	
36	白黑	CN1:13	
49	粉红	CN1:01	驱动器 3 ——— Z 轴
16	灰	CN1:24	

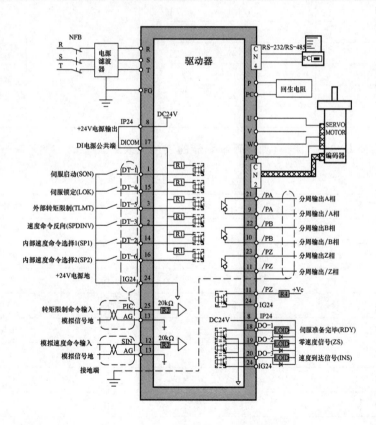

图 8-17 速度控制方式标准接线图

2）驱动器 CN1 接口与 CNC 中编码器反馈接口（X3、X4、X5）的连接见表 8-22。

表 8-22 驱动器 CN1 接口与 CNC 中编码器反馈接口的连接

CNC 侧	驱动器侧		备 注
引脚	引脚		轴 号
X3:15	CN1:21		
X3:14	CN1:9		
X3:13	CN1:22	驱动器 1	X 轴反馈
X3:12	CN1:10		
X3:10	CN1:23		
X3:11	CN1:11		
X4:15	CN1:21		
X4:14	CN1:9		
X4:13	CN1:22	驱动器 2	Y 轴反馈
X4:12	CN1:10		
X4:10	CN1:23		
X4:11	CN1:11		
X5:15	CN1:21		
X5:14	CN1:9		
X5:13	CN1:22	驱动器 3	Z 轴反馈
X5:12	CN1:10		
X5:10	CN1:23		
X5:11	CN1:11		

3）驱动器的 CN2 接口与检测装置编码器的连接见表 8-23。

表 8-23 驱动器的 CN2 接口与检测装置编码器的连接

端子符号	颜色	信号
1	白	+5V
2	黑	0V
3	绿	A
4	蓝	/A
5	红	B
6	紫	/B
7	黄	C
8	橙	/C
9	屏蔽	FG

4）驱动器与电动机的连接

电动机的 U、V、W 三相分别与驱动器的 U、V、W 三相对应连接，见表 8-24。

表 8-24　电动机接线表

端子符号	颜色	信号
1	红	U
2	白	V
3	黑	W
4	绿	FG

5. 伺服驱动系统的试运行

在执行试运行前，所有的连线工作已经全部完成。下面以搭配上位控制器时的速度控制回路为例，依次说明三阶段试运行的动作与目的。

伺服驱动系统的试运行步骤如下：

1）将伺服驱动器与电动机的连接，如图 8-18 所示，进行无负载伺服电动机试运行，其目的是检查驱动器电源配线、伺服电动机配线、编码器配线、伺服电动机运转方向与速度等是否正确。

2）在完成第 1 步后，再将伺服电动机与上位控制器连接，如图 8-19 所示，进行无负载伺服电动机搭配上位控制器试运行，其目的是检查上位控制器与伺服电动机驱动器间控制信号的配线、伺服电动机运转方向、速度与行程、制动功能、驱动禁止功能与保护功能等方面是否正确。

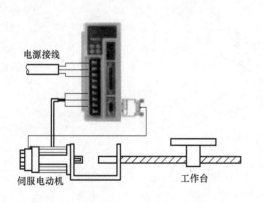

图 8-18　伺服驱动器与电动机的连接

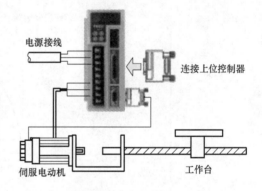

图 8-19　伺服电动机与上位控制器的连接

3）在完成第 2 步后，再将负载与伺服电动机连接，如图 8-20 所示，实现有负载伺服电动机搭配上位控制器试运行。其目的是检查伺服电动机运转方向、速度与行程、设定相关控制参数等方面是否正确。

6. 速度控制参数设置

速度控制参数见表 8-25。

三、SINAMICS G110 变频器的连接及使用

1. 变频器的控制框图

G110 变频器的控制框图如图 8-21 所示。

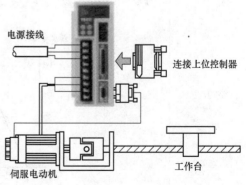

图 8-20　负载与伺服电动机的连接

表 8-25　速度控制参数

参数代号	名称与功能	预设值
SN201	内部速度命令 在速度控制时,可利用输入接点 SP1、SP2 切换三组内部速度命令,使用内部速度命令 1 时,SP2、SP1 分别为 0、1	100
SN202	内部速度命令 在速度控制时,可利用输入接点 SP1、SP2 切换三组内部速度命令,使用内部速度命令 1 时,SP2、SP1 分别为 1、0	200
SN203	内部速度命令 在速度控制时,可利用输入接点 SP1、SP2 切换三组内部速度命令,使用内部速度命令 1 时,SP2、SP1 分别为 1、1	300
SN205	速度命令加减速方式: 0:不使用速度命令加减速功能 1:使用速度命令一次平滑加减速功能 2:使用速度命令直线加减速功能 3:使用 S 型速度命令加减速功能	
SN206	速度命令一次平滑加减速时间常数的定义为由零速一次延迟上升到 63.2%速度命令的时间 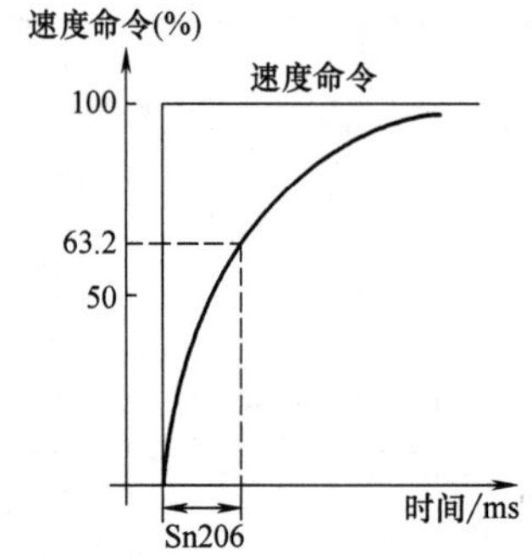 	
SN207	速度命令直线加减速常数的定义为速度由零直线上升到额定速度的时间 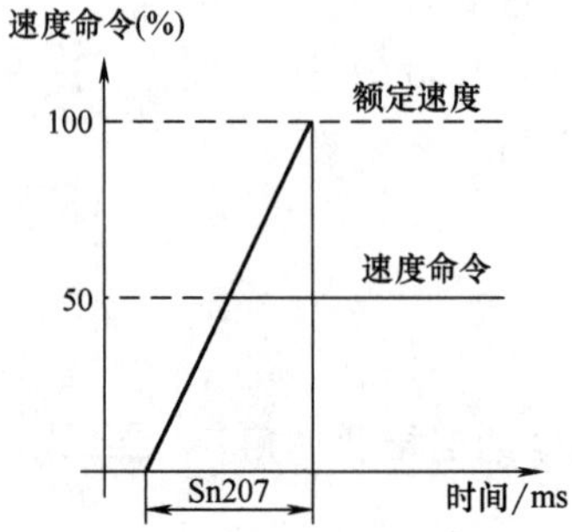 	

（续）

参数代号	名称与功能	预设值
SN208	S 型速度命令加减速时间设定 t_s。 　加减速时,因起动停止时的加减速变化太剧烈,导致机械震荡,在速度命令加入 S 型加减速,可达到运转平顺的功用 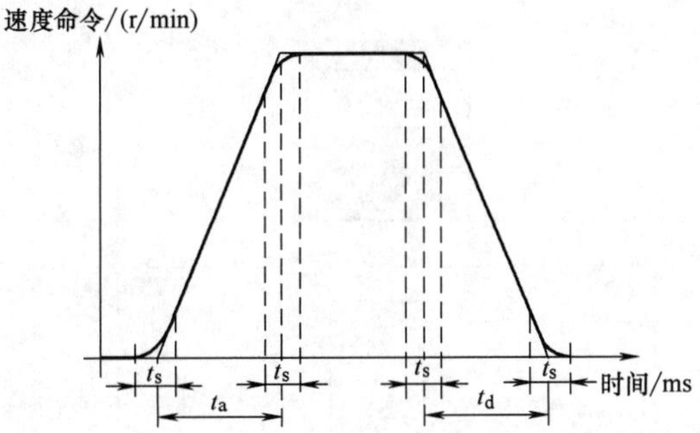 	
SN209	S 型速度命令加速时间设定	
SN210	S 型速度命令减速时间设定	
SN211	速度回路增益 1 　速度回路增益直接决定速度控制回路的相应频宽,在机械系统不产生震荡或噪声的前提下,增大速度回路增益值,则速度相应会加快	
SN212	速度回路积分时间常数 1 　速度控制回路加入积分元件,可有效地消除速度稳态误差。一般情况下,在机械系统不产生振动或噪声的前提下,减小速度回路积分时间常数,可以增加系统刚性。速度回路积分时间常数的积分公式为 $$速度回路积分时间常数 = \frac{5}{2\pi \times 速度回路增益}$$	
	模拟速度输入	
SN216	模拟速度命令比例器,用来调整电压命令相对于速度命令的斜率 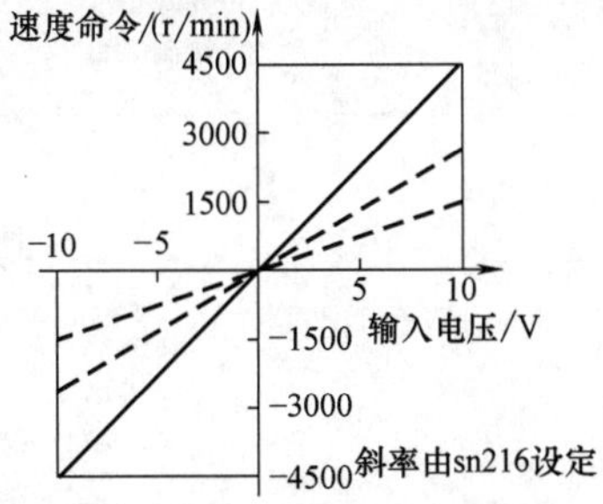 	
SN217	模拟速度命令偏移调整 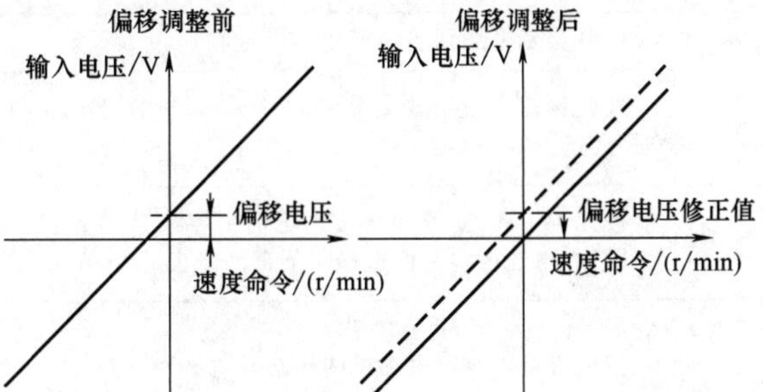 	

（续）

参数代号	名称与功能	预设值
SN218	模拟速度命令限制,限制模拟输入最高速度	

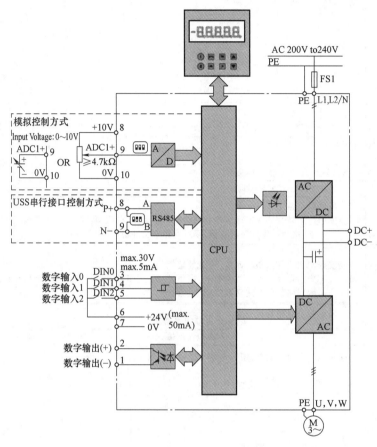

图 8-21　G110 变频器控制框图

2. 操作面板

操作面板的按钮功能见表 8-26。

表 8-26　操作面板按钮功能

显示/按钮	功能	功能说明	
r0000	状态显示	LCD 显示变频器当前所用的设定值	
I	起动变频器	按此键起动变频器。当 P0700 = 1 或 P0719 = 10 ~ 15 时,此键有效	
O	停止变频器	按此键一次,变频器将按选定的斜率减速停止;按此键两次,电动机将在惯性作用下自由停止	
↻	改变电动机方向	按此键可以改变电动机的转动方向	

（续）

显示/按钮	功能	功能说明
JOG		在变频器"运行准备就绪"的状态下，按此键，将使电动机起动，并按预设定的点动频率运行。释放此键，变频器停止。如果电动机正在运行，按此键将不起作用
Fn		此键用于浏览辅助信息。变频器运行过程中，在显示任何一个参数时按下此键并保持不动，将显示直流回路电压、输出频率、输出电压等参数 故障确认。在出现故障或报警的情况下，按此键可以对故障或报警进行确认
P	参数访问	按此键可访问参数
▲	增加数值	按此键可增加面板上显示的参数数值
▼	增加数值	按此键可减少面板上显示的参数数值

3. 控制运行方式

G110 变频器运行控制方式主要有 BOP 控制、控制端子控制、USS 串行接口控制三种方式。

（1）由 BOP 控制 起动、停止（命令信号源）由基本操作面板 BOP 控制，频率输出大小（设定值信号源）也由 BOP 来调节，在该控制方式下需设定的参数见表 8-27。

表 8-27 BOP 控制参数设置

名称	参数	功能
命令信号源	P0700 = 1	BOP 设置
设定值信号源	P1000 = 1	BOP 设置

（2）由控制端子控制 采用控制端子控制时，功能定义见表 8-28。

表 8-28 控制端子的功能定义

数字输入	端子	参数	功能
命令信号源	3,4,5	P0700 = 2	数字输入
设定值信号源	9	P1000 = 2	模拟输入
数字输入 0	3	P0701 = 1	ON/OFF
数字输入 1	4	P0702 = 12	反向
数字输入 2	5	P0703 = 0	故障复位（ACK）
控制方式	—	P0727 = 0	西门子标准控制

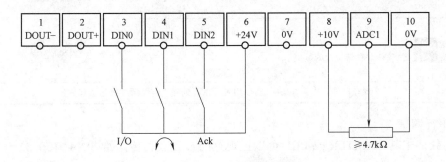

（3）由 USS 串行接口控制　USS 串行接口控制时的接线见表 8-29。

表 8-29　USS 串行接口控制时的接线

数字输入	端子	参数	功能
命令信号源		P0700 = 5	符合 USS 协议
设定值信号源		P1000 = 5	符合 USS 协议的输入频率
USS 地址	8,9	P2011 = 0	USS 地址 = 0
USS 波特率		P2010 = 6	USS 波特率 = 9600bps
USS-PZD 长度		P2012 = 2	在 USS 报文中 PZD 是两个 16 位字

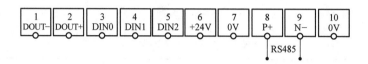

4. 参数设置

以更改 P0003 的"访问级"为例，操作步骤见表 8-30。

表 8-30　更改 P0003 参数的步骤

	操作步骤	显示的结果
1	按 **P** 键,访问参数	*r0000*
2	按 ▲ 键,直到显示出 P0003	*P0003*
3	按 **P** 键,进入参数访问记	*1*
4	按 ▲ 键或 ▼ 键,达到所要求的数值(例如:3)	*3*
5	按 **P** 键,确认并存储参数的数值	*P0003*
6	现在已设定为第 3 访问级,使用者可以看到第 1 级至第 3 级的全部参数	

5. 串行调试

利用软件工具 STARTER 或 BOP 可以把现存的参数数据传送给 SINAMICS G110 变频器。如果有若干台 SINAMICS G110 变频器需要调试，而且这些变频器具有相同的配置和相同的功能，那么，首先应对第一台变频器进行快速调试或应用调试，然后把变频器的参数数值传送给 SINAMICS G110 变频器。在更换 SINAMICS G110 变频器时，将原有变频器的参数设置装入现有变频器中。

利用 BOP 将一台变频器的参数复制到另一台变频器（SINAMICS G110 → BOP）的步骤如下：

1）在需要复制其参数的 SINAMICS G110 变频器上安装基本操作面板（BOP）。

2）确认将变频器停止是安全的。

3）将变频停止。

4）把参数 P0003 设定为 3，进入专家访问级。

5）把参数 P0010 设定为 30，进入参数复制方式。

6）把参数 P0802 设定为 1，开始由变频器向 BOP 上传参数。

7）在参数上传期间，BOP 显示"BUSY"。

8）在参数上传期间，BOP 和变频器对一切命令都不予响应。

9）如果参数上传成功，BOP 的显示将返回常规状态，变频器则返回准备状态。

10）如果参数上传失败，则应尝试再次进行参数上传的各个操作步骤，或将变频器复位为出厂时的默认设置值。

11）从变频器上拆下 BOP。

利用 BOP 下载参数（BOP →SINAMICS G110）的步骤如下：

1）把 BOP 装到另一台需要下载参数的 SINAMICS G110 变频器上。

2）确认该变频器已经上电。

3）把该变频器的参数 P0003 设定为 3，进入专家访问级。

4）把参数 P0010 设定为 30，进入参数复制方式。

5）把参数 P0803 设定为 1，开始由 BOP 向变频器下载参数。

6）在参数下载期间，BOP 显示"BUSY"。

7）在参数下载期间，BOP 和变频器对一切命令都不予响应。

8）如果参数下载成功，BOP 的显示将返回常规状态，变频器则返回准备状态。

9）如果参数下载失败，则应尝试再次进入参数下载的各个操作步骤，或将变频器复位为工厂的默认设置值。

10）从变频器上拆下 BOP。

 任务实施

在对数控系统组成有一定认识后进行电路连接。

任务 8.3 802D 数控系统的组成认识及电路连接

 学习目标

能设置输入/输出模块 PP72/48 的地址；能使用 PROFIBUS 进行系统的连接；能正确连接 611UE 驱动器；能正确连接 802D 数控系统。

任务布置

802D 数控系统的组成认识与电路连接。

任务分析

在了解 802D 数控系统的组成、控制单元 PCU 的接口定义、输入/输出模块 PP72/48 的接口定义、PROFIBUS 总线的连接方法、611UE 驱动器的组成及接口定义后进行电路连接。

相关知识

一、802D 数控系统的组成

802D 是目前普及型数控机床常用的 CNC，与 802S、802C 相比，其结构和性能有了较大的改进和提高，可控制 5 个 NC 轴（5 个 NC 轴可以是 4 个进给轴+1 个数字/模拟主轴或 3 个进给轴+2 个数字/模拟主轴）。802D 可配套采用 SIMODRIVE 611UE 驱动装置与 1FK7 系列伺服电动机，基于 Windows 的调试软件可以便捷地设置驱动参数，并对驱动器的参数进行动态优化。

1. 802D 数控系统的总体连接

802D 系统采用高度集成的一体化结构，由面板控制单元 PCU、机床控制面板 MCP、NC 键盘、伺服驱动功率模块及电源、输入/输出模块、电子手轮等基本单元组成。PCU 作为 802D 数控系统的核心部件，将 NCK、PLC、HMI 和通信任务集成在一起，并用 PROFIBUS 现场总线将各单元连接起来，802D 系统的总体连接框图如图 8-22 所示。

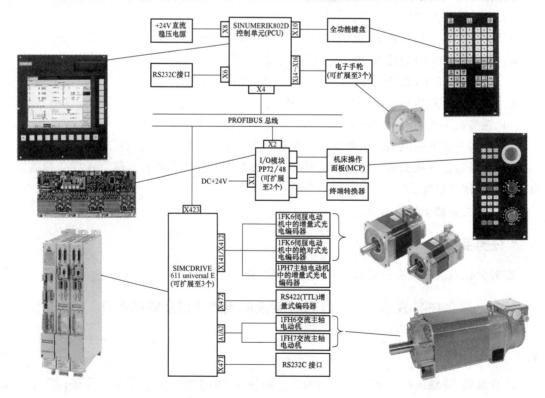

图 8-22 802D 数控系统总体连接框图

2.802D 数控系统的功能部件

（1）系统控制及显示单元（PCU）　PCU 单元为 802D 的核心单元（图 8-23），由一块 486 工控机作为主 CPU，负责数控运算、界面管理、PLC 逻辑运算等。其显示单元为 10.4in 彩色液晶显示屏，与键盘输入单元组成人机界面。该单元与系统其他单元间的通信采用 PROFIBUS 现场总线，另有 2 个 RS232 接口与外界通信。

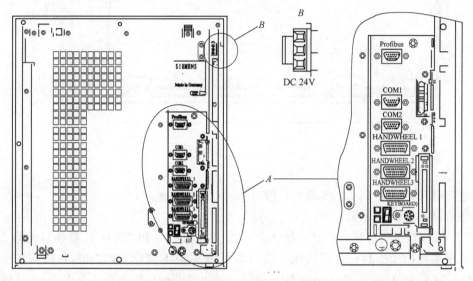

图 8-23　PCU 单元接口

1）A 处接口说明。

PROFIBUS（X4）：总线接口，用于 PP72/48、伺服驱动装置的连接。

COM1（X6）：9 芯孔式 D 型插座，用于连接外部 PC 机或 RS232 隔离器。

HANDWHEEL1～3（X14～X16）：15 芯孔式 D 型插座，用于连接手轮。

KEYBOARD（X10）：6 芯 Mini-DIN，用于连接键盘。

2）B 处接口说明。

PCU 单元 DC 24 供电电源输入口，必须确认电压在额定输入电压（DC 24V）的+20%～ -15%范围内才能对系统进行上电调试。

（2）输入/输出模块 PP72/48　输入/输出模块 PP72/48 的结构如图 8-24 所示，此模块具有三个独立的 50 芯插槽 X111、X222、X333，每个插槽包括了 24 位数字输入和 16 位数字输出。

1）X1：DC 24V 电源，3 芯端子式插头。

2）X2：PROFIBUS 总线连接接口，9 芯孔式 D 型插头。

3）X111、X222、X333：用于数字量输入和输出，可与端子转换器连接，50 芯扁平电缆插头。

4）S1：PROFIBUS 地址开关。

5）4 个发光二极管 PP72/48 的状态显示。

绿色 POWER：电源指示。

红色 READY：PP72/48 就绪，但无数据交换。

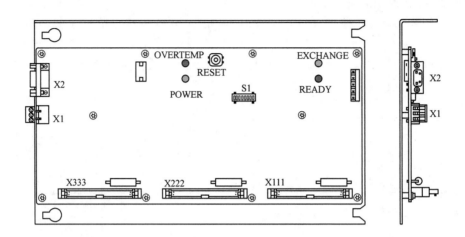

图 8-24 PP72/48 的结构

绿色 EXCHANGE：PP72/48 就绪，PROFIBUS 数据交换。

红色 OVERTEMP：超温指示。

PP72/48 模块的外部供电方式：输入信号的公共端可由 PP72/48 任意接口的第 2 脚供电；也可由系统的 DC 24V 电源供电。输出信号的驱动电流由 PP72/48 各接口的公共端（X111/X222/X333 的端子 47/48/49/50）提供。输出公共端可由为系统供电的 DC 24V 电源供电，也可采用独立的电源，如果采用独立电源为输出公共端供电，该电源的 0V 应与为系统供电的 24V 电源的 0V 连接。

802D 系统最多可配置两块 PP72/48 模块，PP72/48 模块的地址通过 DIL 开关 S1 设定，PP72/48 模块 1 的地址为 9（1 和 4 为 ON，其余为 OFF），PP72/48 模块 2 的地址为 8（4 为 ON，其余为 OFF），地址设定方法如图 8-25 所示。

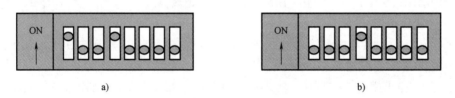

a)   b)

图 8-25 PP72/48 模块的地址设定

a）模块 1 的地址 b）模块 2 的地址

模块 1 三个插座对应的输入/输出地址如下：

X111 对应 24 位输入（I0.0~I2.7）和 16 位输出（Q0.0~Q1.7）。

X222 对应 24 位输入（I3.0~I5.7）和 16 位输出（Q2.0~Q3.7）。

X333 对应 24 位输入（I6.0~I8.7）和 16 位输出（Q4.0~Q5.7）。

模块 2 三个插座对应的输入输出地址如下：

X111 对应 24 位输入（I9.0~I11.7）和 16 位输出（Q6.0~Q7.7）。

X222 对应 24 位输入（I12.0~I14.7）和 16 位输出（Q8.0~Q9.7）。

X333 对应 24 位输入（I15.0~I17.7）和 16 位输出（Q10.0~11.7）。

（3）PROFIBUS 总线 SINUMERIK 802D 是基于 PROFIBUS 总线的数控系统。输入/输出信号是通过 PROFIBUS 传送的，位置调节（速度给定和位置反馈）也是通过 PROFIBUS 完成的，因此，PROFIBUS 的正确连接非常重要。

PCU 为 PROFIBUS 的主设备，每个 PROFIBUS 从设备都有自己的总线地址，因而从设备在 PROFIBUS 总线上的排列次序是任意的。PROFIBUS 总线连接时要求各接点进出方向正确，两根线不交叉且连接可靠，屏蔽接牢；各接点插头上的设置开关严格遵循终端为"ON"，中间为"OFF"的原则。PROFIBUS 电缆的连接如图 8-26 所示。

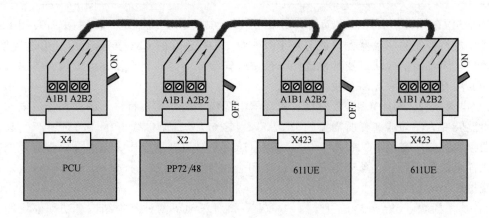

图 8-26 PROFIBUS 电缆的连接

图 8-26 中 PP72/48 的总线地址有模块上的地址开关 S1 设定。第一块 PP72/48 的总线地址为"9"，如果选配第二块 PP72/48，其总线地址应设定为"8"。总线设备在总线上的排列顺序不限。但总线设备的总线地址不能冲突，既总线上不允许相同的地址。611UE 的总线地址可利用工具软件 SimoComU 设定，也可通过 611UE 的输入键设定。下面介绍用 611UE 的输入键设定总线地址的方法。

1）驱动器首次上电后，显示窗口显示 A1106，表示驱动器无数据。按［+］键找到参数 A651，按［P］键把参数修改为 4，然后再按［P］键结束输入。

2）用［+］键找到参数 A918，按［P］键即可输入总线地址，然后按［P］键结束输入。

3）用［-］键找到参数 A651，按［P］键把参数修改为 0，然后按［P］键结束输入。

4）按［+］键找到参数 A652，按［P］键后，窗口显示 0，按［+］键，当窗口显示由"1"变为"0"时，总线地址被存储。

5）驱动器重新上电后，总线地址生效。

（4）机床控制面板 MCP 机床控制面板背后的两个 50 芯扁平插座（X1201、X1202）可通过扁平电缆与 PP72/48 模块（X111、X222）的插座连接，即机床控制面板的所有按键信号和指示灯信号均使用 PP72/48 模块的输入/输出点，MCP 各按键的地址分布见表 8-31。该机床的控制面板占用 PP 模块的两个插槽，2 条扁平电缆可以连接 PP72/48 模块上的任意插槽。

表 8-31 MCP 信号地址分布

机床控制面板		对应的按键及其所占输入输出字节	输入输出模块 PP72/48
	X1201	输入字节 IB0：对应按键#1~#8 输入字节 IB1：对应按键#9~#16 输入字节 IB2：对应按键#17~#24 输出字节 QB0：对应于用户定义键的 6 个发光二极管	X111
	X1202	输入字节 IB3：对应按键#25~#27 输入字节 IB4：对应进给倍率开关 输入字节 IB5：对应主轴倍率开关 输出字节 QB1：保留	X222

（5）SIMODRIVE 611UE 驱动器 SIMODRIVE 611UE 驱动器是一种使用 PROFIBUS-DP 总线接口进行控制的驱动器，只能与带 PROFIBUS DP 总线的 CNC 配套使用，由电源模块、功率模块、闭环控制模块以及其他选择子模块等安装成一体，组成了驱动模块，各驱动模块单元间共用直流母线和控制总线。

1）电源模块。SIMODIRVE 611UE 驱动器电源模块的作用：将输入的三相交流电源通过整流电路转变为驱动器逆变所需要的 DC 600V/DC 625V 直流母线电压，同时还产生驱动器调节器模块控制所需的 DC ±24V、DC ±15V、DC 5V 直流辅助电压。电源模块带有预充电控制与浪涌电流限制环节，预充电完成后自动闭合主回路接触器，提供 DC 600V/DC 625V 直流母线电压。

2）功率模块（6SN1123）可分为"单轴"和"双轴"两种基本结构。功率模块的规格主要取决于电动机电流，与电动机的种类无关，可用于 1FK6、1FK7 交流伺服电动机或者 1PH7 主轴电动机的驱动。

3）控制模块（6SN1118）根据控制轴数的不同，可分为"单轴"与"双轴"两种基本结构。每种结构根据接口的不同，可分为速度模拟量输入接口型和 PROFIBUS-DP 总线接口型两种。最高控制频率可达到 1400Hz，可以用于交流伺服电动机和交流主轴电动机的闭环控制。

（6）伺服与主轴电动机 配套 SIMODRIVE 611UE 驱动器的伺服电动机，常用的为 SIEMENS 公司的 1FK6、1FK7 系列交流稀土永磁同步伺服电动机，其规格较多，需要根据实际需要选择。配套 SIMODRIVE 611UE 驱动器的主轴电动机，常用的为 SIEMENS 公司的 1PH7 系列交流主轴电动机，最高转速通常为 9000r/min，可以选择 12000r/min。其规格同样较多，需要根据实际需要选择。

二、611UE 系列驱动器的连接

611UE 驱动器的端口连接如图 8-27 所示。

1. 电源模块的连接

1）X111：驱动"准备好/故障"信点号输出连接端。该连接端子一般与强电控制回路连接采用"接线端子"，端子的作用如下：

74/73.2：驱动器"准备好"信号触点输出，"常闭"触点，驱动能力为 AC 250V/2A 或 DC 50V/2A。

72/73.1：驱动器"准备好"信号触点输出，"常开"触点，驱动能力为 AC 250V/2A 或 DC 50V/2A。

2）X121：电源模块"使能"控制端。

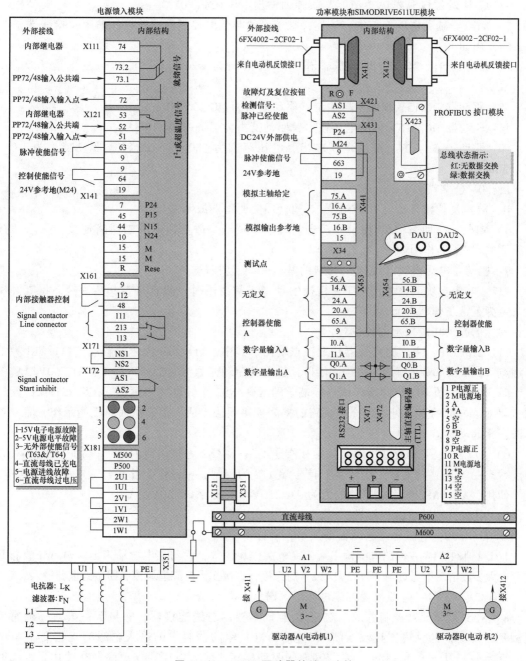

图 8-27　611UE 驱动器的端口连接

53/52/51：驱动器电源模块过电流触点输出（53/51 为常闭，52/51 为常开），驱动能力为 DC 50V/200mA。

9/63：驱动器电源模块"脉冲使能"信号输入，当 9/63 间的触点闭合时，驱动器各坐标轴的控制回路开始工作。

9/64：驱动器电源模块"驱动使能"信号输入，当 9/64 间触点闭合时，驱动器各坐标轴的调节器开始工作。

9/19：驱动器电源模块"使能"端辅助输出电压+24V/0V 端。

3）X141：辅助电压连接端。该连接端子一般与强电控制回路连接，采用"接线端子"，端子的作用如下：

7：驱动器 DC 24V 辅助电压输出，电压范围为 + 20.4 ~ + 28.8V，驱动能力为 DC 24V/50mA。

45：驱动器 DC 15V 辅助电压输出，驱动能力为 DC 15V/10mA。

44：驱动器 DC −15V 辅助电压输出，驱动能力为 DC −15V/10mA。

10：驱动器 DC −24V 辅助电压输出，电压范围为−20.4 ~ −28.8V，驱动能力为 DC −24V/50mA。

15：0V 公共端。

R：故障复位输入，当 R 与端子 15 间接通时驱动器故障复位。

4）X161：主回路输出/控制连接端。该连接端子一般与强电控制回路连接，采用"接线端子"，端子的作用如下：

9：驱动器电源模块"使能"端辅助电压−24V 连接端。

112：电源模块调整与正常工作转换信号（正常使用时一般直接与 9 端短接，将电源模块设定为正常工作状态）。

48：电源模块主接触器控制端。

111/213/113：主回路接触器辅助触点输出。其中，111/113 为常开触点，111/213 为常闭触点（213 在部分电源模块中无作用），触点的驱动能力为 AC 250V/2A 或 DC 50V/2A。

5）X171：预充电控制端。该连接端子的 NS1/NS2 一般直接"短接"，当 NS1/NS2 断开时，驱动器内部的直流母线预充电回路的接触器将无法接通，预充电回路不能工作，驱动器无法正常起动。

6）X172：起动禁止输出端。该连接端子的 AS1/AS2 为驱动器内部"常闭"触点输出，触点状态受"调整与正常工作转换"信号端 112 的控制，可以作为外部安全电路的"互锁"信号使用，AS1/AS2 间触点驱动能力为 AC 250V/1A 或者 DC 50V/9A。

7）X181：辅助电源连接端。

M500/P500：直流母线电源辅助供给，一般不使用。

1U1/1V1/1W1：主回路电源输出端，在电源模块内部，它与主电源输入 U1/V1/W1 直接相连，在大多数情况下通过与 2U1/2V1/2W1 的连接，直接作为电源模块控制回路的电源输入。

2U1/2V1/2W1：电源模块控制电源输入端。

8）X351：驱动器控制总线。X351 为驱动器控制总线连接器，它与下一模块（通常为主轴驱动模块）的总线连接端 X151 相连。611UE 驱动器要求的输入电源为三相交流 400/415V，允许电压波动为±10%，它与其他的驱动器相比输入电压要求更高，在使用、维修时应引起注意。

2. 驱动模块的连接

1）X421："起动禁止"连接端。

"起动禁止"连接端 X421 安装有 AS1、AS2 连接端子。AS1/AS2 为驱动模块"起动禁止"信号输出端，可以用于外部安全电路，作为"互锁"信号使用。AS1/AS2 为常闭触点输出，正常情况下，触点状态受驱动模块"脉冲使能"信号（9/663 端子）的控制，触点的驱动能力为 AC 250V/1A 或 DC 50V/2A。

2）X431："脉冲使能"连接端。

9/663：驱动器"脉冲使能"信号输入，当9/663间的触点闭合时，驱动模块各坐标轴的控制回路开始工作，控制信号对该模块的全部轴有效。

P24/M24：提供给驱动器数字输出端的外部 DC 24V 电源输入。允许输入电压为 DC 10～30V，最大消耗电流为 2.4A。

9/19：驱动器提供给外部的 DC 24V 电源输出，最大驱动能力为 DC 24V/500mA。

3）X441：模拟量输出连接端。

75. A/16. A/15：第一轴驱动器内部模拟量 1、2 的输出连接端。模拟量 1 的输出端 75. A/15，常用作 CNC 的主轴模拟量输出端。输出模拟量所代表的含义可以通过驱动器参数（P0626～P0639）进行选择。

75. B/16. B/15：第 2 轴驱动器内部模拟量 1、2 的输出连接端。

4）X411/X412：电动机反馈连接端子。该连接端子一般与来自伺服电动机的反馈信号直接连接，采用插头连接。

5）X471：RS232/RS485 接口。该接口可以与外部调试用计算机的通用 RS232/RS485 接口进行连接，并可以通过 SimoComU 软件对驱动器进行调试和优化。

6）X453/X454：速度给定与"使能信号"连接端子，在双轴驱动器中 X453/X454 用于连接第 1 驱动器与第 2 驱动器的输入/输出信号，当使用单轴驱动器时，只使用 X453。

56. A/14. A 与 56. B/14. B，24. A/20. A 与 24. B/20. B：在使用 PROFIBUS 总线接口的 611UE 系列驱动器中，不使用以上信号。

9/65. A 与 9/65. B：一般直接"短接"。

I0. A/I1. A 与 I0. B/I1. B：用于连接第 1 轴与第 2 轴的数字数量输入信号。所代表的含义可以通过驱动器参数（P0660～P0661）进行选择。

Q0. A/Q1. A 与 Q0. B/Q1. B：用于连接第 1 轴与第 2 轴的数字数量输出信号。所代表的含义可以通过驱动器参数（P0680～P0681）进行选择，Q0. A/Q1. A 常被用作主轴的正/反转输出信号。

7）X472：TTL 编码器反馈接线端子。

8）X423：PROFIBUS 总线接口。

 任务实施

在对数控系统组成有一定认识后进行电路连接。

任务 9　SINUMERIK 数控系统数控机床参数设置与调整

任务 9.1　802S 数控系统数控机床的参数设置与调整

 学习目标

能进行 CNC 初始化；能上载和下载 PLC 文件；能根据机床的现场条件，配置机床参数。能进行螺距误差的补偿与测量。

 任务布置

数控机床参数的设置与调整。

 任务分析

在了解参数的类型、参数的保护级、CNC 初始化、PLC 程序的上载和下载、PLC 参数的设置、NC 参数的设置、回参考点的方式、螺距误差的测量和补偿方法后进行数控机床参数的设置与调整。

 相关知识

一、参数的类型及保护级

SINUMERIK 802S 的系统参数分为两大类：机床数据和设定数据。机床数据是用于生产、安装、调试用的数据，主要用于设定、匹配机床的主要数据；设定数据主要是数控机床在使用过程中需要设定的数据，是一些常用的用于调整数控机床使用性能的数据。

SINUMERIK 802S 数控系统具有一套恢复数据区的保护级概念。保护级从 0 到 7，其中 0 是最高级，7 是最低级。控制系统为保护级 1 到 3 设定了默认密码，必要时授权用户可以更改这些密码。表 9-1 所示为保护级说明。如果不知道密码，必须执行重新初始化，这将使所有密码恢复到该版软件的出厂设定值。

表 9-1　保护级设置

保护级	密码方式	范　围
0	—	西门子保留
1	密码：SUNRISE（默认）	专家模式
2	密码：EVENING（默认）	机床生产商
3	密码：CUSTOMER（默认）	授权用户，机床安装人员
4	没有密码及用户接口 PLC→NCK	授权操作人员，机床安装人员

经过修改的机床数据必须激活才能生效。数控系统会在数据的右边显示激活方式。激活方式的级别是通过它们的优先级来排列的。常用的激活方式有以下几种：

POWER ON（po）：重新上电，激活数据。

IMMEDIATELY（im）：输入后立即生效。

NEW_ CONF（cf）：通过触发"复位信号"来激活数据。

在程序 M2/M30 的末尾使用 RESET 键复位。

二、数控系统初始化

1. 安装初始化数据

（1）铣床初始化文件配置

1）将机床和 PC 机断电，用数据电缆将 PC 机与机床上的 RS232 接口连接。

2）打开 802S 数控系统，进入通信界面，选择二进制数据格式并设置通信参数（主要包括数据格式、停止位、波特率等），然后启动数据"读入"。

3）启动 PC，打开 WinPCIN 软件，单击"Config RS232"，选择二进制数据格式（Binary Format）并设置通信参数（接口数据必须与 802S CNC 接口数据一致）。

4）单击 WinPCIN 软件界面上的"Send Data"发送数据，将 TOOLBOX 802SC 工具软件中的 TOOLBOX802SC/V04.02.04/Config/techmill.ini（铣床配置文件）发送到 CNC。

（2）车床初始化文件配置 802SC 出厂时系统配置为车床系统，即已装入了车床初始化文件（turning.ini），如果是车床，可不进行本操作。

（3）固定循环文件 为了增强 CNC 功能，简化编程，CNC 初始化调试时还应根据使用的机床类型，将安装有不同 SIEMEMS 标准固定循环的子程序传送到 CNC 中。固定循环文件位于 TOOLBOX 802SC 工具软件中的 TOOLBOX 802SC/V04.02.04/Cycle 文件夹，根据需要选择 turn（车床）或者 mill（铣床）子文件夹，在打开子文件夹后，将其中的文件扩展名为 .spf 的全部文件传送到 CNC 系统中。

（4）文本管理器文件 文本管理器文件包含了 802S 的显示语言和报警文本，其安装在 TOOLBOX802SC/V04.02.04/text Manager 文件夹中。安装时首先应进行显示语言的安装，选择图中的 **LAN** 图标，出现选择语言对话框（图 9-1），根据需要选择两种不同的语言，确认（OK）后，启动传输（start transfer sp*.arc），将显示语言文件发送到 CNC 中。

以上初始化数据传送时应注意以下几点：

1）数据传送前应将 CNC 的密码设定为"制造商"或者以上级别（通常为 EVENING）。

2）为防止传送时数据丢失，应是"接收"侧（CNC 侧）先进行"输入启动"，然后再进行"发送"侧（调试计算机侧）的"输出启动"。

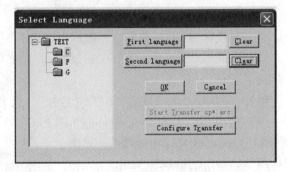

图 9-1 选择语言对话

3）数据传送完成后，还需要通过 802S CNC 中的软功能键【诊断】→【调试】→>→【数据存储】进行初始化数据的存储。

4）初始化数据存储结束后，还需要通过 802S CNC 中的软功能键【诊断】→【调试】→>→【调试开关】，选择"按存储的数据启动"，使初始化数据生效。

2. 安装 PLC 的标准程序

（1）启动 PLC 编程软件 PLC 编程软件（Programming Tool PLC 802）可进行 PLC 程序的编辑、上载和下载等操作。在 Windows 的开始菜单下启动 PLC 编程软件，进入 PLC 编程软件界面，如图 9-2 所示。

802S 数控系统的工具盘中提供了两个 PLC 应用程序实例（一个用于车床，一个用于铣床）和一个子程序，用户可以直接使用标准程序或只需要通过少量修改即可完成系统的 PLC 编程工作。因此，通常情况下，机床的 PLC 程序都是在标准 PLC 程序的基础上经过简单修改而成的程序。

（2）PLC 程序的上载 将控制系统的 PLC 程序传输到 802S PLC 编程软件中的操作称为上载。当用户需要修改或保存 PLC 实例程序（SAMPLE）时，就必须先将实例程序（SAMPLE）上载到计算机中，具体的操作步骤如下：

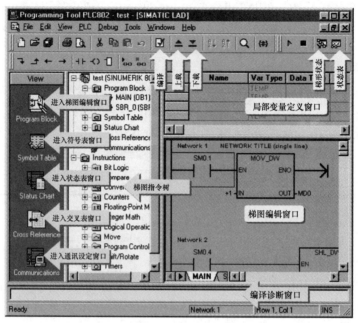

图 9-2　PLC 编程软件界面

1）将机床和 PC 机断电，用数据电缆将 PC 机与机床上的 RS232 接口连接。

2）打开 802S 系统，在 802S 系统中选择联机波特率（路径：诊断→调试→STEP 连接）。

3）在 802S 系统中激活"STEP7 连接"，使其处于有效状态。

4）启动 PC，启动 Programming Tool PLC 802 软件，在"PLC"菜单下的 Type 项中，选择 PLC Type：SIUMERIK 802SC，如图 9-3 所示，单击"确认"按钮。

5）双击操作界面左下方的"　"通讯"图标，进入通讯设定界面，对数据格式、停止位、波特率等进行设定，如图 9-4 所示，调试计算机中的接口数据设定与 802S 系统的接口设定必须统一。

图 9-3　PLC 类型选择

6）双击图 9-4 中的 ，打开通讯口，如果不能正常连接，请检查通讯口号码、波特率及所连接的线路。

7）单击工具栏中的"▲上载"图标，进行程序的下载。

8）下载完成后，计算机自动显示"下载成功"，此时，可重新启动 PLC，使程序生效。

（3）PLC 程序的下载　将 802S PLC 编程软件中的程序传输到控制系统的操作称为下载。其操作步骤与下载 PLC 程序相同，最后单击工具栏中的"▼下载"图标。下载的 PLC 用户程序在控制系统下次导入时从永久存储器转移至用户存储器中，并开始生效。

三、参数调试

1. PLC 机床参数调试

在 802 系列 CNC 中，机床的 PLC 程序都是在标准 PLC 程序的基础上，经过简单修改而成的程序。为了保证 PLC 程序与机床功能相匹配，需要对部分 PLC 参数进行设定。系统首次上电后，出现图 9-5 所示的报警。

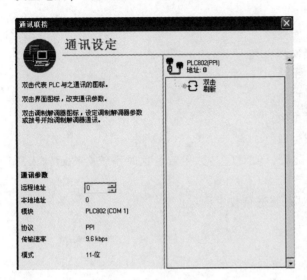

图 9-4　通讯设定界面

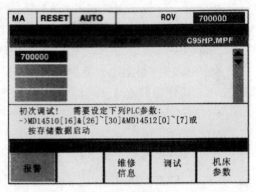

图 9-5　报警界面

这时应该设定下列 PLC 机床参数：

1）设定机床类型参数。

MD14510［16］= 0；表示车床。

MD14510［16］= 1；表示铣床。

2）定义输入/输出的使能和连接逻辑（常开或常闭）。

MD14512［0］和［1］定义输入点 I0.0～I1.7 是否生效，对应位设定为"1"，输入点生效。

MD14512［2］和［3］定义输入点 I0.0～I1.7 为"1"时的状态，对应位设定为"1"，输入信号为 0V，PLC 内部作为"1"输入。

MD14512［4］和［5］定义输出点 Q0.0～Q1.7 是否生效，对应位设定为"1"，输出点生效。

MD14512［6］和［7］定义输出点 Q0.0～Q1.7 为"1"时的状态，对应位设定为"1"，PLC 的"1"信号为 0 输出。

3）根据机床的要求设定点动操作键的布局。

MD14510［26］—— X+键。

MD14510［27］—— X-键。

MD14510［30］—— Z+键。

MD14510［31］—— Z-键。

MD14510［28］—— Y+键。

MD14510〔29〕——Y-键。

4）如果系统配置了611伺服驱动器，而且还没有调试，驱动器的就绪信号就不会生效，导致实例程序进入急停状态且不能退出。在调试开始时，可以将I1.7接高电平，或将PLC机床参数MD14512〔16〕的第1位设定为"1"，这样就可以退出急停。在驱动器调试完毕后，需将该参数设定为0。

5）提供MD14512〔11〕定义使用的功能。

Bit7 = 1——设定为"1"时，车床刀架有效。

Bit6 = 1——设定为"1"时，铣床主轴换档生效。

Bit3 = 1——设定为"1"时，主轴控制生效。

Bit2 = 1——设定为"1"时，夹紧放松控制。

Bit1 = 1——设定为"1"时，自动润滑生效。

Bit0 = 1——设定为"1"时，冷却控制生效。

然后802S重新上电，根据机床的实际配置，使对应参数生效，这时系统会提示输入所需的PLC机床参数。

6）通过MD14512〔16〕〔17〕〔18〕对系统进行技术设定。

MD14512〔16〕

Bit0：0——PLC正常运行；

1——调试方式，PLC不检测馈入模块的就绪信号。

Bit1：0——无主轴命令且主轴停止后按主轴停止键取消主轴使能；

1——无主轴命令且主轴停止后主轴使能自动取消。

Bit2：0——带有+/-10V给定的模拟主轴；

1——带有0~10V给定的模拟主轴。

Bit3：0——MCP上无主轴倍率开关；

1——MCP上有主轴倍率开关。

Bit4/5/6：0——802S旋转监控无效；

1——802S旋转监控有效。

MD14512〔17〕

Bit0/1/2：0——返回参考点时进给倍率有效；

1——返回参考点时进给倍率无效。

Bit4/5/6：0——X/Y/Z轴电动机无抱闸；

1——X/Y/Z轴电动机抱闸。

MD14512〔18〕

Bit1：0——子程序40的输入#OPTM无效；

1——子程序40的输入#OPTM有效。

Bit2：0——开机无润滑；

1——上电自动润滑一次。

Bit4/5/6：0——X/Y/Z每轴具有两个限位开关；

1——X/Y/Z每轴具有一个限位开关。

Bit7：0——硬限位采用PLC方案；

1——硬件方案。

当 PLC 机床参数设定好后，首先需要做的是调试 PLC 应用程序中的相关动作，如伺服使能、急停、硬限位，只有在所有安全功能都正确无误时，才可以进行驱动器和 NC 参数调试。

2. NC 参数的设置

（1）NC 基本参数的设置　见表 9-2。

表 9-2　NC 基本参数的设置

参数类型	轴参数号	单位	轴	输入值（示例）	参数定义
驱动器	30130		X,Y,Z	0	指定 CNC 给定值输出的形式 0：坐标轴模拟工作状态，无给定值输出 1：标准伺服电动机速度给定电压输出方式 2：步进电动机控制脉冲与方向输出方式
	30240		X,Y,Z	0	位置测量系统的信号输入形式设定 0：坐标轴模拟工作状态，无位置测量系统的信号输入 1：指定测量系统输入为脉冲信号，并在内部进行 4 倍频处理 3：步进电动机驱动方式，无位置测量系统的信号输入
802S 步进电动机	31020	i/r	X,Y,Z	1000	电动机每转的步数
	31400	i/r	X,Y,Z	1000	两参数同时设置
传动系统	31030	mm	X,Y,Z	5	丝杠螺距
	31050		X,Y,Z	40	减速箱电动机端齿轮齿数
	31060		X,Y,Z	50	减速箱丝杠端齿轮齿数
各轴的相关速度	32000	mm/min	X,Y,Z	4800	最大轴速度 G00
	32010	mm/min	X,Y,Z		点动速度
	32020	mm/min	X,Y,Z		点动速度
	32260	r/min	X,Y,Z	1200	电动机额定转速
	36200	mm/min	X,Y,Z	5280	坐标速度极限
步进频率	31350	Hz	X,Y,Z	20000	步进频率
	36300	Hz	X,Y,Z	22000	步进频率极限
回参考点参数	34010		X	0/1	减速开关方向 0：正向 1：负向
	34020	mm/min	X	2000	寻找减速开关速度 V_C
	34040	mm/min	X	300	寻找零脉冲速度 V_M
	34060	mm	X	200	寻找接近开关的最大距离
	34070	mm/min	X	200	参考点定位速度 V_P
	34080	mm	X	−2	零脉冲后的位移（带方向）R_V
	34100	mm	X	0	参考点位置值 R_K

（续）

参数类型	轴参数号	单位	轴	输入值(示例)	参数定义
坐标的软限位及方向间隙补偿	36100	mm	X,Y,Z	-1	轴负向软限位值
	36100	mm	X,Y,Z	200	轴正向软限位值
	32450	mm	X,Y,Z	0.024	反向间隙
主轴参数调试	30130		主轴	1	0:无模拟量输出 1:有±10V 模拟量输出
	30200		主轴	1	主轴编码器个数
	30240		主轴	2	标准编码器
	31020	i/r	主轴	1024	编码器每转脉冲数
	32260	r/min	主轴	3000	主轴额定转速
	36200	r/min	主轴	3300	最大轴监控速度
	36300	Hz	主轴	55000	编码器极限频率

（2）回参考点方式　由于步进电动机本身不能产生编码器的零脉冲，对于 802S 可采用双开关和单开关两种方式返回参考点的配置。

1）双开关方式。在坐标轴上有减速开关，在丝杠有一接近开关（丝杠每转产生一个脉冲），减速开关接到 PLC 的输入位，接近开关接到系统的高速输入口 X20，如图 9-6 所示。该方式可高速寻找减速开关，然后低速寻找接近开关，返回参考点的速度快且精度高，且接近开关还可用作旋转监控。

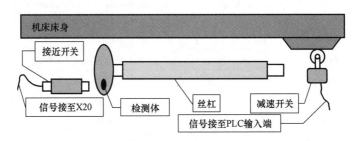

图 9-6　双开关方式

在双开关方式中，回参考点的动作可设置为以下两种情况：

① 接近开关脉冲在减速开关之前（MD34050=0），如图 9-7 所示。

② 接 近 开 关 脉 冲 在 减 速 开 关 之 后（MD34050=1），如图 9-8 所示。

2）单开关方式。在坐标轴上有一接近开关，如图 9-9 所示。该方式只能设定一个返回参考点速度。返回参考点的速度与接近开关的品质及设定的返回参考点速度有关。

在无减速开关的方式中（34000=0），回参考点的动作如图 9-10 所示。

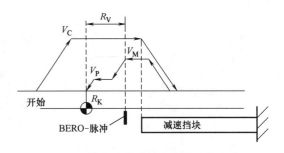

图 9-7　接近开关脉冲在减速开关之前

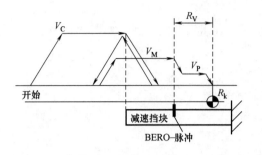

图 9-8　接近开关脉冲在减速开关之后

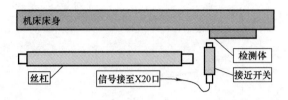

图 9-9　单开关方式

（3）接近开关采样参数　系统在返回参考点时有两种采样接近开关的方式。

1）系统采样接近开关的上升沿，以上升沿的有效电平点作为参考点脉冲（34200＝2），如图 9-11 所示。

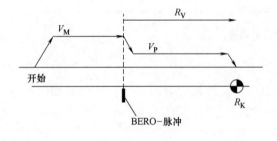

图 9-10　无减速开关方式

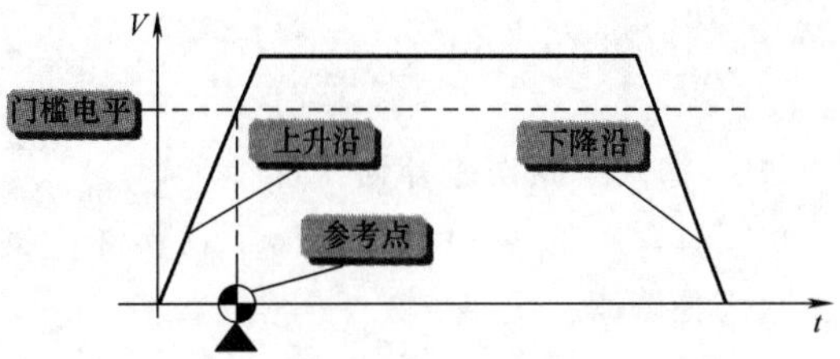

图 9-11　采样上升沿

2）系统在采样完上升沿后，系统控制坐标继续运动，记录上升沿参考脉冲后的运动距离，同时采样接近开关的下降沿，在采样到下降沿后计算两沿的中点并以此作为坐标的参考点（34200＝4），如图 9-12 所示。

四、丝杠螺距误差补偿设置

丝杠螺距误差是在丝杠制造和装配过程中产生的，呈规律性的变化。位置误差补偿是通过对机床全行程的离线测量，如用激光测距仪进行测量，得到定位误差曲线，在误差达到一个脉冲当量的位置处设定正或负的补偿值，当机床坐标轴运动到该位置时，系统将坐标值加上或减去一个脉冲当量，从而将实际定位误差

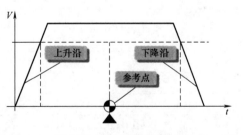

图 9-12　采样中间点

控制在一定的精度范围内。将测得的误差补偿数据作为机床参数存入到数控系统中。下面以补偿轴 Z 轴为例，说明设定丝杠螺距误差补偿的步骤。补偿起始点为 100mm（绝对坐标），补偿间隔为 10mm，补偿终点为 1200mm（绝对坐标），补偿点数为 13。

1. 设定各轴的螺距补偿轴的补偿点数

设定 MD38000＝13，即 Z 轴螺距补偿点数为 13。该参数设定后，系统在下一次上电时将对系统内存进行重新分配，用户信息如零件程序、固定循环、刀具参数等会被清除，所以在设定该参数之前应将用户信息保存到计算机中。

2. 绘制误差曲线图

用激光测距仪测出各插补点位置处的误差值，并画出误差曲线图，如图9-13所示。

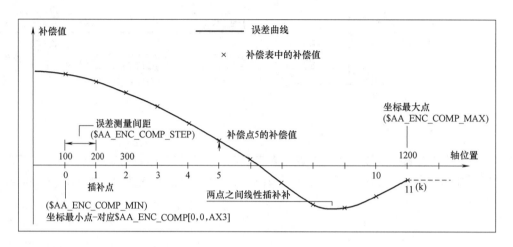

图9-13 误差曲线图

3. 输入螺距误差补偿文件

工具盒中的 WinPCIN 通信工具软件，将螺距补偿文件读到计算机中，可以采用两种方法输入补偿值，见表9-3。

表9-3 螺距误差补偿输入方法

方法一： 1) 进入通信画面，选择数据，选择丝杠误差补偿，将该数组由802S传入计算机 2) 在计算机上编辑该文件，将测量得到的误差值写入数组中的对应位置 3) 然后将该文件传回802S中	方法二： 1) 螺距补偿数组由802S传入计算机 2) 在计算机上编辑该文件，改变文件头，使其成为加工程序；然后传回802S 3) 利用802S的编辑功能直接在操作面板上输入补偿值 4) 启动运行该程序（补偿值即输入到系统中）
%_N_COMPLETE_EEC_INI	%_N_BUCHANG_MPF； $ PATH=/_N_MPF_DIR
$ AA_ENC_COMP[0,0,AX3] = 0.0	$ AA_ENC_COMP[0,0,AX3] = 0.0
$ AA_ENC_COMP[0,1,AX3] = 0.02	$ AA_ENC_COMP[0,1,AX3] = 0.02
$ AA_ENC_COMP[0,2,AX3] = 0.015	$ AA_ENC_COMP[0,2,AX3] = 0.015
$ AA_ENC_COMP[0,3,AX3] = 0.014	$ AA_ENC_COMP[0,3,AX3] = 0.014
$ AA_ENC_COMP[0,4,AX3] = 0.011	$ AA_ENC_COMP[0,4,AX3] = 0.011
$ AA_ENC_COMP[05,AX3] = 0.009	$ AA_ENC_COMP[05,AX3] = 0.009
$ AA_ENC_COMP[0,6,AX3] = 0.004	$ AA_ENC_COMP[0,6,AX3] = 0.004
$ AA_ENC_COMP[0,7,AX3] = 0.010	$ AA_ENC_COMP[0,7,AX3] = 0.010
$ AA_ENC_COMP[0,8,AX3] = 0.013	$ AA_ENC_COMP[0,8,AX3] = 0.013
$ AA_ENC_COMP[0,9,AX3] = 0.015	$ AA_ENC_COMP[0,9,AX3] = 0.015
$ AA_ENC_COMP[0,10,AX3] = 0.009	$ AA_ENC_COMP[0,10,AX3] = 0.009
$ AA_ENC_COMP[0,11,AX3] = 0.004	$ AA_ENC_COMP[0,11,AX3] = 0.004

（续）

$ AA_ENC_COMP_STEP[0,AX3] = 100.0	$ AA_ENC_COMP_STEP[0,AX3] = 100.0
$ AA_ENC_COMP_MIN[0,AX3] = 100.0	$ AA_ENC_COMP_MIN[0,AX3] = 100.0
$ AA_ENC_COMP_MAX[0,AX3] = 1200.0	$ AA_ENC_COMP_MAX[0,AX3] = 1200.0
M17	M02

4. 设置参数，激活螺距误差补偿功能

设置 MD32700 = 1 时，螺距补偿生效，802S 内部补偿值文件自动进入写保护状态。如果需要修改补偿值，必须先修改补偿文件，并且设定 MD32700 = 0。

5. 系统再次上电，螺补功能设定完毕

螺距误差补偿必须在返回参考点后才生效。

 任务实施

在实验室具体实训设备上进行数控机床参数的显示、设置与调整实训。

任务 9.2　802C 数控系统数控机床的参数设置与调整

 学习目标

能进行 NC 参数的调试；能进行简单 PLC 程序的设计。

 任务布置

数控机床参数的设置与调整。

 任务分析

在理解 NC 参数的调试方法、进行简单 PLC 程序的设计方法后进行数控机床参数的设置与调整实训。

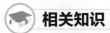 **相关知识**

一、参数的调试

1. 模拟和伺服驱动的机床数据

系统出厂时设定各轴均为模拟轴（MD30130 = 0 和 MD30240 = 0），即系统不产生指令输出给驱动器，也不读电动机的位置信号。设置机床数据 MD30130 = 1 和 MD30240 = 1，激活该轴的位置控制器，使坐标轴进入正常工作状态。

2. 编码器与坐标轴和主轴的匹配

参数的序号［0］只对进给轴有效，序号［1］~［5］对应于主轴的五个档位，也就是说，进给轴只要设定序号为［0］的分子和分母，主轴则需要设定序号为［1］~［5］的分子和分母。当机械配比参数设定完毕后，数控系统发出的手动或零件程序等移动控制指令应与实际位置相吻合。

【例 1】　方波脉冲编码器（500 个脉冲）直接安装在主轴上，内部倍频为 4，内部计算精度达 1000 增量/度。

表 9-4 用于匹配编码器的机床数据

MD	数据名	说明	备注	
31040	END_IS_DIRECT	编码器直接安装到机床上	0	1
31020	ENC_RESOL	每转编码器线数	线/转	线/转
31080	DRIVE_END_RATIO_NUMERA	减速箱解算器分子	电动机转数	丝杠转数
31070	DRIVE_ENC_RATIO_DENOM	减速箱解算器分母	编码器转数	编码器转数
31050	DRIVE_AX_RATIO_DENUM[0…5]	齿轮箱分子	电动机转数	电动机转数
31060	DRIVE_AX_RATIO_NUMERA[0…5]	齿轮箱分母	丝杠转数	丝杠转数

1）编码器直接安装在主轴上：MD31080＝1，MD31070＝1。

2）脉冲编码器为 500 脉冲/转：MD31020＝500。

3）内部分辨率。

$$内部分辨率=\frac{360}{MD31020\times4}\times\frac{MD31080}{MD31070}\times1000=\frac{360}{500\times4}\times\frac{1}{1}\times1000=180$$

4）一个编码器脉冲等于 180 个内部增量，也就是 0.18°。

【例 2】 旋转编码器（2048 个脉冲）安装在电动机上，内部倍频＝4，电动机端齿轮齿数/主轴端齿轮齿数＝2.5/1。

1）根据题意：MD30180＝1，MD31070＝1，MD31060＝2.5，MD31050＝1。

2）编码器转数为 2048 脉冲/转：MD31020＝2048。

3）内部分辨率。

$$内部分辨率=\frac{360}{MD31020\times4}\times\frac{MD31080}{MD31070}\times\frac{MD31050}{MD31060}\times1000=\frac{360}{2048\times4}\times\frac{1}{1}\times\frac{1}{2.5}\times1000$$
$$=17.5781$$

4）一个编码器脉冲等于 17.5781 个内部增量，也就是 0.0175781°。

3. 进给轴机床数据的设定

当伺服电动机进给轴连接好后，需要设定以下数据，见表 9-5。

表 9-5 进给轴机床数据

MD	说明	单位
30130	给定值输出类型	
30240	实际值类型 0：模拟 2：外部编码器	
31020	编码器线数	i/r(脉冲/转)
31030	丝杠螺距	
32000	最大值速率	mm/min(毫米/分)
32250	伺服增益系数	
32260	电动机额定转速	r/min(转/分)

【例 3】 某一进给轴，编码器为 2500 脉冲/r，传动比为 1∶1，丝杠螺距为 10mm，电机转速为 1200r/min。进给轴数据的设定如下：

MD30130＝1；

MD30240＝2；

MD31020 = 2500；

MD32250 = 80%；

MD32260 = 1200；

MD32000 = 12000。

4. 伺服增益的设定

根据特殊的机械条件，必须调整伺服增益，增益过高会导致振动，过低会导致错误。伺服增益的设定机床参数号为 MD32200（POSCTRL_ GAIN），单位为 m/min，若 MD32200 = 1时，其含义为当速率为 1m/min 时的误差为 1mm。

5. 螺纹 G3311/G332 的动态调整

用于功能 G331/G332 螺纹插补的主轴和相关进给轴的动态响应可通过控制环来调整。通常考虑 Z 轴，该轴要与主轴的惯性一起调整，相应的机床数据见表 9-6。

表 9-6　动态调整参数

MD	说明	单位
32900	动态响应调整	
32910	动态调整时间常数	s

主轴的动态数值作为闭环增益存放在机床参数 MD32200 [n] 中，与之相匹配的进给轴的数值应输入到 MD32910 [n] 中，两者的满足以下关系：

$$MD32910 = \left(\frac{1}{K_V[n]_{主轴}} - \frac{1}{K_V[n]_{进给轴}}\right) \times \frac{60}{1000}$$

【例 4】　主轴 K_V：MD32200 POSCTRL_ GAIN [1] = 0.5；进给轴 Z：K_V = 2.5；用搜索功能输入 Z 的机床数据 MD32910：

$$MD32910 = \left(\frac{1}{K_V[n]_{主轴}} - \frac{1}{K_V[n]_{进给轴}}\right) \times \frac{1000}{60} = \left(\frac{1}{0.5} - \frac{1}{2.5}\right) \times \frac{60}{1000} = 0.096$$

当运行进给轴（如 Z 轴）和主轴时，有关 MD32200 的确切值将出现在服务显示上，此时 MD32900 必须设定为 1，调整才生效。

6. 齿轮间隙

由机械间隙造成的轴运动误差可以通过齿隙补偿值 MD32450（BACKLASH）来纠正每次改变运动方向时的轴相关的实际值。在回参考点后，所有工作方式中的齿隙调整将生效。

7. 主轴参数

在 802C 中主轴功能是整个坐标轴功能的一部分，所以主轴机床数据可以在坐标轴机床（MD35000 起）中查找。主轴机床数据中每个齿轮级可以对应输入一组参数，选择参数时，参数组要与当前的齿轮级一致。每个齿轮级都有该档的最高速度、最低速度和该档的速度限制，对应的设定数据见表 9-7。

表 9-7　主轴参数

机床数据	说明	默认值
43210	可编程的主轴速度极限值	0
43220	可编程的主轴速度极限值	1000
43230	G96 主轴速度极限值	100

说明：802C 数控系统参数的类型及保护级参见任务 9.1。802C 数控系统初始化的步骤参见任务 9.1（初始化文件不一样）。802C PLC 参数的调试参见任务 9.1。802C 设定丝杠螺距误差补偿参见任务 9.1。

二、PLC 实用程序设计

1. 数据块与信号接口的对应关系

作为数控系统的重要组成部分，系统内嵌的 PLC 采用接口变量 V 及相应的数据位的形式与 NCK、HMI 和 MCP 进行控制和状态信息的传递，并按照系统的工作状态和用户编写的控制程序完成机床逻辑控制任务，PLC、NCK、HMI、MCP 相互间信息传递的路径和方向如图 9-14 所示。

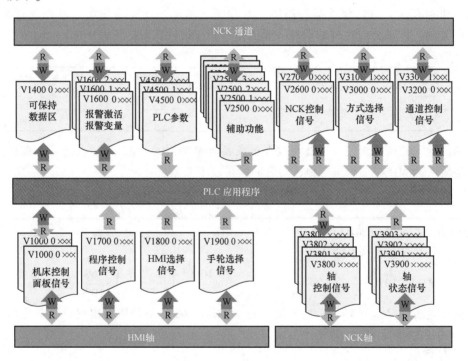

图 9-14　数据块与信号接口的对应图

数控系统与 PLC 主要接口信号简要说明见表 9-8。

表 9-8　数控系统与 PLC 主要接口信号说明

序号	变量地址范围	信息传送方向	传送主要内容
1	V10000000 ~ V10000008	MCP→PLC	将来自 MCP 的按键信号以数据位的形式送至 PLC，包括系统控制方式选择键、NC 控制键、各轴点动控制键、倍率开关等信号
2	V11000000 ~ V10000007	PLC→MCP	将 PLC 已确认的 MCP 按键信号（除倍率开关外）返回给 MCP
3	V16000000 ~ V16000007	PLC→HMI	将 PLC 程序所触发的用户报警号送至 HMI，再由 HMI 根据已编号并下载到数控系统的报警信息显示出来

（续）

序号	变量地址范围	信息传送方向	传送主要内容
4	V16002000	HMI→PLC	HMI 将 NC 不能启动、系统急停等重要的有效报警响应送至 PLC
5	V17000000～V17000003	HMI→PLC	将用户在 HMI 上选择的程序空运行、程序测试、程序跳段、快速进给倍率生效等状态信号送至 PLC
6	V25001000～V25001012	NCK→PLC	将 NC 程序已得出的辅助功能 M 信号送至 PLC，包括M0～M99
7	V30000000～V30000002	PLC→NCK	将 PLC 已确认的控制方式信号送至 NCK，包括 AUTO、手动、MDA 控制方式等
8	V31000000～V31000001	NCK→PLC	将 NCK 确认的系统控制方式有效信号返回 PLC

数控系统内置的 PLC 有一些特定的变量位，即 NC 与 PLC 的通信接口信号，通过机床数据可实现对外围输入与输出信号的控制。表 9-9 为通用机床数据 MD14510（MD 14510 USER_ DATA_ INT）与 MD14512（MD 14512 USER_ DATA_ HEX）变量的对应关系。

表 9-9　MD14510 和 MD14512 对应的接口数据

机床数据	接口数据	数据值
MD14510	45000000	整数型（word／2 byte）
MD14512	45001000	十六进制（hex／1 byte）

【例5】　MD14510 与 MD14512 的应用实例。

图 9-15 中 VW45000032 为 MD14510 [32]，V45001016.2 为 MD14512 [16] 的第 2 位。第一行的意思：MD14512 [32] 为 "0"，且 MD14512 [16] 的 bit2 为 "1" 时，倍率开关及第三轴生效，V3802001.7 被置位，同时激活该轴测量系统

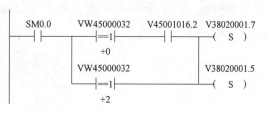

图 9-15　应用举例

V38020001.5。第二行的意思：MD14512 [32] 为 2 时，倍率开关第三轴生效，V38020001.7 被置位，同时激活该轴的测量系统 V38020001.5。

2. 主程序分析

图 9-16 所示为主程序调用冷却控制的子程序段，从图 9-6 中可以看到：满足条件 SM0.1 为 "0" 以及 V45001011.0 为 "1" 时，子程序 COOLING 被调用。其中 SM0.1 为 PLC 启动时第一个周期标志脉冲。V45001011.0 为机床数据 14512 [11] 的第 0 位，程序中用此机床数据来选择有无冷却控

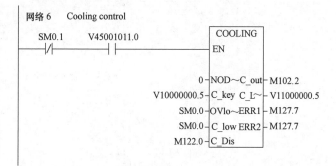

图 9-16　主程序调用冷却控制的子程序段

制。其中 V10000000.5 为数控系统 K5 的按键地址，V11000000.5 为数控系统 K5 的按键灯的地址，SM0.0 为常 1 标志，M102.2 为 PLC 输出地址。M127.7 为 PLC 的报警信号。

3. 子程序结构分析

表 9-10 为 COOLING 子程序相对于主程序中的中间变量，各个标志对应着各个变量，例如：L2.0 相对于主程序中的 V10000000.5（K5 键），L2.4 相对于主程序中的 M102.2（输出信号）。

表 9-10　COOLING 子程序相对于主程序中的中间变量

	名称	变量类型	数据类型	注释
	EN	IN	BOOL	
LW0	NODEF	IN	WORD	
L2.0	C_key	IN	BOOL	The switch key (holding signal)
L2.1	OVload	IN	BOOL	Cooling motor overload (NC)
L2.2	C_low	IN	BOOL	Coolant level low (NC)
L2.3	C_Dis	IN	BOOL	Condition for Cooling output disable (NO)
		IN		
		IN_OUT		
L2.4	C_out	OUT	BOOL	Cooling control output
L2.5	C_LED	OUT	BOOL	Cooling output status display
L2.6	ERR1	OUT	BOOL	Alarm for cooling pump overload
L2.7	ERR2	OUT	BOOL	Alarm for coolant low level
		OUT		
		TEMP		

冷却子程序设计如图 9-17 所示，整个子程序完成 NC 系统对冷却系统的手动与自动的全过程程序控制，其中第一段程序完成了冷却输出标志的逻辑控制。手动控制键中间变量

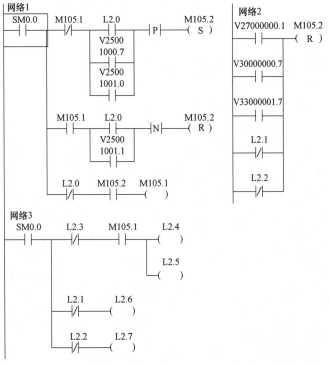

图 9-17　冷却子程序设计梯形图

L2.0 的第一次按下，程序控制指令 M07、M08 将对中间标志位 M105.2。L2.0 第二次按下，程序控制指令同 M09 将对中间标志位 M105.2 完成复位操作。

第二段程序表示当外界出现诸如急停、复位、程序测试、冷却电动机过载报警时，M105.2 将被强行复位，中止冷却输出。

第三段程序为信号的输出控制，M105.1 和使能 L2.3 控制冷却输出 L2.4 和 L2.5，中间变量 L2.1 和 L2.2 分别控制冷却电动机的报警信号。

这样，在主程序里将中间变量用具体 I/O 地址或标志位取代，即可获得所要求的冷却控制全过程。

 任务实施

在实验室具体实训设备上进行数控机床参数的设置与调整实训。

任务 9.3　802D 数控系统数控机床的参数设置与调整

 学习目标

能进行数控系统的初始化；能进行数控系统的参数调试；能进行 611UE 驱动器的设定；能编写 PLC 报警文本；能进行数据的备份和恢复。

 任务布置

数控机床参数的设置与调整。

 任务分析

在了解 802D 数控系统初始化的方法、802D 数控系统的 PLC 调试步骤、PROFIBUS 总线配置及驱动器定位的方法、NC 参数调试的步骤、SimoComU 软件设定 SIMODRIVE 611UE 伺服驱动器的方法、PLC 用户报警文本设计的方法、数据备份和恢复的方法后进行数控机床参数的设置与调整实训。

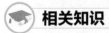 **相关知识**

一、数控系统的初始化

SINUMERIK 802D 工具箱中具有以下初始化文件可供选择：

1）setup_ T. cnf：具有完整循环软件包的车床系统。

2）Setup_ M. cnf：具有完整循环软件包的铣床系统。

3）setTra_ T. cnf：具有完整循环软件包和功能传输，Tracy1，主轴 IC 轴和第 2 主轴的车床系统。

4）trafo_ T. ini：具有完整循环软件包和功能传输，Tracy1，主轴 IC 轴和第 2 主轴的车床系统。

5）trafo_ T. ini ：用于功能 Tracy1 的机床数据——铣床系统。

6）adi4. ini：用于设定模拟点输出的机床数据。

利用 WinPCIN 软件将数控系统所需要的初始化文件下载到 802D 数控系统中，具体操作步骤如下：

1）在 802D 机床端，同时按 ALT+N，出现调试画面，按【调试】软键，选择"缺省值启动"，按【确认】软键后，机床系统重启，重启后，会出现"700016 User alarm 17"报警。

2）在调试画面，设定口令，输入"sunrise"，按【确认】软键。

3）设置 RS232 接口属性，采用"二进制"形式，按【存储】软键。

4）在电脑上，打开 WinPCIN 软件，选择"Binary Format"二进制格式，在安装目录下找到初始化文件，选择该文件打开。

5）在机床端按【确认】，传输结束后，系统重新上电，启动完成后出现机床画面，初始化成功。

二、数控系统的 PLC 调试

利用 802D 数控系统工具盒中的 PLC 编程工具 Programming Tool PLC 802 软件将 PLC 应用程序下载到数控系统中。下载成功后，需要启动 PLC 应用程序。可利用监控梯形图状态、监控内部地址的状态或利用"交叉引用表"来检查是否有地址冲突。

在调试急停处理子程序时，由于此时驱动器尚未进入正常工作状态，故不能提供"就绪信号"（电源馈入模块的端子 71 和 73.1 不能闭合），因此急停不能正常退出。可设定 PLC 参数 MD14512［16］bit0 = 1，或将端子 72 和 73.1 短接，急停即可正常退出。在调试完毕后必须设置参数 MD14512［16］bit0 = 0，或将端子 72 和 73.1 之间的短接线去掉。

三、PROFIBUS 总线配置及驱动器定位

1. 总线参数配置

SINUMERIC 802D 数控系统是通过 PROFIBUS 总线和外设模块进行通信的，PROFIBUS 总线参数的配置是通过 MD11240（PROFIBUS_SDB_NUMBER）来确定的。目前，可提供的总线配置有：

MD11240 = 0：PP72/48 模块：1+1，驱动器：无。

MD11240 = 3：PP72/48 模块：1+1，驱动器：双轴+单轴+单轴。

MD11240 = 4：PP72/48 模块：1+1，驱动器：双轴+双轴+单轴。

MD11240 = 5：PP72/48 模块：1+1，驱动器：单轴+双轴+单轴+单轴。

MD11240 = 6：PP72/48 模块：1+1，驱动器：单轴+单轴+单轴+单轴。

该参数生效后，611UE 液晶窗口显示的驱动报警应为"A832（总线无同步）"；611UE 总线接口插件上的指示灯变为绿色，若该指示灯仍为红色，请检查总线的连接。

2. 驱动器模块定位

数控系统与驱动器之间通过总线连接，系统根据下列参数与驱动器建立物理联系，见表 9-11。

表 9-11　驱动器模块参数设定

MD11240	PB 节点 DP(从站)	PB 地址	驱动器号
3	PP 模块 1	9	—
	PP 模块 2	8	—

（续）

MD11240	PB 节点 DP(从站)	PB 地址	驱动器号
3	单轴功率模块	10	5
	单轴功率模块	11	6
	双轴 A	12	1
	双轴 B	12	2
4	PP 模块 1	9	—
	PP 模块 2	8	—
	单轴功率模块	10	5
	双轴 A	12	1
	双轴 B	13	2
	双轴 A	13	3
	双轴 B	13	4
5	PP 模块 1	9	—
	PP 模块 2	8	—
	单轴功率模块	20	1
	单轴功率模块	21	2
	双轴 A	13	3
	双轴 B	13	4
	单轴功率模块	10	5
6	PP 模块 1	9	—
	PP 模块 2	8	—
	单轴功率模块	20	1
	单轴功率模块	21	2
	单轴功率模块	22	3
	单轴功率模块	10	5

【例 9-1】 车床带有一个 PP 模块，一个双轴功率模块（X 轴和 Z 轴）和一个单轴功率模块作主轴。PROFIBUS 地址和驱动器号的设置见表 9-12。

表 9-12　参数设置

MD11240	PB 节点(从站)	PB 地址	驱动器号
3	PP 模块 1	9	—
	PP 模块 2	8	—
	单轴功率模块	10	5
	双轴 A	12	1
	双轴 B	—	2

【例 9-2】 铣床带有 PP 模块，两个单轴功率模块（X 轴和 Z 轴），一个双轴功率模块（Y 和 C 轴）和一个单轴功率模块作主轴，PROFIBUS 地址和驱动器号的设置见表 9-13。

表 9-13 参数设置

MD11240	PB 节点（从站）	PB 地址	驱动器号
5	PP 模块 1	9	—
	PP 模块 2	8	—
	单轴功率模块	20	1
	单轴功率模块	21	2
	双轴 A	13	3
	双轴 B	—	4
	单轴功率模块	10	5

四、参数调试

1. 驱动器号和 PROFIBUS 地址的设定

根据总线配置 MD11240 的设定，设置驱动器号 MD30110 和 MD30220。

根据总线配置 MD11240 的设定，通过 SimoComU 软件设定驱动器的 PROFIBUS 地址。对于没有使用到的轴，应设置 MD2007 参数，如第 5 根轴没有使用到，则 MD20070 = 0，这样 NC 配置中就没有该轴了。

2. 进给轴机床数据的默认设定

MD31030：螺杆螺距。

MD31050：减速箱电动机端齿轮齿数。

MD31060：减速箱丝杠端齿轮齿数。

MD32000：最大轴速。

MD32300：轴的最大加速度。

MD34200：编码器模式。

MD36200：最大轴监控速度（1.15×MD32000）。

【例 9-3】 有一传动机构如图 9-18 所示，电动机带有增量编码器，齿轮比为 1∶2，螺杆螺距为 5mm，最大轴速度为 12m/min，最大轴加速度为 1.5m/s^2。机床数据设定如下：

MD30130 = 5；

MD30150 = 1；

MD30160 = 2；

MD32000 = 12000；

MD32300 = 1.5；

MD36200 = 13200；

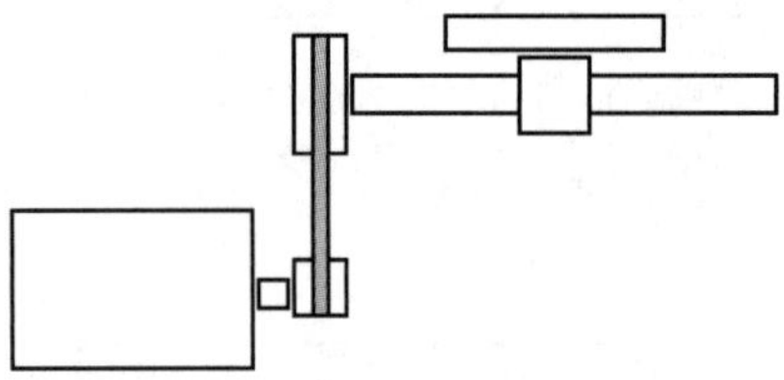

图 9-18 传动机构

3. 主轴机床数据的默认设定

在 802D 中主轴功能是整个坐标功能的一个部分，所以主轴机床数据可以在坐标轴机床数据 MD35000 中查找。因此，在主轴调试时也必须同样输入机床数据。

MD30200：编码器个数。

MD35100：最大主轴速度。

MD35130：齿轮换档最大速度。

MD35200：开环速度控制模式下的加速度。

MD36200：最大轴监控速度。

【例9-4】　图9-19所示为一主轴传动机构，电动机中装有主轴实际值编码器，采用数字主轴驱动器（PROFIBUS），齿轮比为1∶2，最大主轴速度为9000r/min，最大主轴加速度为60rev/s^2。主轴机床数据设定如下：

MD31050＝1；

MD30160＝2；

MD35100＝9000；

MD35130＝9000；

MD35200＝60；

MD36200＝9900；

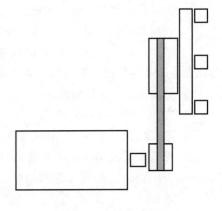

图9-19　主轴传动机构

【例9-5】　图9-20所示为主轴传动机构，采用数字主轴驱动器，主轴实际值编码器（TTL）直接与驱动器连接，编码器为2500脉冲/r，分解器齿轮传输比为1∶3。

MD13060〔4〕＝104；

MD30230＝2；

MD31020＝2500；

MD31040＝1；

MD31070＝3；

MD31080＝1；

MD32110＝0；

P890＝4；

P922＝104；

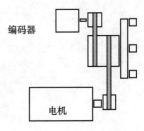

图9-20　主轴传动机构

1）将编码器与611UE闭环控制模块的X472连接。

2）将主轴的信息传输结构类型（MD13060 DRIVE_TELEGRAM_TYPE）设置成104。

3）将主轴的编码器输入值（MD30230 ENC_INPUT_NR）设置成第二编码器。

4）设置每转编码器线数（MD31020 ENC_RESOL）。

5）将齿轮箱参数化。

MD31070 DRIVE_RATIO_DENOM：编码器转数。

MD31080 DRIVE_ENC_RATIO_NUMERA：负载转数。

MD31040 ENC_IS_DIRECT：0-主轴编码器安装在电动机末端。

　　　　　　　　　　　　　1-主轴编码器直接安装在负载一侧。

6）设置编码器的实际符号值（MD 32110 ENC_FEEDBACK_POL）。

7）设置驱动器的参数（SimoComU）

P890激活编码器接口＝4。

P922 PROFIBUS信息传输结构＝104。

保存后，接通电源。

五、SimoComU 软件设定 SIMODRIVE 611UE 伺服驱动器

SimoComU 软件设定 SIMODRIVE 611UE 伺服驱动器的操作步骤如下：

1）利用驱动器调试电缆，将计算机与 611U 驱动器的 X471 接口连接。

2）接通驱动器电源，此时 611U 显示器的状态显示为"A1106"，这一显示表示驱动器没有安装正确的数据；同时驱动器上 R/F 红灯和总线接口模块上的红灯亮。

3）启动 SimoComU 软件。

4）在计算机侧选择驱动器与计算机的联机方式（单击 Search for online drive… 标签）。

5）进入联机画面后，计算机自动进入参数设定画面（start drive configuration wizard…）。

6）配置电动机参数：进入联机画面后，自动进入参数设定画面，单击"Start drive configuration wizard…"按钮，进入"驱动器配置"对话框（图 9-21）。

7）单击"下一步"，进入"驱动器模块类型选择"对话框（图 9-22），根据模块的类型与安装位置，输入 PROFIBUS 总线地址，选择完成单击"下一步"按钮。

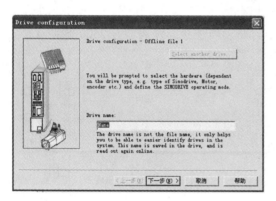

图 9-21　驱动器配置

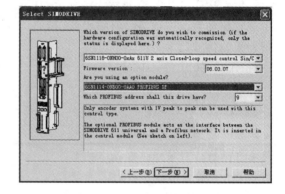

图 9-22　驱动器模块类型选择

8）进入"电动机型号选择"对话框（图 9-23），根据实际驱动所带电动机型号进行选择，型号中有"x"符号的为这一位可任意，其余的必须相符，不能选择错误。在查找框内输入信息可快速查找到相应的电动机型号。选择完成单击"下一步"按钮。

9）进入"测量系统（编码器）选择"对话框（图 9-24），根据所带电动机实际情况进行选择，选择完成单击"下一步"按钮。

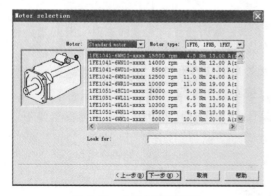

图 9-23　电动机型号选择

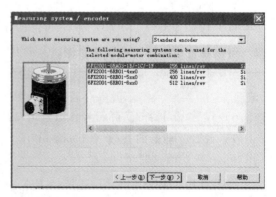

图 9-24　测量系统（编码器）选择

10）进入"操作模式选择"对话框（图9-25），在数控上应用都必须选择转速/力矩额定值选项。选择完成后单击"下一步"按钮。

11）进入"速度控制方式"对话框（图9-26），单击"下一步"按钮。

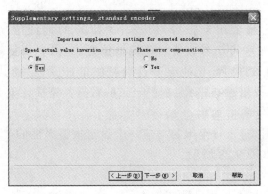

图9-25 操作模式选择

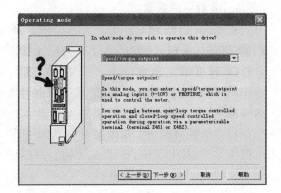

图9-26 速度控制方式

12）进入"结束驱动配置"对话框（图9-27），在对话框上部会显示出先前驱动配置所选的数据。如有错误单击"上一步"按钮进行修改。若输入均正确后，选择接受该轴驱动器配置。

13）驱动器会根据先前输入的驱动配置需要的数据自动计算调节器数据，并保存在驱动器的FLASHROM中，最后自动重新复位启动一次。在这期间会有一对话框显示驱动器初始化进度。重新启动完成后即设定完成。

重复以上步骤，完成其他轴的初始化设定与调整。

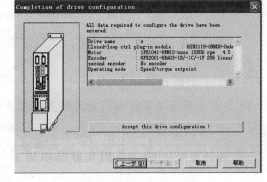

图9-27 结束驱动配置

六、PLC用户报警文本的设计

SINUMERIK 802D报警系统提供了64个PLC用户报警。每个报警对应一个报警变量，每个报警对应一个设定报警属性的机床参数MD14516。

1. 报警的属性

（1）报警清除条件 每个报警都需要定义其清除标准，PLC使用自清除标准作为默认标准。默认标准是：

1）上电清除：在报警条件取消后，需重新上电方可清除标准。

2）清除键清除：在报警条件取消后，按"删除"或"复位"键可清除该类报警。

3）自清除：在报警条件取消后，报警自动清除。

（2）报警响应 在PLC中对应于每个报警都要定义所需的报警响应。可选择的报警有：

1）PLC停止：用户程序停止，取消NC Ready信号。禁止所有硬件输出。

2）急停：报警自动激活接口信号"急停"。

3）进给保持：报警自动激活接口信号"进给保持"。

4）读入禁止：报警自动激活接口信号"读入禁止"。

5）启动禁止：报警自动激活接口信号"启动禁止"。

6）只显示：报警无动作，只显示报警号和文本。

2. 激活用户报警

系统为用户提供了 64 个 PLC 用户报警。每个用户报警对应一个 NCK 的地址位，V16000000.0~V16000007.7 分别对应于 700000~700007 号报警。该地址位置位（1）可激活对应的报警，复位（0）则清除报警。每个报警还对应一个 64 位的报警变量：VD16001000~VD16001252。变量中的内容或值可以按照报警文本中定义的数据类型插入显示的报警文本中。

每个报警对应一个报警变量（与报警文本相关），每个报警对应一个设定报警属性的 8 位机床参数 MD14516［0］~［64］，数据结构如图 9-28 所示。

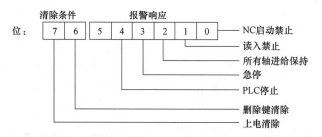

图 9-28　MD14516 的结构

当 bit0~bit5 = 0 时，表示报警为"只显示"报警。

当 bit6~bit7 = 0 时，表示报警为"自清除"报警。

3. 制作 PLC 用户报警文件

报警文本是指导操作人员处理报警的重要信息。802D 的工具盒中提供了报警文本的制作工具——文本管理器"Text Manager"。文本管理器主要包含了显示语言与报警文本，安装前应先进行语言的安装。在 Windows 的开始菜单下启动文本管理器"Text Manager"，进入文本管理器的操作界面，其主画面如图 9-29 所示。

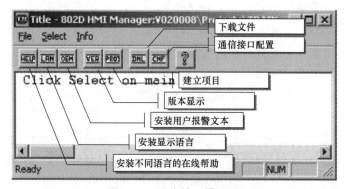

图 9-29　文本管理器画面

制作报警文本的过程如下：

1）从 Windows 的开始中找到文本管理器 TextManager，并启动。

2）建立一个新的项目（如 CK6140），并选择所需的语言，英文为第一语言，中文为第二语言。

3) 在文本编辑器中编辑报警文本文件 "alcu. txt"（该文件位于：安装根目录 V040204/projects/CK6140/text/c/alcu. txt），在引号内写入报警时要提示的重要信息。每个报警文本最多 50 个字符（25 个汉字）。不足 50 个字符的应在引号中增加空格。例如：

700001　0　0　"用户报警 2"。

700002　0　0　"X+点动键没有定义，请检查 PLC 机床参数 MD14510〔26〕取值范围：22~30，除 26 以外"。

4) 在 TextManger 窗口中选择 OEM，进入 "select OEM" 画面（图 9-30）。在中文报警目录 C 下的 alcu. txt 文件，选择 "Second Language"；在英文报警选择目录 G 下的 alcu. txt 文件，选择 First Language；选择 Make Archive。

图 9-30　OEM 画面

① 利用 Config Transfer 配置通信参数，选择二进制方式和合适的波特率等。

② 802D 的通信设定为二进制和对应的波特率后 "启动输入"。

③ 文本管理器上选择 Start Transfer ＊. arc ＊，报警文本即开始传入 802D 中。

④ 802D 屏幕上提示 "读数据启动"，按软菜单键 "确认" 后，传输继续进行。

七、数据的备份和保护

1. SINUMERIK 802D 储存器的配备方式

SINUMERIK 802D 系统配备了 32M 静态存储器 SRAM 与 16M 高速闪存 FLASH ROM 两种存储器，静态存储器区存放工作数据，高速闪存区存放固定数据，通常作为数据备份区，记忆存放系统程序，图 9-31 所示。

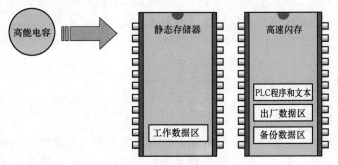

图 9-31　存储器的配备

2. SINUMERIK 802D 系统的启动方式

启动方式分为方式 0（正常上电启动）、方式 1（默认值上电启动）、方式 3（按存储器上电启动）三种，如图 9-32 所示。

方式 0：正常上电启动。以静态存储器区的数据启动，正常上电启动时，系统检测静态存储器，当静态存储器掉电，如果做过内部数据备份，系统自动将备份数据装入工作数据区后启动；如果没有做过内部数据备份，系统会将出厂数据区的数据写入工作数据区启动。

方式 1：默认值上电启动。以 SIEMENS 出厂数据启动，制造商机床数据被覆盖。启动时，出厂数据写

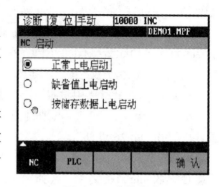

图 9-32　启动方式

入静态存储器的工作数据区后启动，启动完成后显示 04060 已经装载标准机床数据报警，复位后清除报警。

方式 3：按存储数据上电启动。以高速闪存 FLASH ROM 内的备份数据启动。启动时，备份数据写入静态存储器的工作数据区启动后，启动完后显示 04062 已经装备份数据报警，复位后可清除报警。

3. SINUMERIK 802D 系统的数据保护方法。

数据保护分为机内存储和机外存储两种。

（1）机内存储　数据的机内存储可以通过"数据存储"软菜单实现。802D 配备了 16MB 闪存 FLASH ROM 和 32MB 静态存储器 SRAM，所有生效的数据均存储于静态存储器，静态存储器的数据有高能量电容维持，当电容的能量消耗尽后，数据丢失。"内部数据备份"是将静态存储器中所有生效数据存储到闪存中，802D 在上电自检时如果检测到静态存储器 SRAM 的数据丢失，自动将 FLASH ROM 中的数据复位到 SRAM 中，并提示报警：04062-存储数据已经加载。

（2）机外存储

1）数据备份到计算机。

① 利用准备好的 802D 调试电缆将计算机和 802D 的 COM1 连接起来。

② 启动 WinPCIN 软件，单击 "RS232 Config" 设置通信参数，然后选择 "Receive Dtata"；

③ 在通信界面，用光标选择所需的数据，然后按软菜单键 "读出"，启动数据输出。

2）数据存储到 PC 卡。

802D 使用的 PCMCIA 存储卡为 8M 字节。数据备份过程如下：

① 将 PC 卡插入 802D 的 PCMCIA 的插槽中。

② 802D 上电启动，进入 "SYSTEM" 菜单，选择 "数据入/出" 软菜单键，然后将光标移到：试车数据 NC 卡。

③ 在软菜单键上选择 "读出"，即将数据备份到 PC 卡上。

④ 在软菜单键上选择 "读入"，即将备份到 PC 卡上的数据读入 802D。

4. 批量调试

SINUMERIK 802D 批量调试功能是批量生产的有效方法。可以将 "试车数据" 由一台已经调试完毕的 802D 通过 RS232 接口传送到待调试的 802D 中，或者将备份的个人计算机的 "试车数据" 通过 WinPCIN 通信软件传送到待调试的 802D 中，或者将备份的 PC 卡上的

"试车数据"传送到待调试的 802D 中。

在批量调试前必须首先设定驱动器 611UE 对应的 PROFIBUS 地址。具体步骤如下：

1）地址设定：设定参数 A918＝总线地址。

2）地址存储：设定参数 A652，其值由 1 变为 0 后总线已经存储。

3）地址生效：驱动器重新上电后地址生效。

（1）NC 到 NC 的批量调试

1）利用准备好的"802D 调试电缆"，将两台 802D 的 COM1 连接起来，且通信格式为二进制、波特率相同（≤19200）。

2）进入 802D 的"数据入/出"菜单，并将光标指定在"试车数据 PC"，然后选择"读出"软菜单键。

3）待调试的 802D 屏幕上出现提示信息"读试车数据"，只需选择"确认"软菜单键传输即可继续进行。

（2）PC 计算机到 NC 的批量调试（利用 WinPCIN 软件）

1）利用准备好的"802D 调试电缆"将计算机和 802D 的 COM1 连接起来。

2）802D 的通信设定为二进制，进入系统"SYSTEM"菜单，通过垂直软菜单键上选择"读入"，使 802D 进入数据等待状态。

3）启动 WinPCIN 通信软件，选择"二进制"通信方式。选择"SEND DATA"并且找到备份的"试车数据"，然后选择"Open"启动数据传输。

4）待调试的 802D 的屏幕上出现提示信息"读试车数据"，只需选择"确认"软菜单键传输即可继续进行。

（3）PC 卡到 NC 的批量调试

1）将存有"试车数据"PC 卡插入 802D 的 PCMCIA 的插槽中。

2）802D 上电，进入系统"SYSTEM"菜单，选择"数据入/出"软菜单键，然后将光标移动到"试车数据 NC 卡"。

3）按"读入"软菜单键进入数据等待状态。

4）802D 的屏幕上出现提示信息"读试车数据"，只需选择"确认"软菜单键传输即可继续进行。

 任务实施

在实验室具体实训设备上进行数控机床参数的设置与调整实训。

任务 10　数控机床电气控制系统的连接

任务 10.1　电气图册的使用

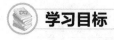 **学习目标**

能识读电气图册；能根据电气图册，查找典型控制回路。

任务布置

据电气图册，查找典型控制回路。

 任务分析

在理解电气手册的内容构成、电气手册的使用方法、典型控制回路查询的方法后进行数控机床电气图册的使用实训。

 相关知识

一、电气图册的识图

机床电气图册是了解数控机床电气控制系统的工作原理、维修维护数控机床电气系统的重要资料。

为了清楚而详细地说明数控机床电气系统，电气手册的编制采用了清楚的层次结构。

1. 目录

目录的主要内容是页码、图号和标题。

本书引用的电气手册的目录格式见表 10-1。

表 10-1　电气手册目录

页码	图　号	标　题	备注
21	EE-ECS-0A21	NC 电源单元控制连接	
22	EE-ECS-0A22	VMC850 控制模块, HV-45S	
23	EE-ECS-0A23	控制模块, HV-50S,70S	
24	EE-ECS-0A24	+Z 轴制动控制电路	
25	EE-ECS-0A25	VMC850 电动机控制电路	
26	EE-ECS-0A26	HV-40S,50S 电动机控制电路	
27	EE-ECS-0A27	HV-70S,80S 电动机控制电路	
28	EE-ECS-0A28	HV-100S 电动机控制电路	
29	EE-ECS-0A29	HV-100S 电动机控制电路	
30	EE-ECS-0A30	伺服控制系统	
31	EE-ECS-0A31	伺服控制系统	
32	EE-ECS-0A32	HV-100S 伺服控制系统	
33	EE-ECS-0A33	HV-100S 伺服控制系统	
34	EE-ECS-0A34	HV-100S 伺服控制系统	
35	EE-ECS-0A35	整体连接	
36	EE-ECS-0A36	控制单元	
37	EE-ECS-0A37	控制单元	
38	EE-ECS-0A38	控制单元	
39	EE-ECS-0A39	AC 110V 控制电路	
40	EE-ECS-0A40	AC 110V 电路(电磁控制)	

如果要查找某个机型的某个控制回路，可以先通过查找目录找到该回路所在的页码，然后再去查找所要的内容，这样做有事半功倍的效果。因此，当拿到一本电气手册时，首先要阅读它的目录，这是一种常规做法。

2. 线号表

线号表是为了说明电气手册上各种线缆的走向，以及各线缆在电气图中所处的位置而开列的一种表格。如果我们试图通过各种不同号码的线缆的走向和位置了解机床的电气控制系统的控制逻辑，以及通过一个线缆来查某一个回路的故障时，就必须有这样一种表格来说明各线缆的位置。每一种电气手册都会有类似的线号表，表10-2为线号表示例。

表 10-2　线号表示例

线号	位置	线号	位置	线号	位置	线号	位置	线号	位置	线号	位置	线号	位置	线号	位置
L1	14/Bl	L17A	22/A3	1	42/A2	31	24/C7	61	53/D3	91	49/A3	121	47/A6	151	39/A2
L2	14/B1	L27A	22/C3	2	42/C2	32	24/D8	62	51/B6	92	49/B3	122	59/E3	152	66/B2
L3	14/B1	L17B	24/B3	3	21/B3	33	41/A2	63	51/B8	93	45/A8	123	41/D3	153	54/F3
L1	15/Bl	L27B	24/B3	4	21/B4	34	39/E3	64	41/C8	94	45/D3	124	59/B6	154	45/F3
L2	15/B1			5	21/A4	35	40/E7	65	41/C8	95	55/A4	125	59/C6	155	23/B8
L3	15/B1			6	21/B4	36	40/A3	66	54/B3	96	54/B3	126	59/D6	156	23/C8
L11	14/D1			7	22/C5	37	39/C7	67	52/B3	97	55/B4	127	59/D6	157	49/B3
L21	14/D1			8	22/C6	38	39/A7	68	52/B3	98	55/C4	128	60/D2	158	52/D8
L31	14/D1			9	22/C6	39	49/C3	69	51/D3	99	52/D8	129	59/A6	159	58/D2
L12	14/E6			10	22/A5	40	49/D3	70	57/C3	100	48/B3	130	59/B6	160	57/F3
L22	14/E6			11	22/A6	41	42/D7	71	57/D3	101	48/C3	131	59/E6	161	53/A3
L32	14/E6			12	22/B6	42	52/C7	72	54/B3	102	48/D3	132	60/A2	162	57/B3
L13	14/C7			13	41/A3	43	42/D3	73	54/C3	103	48/A7	133	60/B2	163	44/B3
L23	14/C7			14	60/C2	44	42/A7	74	54/D3	104	48/B7	134	60/B2	164	54/A3
L33	14/D7			15		45	42/C7	75	55/B3	105	41/A3	135	41/A3	165	53/B8
L14	14/E6			16		46	42/B7	76	46/C3	106	48/C7	136	39/C6	166	46/A8
L24	14/E6			17	24/E8	47	52/A8	77	46/D3	107	48/D7	137	41/C3	167	53/B8
L34	14/E6			18	24/E5	48	52/B8	78	46/D3	108	47/B3	138	41/C3	168	53/C8
L15	30/D3			19	44/B7	49	51/C8	79	46/B8	109	47/C3	139		169	51/A3
L25	30/D3			20	44/C7	50	51/D8	80	43/B4	110	45/C3	140		170	47/B3
L35	30/D3			21	40/D3	51	51/D8	81	43/C3	111	66/B2	141		171	48/C8
L16	30/D3			22	40/C2	52	42/C2	82	53/D3	112	59/D7	142	40/B3	172	59/D2
L26	30/D3			23	40/C3	53	52/C8	83	53/D3	113	55/C4	143	41/A1	173	45/A1
L36	30/D3			24	39/A3	54	49/B8	84	45/A3	114	56/C4	144	46/A8	174	45/B1
L17	14/C9			25	40/D7	55	53/A8	85	45/B3	115	53/E8	145	42/A2	175	44/A3
L27	14/C9			26	40/B7	56	52/C3	86	43/D1	116	59/B2	146	21/C8	176	41/B3
L37	14/D9			27	62/D2	57	51/C3	87	43/D6	117	59/B2	147	21/C8	177	45/C8
L18	20/C2			28	39/C3	58	51/D3	88	45/C3	118	59/C2	148	41/D3	178	71/A2
L28	20/C2			29	39/D3	59	52/B3	89	57/A3	119	59/A2	149	30/A2	179	53/B3
L38	20/D2			30	24/B7	60	53/C3	90	57/B3	120	51/B2	150	30/B2	180	53/D8

从线号表可知，线号表把每一个线号所出现的所有位置都详细地列举出来，这样我们就可以通过线号查找具体的控制回路。这种方式在现场维修、维护数控机床时非常有用，因为在现场我们经常会看到线缆上标明了不同的号码。

3. 符号描述表

符号描述表不一定是每一本电气手册都会有，因为有的厂家会认为用户的相关人员已经了解制图标准。但是很多厂家还是会将其列出来，这样会使电气手册的适用人员更为广泛。符号描述表主要是说明该电气手册所使用的图形符号所要表达的元器件的类型。在阅读、使用电气手册时，应先阅读这一节内容，以免因为参照的标准不一致而错误理解该手册所要表达的内容。符号描述表示例见表 10-3。

表 10-3　符号描述表

图形符号	名称	图形符号	名称	图形符号	名称	图形符号	名称	图形符号	名称
	常开触点	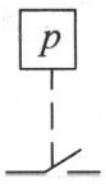	压力开关，动合触点	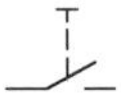	手动开关，动合触点		蜂鸣器		三相笼型异步电动机
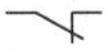	常闭触点	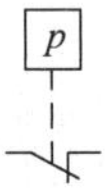	压力开关，动断触点	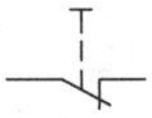	手动开关，动断触点		发光二极管		二极管
	脚踏开关，动合触点		行程开关，动合触点		断路器		三极闸流晶体管		电感器
	脚踏开关，动断触点		行程开关，动断触点		隔离开关	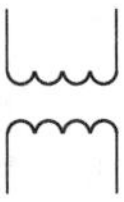	双绕组变压器		接地一般符号
	按钮开关，动合触点		接近开关，动断触点		线圈通电时延时断开的动断触点			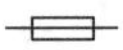	熔断器
	按钮开关，动断触点	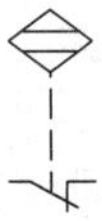	接近开关，动合触点	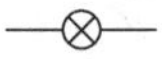	信号灯	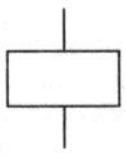	继电器线圈	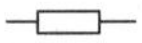	电阻器
	钥匙开关，动合触点	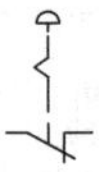	急停开关，动断触点	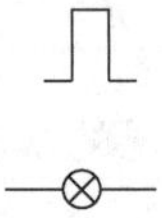	闪光型信号灯	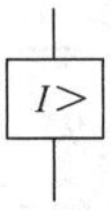	过电流继电器线圈	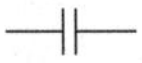	电容器

　　我们可以看到，符号描述表对电路图中所要用到的图形符号均进行了说明。在符号表后所绘制的电路图，均是按照图上所描述的符号组成。

4. 电气柜布置图

数控机床电气系统的绝大部分元器件都放置在机床的电气柜中。电气柜框图主要是用来描述每个器件在电气柜中的位置以及电气柜和外界相连通的线缆的位置。图 10-1 所示为机床电气柜布置图。

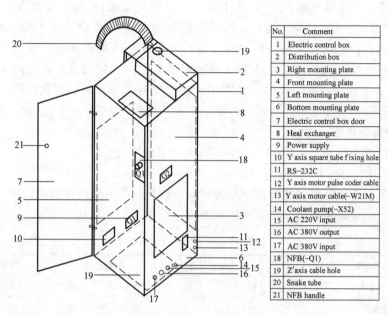

No.	Comment
1	Electric control box
2	Distribution box
3	Right mounting plate
4	Front mounting plate
5	Left mounting plate
6	Bottom mounting plate
7	Electric control box door
8	Heal exchanger
9	Power supply
10	Y axis square tube fixing hole
11	RS–232C
12	Y axis motor pulse coder cable
13	Y axis motor cable(–W21M)
14	Coolant pump(–X52)
15	AC 220V input
16	AC 380V output
17	AC 380V input
18	NFB(–Q1)
19	Z′axis cable hole
20	Snake tube
21	NFB handle

图 10-1　机床电气柜布置图

5. 控制回路框图

控制回路框图如图 10-2 所示，用于描述整个数控机床控制系统控制流程和各部分之间的关系。

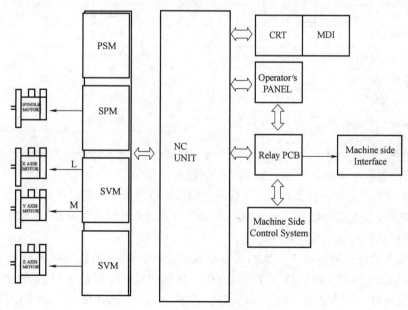

图 10-2　控制回路框图

二、电气图册识读举例

下面以数控机床冷却液电动机的控制系统为例，通过查找过程和步骤的讲解，讲述使用机床电气图册的方法。

1. 数控机床冷却液电动机的控制方式

数控机床冷却液电动机的控制有两种方式：程序自动控制（用 M 指令）和手动控制（控制面板上的开关）。第一种方式是数控系统将辅助功能 M 指令送至 PLC（PMC），经过 PLC 的处理后送出控制信号。第二种方式是操作人员在机床操作面板上操作开关，开关的状态信号经过线缆输入到 PLC，经过 PLC 的处理以后送出控制信号。可见两种方式的不同就是：送入 PLC 的信号是不一样的；但是 PLC 输出控制信号以后的回路相同，就是同一个回路。

2. 查找的具体步骤

查找冷却液电动机控制回路的具体步骤如下（手动方式）：

1）从冷却液电动机主电路图入手。

在电气图册目录中，根据电动机主电源控制回路所在的页码查找到电动机主电源控制回路，见表 10-4，目录表明电动机控制的主回路在电气图册第 2 页和第 3 页。

表 10-4　电气图册目录

序号	图样名称	代号	页次	序号	图样名称	代号	页次
1	文件索引图	= A0	1	14	主轴连接原理图	= L10	14
2	电气主电路图（1）	= D1	2	15	电器安装示意图	= A1	15
3	电气主电路图（2）	= D2	3	16	电缆连接图	= B1	16
4	控制回路电源图	= C	4	17	电气箱接线图	= B2	17
5	交流控制回路	= L1	5	18	面板接线图	= B3	18
6	直流控制回路	= L2	6	19	电缆线号表	= X1	19
7	PLC 输入信号（1）	= L3	7	20	电缆线号表	= X1-1	20
8	PLC 输入信号（2）	= L4	8	21	电缆焊接表	= X2	21
9	PLC 输入信号（3）	= L5	9	22	电缆焊接表	= X3	22
10	PLC 输入信号（4）	= L6	10	23	电缆焊接表	= X4	23
11	PLC 输出信号（1）	= L7	11	24	电缆焊接表	= X5	24
12	PLC 输出信号（2）	= L8	12	25	电缆焊接表	= X6	25
13	伺服连接原理图	= L9	13				

2）根据冷却液电动机主回路，查找其控制回路。

在电动机控制回路中，有很多个电动机的控制回路图放置在一起，可以通过文字描述和编号查找到冷却液电动机控制回路。如图 10-3 所示，冷却液电动机的主电路位于图区 B5～C5。

3）查找控制冷却液电动机的接触器。

在冷却液电动机控制回路中，我们可以看到控制冷却液电动机的接触器是 KM3。接下来就是查找到 KM3 线圈控制回路。在该机床中，接触器线圈控制是在 110V 的交流控制回路中（有的厂家的接触器直接受 24V 控制回路的控制），如图 10-4 所示，从图中可知 KM3 受继电器 KA2 和 KA5 控制。

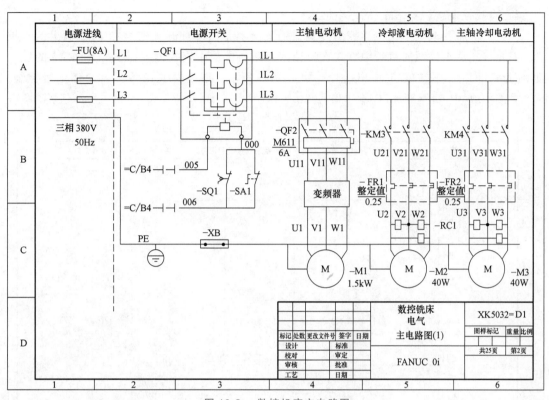

图 10-3 数控机床主电路图

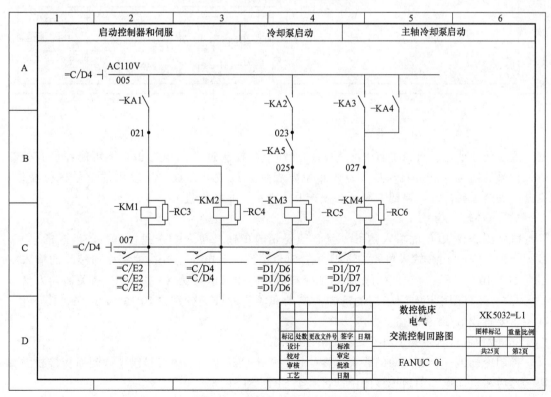

图 10-4 数控机床交流控制回路

4）查找控制接触器 KM3 的继电器 KA2 和 KA5。

在数控机床的电气系统中，控制接触器的继电器是由外部开关信号和 PLC 输出信号控制。因此首先从电气图册目录中查找直流控制回路，再从中查找继电器 KA2 和 KA5 的线圈控制回路，同时查找 PLC 的输出信号。如图 10-5 所示，继电器 KA2 受外部急停信号控制，KA5 受图 10-6 中 B4 区的 PLC 输出信号 Y0.3 控制。

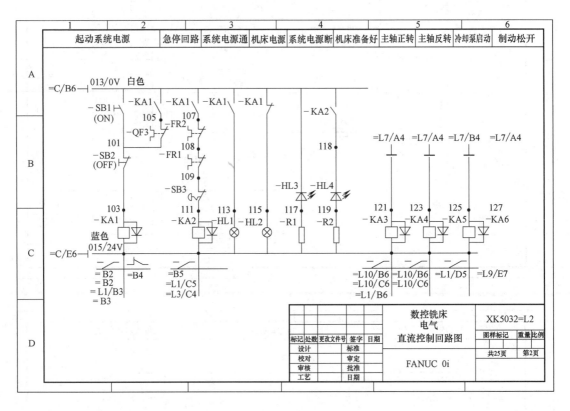

图 10-5　数控机床直流控制回路

通过前面所述，可以了解 PLC 输出的冷却液泵控制过程，但是 PLC 不可能在没有外部输入信号的情况下进行自动控制，PLC 也要根据系统或者面板上所输入的信号进行操作。因此，完全了解冷却液泵的控制还必须查明外部信号是如何进入 PLC。

5）PLC 输入信号。

既然要查清 PLC 的输入信号，就必须要到 I/O 输入单元去查找控制冷却液泵的信号。根据目录，查出 PLC 输入单元的页码，在 PLC 输入单元电路里查找控制冷却液泵的输入信号。如图 10-7 所示，在图中清楚标明了冷却液开的输入信号是 X3.6，冷却液关的输入信号是 X3.7，并且图中还列出了控制冷却液启动和停止的开关分别是 SB15 和 SB16。接下来，我们就要查找 SB15 的位置。

6）找控制冷却液泵的开关 SB15 和 SB16。

控制冷却液开启和关闭的开关是在操作面板上的开关。在图册目录中查到面板接线图页码，然后在机床操作面板接线图中即可查至 SB15 和 SB16。

至此已经将冷却液电动机的控制回路查找清楚。按照从开关出发到冷却液泵结束的顺序

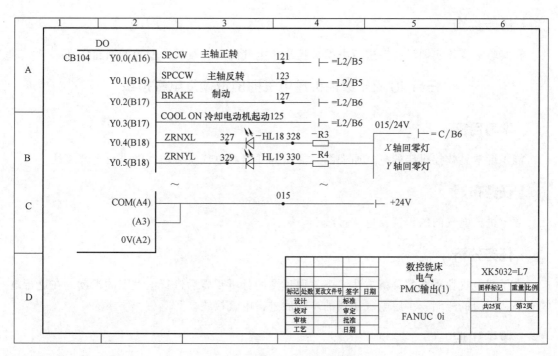

图 10-6　数控机床 PLC 输出信号

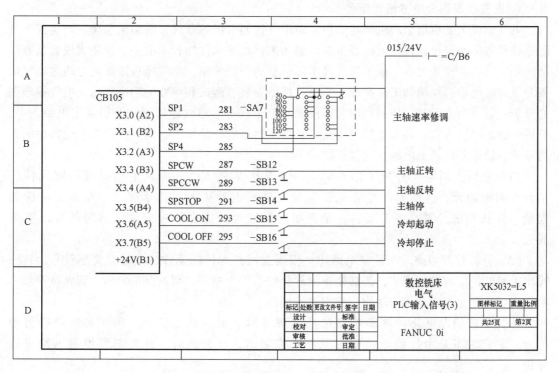

图 10-7　数控机床 PLC 输入信号

进行叙述如下：SB15→PLC 输入端 X3.6→PLC→PLC 输出端 Y0.3→中间继电器安装板→继电器 KA2、KA5→110 V 交流控制回路接触器 KM3→冷却液泵电动机 M2。

任务实施

在实验室具体实训设备上进行根据数控机床电气图册，查找典型控制回路实训。

任务 10.2 数控机床电气图的识读及电气接线

学习目标

能识读常见数控机床的电气原理图；能识读并绘制电气安装图；能进行电气接线。

任务布置

数控机床电气图的识读及电气接线。

任务分析

在了解电气原理图的分析方法、电气原理图的分析步骤后进行电气图的识读。在进行电气安装接线图的绘制、了解电气接线的步骤后进行电气接线。

相关知识

一、电气原理图

1. 电气原理图分析方法和步骤

电气原理图是根据生产机械运动形式对电气控制系统的要求，采用国家统一规定的电气图形符号和文字符号，按照电气设备和电器的工作顺序，详细表示电路、设备或成套装置的全部基本组成和连接关系，而不考虑其实际位置的一种简图。电气原理图能充分表达电气设备和电器的用途、作用和工作原理，是电气线路安装、调试和维修的理论依据。电气原理图的分析一般分为主回路、控制回路和辅助回路三个部分。电气原理图的分析从主电路入手，分析电路的控制内容；再分析控制回路，根据主回路的控制要求，逐一找出控制电路中的控制环节，最后分析辅助电路。具体步骤如下：

（1）分析主回路 分析主回路时，一般从电动机入手，即从主电路看控制元件的主触点和附加元件，根据其组合规律大致可知该电动机的工作情况，如是否有特殊的起动、控制要求，要不要正反转，是否要求调速等，这样分析控制电路时就可以有的放矢。

（2）分析控制回路 在控制电路中，根据主回路的控制元件、主触点文字符号，逐一找出控制电路中的控制环节，按功能不同划分成若干个局部控制电路来分析。通常按照展开顺序表、结合元件表、元件动作位置表进行阅读。

（3）分析辅助电路 辅助电路包括电源显示、工作状态显示、照明和故障报警等部分，它们大多是由控制电路中的元件来控制的，在分析时，还要对照控制电路进行分析。

（4）分析联锁和保护环节 机床对于安全性和可靠性有很高的要求，实现这些要求，除了合理选择元器件和控制方案外，在控制线路中还设置了一系列电气保护和必要的电气联锁。

（5）总体检查　经过"化整为零"，逐步分析每一个局部电路的工作原理以及各部分之间的控制关系之后，还必须用"集零为整"的方法，检查整个控制电路，看是否遗漏。特别要从整体角度去进一步检查和理解各控制环节之间的联系，理解电路中每个元器件所起的作用、工作过程及主要参数。

2. 电气原理图的分析举例

数控机床对于安全性和可靠性有很高的要求，在控制电路中还设置了一系列的电气保护环节。对经济型 CK6140 型数控车床电气控制电路分析如下。

（1）主回路分析　图 10-8 所示为 CK6140 型数控车床电气控制中的 380V 强电回路。图 10-8 中的 QF1 为电源总开关。QF2、QF3、QF4、QF5 分别为伺服强电、主轴强电、切削液电动机、刀架电动机的断路器，它们的作用是接通电源及在短路、过电流时起保护作用，其中 QF4、QF5 带辅助触点，该触点输入到 PLC，作为 QF4、QF5 的状态信号，并且这两个断路器的保护电流可调，可根据电动机的额定电流来调节断路器的设定值，起到过电流保护作用。TC1 为三相伺服变压器，将 AC 380 变为 AC 200V，供给伺服电源模块。RC1、RC3、RC4 为阻容吸收，当相应的电路断开后，吸收伺服电源模块、切削液电动机、刀架电动机中的能量，避免产生过电压而损坏器件。KM3、KM1、KM6 分别为主轴电动机、伺服电动机、切削液电动机交流接触器，由它们的主触点控制相应电动机；KM4、KM5 为刀架正反转交流接触器，用于控制刀架的正反转。

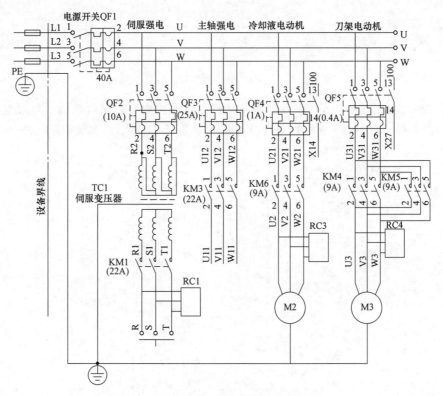

图 10-8　CK6140 型数控车床强电回路

（2）电源回路　图 10-9 中，TC2 为控制变压器，一次侧为 AC 380V，二次侧为 AC 110V、AC 220V、AC 24V。其中，AC 110V 给交流接触器线圈和强电柜风扇提供电源；

AC 24V 给电柜门指示灯和工作灯提供电源；AC 220 通过低通滤波器滤波给伺服模块、电源模块、DC 24V 电源提供电源。VC1 为 24V 电源，将 AC 220V 转换为 DC 24V 电源，为数控系统、PLC 输入/输出、24V 继电器线圈、伺服模块、电源模块、吊挂风扇提供电源。

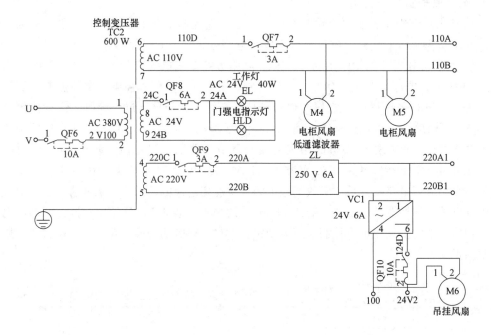

图 10-9　CK6140 型数控车床电源回路

（3）控制回路分析　CK6140 型数控车床控制电路主要有主轴电动机、刀架电动机和冷却液电动机 3 种。图 10-10 所示为交流控制回路。图 10-11 所示为直流控制回路。

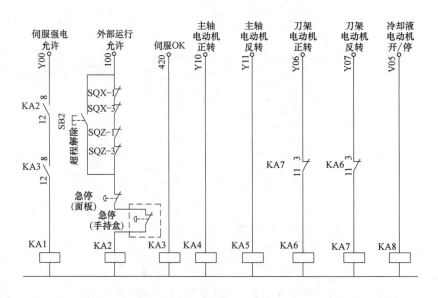

图 10-10　CK6140 数控车床交流控制回路

　　1）主轴电动机控制。在图 10-8 中，先将 QF2、QF3 断路器合上。在图 10-10 中，当机床未压限位开关、伺服未报警、急停未按下、主轴未报警时，KA2、KA3 继电器线圈通电，继电器触点吸合。此时，PLC 输出点 Y00 发出伺服允许信号，KA1 继电器线圈通电，继电器触点吸合。在图 10-11 中，KA1 继电器触点吸合，KM1 交流接触器线圈通电。在图 10-11 中 KM1 交流接触器触点吸合，KM3 交流接触器线圈通电，图 10-8 中 KM3 交流接触器主触点吸合，主轴变频器加上 AC 380V 电压。若有主轴正转或主轴反转及主轴转速指令时（手动或自动），在图 10-10 中，PLC 输出主轴正转 Y10 或主轴反转 Y11 有效、主轴转速指令输出对应于主轴转速的直流电压值（0～10V）至主轴变频器上，主轴按指令值的转速正转或反转。当主轴速度到达指令值时，主轴变频器输出主轴速度到达信号给 PLC，主轴转动指令完成。主轴的起动时间、制动时间由主轴变频器内部参数设定。

　　2）刀架电动机的控制。当有手动换刀或自动换刀指令时，经过系统处理转变为刀位信号。这时，在图 10-10 中，PLC 输出 Y06 有效，KA6 继电器线圈通电，图 10-11 中继电器触点闭合。KM4 交流接触器线圈通电，图 10-8 中 KM4 交流接触器主触点吸合，刀架电动机正转。当 PLC 输入点检测到指令刀具所对应的刀位信号时，PLC 输出 Y06 有效撤销，刀架电动机正转停止。接着 PLC 输出 Y07 有效，KA7 继电器线圈通电，图 10-10 中 KA7 继电器触点闭合，KM5 交流接触器线圈通电，图 10-8 中 KM5 交流接触器主触点吸合，刀架电动机反转，延时一定时间后（该时间由参数设定），并根据现场情况作调整，PLC 输出 Y07 无效，KM5 交流接触器主触点断开，刀架电动机反转停止、换刀过程完成。为了防止电源短路和电气互锁，在刀架电动机正转继电器线圈、接触器线圈回路中串入了反转继电器、接触器常闭触点，反转继电器、接触器线圈回路中串入了正转继电器、接触器常闭触点。请注意，刀架转位选刀只能一个方向转动，若刀架电动机正转时执行换刀动作，则反转时，刀架则锁紧定位。

　　3）冷却泵电动机控制。当有手动或自动冷却指令时，图 10-10 中的 PLC 输出 Y05 有效，KA8 继电器线圈通电，图 10-11 中 KA8 继电器触点闭合，KM6 交流接触器线圈通电，图 10-8 中 KM6 交流接触器主触点吸合，切削液电动机旋转，带动切削液泵工作。

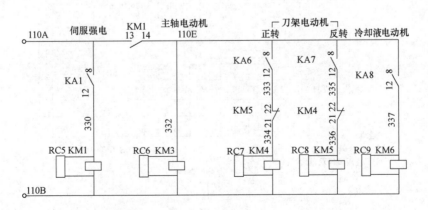

图 10-11　CK6140 型数控车床直流控制回路

二、电气安装接线图

1. 电气安装接线图的识图

电气安装接线图是根据电气设备和电器元件的实际位置和安装情况绘制的，只用来表示电气设备和电器元件的位置、配线方式和接线方式，而不明显表示电气动作原理，主要用于安装接线、线路的检查维修和故障处理。图 10-12b 所示为图 10-12a 所示电气原理图的电气安装接线图。

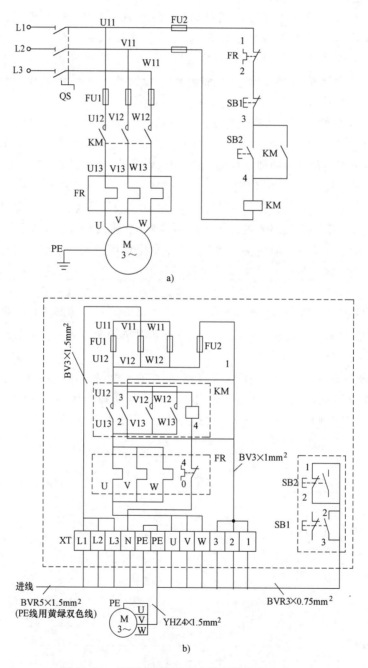

图 10-12 具有过载保护的自锁正转控制电路

a）电气原理图 b）电气安装接线图

2. 电气接线的基本步骤

电气接线的基本步骤为熟读电气原理图、绘制电气安装接线图、检查和调整电器元件、电气控制柜的安装配线、电气控制柜的安装检查和电气控制柜的调试 6 个步骤。

（1）熟读电气原理图　电气原理图是根据控制电路工作原理绘制，具有结构简单、层次分明的特点，主要用于研究和分析电路工作原理。

（2）绘制电气安装接线图　电气安装接线图是根据电气设备和电器元件的实际位置和安装情况绘制的，只用来表示电气设备和电器元件的位置、配线方式和接线方式。主要用于安装接线、线路的检查维修和故障维修。

（3）检查和调整电器元件　对照电器元件一览表，配齐电气设备和电器元件，并进行检查。

（4）电气控制柜的安装配线　电气控制柜的制作的步骤为制作安装底板、选配导线、画安装尺寸线及走向线并弯电线管、安装电器元件、给电器元件和导线编号、接线等。

（5）电气控制柜的安装检查　安装完毕后，测试绝缘电阻并根据安装要求对电气线路、安装质量进行全面检查。

（6）电气控制柜的调试　电路经过检查无误后，才可进行通电试车。通常按照空操作试车、空载试车和负载试车的顺序进行试车。

 任务实施

在实验室具体实训设备上进行数控机床电气图的识读及电气接线实训。

 任务拓展

一、数控系统的信号线的分类

由于 FANUC 系统与外设之间的电缆连接使用了更多的串行通信结构，因此数控系统干扰的抑制就更为重要，如果电气安装处理不好，经常会发生数控系统和电动机反馈的异常报警，在机床电气完成装配后，处理这类问题就非常困难，为了避免数控系统此类故障的发生，在数控机床的电气装配时，必须全方面考虑系统的布线、屏蔽和接地问题。

在 FANUC 各系统的连接说明书中，对数控系统所使用的电缆进行了分类，即 A、B、C 三类。

A 类电缆是导通交流、直流动力电源的电缆，电压一般为 220/380V/110V 的强电、接触器信号和电动机的动力电缆，此类电缆会对外界产生较强的电磁干扰，特别是电动机的动力线对外界的干扰很大，因此，A 类电缆是数控系统中较强的干扰源。

B 类电缆是导通继电器的以 24V 电压信号为主的开关信号，这种信号因为电压较 A 类信号低，电流也较小，一般比 A 类信号产生的干扰小。

C 类电缆电源工作电压为 5V，主要信号有显示电缆、I/O Link 电缆、手轮电缆、主轴编码器电缆和伺服电动机的反馈电缆，因为此类信号在 5V 逻辑电平下工作，并且工作频率较高，极易受到干扰，所以在机床布线时要特别注意采取相应的屏蔽措施。

对于强电柜引出的各种电缆要根据不同种类进行合理的走线。应该尽量避免将三种电缆混装于一个导线管内，如特别有困难，最好将 A 类电缆通过屏蔽板与 B 类电缆隔开，如图 10-13 所示。

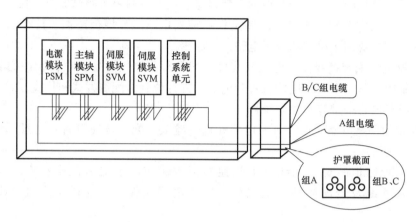

图 10-13　分开走线

二、接地

数控机床地线的总体连接如图 10-14 所示。一台机床的总地线应该由接地板分别连接到机床床身、强电柜和操作面板三个部分上。控制系统单元、电源模块 PSM、主轴模块 SPM、伺服模块 SVM 的接地端子，应该通过地线分别连接到设在强电柜中的地线板上，并与接地板相连。连接到操作面板的信号电缆都必须通过电缆卡子将 C 类电缆中的屏蔽线固定在电缆卡子支架上，屏蔽才能产生效果。

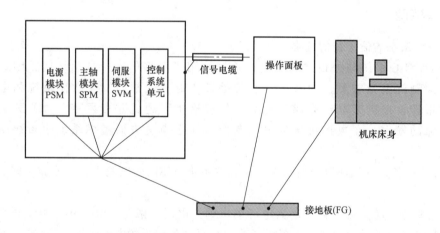

图 10-14　数控机床地线的总体连接图

三、噪声抑制器

强电柜中要用到线圈和继电器，当这些设备接通/断开时，会由于线圈自感产生很高的脉冲电压并对电子线路产生干扰，为此在机床电路中必须安装噪声抑制器。对于交流电路需要选择由电阻和电容组成的灭弧装置，直流回路需选用续流二极管，如图 10-15 所示。

选择灭弧器的注意事项：

1）灭弧器的电容和电阻参考值由线圈的直流电阻值和电流来决定，其电阻 R 的取值约

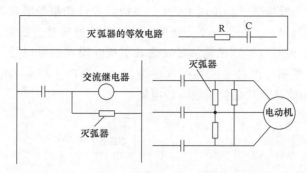

图 10-15　灭弧器在电路中的连接

等于线圈的等效直流电阻，电容 C（单位为 μF）的取值按下式计算：

$$C = \frac{I^2}{10} \sim \frac{I^2}{20}$$

式中　I——线圈的静态直流（A）。

2）用于直流电路的续流二极管在电路中的连接如图 10-16 所示，要选用耐压值为外加电压 2 倍、耐压电流为外加电流 2 倍的二极管，连接时需注意二极管的正负极不能接反。

四、电缆卡紧与屏蔽

为了保证数控系统操作的稳定性，需要进行屏蔽的电缆必须卡紧。先将电缆外层剥掉一块露出屏蔽层，再用电缆卡子夹紧此处，最后将它卡在地线板上，安装方法如图 10-17 所示。

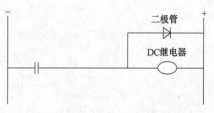

图 10-16　续流二极管的连接

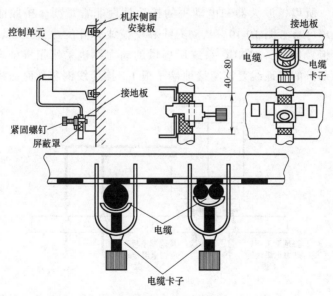

图 10-17　电缆卡紧图

五、浪涌吸收器的使用

为了防止来自电网的干扰，对异常输入（如闪电）起到屏蔽作用，系统对电源的输入应该设有保护措施。一般情况下，使用 FANUC 系统时要订购浪涌吸收器。浪涌吸收器包括两件，其中一个为相间保护，而另一个为线间保护。具体的连接方法如图 10-18 所示。从图 10-18 中可以看出，浪涌吸收器除了能够吸收输入交流的噪声信号以外，还可以起到保护作用，当输入的电网电源超出浪涌吸收器的嵌位电源时，会产生较大的电流，该电流可以使 5A 断路器动作，切断输送到其他控制设备的电流。

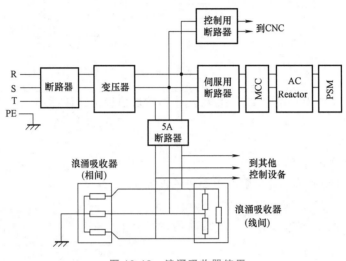

图 10-18 浪涌吸收器使用

六、伺服放大器和电动机的地线处理

FANUC 伺服放大器与系统之间用光纤 FSSB 连接，大大减少了系统与伺服间信号干扰的可能。但是，由于伺服放大器和伺服电动机间的反馈电缆仍然会受到干扰，极易造成伺服和编码器的相关报警，所以，放大器和电动机的接地处理非常重要。按照前面介绍的接地要求，伺服的接地处理可参考图 10-19。从动力线和反馈线分开的原理出发，采用动力线和反馈线两个接地端子板。目前，FANUC 系统所提供的动力线也采用了屏蔽电缆，所以可以进行动力线屏蔽。电动机的接地线要连至接地端子板 1，接地线铜芯截面面积要大于 $1.5mm^2$。

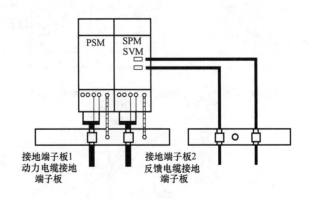

图 10-19 伺服放大器与反馈电缆的地线处理

电源模块、主轴模块、伺服模块与电动机间的地线连接如图 10-20 所示。电动机的接地线需从接地端子板 1 上连接到电动机一侧，接地线铜芯截面面积通常应大于 $1.2mm^2$。

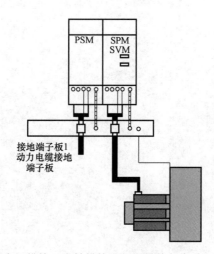

图 10-20　电源模块、主轴模块和伺服模块与电动机的地线连接

七、导线捆扎处理

在配线过程中，通常将各类导线捆扎成圆形线束，线束的线扣节距应力求均匀，导线线束的规定见表 10-5。

表 10-5　导线线束的规定

项目	线束直径/mm			
	>5~10	>10~20	>20~30	>30~40
捆扎带长度/mm	50	80	120	80
线扣节距/mm	50~100	100~150	150~200	200~300

线束内的导线超过 30 根时，允许加一根备用导线并在其两端进行标记，标记采用回插的方式防止脱落。线束在跨越活动门时，其导线数不应超过 30 根，超过 30 根时，应再分离出一束线束。

随着机床设备的智能化，遥感、遥测等技术越来越多地在机床设备中使用，绝缘导线的电磁兼容问题越来越突出。目前，电气回路配线已经不局限在一般绝缘导线，屏蔽导线也开始广泛被用采用。因此，在配线时应注意：不要将大电流的电源线与低频的信号线捆扎成一束；没有屏蔽措施的高频信号线不要与其他导线捆在一起；高电平信号线与低电平信号线不能捆扎在一起，也不能与其他导线捆扎在一起；高电平信号输入线与输出线不要捆扎在一起；直流主电路线不要与低电平信号线捆扎在一起；主回路线不要与信号屏蔽线捆扎在一起。

项目三

数控机床的验收

任务 11　了解数控机床验收的基本知识

 学习目标

了解数控机床安装调试的步骤和方法，掌握数控机床精度测量与验收的内容和方法，了解数控机床性能验收的内容，了解数控机床的维护内容和方法。

 任务布置

认识数控机床的验收内容并练习使用验收工具。

 任务分析

用户选购数控机床后，必须通过安装、调试，在验收合格后，才能投入正常生产。数控机床精度的测量是机床验收的核心工作之一。

数控机床的验收大致分为两大类：一类是对于新型数控机床样机的验收，由国家指定的机床检测中心进行；另一类是一般的数控机床，由用户验收其购置的数控设备。对于一般的数控机床用户，其验收工作主要根据机床出厂检验合格证上规定的验收标准及用户实际能提供的检测手段，部分或全部测定机床合格证上的各项技术指标，合格后将作为日后维修时的技术指标依据。

数控机床安装调试的目的是使数控机床达到出厂时的各项性能指标。对于小型数控机床，这项工作比较简单，机床到位固定好地脚螺栓后，就可以连接机床总电源线，调整机床水平。对于大、中型数控机床，安装调试就比较复杂，因为大、中型设备一般都是解体后分别装箱运输的，所以运到用户处后要先进行组装再调试。

在生产实际中，验收工作是数控机床交付使用前的重要环节。虽然新机床在出厂时已做过检验，但并不是现场安装上并调一下机床水平、试加工零件合格便可通过验收。验收时必须对机床的几何精度、定位精度及切削精度做全面检验，这样才能保证机床的工作性能。因为新机床运输过程中可能会产生振动和变形，故其精度与出厂检验的精度可能会产生偏差；定位精度的检测元件安装在机床相关部件上，几何精度的调整会对其产生一定的影响。数控机床的验收是和安装、调试工作同步进行的，机床开箱验收和外观检查合格后才能进行安装，机床的试运行就是机床性能及数控功能检验的过程。

数控机床是一种高精度、高效率、高价格的机电一体化设备。为了充分发挥数控机床的作用，每一个操作者都应做到安全操作，并做好日常维护工作。数控机床的日常维护和保养是操作者必不可少的一项工作。其日常维护和保养工作的具体内容在各数控机床使用说明书等资料中都有明确的规定，其主要内容包括机械部分日常维护、数控装置日常维护、液压和气压系统日常维护等。

相关知识

一、数控机床的安装调试

1. 机床初就位与组装

（1）机床基础　按照机床生产厂对机床基础的具体要求，如图 11-1 所示，做好机床安装基础，并在基础上留出地脚螺栓孔。机床安装位置应远离振动源，避免阳光照射和热辐射，放置在干燥的地方以避免潮湿和气流的影响。机床附近若有振动源，在基础四周必须设置防振沟。

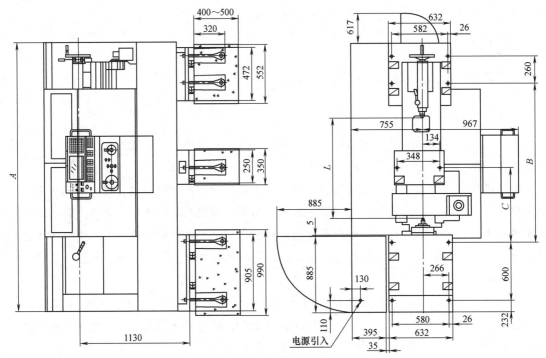

括号内尺寸为带液压箱时用

最大工件长度 L	A	B	C
750	2577 （3187）	1130	无中床腿
1000	2827 （3437）	1380	
1500	3327 （3937）	1880	
2000	3827 （4437）	2380	1050

图 11-1　数控机床的基础

（2）机床本体组装　机床本体组装前把导轨和各滑动面、接触面上的防锈涂料用煤油清洗干净，把机床各部件，如数控系统柜、电气柜、立柱、刀库、机械手等组装成整机。组装时必须使用原来的定位销、定位块等定位元件，以保证下一步精度调整的顺利进行。

对于要求有安装基础的机床而言，应将机床放置在基础上，在自由状态下找平，然后将地脚螺栓均匀地锁紧，留出适当的调整量，即 1~2 个锁紧螺母高度，在地脚螺栓孔灌注满混凝土，待其固化后，再精调机床。参照相关精度验收标准，使水平仪读数在精度验收标准允许的范围内。机床安装时应避免使机床产生强迫变形，不应随便拆下机床的某些部件，部件的拆卸可能导致机床内应力的重新分配，从而影响机床精度。

（3）电缆、油管和气管的连接　按机床说明书中的电气连接图和气压、液压管路图将有关电缆和管道按标记一一对应接好。连接时特别要注意清洁工作以及可靠的接触和密封，接头一定要拧紧，否则试车时易发生漏水、漏油，给试机带来麻烦。油管、气管连接时要特别注意防止异物从接口中进入管路，造成整个液压、气压系统故障。电缆和管路连接完毕后，要做好各管线的就位固定，安装好防护罩壳，保证外观整齐。

仔细检查机床各部位是否按要求加了油，冷却箱中是否加足冷却液，机床液压站、自动润滑装置中的油位是否到达油位指示器规定的位置。

2. 数控系统的连接与调试

（1）信号电缆的连接　数控系统信号电缆的连接包括数控装置与 MDI/CRT 单元、电气柜、机床操作面板、进给伺服单元、主轴伺服单元、检测装置反馈信号线的连接等，这些连接必须符合随机提供的连接手册的规定。

数控机床地线的连接十分重要，良好的接地不仅对设备和人身安全十分重要，同时还能减少电气干扰，保证机床的正常运行。地线连接一般采用辐射式接地法，即数控系统电气柜中的信号地、框架地、机床地等连接到公共接地点上，公共接地点再与大地相连。数控系统电气柜与强电气柜之间的接地电缆要符合要求，一般截面面积为 5.5~14 mm^2。地线必须与大地接触良好，接地电阻一般要求小于 4~7Ω。

通电前还应进行电气检查、数控系统检查、电磁阀检查、限位开关检查等。检查继电器、接触器、熔断器、伺服电动机控制单元插座、主轴电动机控制单元插座、CNC 各类接口插座有无松动；检查所有的接线端子，包括强、弱电部分在装配时机床生产厂自行接线的端子及各电动机电源线的接线端子，每个端子都要用工具紧固一次。所有电磁阀都要用手推动数次，以防止长时间不通电造成动作不良。检查所有限位开关动作的灵活性和固定性，防止动作不良或固定不牢。

（2）电源线的连接　数控系统电源线的连接是指数控系统电源变压器输入电缆的连接和伺服变压器绕组抽头的连接。

1）输入电源电压的确认。各国供电制式不尽一致，国外机床生产厂家为了适应中国的供电情况，无论是数控系统的电源变压器，还是伺服变压器都有多个抽头，必须根据我国供电的具体情况正确地连接。我国的供电制式是交流 380V，三相；交流 220V，单相；频率为 50Hz。

2）输入电源频率的确认。满足各国不同的供电情况，进口的数控机床或数控系统除配有电源变压器，以便用户利用变压器抽头选择电源电压外，电路板上还设有 50/60Hz 频率转换开关。通电前一定要仔细检查输入电源电压是否正确，频率转换开关是否已置于"50Hz"位置。

3）电源电压波动范围的确认。一般数控系统允许的电源电压波动范围为额定值的 85%~110%，有些数控系统要求更高一些。当供电质量不太好，电压波动大，电气干扰比较严重，电源电压波动范围超过数控系统的允许范围时，需配备交流稳压器。

4）输入电源相序的确认。数控系统的进给控制单元和主轴控制单元的供电电源大多采用晶闸管控制元件，如果通电相序不对，可能使进给控制单元及主轴控制单元的输入熔丝烧断。检查相序可以用相序表测量，也可以用双线示波器来观察两相之间的波形。如果相序错误，将任意两相对调一下即可。

数控系统内部都有直流稳压电源单元，为系统提供所需的+5V、±15V、±24V等直流电压。在系统通电前，应用万用表检查其输出端是否有对地短路现象。如有短路就必须查清短路的原因，在排除后方可通电，否则会烧坏直流稳压电源。此外，还要检查各印制电路板上的电压是否正常，各种直流电压是否在允许的波动范围之内。一般来说，±24V允许误差±10%，±15V的误差不超过±10%，对+5V电源要求较高，误差不能超过±5%，因为+5V是供给逻辑电路用的，波动太大会影响系统工作的稳定性。

检查供电主电路熔断器及每个印制电路板或电路单元的熔断器的质量和规格是否符合要求。

（3）系统参数的设定　数控机床在出厂前，生产厂家已对所采用的CNC系统设置了许多初始参数来配合、适应相配套的数控机床的具体状况，但部分参数还需要经过调试才能确定。数控机床交付使用时都随机附有一份参数表。参数表是一份很重要的技术资料，必须妥善保存，当进行机床维修，特别是当系统中的参数丢失或发生错乱、需要重新恢复机床性能时，参数表是不可缺少的依据。

不同数控系统进行参数显示、设定、修改的步骤不尽相同，可按照机床维修说明书所提供的方法进行设定和修改。不同的数控系统参数设定的内容也不一样，主要包括：

1）有关轴和设定单位的参数，如设定数控机床的坐标轴数、坐标轴名及规定运动的方向。

2）各轴的限位参数。

3）进给运动误差补偿参数，如直线运动反向间隙误差补偿参数、螺距误差补偿参数等。

4）有关伺服的参数，如设定检测元件的种类、回路增益及各种报警的参数。

5）有关进给速度的参数，如返回参考点速度、切削过程中的速度控制参数。

6）有关机床坐标系、工件坐标系设定的参数。

7）有关编程的参数。

（4）确认数控系统与机床间的接口　现代的数控系统一般具有自诊断功能，在CRT页面上可以显示出数控系统与机床接口以及数控系统内部的状态，可反映CNC到PLC、PLC到MT（机床）以及MT到PLC、PLC到CNC的各种信号状态。用户可根据机床生产厂提供的梯形图说明书、信号地址表，通过自诊断页面确认数控系统与机床之间的接口信号状态是否正确。

 任务实施

一、数控机床精度测量与验收

1. 数控机床几何精度验收内容和测量方法

数控机床的几何精度综合反映了该设备的关键机械零部件的几何形状误差。数控机床的几何精度检查和普通机床的几何精度检查基本类似，使用的检测工具和方法也很相似，但是检测要求更高。

以下列出一台普通立式加工中心的几何精度检测内容。

1）工作台面的平面度。

2）各坐标方向移动的相互垂直度。

3）X 坐标方向移动时，与工作台面的平行度。

4）Y 坐标方向移动时，与工作台面的平行度。

5）X 坐标方向移动时，与工作台面 T 形槽侧面的平行度。

6）主轴的轴向窜动。

7）主轴孔的径向跳动。

8）主轴箱沿 Z 坐标方向移动时，主轴轴线的平行度。

9）主轴回转轴线对工作台面的垂直度。

10）主轴箱在 Z 坐标方向移动的直线度。

在检测工作中要注意尽可能减小检测工具和检测方法的误差，如检测主轴回转精度时检验棒自身的振摆和弯曲等误差，在表架上安装千分表和测微仪时由表架刚性带来的误差，在卧式机床上使用回转测微仪时重力的影响，在测头的抬头位置和低头位置的测量数据误差等。

机床的几何精度在机床处于冷态和热态时是不同的，检测时应按国家标准的规定，在机床稍有预热的状态下进行，所以通电以后机床各移动坐标往复运动几次，主轴按中等转速回转几分钟之后才能进行检测。

根据 GB/T 17421.1—1998《机床检验通则　第 1 部分：在无负荷或精加工条件下机床的几何精度》的说明对几何精度及测量方法归纳为如下几类。

（1）直线度

1）零件几何形状的直线度。如数控机床床身导轨的直线度。

2）部件的直线度。如数控机床升降台、铣床工作台纵向基准 T 形槽的直线度。

3）运动的直线度。如数控机床运动轴直线度。

其长度测量方法有平尺和指示器法、钢丝和显微镜法、准直望远镜法和激光干涉仪法。

其角度测量方法有精密水平仪法、自准直仪法和激光干涉仪法。

（2）平面度　例如，立式加工中心工作台面的平面度。其测量方法有平板法、平板和指示器法、平尺法、精密水平仪法和光学法。

（3）平行度、等距度和同轴度

1）线和面的平行度。如立式加工中心工作台面和 X 轴轴线间的平行度。

2）运动的平行度。如数控卧式车床顶尖轴线对主刀架溜板移动的平行度。

3）等距度。如立式加工中心定位孔与工作台回转轴线的等距度。

4）同轴度。如数控卧式车床工具孔轴线与主轴轴线的同轴度。

其测量方法有平尺和指示器法、精密水平仪法、指示器和检验棒法。

（4）垂直度

1）直线和平面的垂直度。如立式加工中心主轴轴线和 X 轴轴线运动间的垂直度。

2）运动的垂直度。如立式加工中心 Z 轴轴线和 X 轴轴线运动间的垂直度。

其测量方法有平尺和指示器法、角尺和指示器法及光学法（如自准直仪、光学角尺、放射器）。

（5）旋转部件

1）径向跳动。如数控卧式车床主轴轴端的卡盘定位锥面的径向跳动，或主轴定位孔的径向跳动。

2）周期性轴向窜动。如数控卧式车床主轴的周期性轴向窜动。

3）端面跳动。如数控卧式车床主轴的卡盘定位端面的跳动。

其测量方法有指示器法、检验棒和指示器法及钢球和指示器法。

2. 数控机床几何精度验收工具

目前，国内检测机床几何精度的常用检测工具有精密水平仪、直角尺、精密方箱、平尺、平行光管、千分表或测微仪、高精度主轴检验棒及一些刚性较好的千分表杆等。每项几何精度的具体检测方法见各机床的检测条件规定。但检测工具的精度等级必须比所测的几何精度要高一个等级，例如，用平尺来检验 X 轴方向移动对工作台面的平行度，要求公差为 0.025mm/750mm，则平尺本身的直线度误差及上下基面平行度误差应在 0.01mm/750mm 以内。

测量直线运动的检测工具有测微仪和成组块规、标准长度刻线尺和光学读数显微镜及双频光干涉仪等。标准长度测量以双频激光干涉仪为准。回转运动检测工具有 360°齿精确分度的标准转台或角度多面体、高精度圆光栅及平行光管等。一般车间检验机床精度常用工具和装置有以下几种。

（1）平尺　平尺是具有一定精度的平直基准线的实体，参照它可测定表面的直线度或平面度偏差。平尺有两种基本形式，如图 11-2 所示。

1）具有单一面的桥形平尺，如图 11-2a 所示。

2）具有两个平行面的平尺，如图 11-2b 所示。

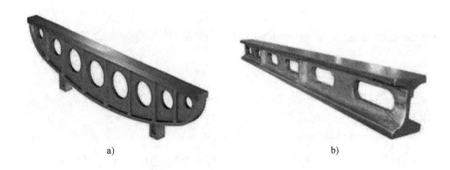

a)   b)

图 11-2　平尺

a）桥形平尺　b）具有两个平行面的平尺

平尺通常水平使用，或依靠其侧面使工作面垂直，或依靠其支承使工作面水平。在后一种情况下，支承位置应选择使自然挠度最小的位置。当平尺不在最佳支承位置时，特别是在两端时，应考虑自然挠度。

（2）带锥柄的检验棒 检验棒可检查在规定范围内所要检查的轴线，用它检查轴线的实际径向跳动或检查轴线相对机床其他零件的位置。

检验棒有一个可插入被检验机床锥孔的锥柄和一个作为测量基准的圆柱体口，如图 11-3 所示，其中图 11-3a、图 13-3b 所示部件分别用于数控铣床主轴（7：24 锥孔）和数控车床主轴（莫氏锥孔）相关几何精度的检验。它们用淬火和经稳定性处理的钢制成，可镀硬铬或不镀硬铬。

图 11-3 带锥柄的检验棒

a）用于 7：24 锥孔几何精度的检验 b）用于莫氏锥孔几何精度的检验

检验棒的锥柄和机床主轴的锥孔必须擦净以保证接触良好；测量径向跳动时，检验棒应在相隔 90°的 4 个位置依次插入主轴，误差以 4 次测量结果的平均值计；检查零部件侧向位置精度或平行度时，应将检验棒和主轴旋转 180°，依次在检验棒圆柱表面两条相对的素线上进行检测。检验棒插入主轴后，应稍等片刻，以消除操作者手传来的热量，使温度稳定。

对 0 号和 1 号莫氏圆锥的检验棒，必须考虑其自然挠度。其仅与示值读数为 0.001mm 且压力不超过 0.5 N 的指示器一起使用。指示器最好与检验棒下边接触，以抵消检验棒的自然挠度。

（3）角尺 角尺的基本形式有以下几种。

1）用一个平面和一个与它垂直的侧棱面组成的普通角尺，可带或不带加强筋，如图 11-4a 所示。

2）用于测量垂直于某平面某一轴线的圆柱形角尺，如图 11-4b 所示。

3）可带或不带加强筋的矩形角尺，如图 11-4c 所示。

角尺的尺寸一般不超过 500mm，角尺用钢、铸铁或其他适当的材料制造，应经过淬火和稳定性处理。

在机床上通常遇到的垂直度公差范围在 0.03mm/1000mm～0.06mm/1000mm，使用角尺能方便地测量这样的公差。对于更小的公差，则应考虑所用角尺带来的误差，另外，也可选用不使用角尺的其他测量方法。

（4）精密水平仪 精密水平仪有气泡水平仪（图 11-5a）和电子水平仪（图 11-5b）两种基本形式，这两种水平仪有以下两个主要功能。

1）确定绝对水平。

2）比较角度或斜率的微小变化。

根据检验所要求的精度来确定所需要的水平仪的灵敏度及其形式；在检验机床时，推荐

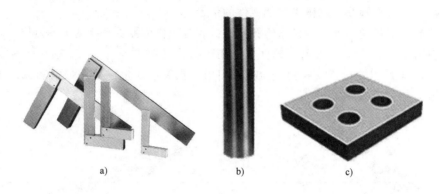

图 11-4　角尺

a）普通角尺　b）圆柱形角尺　c）矩形角尺

图 11-5　水平仪

a）气泡水平仪　b）电子水平仪

采用精度在 0.005mm/1000mm ~ 0.01mm/1000mm，及在角度变化不大于 0.05mm/1000mm 时，气泡至少要移动一个刻度的水平仪。基座的平面度应遵守以下公差。

1）0.004mm 适用于 $L \leqslant 250$mm。

2）0.006mm 适用于 250mm$<L \leqslant 500$mm。

其中，L 为基座端面的长度。

用水平仪检验时，应在尽可能短的时间内进行。考虑到在最初和最后读数之间可能出现的温度变化，应在相反方向上进行重复测量。

由于气泡水平仪的玻璃管日久容易变形，因而气泡水平仪在一定周期内应重新检定，每次检定的日期应填入检定单内。

（5）指示器　普通的检验可采用分辨率为 0.01mm 的百分表指示器，如图 11-6a 所示。对于较精密的检验（如机床主轴的跳动）应采用分辨率 0.001mm 的千分表指示器，如图 11-6b 所示。

3. 数控机床定位精度验收内容

数控机床的数控精度包括各运动轴的定位精度、重复定位精度和反向间隙。数控机床的定位精度有其特殊意义，它表明所测量的机床各运动部件在数控装置控制下运动所能达到的

图 11-6 指示器

a）百分表指示器 b）千分表指示器

位置精度。因此，根据实测的定位精度数值，可以判断出这台机床在自动加工中能达到的最好的工件加工精度。定位精度主要有以下检测内容。

1）直线运动定位精度（包括 X、Y、Z、U、V、W 轴）。

2）直线运动重复定位精度。

3）直线运动轴机械原点的返回精度。

4）直线运动失动量的测定。

5）回转运动的定位精度（转台 A、B、C 轴）。

6）回转运动的重复定位精度。

7）回转轴原点的返回精度。

8）回转运动失动量的测定。

4. 数控机床定位精度检测时的要求

（1）检验环境 为使机床按规定精度运转，供方（制造厂）规定有适宜的温度环境。规定一般包括平均室温、平均温度偏差的最大幅度和频率范围以及环境温度梯度等。由用户负责在安装现场提供机床操作和性能试验的适宜温度环境。当用户遵守供方所提出的规定，则供方应对所检测的机床性能负责。

（2）被检机床 被检机床应完成装配并经充分运转。在开始检验定位精度和重复定位精度之前，机床的调平、几何精度和功能检验都应完全符合要求。对机床的检验需要注意以下几个问题。

1）检验期间若使用机内补偿程序，应记录在检验报告中。

2）所有的检验均应在机床无载荷，即无工件的条件下进行。

3）非检验轴线上的滑板或运动部件的位置应在检验单上标明。

（3）温升 为了在正常工作条件下检验机床，检验前应按供方（制造厂）的规定或供方与用户的协议进行适当的升温，如果未规定条件，则机床在检验前的运动只限于调整测量仪器的需要。

机床连续地趋近任一特定的目标位置时，若偏差成一有序序列，应考虑到热状态尚不稳定，则应通过升温运转使这些趋势减至最低限度。

（4）检验程序　按机床编制程序使运动部件沿着或围绕轴线运动到一系列的目标位置，并在各目标位置停留足够的时间，以便测量和记录实际位置，机床应按程序以同一进给速度在目标位置间移动。

（5）检测数据的处理　数控机床的位置精度表明所测量的机床各运动部件在数控机床的控制下所能达到的精度。根据实测的位置精度，可以判断出这台机床在以后的自动加工中能达到的最好加工精度。

依据 GB/T 17421.2—2016《机床检验通则　第 2 部分：数控轴线的定位精度和重复定位精度的确定》的说明进行各项数据处理。

5. 数控机床切削精度验收

数控机床切削精度检查的实质是对机床几何精度和定位精度在切削和加工条件下的一项综合考核，一般来说，进行切削精度检查的加工，可以是单项加工，也可以是加工一个标准的综合性试件。对有特殊要求的高效机床，还要做单位时间金属切削量的试验等。切削加工试件材料除特殊要求外，一般为一级铸铁，使用硬质合金刀具按标准的切削用量切削。

在验收过程中应尽量排除其他的影响因素。即在切削试件时，可参照各类机床工作精度验收标准中规定的有关条文（如试件材料、刀具技术要求、主轴转速、背吃刀量、进给速度、环境温度以及切削前的机床空运转时间等）进行，或按机床所附有关技术资料规定的具体条件进行。切削精度检测可选择单项加工精度检测和综合加工精度检测。不同类型的机床，其检测内容也有所不同，用户可根据自己的检测条件和要求，合理进行选择。

要保证切削精度，就必须要求机床的几何精度和定位精度的实际误差要比公差小。例如某台加工中心的直线运动定位公差为±0.01mm/300mm、重复定位公差为±0.007mm、失动量公差为 0.015mm，但镗孔的孔距精度要求为 0.02mm/200mm，不考虑加工误差，在该坐标定位时，若在满足定位公差的条件下，只算失动量公差加重复定位公差（0.015mm + 0.014mm=0.029mm），即已大于孔距公差 0.02mm。所以，机床的几何精度和定位精度合格，切削精度不一定合格。只有定位精度和重复定位精度的实际误差大大小于公差，才能保证切削精度合格。因此，当单项定位精度有个别项目不合格时，可以以实际的切削精度为准。一般情况下，各项切削精度的实测误差值为公差值的 50% 是比较好的。个别关键项目在公差值的 1/3 左右，可以认为该机床的此项精度是相当理想的。对影响机床使用的关键项目，如果实测值超差，应视为不合格。

二、数控机床性能及数控功能的验收

数控机床性能及数控功能的验收一般有十几项内容，现将一些主要的项目分述如下。

1. 主轴系统性能验收

1）用手动方式选择高、中、低 3 个主轴转速，连续进行 5 次正转和反转的起动动作，试验主轴动作的灵活性和可靠性。

2）用手动数据输入方式，使主轴从最低级转速开始运转，逐级提高到允许的最高转

速，转速级数允许变动范围为设定值的±10%，同时观察机床的振动，主轴在长时间高速运转后（一般为2h）允许温升为15℃。

3）主轴准停装置连续操作5次，试验动作的可靠性和灵活性。

2. 进给系统性能验收

检测机床各运动部件在起动、停止和运行中有无异常现象和噪声，润滑系统及各冷却风扇工作是否正常。

1）在各进给轴全部行程上连续做工作进给和快速进给试验，快速行程应大于1/2全行程，正、负方向上连续操作不少于7次。检测进给轴正、反向的低、中、高速进给和快速移动的起动、停止、点动等动作的平稳性和可靠性。

2）在MDI方式下测定G00和G01下的各种进给速度，公差为设定值的±5%。

3）在各进给轴全行程上做低、中、高进给量变换试验。

4）检查数控机床升降台防止垂直下滑装置是否起作用。检查方法很简单，在机床通电的情况下，在床身固定千分表表座，用千分表测头指向工作台面，然后将工作台突然断电，通过千分表观察工作台面是否下沉，变化在0.01～0.02mm是允许的。下滑太多会影响批量加工零件的一致性，此时需调整自锁器。

3. 自动换刀系统验收

1）转塔刀架进行正、反方向转位试验以及各种转位夹紧试验。

2）检测自动换刀的可靠性和灵活性。如手动操作及自动运行时，在刀库装满各种刀柄条件下运动的平稳性，所选刀号到位的准确性。

3）测定自动交换刀具的时间。

4. 机床噪声验收

机床空运转时的总噪声不得超过标准规定（80dB）。数控机床由于大量采用电调速装置，主轴箱的齿轮往往不是最大噪声源，而主轴电动机的冷却风扇和液压系统液压泵的噪声等可能成为最大噪声源。

5. 电气装置验收

在运转试验前后分别做一次绝缘检查，检查接地线的质量，确定绝缘的可靠性。

6. 数字装置验收

检查操作面板、数控柜的各种指示灯以及冷却风扇的工作是否正常可靠，检查数控柜的密封性是否正常可靠。

7. 安全装置验收

检查对操作者的安全性和机床保护功能的可靠性，如各种安全防护罩、机床各运动坐标行程极限保护自动停止功能，各种电流、电压过载保护和主轴电动机过热、过负荷时的紧急停止功能等。

8. 润滑装置验收

检查润滑装置的可靠性，检查润滑油路有无渗漏和到各润滑点的油量分配等功能的可靠性。

9. 气液装置验收

检查压缩空气和液压油路的密封、调压功能及液压油箱的正常工作情况。

10. 附属装置验收

检查机床各附属装置机能的工作可靠性，如切削液装置能否正常工作，排屑器的工作质量，冷却防护罩有无泄漏，APC 交换工作台工作是否正常，试验带重载荷的工作台面自动交换情况，配置接触式测头的测量装置能否正常工作及有无相应测量程序等。

11. 数控系统性能验收

1）指令功能验收。按照该机床配备数控系统的说明书，用手动或编程序自动的检查方法，检验坐标系选择、加工平面选择、程序暂停、刀具长度补偿、刀具半径补偿、镜像功能、极坐标功能、自动加/减速处理、固定循环、各种切削插补指令以及用户宏程序等指令的准确性。

2）操作功能验收。试验手动数据输入、位置显示、返回参考点、参数及 PLC 编辑显示菜单、程序号显示及检索、程序删除、程序运行图形模拟、单程序段运行、程序段跳读、主轴和进给倍率调整、空运行、机床闭锁、进给保持、紧急停止、手动及自动开启切削液等功能。

12. 机床试运行

综合检查整台机床自动实现各种功能可靠性的最好办法是让机床长时间连续运行，如 8h、16h 和 24h 等。一般数控机床在出厂前都经过 80h 自动连续运行，到用户验收时不需要经过这么长时间的检验，但进行一次 8~16h 的自动连续运行还是必要的，这不仅可以考核该机床是否已比较稳定（一般自动化机床 8h 连续运行不出故障表明可靠性已达到一定水平），而且也是使机床用户对这台机床建立信心的最好办法。

机床在连续运行中必须先编制一个功能比较齐全的程序，它应包括以下内容。

1）主轴转动要包括标称的最低、中间及最高转速在内的 5 种以上速度的正转、反转及停止等运行。

2）各坐标运动要包括标称的最低、中间和最高进给速度及快速移动，进给移动范围应接近全行程，快速移动距离应在各坐标轴全行程的 1/2 以上。

3）一般自动加工所用的一些功能和代码要尽量用到。

4）自动换刀应至少交换 2/3 以上的刀号，而且都要装上质量在中等以上的刀柄进行实际交换。

5）必须使用特殊功能，如测量功能、APC 交换和用户宏程序等。

用包括以上内容的程序连续运行检查机床各项运动、动作的平稳性和可靠性，并且要强调在规定时间内不允许出故障，否则要在修理后重新开始规定时间考核，不允许分段进行累积到规定运行时间。

 任务拓展

一、数控机床的维护

1. 数控机床维护与保养的基本要求

数控机床操作者和维修者是数控机床日常维护的主要人员。保养数控机床要做到"三好"，即管好，用好，修好；"四会"，即会使用，会保养，会检查，会判断并排除简单故障。一般来说，数控机床日常操作者和维修者应具备以下基本素质。

（1）在思想上要高度重视数控机床的维护与保养工作　数控机床的操作者不能只管操作，而忽视对数控机床的日常维护与保养。

（2）提高操作人员的综合素质　数控机床的使用比普通机床的难度大，因为数控机床是典型的机电一体化产品，它涉及的知识面较宽，即操作者应具有机、电、液、气等更广泛的专业知识；另外，由于其电气控制系统中的 CNC 系统升级、更新换代比较快，如果操作人员不能定期参加专业的理论培训，就不能熟练掌握新的 CNC 系统应用。因此，必须对数控操作人员进行培训，使其对机床原理、性能、润滑部位等进行较系统的学习，为更好地使用机床奠定基础。同时，在数控机床的使用与管理方面，制订一系列切合实际、行之有效的措施。

（3）要为数控机床创造一个良好的使用环境　由于数控机床中含有大量的电器元件，阳光直接照射、潮湿和粉尘、振动等均可使电器元件受到腐蚀变坏或造成元件间的短路，引起机床运行不正常。因此，数控机床的使用环境应做到保持清洁、干燥、恒温和无振动；电源应保持稳压，一般只允许±10%的波动。

（4）严格遵循正确的操作规程　无论是什么类型的数控机床，都有一套自己的操作规程，这既是保证操作人员人身安全的重要措施之一，也是保证设备安全、使用产品质量等的重要措施。因此，使用者必须按照操作规程正确操作，如果机床在第一次使用或长期没有使用时，应先使其空转几分钟，并要特别注意使用中开机、关机的顺序和注意事项。

（5）在使用中尽可能提高数控机床的开动率　在使用中，要尽可能提高数控机床的开动率。对于新购置的数控机床应尽快投入使用，设备在使用初期故障率相对来说往往大一些，用户应在保修期内充分利用机床，使其薄弱环节尽早暴露出来，在保修期内得以解决。在缺少生产任务时，也不能空闲不用，要定期通电，每次空运行约 1h，利用机床运行时的发热量来去除或降低机内的湿度。

（6）要冷静对待机床故障，不可盲目处理　机床在使用中不可避免地会出现一些故障，此时操作者要冷静对待，不可盲目处理，以免产生更为严重的后果。要注意保留现场，待维修人员到来后如实向其说明故障前后的情况，并参与共同分析问题，尽早排除故障。故障若是由操作原因造成的，操作人员要及时吸取教训，避免下次犯同样的错误。

（7）制定并且严格执行数控机床管理的规章制度　除了对数控机床的日常维护外，还必须制定并且严格执行数控机床管理的规章制度。主要包括"定人""定岗"和"定责任"的"三定"制度和定期检查制度、规范的交接班制度等。这也是数控机床管理、维护与保养的主要内容。

2. 机械部分日常维护的基本内容

（1）主轴部件的维护

1）设备低速运转时，检查润滑情况是否正常。

2）按要求的位置，加注规定的润滑油。

3）检查主轴部件的密封性，防止灰尘、切屑和切削液进入主轴部件。

（2）进给传动机构的维护与保养

1）检查、调整滚珠丝杠副的轴向间隙。

2）检查丝杠支承与床身的连接是否松动。

3）检查丝杠是否损坏，是否需要更换润滑脂。

（3）机床导轨的维护与保养

1）在机床导轨上喷涂指定标号润滑油，使导轨得到润滑。

2）清扫切屑杂质，防止导轨磨损、擦伤。

3. 数控装置日常维护的基本内容

（1）数控系统在通电前的检查

1）确认交流电源的规格是否符合 CNC 装置的要求。

2）检查 CNC 装置与外界之间的全部连接电缆是否符合随机提供的连接技术手册的规定。

3）检查 CNC 装置内的各种印制电路板上的硬件设定是否符合 CNC 装置的要求。

4）检查数控机床的保护接地线。

（2）数控系统在通电后的检查

1）检查数控装置中风扇是否正常。

2）检查直流电源是否正常。

3）确认 CNC 装置的各种参数。

4）在接通电源的同时，做好按压紧急停止按钮的准备。

5）在手动状态下，低速进给移动各个轴，并且注意观察机床移动方向和坐标值显示是否正确。

6）检查数控机床是否有返回参考点的功能。

7）CNC 系统的功能测试。

（3）数控装置的日常维护

1）严格遵守操作规程和日常维护制度。

2）应尽量少开数控柜和强电柜的门。

3）清扫数控柜的散热通风系统。

4）检查和更换直流电动机电刷。

5）监视数控系统的电网电压。

6）更换存储器用电池。

4. 液压、气压系统日常维护的基本内容

（1）检查压力表

1）检查压力是否正常。

2）检查压力表显示是否正常。

（2）检查液压泵、油路

1）检查液压泵是否正常工作，有无异常响声。

2）检查油路有无泄漏。

5. FANUC 系统的数据存储

FANUC 系统的数据存储区分为两个区域，即 FROM 和 SRAM。FROM 为非易失性存储区，即系统掉电后数据不丢失；SRAM 为易失性存储区，即系统掉电后数据丢失。

1）BOOT 系统是在接通电源时把存放在 FROM 存储器中的各种软件传送（安装）到系统作业用 DRAM 存储器中的一种软件。此外还配备有利用存储卡（PCMICA）进行维修的功能。使用该维修功能，可在短时间内对存储卡输入或输出由电池保护的 SRAM 存储器内的全部数据，所以，由电池保护的数据很容易进行保存和恢复。

2）由于 BOOT 系统在 CNC 启动之前就先启动了，所以即使 CNC 系统发生异常，也可由 BOOT 系统输入或输出存储器内的数据。但要注意，当 CPU 和存储器的外围电路发生异常时，会出现不能输入或输出数据的情况。

任务 12　数控车床的验收

学习目标

能进行数控车床的几何精度、定位精度、切削精度的检验；能进行数控车床的性能检验；功能检验、空载运行检验；能进行数控车床数控系统验收；能进行数控车床的日常维护。

任务布置

卧式数控车床的验收。

任务分析

1. 实训仪器

1）数控车床。

2）平尺（400mm，1000mm，0 级）两个。

3）检验棒（ϕ80mm×500mm）一个。

4）莫氏锥度检验棒（No.5×300mm，No.3×300mm）两个。

5）顶尖（莫氏 5 号、莫氏 3 号）两个。

6）百分表两只。

7）磁力表座两只。

8）水平仪（200mm，0.02mm/1000mm）两个。

9）等高块三只。

2. 实训内容

1）几何精度验收。

2）定位精度验收。

3）切削精度验收。

相关知识

数控车床精度测量项目见表 12-1。

表 12-1　数控车床精度测量项目

序号	检测内容		检测误差	公差
1	床身导轨调水平	纵向导轨在垂直平面内的直线度		0.020mm(凸)局部公差:在任意 250mm 长度上测量为 0.075mm
		横向导轨的平行度		0.04mm/1000mm
2	滑板移动在水平面内的直线度			0.02mm
3	尾座移动对滑板移动的平行度 a:在垂直平面内 b:在水平面内			a、b:0.03mm 局部公差:在任意 500mm 测量长度上为 0.02mm
4	a:主轴的轴向窜动 b:主轴轴肩支承面的跳动			a:0.01mm b:0.02mm(包括轴向窜动)
5	主轴定心轴颈的径向跳动			0.01mm
6	主轴锥孔轴线的径向跳动 a:靠近主轴端面 b:距离主轴端面 300mm 处			a:0.01mm b:0.02mm
7	主轴轴线对滑板移动的平行度 a:在垂直平面内 b:在水平面内(测量长度为 200mm)			a:在 300mm 长度上测量为 0.02mm(只准向上偏) b:0.015mm(只准向上偏)

（续）

序号	检测内容		检测误差	公差
8	顶尖的跳动			0.015mm
9	尾座套筒轴线对滑板移动的平行度 a:在垂直平面内 b:在水平面内			a:在100mm长度上测量为0.15mm（只准向上偏） b:在100mm长度上测量为0.01mm（只准向前偏）
10	尾座套筒锥孔轴线对滑板移动的平行度 a:在垂直平面内 b:在水平面内（测量长度为200mm）			a:在300mm长度上测量为0.03mm（只准向上偏） b:0.03mm（只准向前偏）
11	两顶尖间的距离 主轴和尾座两顶尖的等高度			0.05mm 0.02mm（只准尾座高）
12	刀架回转的重复定位精度			0.01mm
13	重复定位精度	Z轴		0.015mm
		X轴		0.01mm
14	定位精度	Z轴		0.045mm

（续）

序号	检测内容		检测误差	公差
14	定位精度	X 轴	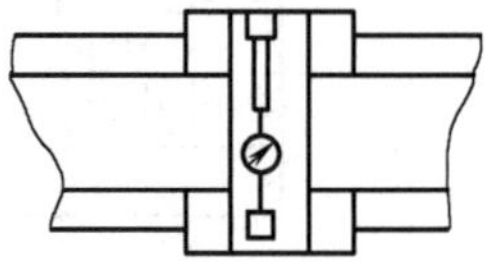	0.04mm
P1	精车外圆的精度 a：圆度 b：在纵截面内直径的一致性		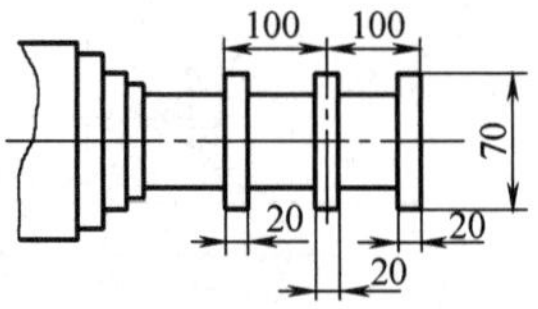	a：0.05mm b：在 200mm 长度上测量为 0.03mm
P2	精车端面的平面度		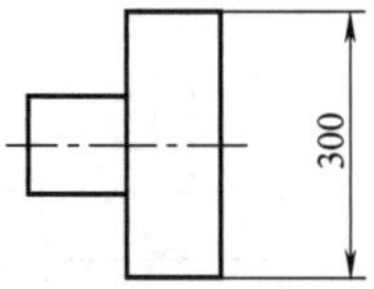	300mm 直径上为 0.02mm（只准凹）
P3	螺纹 L<2d d 约为 Z 轴丝杠直径；螺距不超过 Z 轴丝杠螺距之半		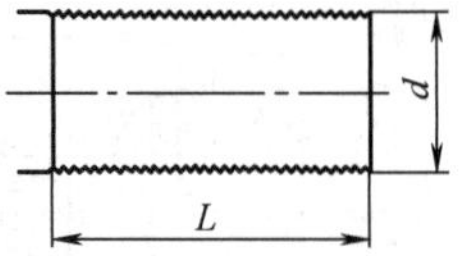	任意 60mm 测量长度上螺距累积误差的允许值为 0.02mm

任务实施

一、几何精度验收

1. 床身导轨的直线度和平行度

1）纵向导轨调平后，床身导轨在垂直平面内的直线度。

检验工具：精密水平仪。

检验方法：如图 12-1 所示，水平仪沿 Z 轴方向放在溜板上，沿导轨全长等距离地在各位置上检验，记录水平仪的读数，并用作图法计算出床身导轨在垂直平面内的直线度误差。

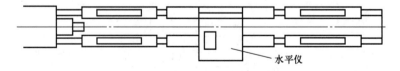
水平仪

图 12-1　在垂直平面内测量床身导轨的直线度

2）横向导轨调平后，床身导轨在水平平面内的平行度。

检验工具：精密水平仪。

检验方法：如图 12-2 所示，水平仪沿 X 轴方向放在滑板上，在导轨上移动滑板，记录水平仪读数，其读数最大值即床身导轨的平行度误差。

2. 滑板在水平平面内移动的直线度

检验工具：检验棒和百分表。

检验方法：如图 12-3 所示，将检验棒顶在主轴和尾座顶尖上；再将百分表固定在滑板上，百分表水平触及检验棒素线；全程移动滑板，调整尾座，使百分表在行程两端读数相等，检测滑板移动在水平平面内的直线度误差。

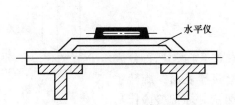

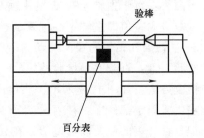

图 12-2　横向导轨调平后测量床身导轨的平行度　　　图 12-3　在水平平面内测量滑板的直线度

3. 尾座移动对滑板 Z 轴方向移动的平行度

1）在垂直平面内尾座移动对滑板 Z 轴方向移动的平行度。

2）在水平平面内尾座移动对滑板 Z 轴方向移动的平行度。

检验工具：百分表。

检验方法：如图 12-4 所示，将尾座套筒伸出后，按正常工作状态锁紧，同时使尾座尽可能地靠近滑板，把安装在滑板上的第二个百分表相对于尾座套筒的端面调整为零；滑板移动时也要手动移动尾座直至第二个百分表的读数为零，使尾座与滑板相对距离保持不变。按此方法使滑板和尾座全行程移动，只要第二个百分表的读数始终为零，则第一个百分表即可相应指示出平行度误差。或沿行程在每隔 300mm 处记录第一个百分表读数，百分表读数的最大差值即平行度误差。第一个百分表分别在图中 a、b 处测量，误差单独计算。

4. 主轴跳动

1）主轴的轴向窜动。

2）主轴轴肩支承面的轴向跳动。

检验工具：百分表和专用装置。

检验方法：如图 12-5 所示，用专用装置在主轴轴线上加力 F（F 的值为消除轴向间隙的最小值），把百分表安装在机床固定部件上，然后使百分表测头沿主轴轴线分别触及专用

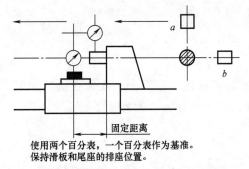

使用两个百分表，一个百分表作为基准。
保持滑板和尾座的排座位置。

图 12-4　检测尾座移动对滑板 Z 轴方向
移动的平行度

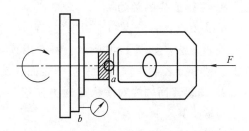

图 12-5　检测主轴轴肩支承面的轴向跳动
和轴向窜动

装置的钢球和主轴轴肩支承面；旋转主轴，百分表读数最大差值即主轴的轴向窜动误差和主轴轴肩支承面的轴向跳动误差。

5. 主轴定心轴颈的径向跳动

检验工具：百分表。

检验方法：如图12-6所示，把百分表安装在机床固定部件上，使百分表测头垂直于主轴定心轴颈并触及主轴定心轴颈；旋转主轴，百分表读数最大差值即主轴定心轴颈的径向跳动误差。

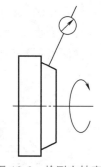

图12-6　检测主轴定心轴颈的径向跳动

6. 主轴锥孔轴线的径向跳动

检验工具：百分表和检验棒。

检验方法：如图12-7所示，将检验棒插在主轴锥孔内，把百分表安装在机床固定部件上，使百分表测头垂直触及检验棒表面，旋转主轴，记录百分表的最大读数差值，在 a、b 处分别测量。标记检验棒与主轴在圆周方向的相对位置，取下检验棒，同向分别旋转检验棒 90°、180°、270° 后重新插入主轴锥孔，在每个位置分别检测。4次检测的平均值即主轴锥孔轴线的径向跳动误差。

7. 主轴轴线对滑板 Z 轴方向移动的平行度

检验工具：百分表和检验棒。

检验方法：如图12-8所示，将检验棒插在主轴锥孔内，把百分表安装在滑板（或刀架）上，然后使百分表测头在垂直平面内垂直触及检验棒表面，移动滑板，记录百分表的最大读数差值及方向；旋转主轴180°，重复测量一次，取两次读数的算术平均值作为在垂直平面内主轴轴线对滑板 Z 轴方向移动的平行度误差。也可使百分表测头在水平平面内垂直触及检验棒表面，按上述方法重复测量一次，即得在水平平面内主轴轴线对滑板 Z 轴方向移动的平行度误差。

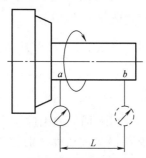

图12-7　检测主轴锥孔轴线的径向跳动

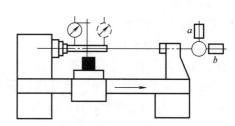

图12-8　检测主轴轴线对滑板 Z 轴方向移动的平行度

8. 主轴顶尖的跳动

检验工具：百分表和专用顶尖。

检验方法：如图12-9所示，将专用顶尖插在主轴锥孔内，把百分表安装在机床固定部件上，使百分表测头垂直触及被测表面，旋转主轴，记录百分表的最大读数差值。

9. 尾架套筒轴线对溜板 Z 轴方向移动的平行度

检验工具：百分表。

检验方法：如图12-10所示，将尾架套筒伸出有效长度后，按正常工作状态锁紧。百分表安装在滑板（或刀架）上，然后使百分表测头在垂直平面内垂直触及尾座套筒表面，移动滑板，记录百分表的最大读数差值及方向，即得在垂直平面内尾座套筒轴线对滑板 Z 轴方向移动的平行度误差。也可使百分表测头在水平平面内垂直触及尾座套筒表面，按上述方法重复测量一次，即得在水平平面内尾座套筒轴线对滑板 Z 轴方向移动的平行度误差。

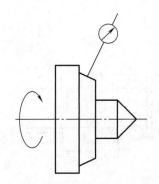

图 12-9 检测主轴顶尖的跳动

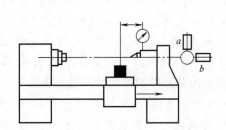

图 12-10 检测尾座套筒轴线对滑板 Z 轴方向移动的平行度

10. 尾架套筒锥孔轴线对滑板 Z 轴方向移动的平行度

检验工具：百分表和检验棒。

检验方法：如图 12-11 所示，尾座套筒不伸出并按正常工作状态锁紧；将检验棒插在尾座套筒锥孔内，百分表安装在滑板（或刀架）上，然后把百分表测头在垂直平面内垂直触及检验棒被测表面，移动滑板，记录百分表的最大读数差值及方向；取下检验棒，旋转检验棒 180° 后重新插入尾座套筒锥孔，重复测量一次，取两次读数的算术平均值作为在垂直平面内尾座套筒锥孔轴线对滑板 Z 轴方向移动的平行度误差。也可把百分表测头在水平平面内垂直触及检验棒被测表面，按上述方法重复测量一次，即得在水平平面内尾座套筒锥孔轴线对滑板 Z 轴方向移动的平行度误差。

11. 床头和尾座两顶尖的等高度

检验工具：百分表和检验棒。

检验方法：如图 12-12 所示，将检验棒顶在床头和尾座两顶尖上，把百分表安装在滑板（或刀架）上，使百分表测头在垂直平面内垂直触及检验棒被测表面，然后移动滑板至行程两端，移动小拖板（X 轴），寻找百分表在行程两端的最大读数值，其差值即床头和尾座两顶尖的等高度误差。测量时应注意方向。

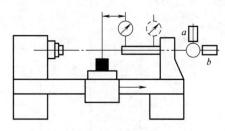

图 12-11 检测尾座套筒锥孔轴线对
滑板 Z 轴方向移动的平行度

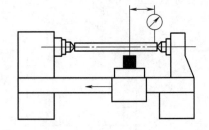

图 12-12 检测床头和尾座两顶尖的等高度

12. 刀架 X 轴方向移动对主轴轴线的垂直度

检验工具：百分表、圆盘、平尺。

检验方法：如图 12-13 所示，将圆盘安装在主轴锥孔内，百分表安装在刀架上，使百分表测头在水平平面内垂直触及圆盘被测表面，再沿 X 轴方向移动刀架，记录百分表的最大读数差值及方向；将圆盘旋转 180°，重新测量一次，取两次读数的算术平均值作为刀架横向移动对主轴轴线的垂直度误差。

二、定位精度验收

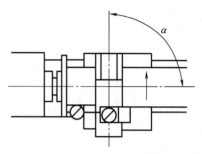

图 12-13　检测刀架 X 轴方向移动对主轴轴线的垂直度

定位精度是指数控机床各移动轴在确定的位置所能达到的实际位置精度，其误差称为定位误差。定位误差包括伺服系统、检测系统、进给系统等的误差，还包括移动部件导轨的几何误差等，它直接影响零件加工的精度，因此是影响机床性能的重要指标。

重复定位精度是指在数控机床上，反复运行同一程序代码所得到的位置精度的一致程度。重复定位精度受伺服系统特性、进给传动环节的间隙与刚性以及摩擦特性等因素的影响。一般情况下，重复定位精度是呈正态分布的偶然性误差，它影响一批零件加工的一致性，是一项非常重要的精度指标。

数控车床定位精度检测项目有刀架转位的重复定位精度、刀架转位 X 轴方向回转重复定位精度、刀架转位 Z 轴方向回转重复定位精度等。

1. 刀架回转重复定位精度

检验工具：百分表和检验棒。

检验方法：如图 12-14 所示，把百分表安装在机床固定部件上，使百分表测头垂直触及被测表面（检具），在回转刀架的中心行程处记录读数，用自动循环程序使刀架退回，转位 360°，最后返回原来的位置，记录新的读数。误差以回转刀架至少回转三周的最大和最小读数差值计。对回转刀架的每一个位置都应重复进行检验，且在每一个位置百分表都应调到零。

2. 重复定位精度、反向差值、定位精度

检验工具：激光干涉仪或步距规。

检验方法：如图 12-15 所示。因为用步距规测量定位精度时操作简单，因而在批量生产中被广泛采用。无论采用哪种测量仪器，在全程上的测量点数应不少于 5 点，测量目标位置按下式确定：$P_i = iP + k$（P 为测量间距；k 在不同目标位置时取不同的值，以获得全测量行程上各目标位置的不均匀间隔，从而保证周期误差被充分采样）。

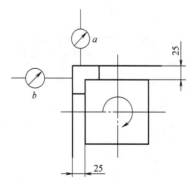

图 12-14　检测刀架回转重复定位精度

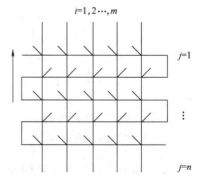

图 12-15　检测定位精度以及重复定位精度

三、切削精度验收

机床的切削精度是一项综合精度，它不仅反映了机床的几何精度和定位精度，同时还受到试件的材料、环境温度、刀具性能及切削条件等各种因素的影响。为反映机床的真实精度，尽量排除其他因素的影响，切削精度测试的技术文件中会规定测试条件，如试件材料、刀具技术要求、主轴转速、切削深度、进给速度、环境温度以及切削前的机床空运转时间等。

1. 精车圆柱试件的圆度（靠近主轴轴端，检验试件的半径变化）

检测工具：千分尺。

检验方法：精车试件（试件材料为 45 钢，正火处理，刀具材料为 P01，外圆直径为 D，试件如图 12-16 所示，用千分尺测量，靠近主轴轴端，检验试件的半径变化，取半径变化最大值近似作为圆度误差；用千分尺测量每一个环带直径之间的变化，取最大差值作为该项误差。

切削加工直径的一致性（检验零件的每一个环带直径之间的变化）。试件的圆度公差为 0.005mm，试件各段的一致性公差在任意 300mm 长度上为 0.03mm。

2. 精车端面的平面度

检测工具：平尺、量块、百分表。

检验方法：精车试件端面（试件材料为 HT150，180～200HBW，刀具材料为 K30），试件如图 12-17 所示，使刀尖回到车削起点位置，把百分表安装在刀架上，百分表测头在水平平面内垂直触及圆盘中间，向 X 轴负方向移动刀架，记录百分表的读数及方向；用终点时的读数减起点时的读数并除以 2，所得的商即为精车端面的平面度误差；若数值为正，则平面是凹的。

公差范围：在 300mm 试件上为 0.025mm（只允许凹）。

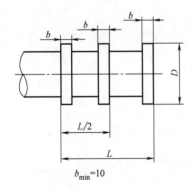

图 12-16　检测加工后工件圆度和直径的一致性

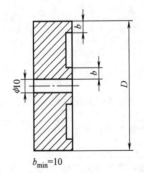

图 12-17　检测加工后工件端面平面度

3. 螺距精度

检测工具：丝杠螺距测量仪。

检验方法：可取外径为 50mm、长度为 75mm、螺距为 3mm 的丝杠作为试件进行检测（加工完成后的试件应充分冷却）。试件如图 12-18 所示。

公差范围：在任意 50mm 测量长度上为 0.025mm。

4. 精车圆柱形零件的直径尺寸精度、精车圆柱形零件的长度尺寸精度

检测工具：测高仪、杠杆卡规。

检验方法：用程序控制加工圆柱形零件，如图 12-19 所示（零件轮廓用一把刀精车而成），测量其实际轮廓与理论轮廓的偏差。

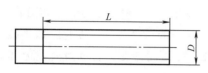

图 12-18 检测所加工螺纹的螺距精度

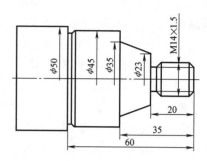

图 12-19 精车零件

公差范围：直径尺寸精度为±ϕ0.025mm，长度尺寸精度为±0.025mm。

将上述各项检测项目的测量结果记入表 12-1 中。

表 12-1 数控车床精度检测数据记录表

序号	检验项目		公差范围/mm	检验工具	实测/mm
G1	导轨调平	床身导轨在垂直平面内的直线度	0.020（凸）		
		床身导轨在水平平面内的平行度	0.04/1000		
G2	滑板在水平平面内移动的直线度		D_c≤500 时为 0.015；500<D_c≤1000 时为 0.02		
G3	垂直平面内尾座移动对滑板移动的平行度		D_c≤1500 时为 0.03		
	水平平面内尾座移动对滑板移动的平行度		在任意 500mm 测量长度上为 0.02		
G4	主轴的轴向窜动		0.010		
	主轴轴肩支承面的轴向跳动		0.020		
G5	主轴定心轴颈的径向跳动		0.01		
G6	靠近主轴端面主轴锥孔轴线的径向跳动		0.01		
	距主轴端面 300mm 处主轴锥孔轴线的径向跳动		0.02		
G7	在垂直平面内主轴轴线对滑板 Z 轴方向移动的平行度		0.02/300（只许向上向前偏）		
	在水平平面内主轴轴线对滑板 Z 轴方向移动的平行度				
G8	主轴顶尖的跳动		0.015		
G9	在垂直平面内尾座套筒轴线对滑板 Z 轴方向移动的平行度		0.015/100（只许向上向前偏）		
	在水平平面内尾座套筒轴线对滑板 Z 轴方向移动的平行度		0.01/100（只许向上向前偏）		
G10	在垂直平面内尾座套筒锥孔轴线对滑板 Z 轴方向移动的平行度		0.03/300（只许向上向前偏）		
	在水平平面内尾座套筒锥孔轴线对滑板 Z 轴方向移动的平行度				

（续）

序号	检验项目	公差范围/mm	检验工具	实测/mm
G11	床头和尾座两顶尖的等高度	0.04（只许尾座高）		
G12	刀架 X 轴方向移动对主轴轴线的垂直度	0.02/300（α>90°）		
G13	X 轴方向回转刀架转位的重复定位精度	0.005		
	Z 轴方向回转刀架转位的重复定位精度	0.01		
P1	精车圆柱试件的圆度	0.005		
	精车圆柱试件的圆柱度	0.03/300		
P2	精车端面的平面度	直径为 300mm 时，0.025（只许凹）		
P3	螺距精度	任意 50mm 测量长度上为 0.025		
P4	精车圆柱试件的直径尺寸精度（直径尺寸差）	±0.025		
	精车圆柱试件的长度尺寸精度	±0.025		

 任务拓展

一、数控车床的性能检验

数控车床的性能检验内容可以列成简明扼要的表格，见表 12-2。

表 12-2 数控车床性能验收数据记录表

序号	评价项目	单元评价内容	记录
1	手动功能检验	人工操纵按键、开关对机床进行功能试验	
		主轴进行正转、反转、停止（包括制动）连续试验	
		起动进给和停止动作连续操纵，在 Z 轴、X 轴的全部行程上做工作进给和快速进给试验	
		数字控制装置的各种指示灯、程序读入装置功能检验	
2	控制功能检验	在 MDI 方式下对主轴进行正转、反转、停止及变换主轴转速检验	
		在 MDI 方式下对进给机构做低、中、高进给量及快速进给变换检验	
		检验进给坐标的超程、手动数据输入、坐标位置显示等面板及程序功能的可靠性和动作的灵活性	
		对刀架进行各种转位试验	
3	机床噪声检验	用噪声测试仪测试机床噪声	
4	空运转振动检验	各级转速下，试验主轴箱在三个坐标轴方向上的绝对振动	
		各级转速下，刀架、尾座在三个坐标轴方向上的绝对振动	
5	温升检验	测量主轴高述和中速空运转时主轴轴承、润滑油温升及其变化情况	

二、数控车床的日常点检

数控车床的日常点检内容可以列成简明扼要的表格，见表 12-3。

表 12-3 数控车床的日常点检表

序号	检查周期	检查部位	检查要求
1	每天	机床	检查机床开机、运行动作是否正常,各行程挡铁排列是否正确
2	每天	压力表	检查各压力表是否正常
3	每天	液压系统	检查机床液压油箱液位是否正常,及时添加油液;液压油路是否有漏油现象
4	每天	机床附件	检查卡盘、尾座、刀架等关键部件动作是否正常
5	每天	机床管路	机床运行时各运动油管是否有磨蹭现象
6	每天 每天 每天	润滑系统	按机床润滑图表给机床各部位加润滑油 机床自动润滑油泵油箱的油液情况,如液面低于标准应及时添加油液 检查主轴箱润滑油窗是否看得到油液,严禁主轴箱无润滑运转
7	每天 每天	其他部位	清理床头、尾座、导轨槽等各角落的切屑 机床罩壳的清洁
8	每天	传动系统	主轴运转时是否有异响,各运动部件是否运行平稳
9	每天 每天 每周	电控系统	操作键盘、按钮、开关灵活 控制柜内干燥、清洁,配件无发热灼伤现象,冷却风扇工作正常,风道滤网无堵塞 地线螺栓无松动
10	每半年	滚珠丝杠	清洗丝杠上旧的润滑脂,涂上新的润滑脂
11	每半年	液压油路	清洗溢流阀、减压阀、过滤器及油箱箱底,更换或过滤液压油
12	每半年	主轴润滑恒温油箱	清洗过滤器,更换润滑脂
13	每年	检查并更换直流伺服电动机电刷	检查换向器表面,吹净碳粉,去除毛刺,更换长度过短的电刷,并跑合后才能使用
14	每年	润滑液压泵、过滤器清洗	清理润滑油池底,更换过滤器
15	不定期	检查各轴轨道上镶条、压紧滚轮松紧状态	按机床说明书调整
16	不定期	冷却水箱	检查液面高度,切削液太脏时须更换并清理水箱底部,经常清洗过滤器
17	不定期	排屑器	经常清理切屑,检查有无卡住
18	不定期	清理废油池	及时取走废油池中废油,以免外溢
19	不定期	调整主轴驱动带松紧	按机床说明书调整

任务 13　数控铣床的验收

 学习目标

能进行数控铣床的几何精度、定位精度、切削精度的检验;能进行数控铣床的性能检验、功能检验、空载运行检验；能进行数控铣床数控系统验收；能进行数控铣床的日常维护。

 任务布置

立式数控铣床的验收。

 任务分析

1. 实训仪器

1）数控铣床。

2）平尺（400mm，1000mm，0级）两个。

3）直角尺（300mm×200mm，0级）一个。

4）检验棒（φ80mm×500mm）一个。

5）BT40锥度检验棒一个。

6）百分表两只。

7）磁力表座两只。

8）水平仪（200mm，0.02mm/1000mm）两个。

9）等高块三只。

10）可调量块两只。

2. 实训内容

1）几何精度验收。

2）定位精度验收。

3）切削精度验收。

 相关知识

数控铣床精度测量项目见表13-1。

表 13-1　数控铣床精度测量

序号	检测内容	检测误差	公差
1	X 轴轴线运动的直线度	在 Z-X 垂直平面内 在 X-Y 水平面内	$X \leqslant 500mm$：0.010mm $500mm < X \leqslant 800mm$：0.015mm $800mm < X \leqslant 1250mm$：0.02mm $1250mm < X \leqslant 2000mm$：0.025mm 注：$X$ 为沿 X 轴方向移动的距离 局部公差：在任意300mm测量长度上为0.007mm

（续）

序号	检测内容		检测误差	公差
2	Y 轴轴线运动的直线度	在 X-Z 垂直平面内		$Y \leqslant 500\text{mm}:0.010\text{mm}$ $500\text{mm} < Y \leqslant 800\text{mm}:0.015\text{mm}$ $800\text{mm} < Y \leqslant 1250\text{mm}:0.02\text{mm}$ $1250\text{mm} < Y \leqslant 2000\text{mm}:0.025\text{mm}$ 注:Y 为沿 Y 轴方向移动的距离 局部公差:在任意 300mm 测量长度上为 0.007mm
		在 X-Y 水平面内		
3	Z 轴轴线运动的直线度	在平行于 X 轴轴线的 Z-X 垂直平面内		$Z \leqslant 500\text{mm}:0.010\text{mm}$ $500\text{mm} < Z \leqslant 800\text{mm}:0.015\text{mm}$ $800\text{mm} < Z \leqslant 1250\text{mm}:0.02\text{mm}$ $1250\text{mm} < Z \leqslant 2000\text{mm}:0.025\text{mm}$ 注:Z 为沿 Z 轴方向移动的距离 局部公差:在任意 300mm 测量长度上为 0.007mm
		在平行于 Y 轴轴线的 Y-Z 垂直平面内		
4	X 轴轴线运动的角度偏差	在平行于移动方向的 Z-X 垂直平面内(俯仰)		0.060mm/1000mm（或 60μrad 或 12″） 局部公差:在任意 500mm 测量长度上为 0.03mm/1000mm（或 30μrad 或 6″）

（续）

序号	检测内容	检测误差	公差
4	X 轴 轴线运动的角度偏差	在 X-Y 水平面内（偏摆） 在垂直于移动方向的 Y-Z 垂直平面内（倾斜）	0.060mm/1000mm（或 60μrad 或 12″） 局部公差:在任意 500mm 测量长度上为 0.03mm/1000mm（或 30μrad 或 6″）
5	Y 轴 轴线运动的角度偏差	在平行于移动方向的 Y-Z 垂直平面内（俯仰） 在 X-Y 水平面内（偏摆） 在垂直于移动方向的 Z-X 垂直平面内（倾斜）	0.060mm/1000mm（或 60μrad 或 12″） 局部公差:在任意 500mm 测量长度上为 0.03mm/1000mm（或 30μrad 或 6″）

（续）

序号	检测内容		检测误差	公差
6	Z 轴轴线运动的角度偏差	在平行于 Y 轴轴线的 Y-Z 垂直平面内	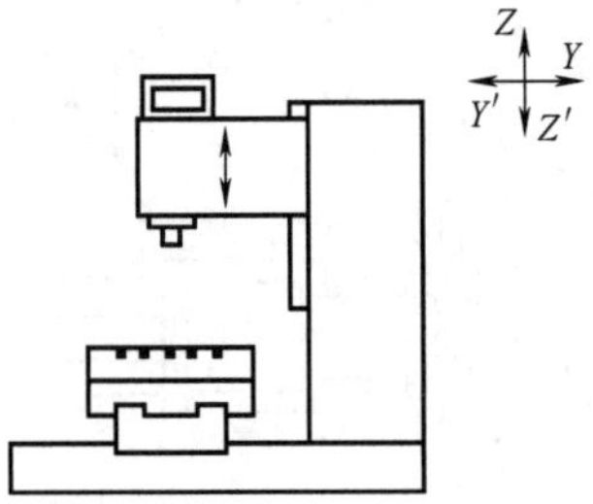	0.060mm/1000mm（或 60μrad 或 12″） 局部公差:在任意 500mm 测量长度上为 0.03mm/1000mm（或 30μrad 或 6″）
		在平行于 X 轴轴线的 Z-X 垂直平面内	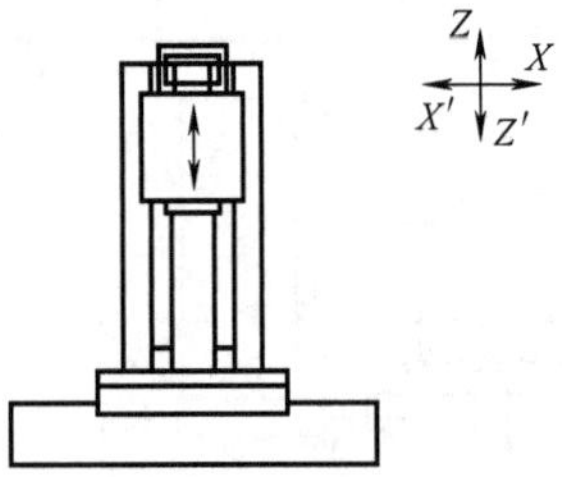	
7	Z 轴轴线运动和 X 轴轴线运动的垂直度		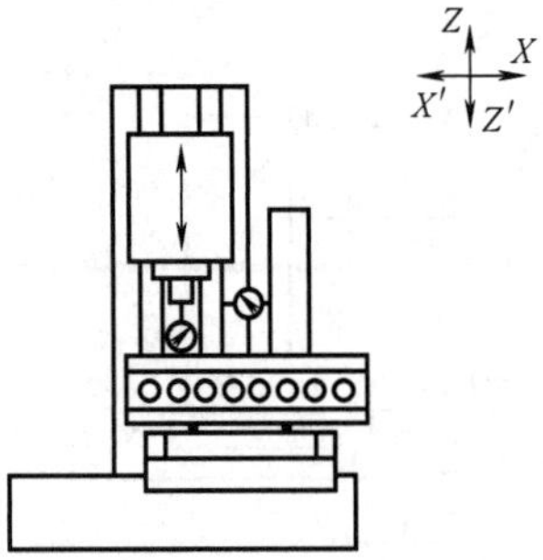	0.020mm/500mm
8	Z 轴轴线运动和 Y 轴轴线运动的垂直度		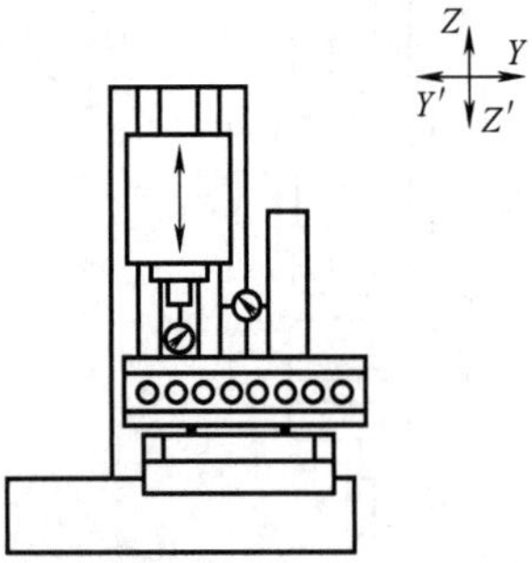	0.020mm/500mm
9	Y 轴轴线运动和 X 轴轴线运动的垂直度		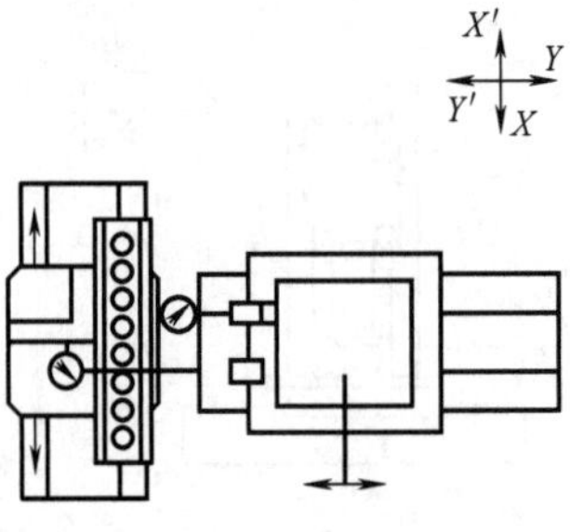	0.020mm/500mm

（续）

序号	检测内容		检测误差	公差
10	主轴的周期性轴向窜动		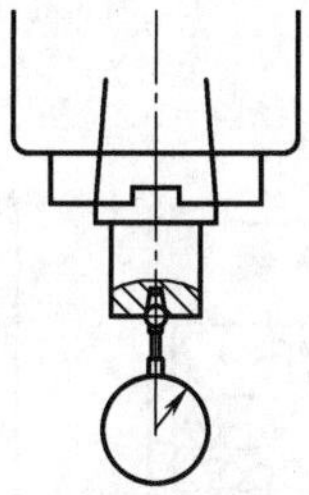	0.005mm
11	主轴锥孔的径向跳动	靠近主轴端部	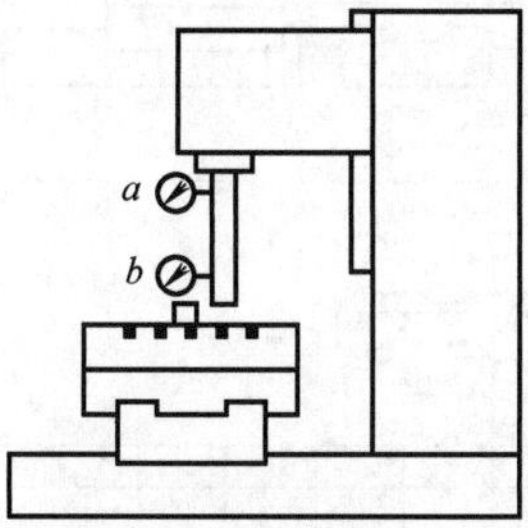	a: 0.007mm
		距离主轴端部300mm处		b: 0.015mm
12	主轴轴线和Z轴轴线运动间的平行度	在平行于Y轴轴线的Y-Z垂直平面内	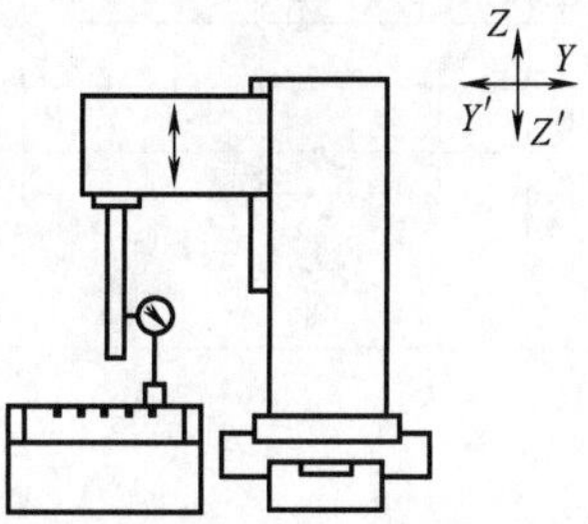	在300mm测量长度上为0.015mm
		在平行于X轴轴线的Z-X垂直平面内	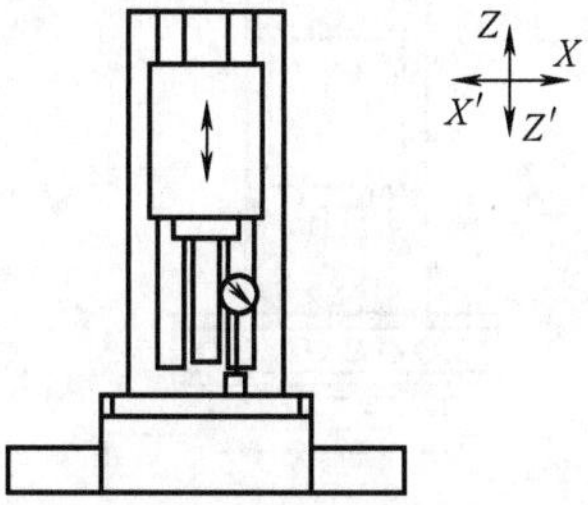	
13	主轴轴线和X轴轴线运动间的垂直度		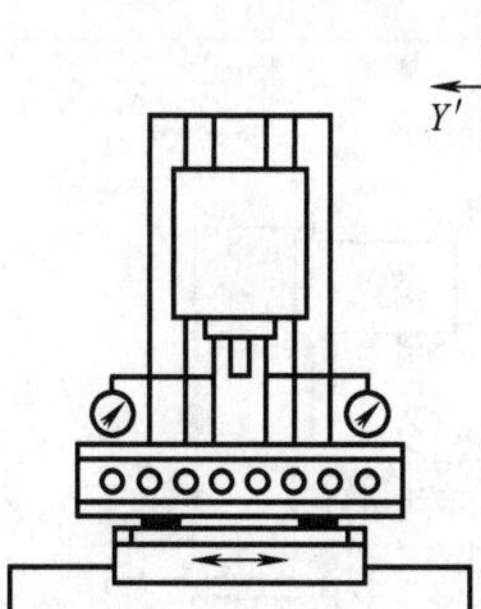	0.015mm/300mm

（续）

序号	检测内容	检测误差	公差
14	主轴轴线和 Y 轴轴线运动间的垂直度		$0.015\text{mm}/300\text{mm}$
15	工作台面的平面度 固有的固定工作台或回转工作台或在工作位置锁紧的任意一个拖板		$L\leqslant 500\text{mm}:0.020\text{mm}$ $500\text{mm}<L\leqslant 800\text{mm}:0.025\text{mm}$ $800\text{mm}<L\leqslant 1250\text{mm}:0.030\text{mm}$ $1250\text{mm}<L\leqslant 2000\text{mm}:0.040\text{mm}$ 注：L 为工作台拖板较短边的长度 局部公差：在任意 300mm 测量长度上为 0.012mm
16	工作台面和 X 轴轴线运动间的平行度 固有的固定工作台或回转工作台或工作位置锁紧的任意一个拖板		$X\leqslant 500\text{mm}:0.020\text{mm}$ $500\text{mm}<X\leqslant 800\text{mm}:0.025\text{mm}$ $800\text{mm}<X\leqslant 1250\text{mm}:0.030\text{mm}$ $1250\text{mm}<X\leqslant 2000\text{mm}:0.040\text{mm}$ 注：X 为沿 X 轴方向移动的距离
17	工作台面和 Y 轴轴线运动间的平行度 固有的固定工作台或回转工作台或工作位置锁紧的任意一个拖板		$Y\leqslant 500\text{mm}:0.010\text{mm}$ $500\text{mm}<Y\leqslant 800\text{mm}:0.015\text{mm}$ $800\text{mm}<Y\leqslant 1250\text{mm}:0.02\text{mm}$ $1250\text{mm}<Y\leqslant 2000\text{mm}:0.025\text{mm}$ 注：Y 为沿 Y 轴方向移动的距离

（续）

序号	检测内容		检测误差	公差
18	工作台面和Z轴轴线运动间的平行度　固有的固定工作台或回转工作台或工作位置锁紧的任意一个拖板	在平行于X轴轴线的Z-X垂直平面内		在500mm测量长度上为0.025mm
		在平行于Y轴轴线的Y-Z垂直平面内		

任务实施

一、几何精度验收

1. 机床调平

检验工具：精密水平仪。

检验方法：如图 13-1 所示，将工作台置于导轨行程的中间位置，将两个水平仪分别沿 X 轴和 Y 轴置于工作台中央，调整机床垫铁高度，使水平仪水泡处于读数中间位置；分别沿 X 轴和 Y 轴全行程移动工作台，观察水平仪读数的变化，调整机床垫铁的高度，使工作台沿 X 轴和 Y 轴全行程移动时水平仪读数的变化范围小于 2 格，且读数处于中间位置即可。

2. 检测工作台面的平面度

检测工具：百分表、平尺、可调量块、等高块、精密水平仪。

用平尺检测工作台面的平面度误差的原理：在规定的测量范围内，当所有点被包含在与该平面的总方向平行并相距给定值的两个平面内时，则认为该平面是平的。

检验方法：如图 13-2 所示，首先在检验面上选点 A、B、C 作为零位标记，将三个等高量块放在这三点上，则这三个量块的上表面就确定了与被检面做比较的基准面。将平尺置于点 A 和点 C 上，并在检验面上点 E 处放一可调量块，使其与平尺的小表面接触。此时，量块 A、B、C、E 的上表面均在同一表面上。再将平尺放在点 B 和点 E 上，即可找到点 D 的偏差。在点 D 处放一可调量块，并将其上表面调到由已经就位的量块上表面所确定的平面上。将平尺分别放在点 A 和点 D 及点 B 和点 C 上，即可找到被检面上点 A 和点 D 及点 B 和点 C 之间的偏差。其余各点之间的偏差可用同样的方法找到。

3. 主轴锥孔轴线的径向跳动、主轴端面偏摆、主轴套筒外壁偏摆

检验工具：检验棒、百分表。

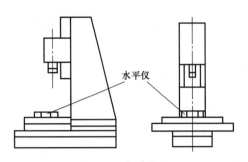

图 13-1　机床调平

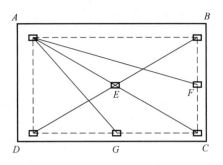

图 13-2　检测平面度

检验方法：如图 13-3 所示，将检验棒插在主轴锥孔内，百分表安装在机床固定部件上，百分表测头垂直触及被测表面，旋转主轴，记录百分表的最大读数差值，在 a、b 处分别测量。标记检验棒与主轴的圆周方向的相对位置，取下检验棒，同向分别旋转检验棒 90°、180°、270°后重新插入主轴锥孔，在每个位置分别检测。取 4 次检测的平均值作为主轴锥孔轴线的径向跳动误差。

检测主轴端面偏摆、主轴套筒外壁偏摆如图 13-4 所示。

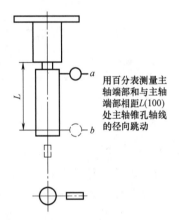

用百分表测量主轴端部和与主轴端部相距 $L(100)$ 处主轴锥孔轴线的径向跳动

图 13-3　检测主轴锥孔轴线的径向跳动

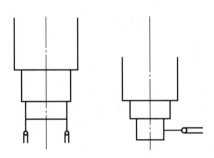

图 13-4　检测主轴端面偏摆及主轴套筒外壁偏摆

4. 主轴轴线对工作台面的垂直度

检验工具：平尺、等高块、百分表、表架。

检验方法：如图 13-5 所示，将带有百分表的表架装在主轴上，并将百分表的测头调至平行于主轴轴线，被测平面与基准面之间的平行度偏差可以通过百分表测头在被测平面上摆动的检查方法测得。主轴旋转一周，百分表读数的最大差值即垂直度偏差。分别记录 X-Z、Y-Z 平面内百分表在相隔 180°的两个位置上的读数差值。为消除测量误差，可在第一次检验后将验具相对于主轴转过 180°再重复检验一次。

5. 主轴箱垂直移动对工作台面的垂直度

检验工具：等高块、平尺、直角尺、百分表。

检验方法：如图 13-6 所示，将等高块沿 Y 轴方向放在工作台上，平尺置于等高块上，将角尺置于平尺上（在 Y-Z 平面内），百分表固定在主轴箱上，百分表测头垂直触及角尺，移动主轴箱，记录百分表读数及方向，其读数最大差值即在 Y-Z 平面内主轴箱垂直移动对工作台面的垂直度误差；同理，将等高块、平尺、角尺置于 X-Z 平面内重新测量一次，百分表读数最大差值即在 X-Z 平面内主轴箱垂直移动对工作台面的垂直度误差。

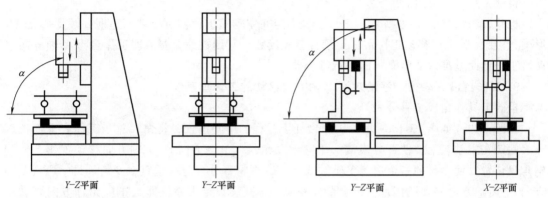

图 13-5　检测主轴轴线对工作台面的垂直度　　　图 13-6　检测主轴箱垂直移动对工作台面的垂直度

6. 主轴套筒垂直移动对工作台面的垂直度

检验工具：等高块、平尺、角尺、百分表。

检验方法：如图 13-7 所示，将等高块沿 Y 轴方向放在工作台上，平尺置于等高块上，将角尺置于平尺上，并调整角尺位置使角尺轴线与主轴轴线重合；百分表固定在主轴上，百分表测头在 Y-Z 平面内垂直触及角尺，移动主轴，记录百分表读数及方向，其读数最大差值即在 Y-Z 平面内主轴套筒垂直移动对工作台面的垂直度误差；同理，百分表测头在 X-Z 平面内垂直触及角尺重新测量一次，百分表读数最大差值即在 X-Z 平面内主轴套筒垂直移动对工作台面的垂直度误差。

7. 工作台沿 X 轴方向或 Y 轴方向移动对工作台面的平行度

检验工具：等高块、平尺、百分表。

检验方法：如图 13-8 所示，将等高块沿 Y 轴方向放在工作台上，平尺置于等高块上，把百分表测头垂直触及平尺，沿 Y 轴方向移动工作台，记录百分表读数，其读数最大差值即工作台沿 Y 轴方向移动对工作台面的平行度误差；将等高块沿 X 轴方向放在工作台上，

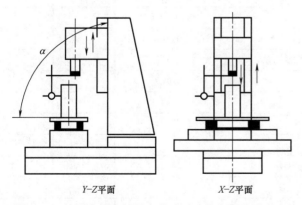

图 13-7　检测主轴套筒垂直移动对工作台面的垂直度

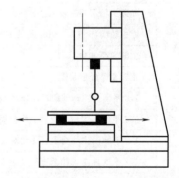

图 13-8　检测工作台沿 X 轴、Y 轴方向移动对工作台面的平行度

沿 *X* 轴方向移动工作台，重复测量一次，其读数最大差值即工作台沿 *X* 轴方向移动对工作台面的平行度误差。

8. 工作台沿 *X* 轴方向移动对工作台面基准（T 形槽）的平行度

检验工具：百分表。

检验方法：如图 13-9 所示，把百分表固定在主轴箱上，使百分表测头垂直触及基准（T 形槽），沿 *X* 轴方向移动工作台，记录百分表读数，其读数最大差值即工作台沿 *X* 轴方向移动对工作台面基准（T 形槽）的平行度误差。

9. 工作台沿 *X* 轴方向移动对沿 *Y* 轴方向移动的工作垂直度

检验工具：角尺、百分表。

检验方法：如图 13-10 所示，工作台处于行程的中间位置，将角尺置于工作台上，把百分表固定在主轴箱上，使百分表测头垂直触及角尺（*Y* 轴方向），*Y* 轴方向移动工作台，调整角尺位置，使角尺的一个边与 *Y* 轴轴线平行，再将百分表测头垂直触及角尺另一边（*X* 轴方向），*X* 轴方向移动工作台，记录百分表读数，其读数最大差值即工作台 *X* 轴方向移动对 *Y* 轴方向移动的工作垂直度误差。

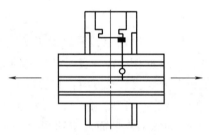

图 13-9　检测工作台沿 *X* 轴方向移动对
工作台面基准（T 形槽）的平行度

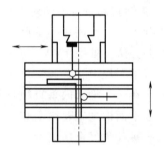

图 13-10　检测工作台 *X* 轴方向
移动对 *Y* 轴方向移动的工作垂直度

将上述各项检测项目的测量结果记入表 13-2 中。

表 13-2　数控铣床精度检测数据记录表

序号	检 验 项 目	公差范围/mm	检验工具	实测/mm
G0	机床调平	0.06/1000		
G1	工作台面的平面度	0.08/全长		
G2	靠近主轴端部主轴锥孔轴线的径向跳动	0.01		
	距主轴端部 *L*（*L* = 100mm）处主轴锥孔轴线的径向跳动	0.02		
	主轴端面偏摆	0.01		
	主轴套筒外壁偏摆			
G3	*Y-Z* 平面内主轴轴线对工作台面的垂直度	0.05/300（α≤90°）		
	X-Z 平面内主轴轴线对工作台面的垂直度			
G4	*Y-Z* 平面内主轴箱垂直移动对工作台面的垂直度	0.05/300（α≤90°）		
	X-Z 平面内主轴箱垂直移动对工作台面的垂直度			
G5	*Y-Z* 平面内主轴套筒移动对工作台面的垂直度	0.05/300（α≤90°）		
	X-Z 平面内主轴套筒移动对工作台面的垂直度			

（续）

序号	检验项目	公差范围/mm	检验工具	实测/mm
G6	工作台沿 X 轴方向移动对工作台面的平行度	0.05（α≤90°）		
	工作台沿 Y 轴方向移动对工作台面的平行度	0.04（α≤90°）		
G7	工作台沿 X 轴方向移动对工作台面基准（T 形槽）的平行度	0.03/300		
G8	工作台沿 X 轴方向移动对沿 Y 轴方向移动的工作垂直度	0.04/300		

二、定位精度验收

数控铣床、加工中心定位精度主要检测以下内容：

1）机床各直线运动坐标轴的定位精度和重复定位精度。

2）机床各直线运动坐标轴机械零点的复归精度。

3）机床各直线运动坐标轴的反向误差。

4）回转运动（回转工作台）的定位精度和重复定位精度。

5）同转运动的反向误差。

6）同转轴原点的复归精度。

测量直线运动定位精度的工具有电子测微仪、成组块规、标准刻度尺、双频激光干涉仪等。测量回转运动定位精度的工具有 360 齿精确分度的标准转台或角度多面体、高精度圆光栅及平行光管等。

1. 直线运动定位精度检测

直线运动定位精度检测一般是在机床和工作台空载条件下进行的。按照国家标准和国际标准化组织的规定，对数控机床的检测应以激光测量为准，在没有激光干涉仪的情况下，一般用户也可以用标准刻度尺配以光学读数显微镜进行比较测量。测量仪器的精度必须比被测的精度高 1~2 个等级。

用激光干涉仪以及光学读数显微镜测量机床直线运动定位精度的方法如图 13-11 所示。

2. 直线运动重复定位精度检测

直线运动重复定位精度检测所用仪器与检测定位精度的仪器相同。一般检测方法是在靠近各坐标行程中点及两端的任意三个位置进行测量，每个位置用快速移动定位，在相同的条件下重复多次定位，测出停止位置数据并求出最大差值。该坐标轴的重复定位精度取最大差值的二分之一，并附上正负号。

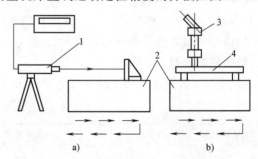

图 13-11　直线运动定位精度的检测方法

a）激光测量　b）标准刻度尺比较测量

1—激光干涉仪　2—工作台　3—光学读数显微镜　4—标准刻度尺

X 轴方向、Y 轴方向、Z 轴方向重复定位精度的检测方法分别如图 13-12~图 13-14 所示。

检验工具：激光干涉仪或步距规。

检验方法：伺服轴行程在 1000mm 以下时，测量长度间距为 50mm。伺服轴行程在 1000mm 以上时，测量长度间距为 100mm。各轴重复定位精度均需测量 7 次。

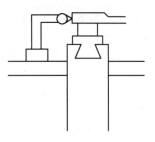

图 13-12　X轴方向重复定位
精度的检测方法

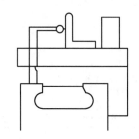

图 13-13　Y轴方向重复定位
精度的检测方法

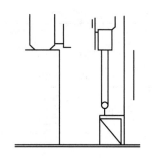

图 13-14　Z轴方向重复定位
精度的检测方法

3. 直线运动的返回参考点精度检测

返回参考点精度实际上是该坐标轴上一个特殊点的重复定位精度。检测方法与重复定位精度的检测方法相同。

4. 直线运动反向误差的检测

直线运动反向误差又称为失动量，是进给伺服电动机等传动链驱动部件的反向死区以及各机械传动副的间隙和弹性变形等误差的综合反映。失动量越大，机床的定位精度和重复定位精度越差。

直线运动反向误差的测量方法是在进给坐标轴的行程内，预先向正向或反向移动一定距离并以此停止位置为基准，控制工作台沿同一方向移动一定距离，然后再控制工作台往相反方向移动相同的距离，测量此时的停止位置与基准位置之差。具体操作步骤如下：

1）在手动方式下选定手轮最小脉冲当量值，控制工作台移动并触及千分表。将千分表清0，同时将显示器示数清0。

2）控制工作台反向移动，直到看到千分表指针偏转，记录显示器读数，即得反向间隙补偿值。

3）反复测量取平均值。

4）在靠近行程中点及两端的三个位置分别进行多次测量，求出各个位置上的平均值，以所得平均值中的最大值为直线运动反向误差。

三、切削精度验收

表 13-3 给出了数控铣床切削精度检测项目和检测方法。

表 13-3　数控铣床切削精度检测项目和检测方法

检测项目	检测方法		公差/mm	实测误差/mm
立铣刀铣削圆弧精度	圆度		0.02	

（续）

检测项目		检测方法	公差/mm	实测误差/mm
面铣刀铣削平面精度	平面度		0.01	
	阶梯度		0.01	
立铣刀铣削四周平面精度	直线度		0.01/300	
	平行度		0.02/300	
	厚度差		0.03	
	垂直度		0.02/300	
两轴联动铣削直线精度	直线度		0.15/300	
	平行度		0.03/300	
	垂直度		0.03/300	
镗孔精度	圆度		0.01	
	圆柱度		0.01/100	
镗孔孔距精度	X 轴方向		0.02	
	Y 轴方向		0.02	
	对角线方向		0.03	
	孔距偏差		0.01	

任务拓展

一、激光干涉仪测量数控机床定位精度

激光干涉仪可以测量数控机床定位精度、重复定位精度和反向间隙。

1. XL-80 激光干涉仪的硬件组成

XL-80 激光干涉仪由 XL-80 主机、XC-80 补偿装置、各种光学镜头、传感器、三角支架、笔记本电脑（装有专用测量软件）等组成，如图 13-15 所示。

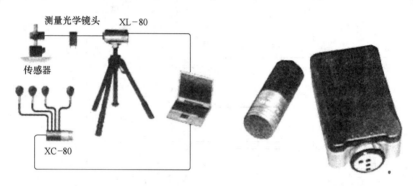

图 13-15　XL-80 激光干涉仪

2. XL-80 激光干涉仪的工作过程

在 XL-80 激光干涉仪上接有两个传感器：一个为空气传感器，测量空气温度、空气压力、相对湿度；另一个为材料温度传感器，测量被测物体温度。二者均有磁性，吸附在被测量物体上。笔记本电脑的 USB 接口与 XL-80 主机、XC-80 补偿装置信号线缆连接。XL-80 主机发出一束激光束，通过分光镜射出两束光：一束光为测量光束，射到移动物体上安装的反光镜上再返回至 XL-80 主机上；另一束光为参考光束，在分光镜上加装一反光镜将其反射至 XL-80 主机上。两束光在 XL-80 主机内进行干涉，笔记本电脑测量软件通过计算干涉点的变化，计算出移动距离。

3. 分析测量后得到的定位精度曲线

图 13-16a 所示平行曲线：正向曲线与反向曲线在垂直坐标上很均匀地拉开一段距离，这段距离反映了该坐标轴的反向间隙，这时，可以用数控系统反向间隙补偿功能修改反向间隙补偿值来使正、反向曲线接近。

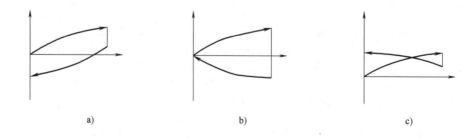

a)　　　　　　　　　　　b)　　　　　　　　　　　c)

图 13-16　激光干涉仪定位精度曲线分析

a）平行曲线　b）喇叭曲线　c）交叉曲线

图 13-16b 所示喇叭曲线和图 13-16c 所示交叉曲线：这两类曲线都是由于被测坐标轴上各段反向间隙不均匀造成的，滚珠丝杠在行程内各段间隙、过盈不一致和导轨副在行程内的载荷不一致等是反向间隙不均匀的主要原因。反向间隙不均匀现象较多表现在全行程内一头松、一头紧，结果得到了喇叭曲线的正、反向定位曲线，如果此时又不恰当地使用了数控系统反向间隙补偿功能，就造成了图 13-16c 所示的交叉曲线。

4. 数控机床直线运动定位精度补偿方法（丝杠螺距误差补偿和反向间隙误差补偿）

以 FANUC 系统举例说明螺距误差补偿参数的设置方法。

（1）已知　机床行程为 $-400mm \sim +800mm$。

（2）确定　螺距误差补偿位置间隔为 50mm；参考点的补偿位置号为 40。

（3）计算

$$负方向最远的补偿位置号=参考点补偿位置号-（负方向机床行程/补偿位置间隔）+1$$
$$=40-400/50+1=33$$

$$正方向最远的补偿位置号=参考点补偿位置号+（正方向机床行程/补偿位置间隔）$$
$$=40+800/50=56$$

机床坐标和补偿位置之间的关系如图 13-17 所示。

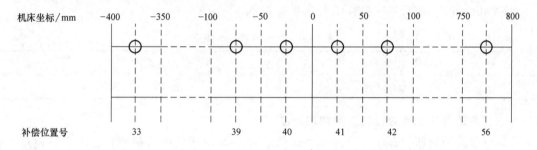

图 13-17　机床行程上的补偿位置

在坐标之间各部分相对应的补偿位置号处测量补偿值。补偿值见表 13-4，将补偿量标记在相应的补偿位置处，如图 13-18 所示。

表 13-4　补偿值

补偿位置号	33	34	35	36	37	38	39	40	41	42	43	44	45	46	47	48	49	⋯	56
补偿值	−2	−1	−1	+2	0	+1	0	+1	+2	+1	0	−1	−1	−2	0	+1	+2	⋯	1

参数设定见表 13-5。

表 13-5　螺距误差补偿参数设定

参　　数	设　定　值
3620:参考点补偿号	40
3621:最小补偿位置号	33
3622:最大补偿位置号	56
3623:补偿放大率	1
3624:螺距误差补偿位置间隔	50000

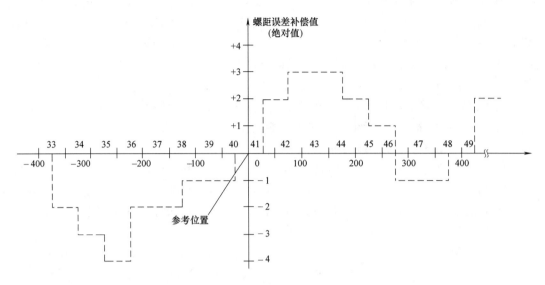

图 13-18　螺距误差补偿位置及对应的补偿值

FANUC 0iC 系统反向间隙补偿参数见表 13-6。

表 13-6　反向间隙补偿参数

参　数	参 数 定 义
1851	各轴的反向间隙补偿量

二、用球杆仪测量数控机床的切削精度

球杆仪能够快速、方便、经济地评价和诊断 CNC 机床的动态精度，适用于各种立、卧式加工中心和数控车床等机床，具有操作简单、携带方便的特点，其工作原理是将球杆仪的两端分别安装在机床的主轴与工作台上（或者安装在车床的主轴与刀架上），测量两轴插补运动形成的圆形轨迹，并将这一轨迹与标准圆形轨迹进行比较，从而评价机床产生误差的种类和幅值。

1. 球杆仪的安装

球杆仪接口放置在机床上方便且安全的位置上。操作人员必须打开机床防护罩放置接口。应注意将接口电缆通过合适的孔位拉出。球杆仪是通过传感器接口盒连接到计算机的一个串口上的。传感器接口包括一条 9V 电池供电电路。跟踪传感器的伸缩并通过串行接口把数据传输给计算机。

2. 球杆仪的功能与作用

QC10 球杆仪如图 13-19 所示，它用途广泛，适用于多种机床。标准系统可用于三轴数控机床，如卧式和立式加工中心以及激光切割机等。

（1）软件安装　在计算机上安装 HPS 软件，该软件逐步引导操作者执行操作。该软件安装快速又简单，并有自动零件程序生成器。

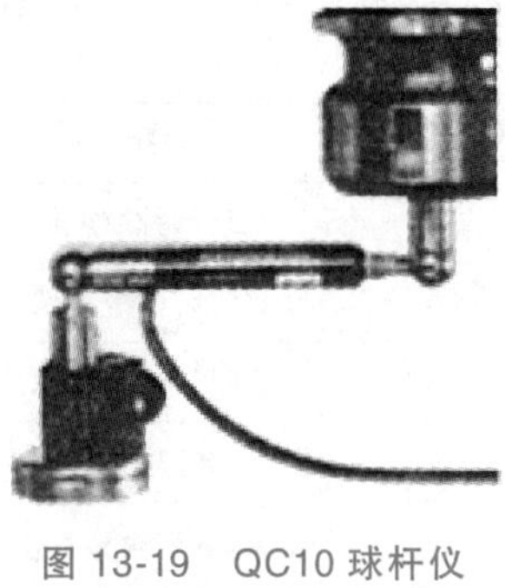

图 13-19　QC10 球杆仪

（2）数据采集 机床画出两个连续的圆弧，在顺时针方向和逆时针方向各做一次测试。测试时，QC10 球杆仪能精确地测量出任何径向偏差，如图 13-20 所示。

（3）分析 球杆仪数据通过 RS-232 串行端口直接传送给计算机，然后 HPS 软件分析数据，通过球杆仪图形显示机床的主要误差源。

（4）诊断 软件分析并对具体的机床误差特性进行自动诊断；根据每项误差对机床整体精度的影响程度进行排序；按圆度和位置公差对机床的整体精度定级；机床历史记录用于以曲线方式复查机床性能随时间的变化情况；设定自动报警信号。

（5）修正 查明具体的机床故障后，就可以有针对性地有效维护机床，最大限度地减少故障停机。

图 13-20 球杆仪的数据采集

任务拓展

一、数控铣床性能检验

数控铣床的性能检验内容可以列成简明扼要的表格，见表 13-7。

表 13-7 数控铣床性能检验数据记录表

序号	评价项目	单元评价内容	记录
1	手动功能检验	人工操纵按键、开关对机床进行功能试验	
		主轴进行正转、反转、停止（包括制动）连续试验	
		起动进给和停止动作连续操纵，在 X 轴、Y 轴、Z 轴的全部行程上做工作进给和快速进给试验	
		数字控制装置的各种指示灯、程序读入装置功能检验	
2	控制功能检验	在 MDI 方式下对主轴进行正转、反转、停止及变换主轴转速检验	
		在 MDI 方式下对进给机构做低、中、高进给量及快速进给变换检验	
		检验进给坐标的超程、手动数据输入、坐标位置显示等面板及程序功能的可靠性和动作的灵活性	
		检查换刀装置的可靠性	
3	机床噪声检验	用噪声测试仪测试机床噪声	
4	空运转振动检验	各级转速下，试验主轴箱在三个坐标轴方向上的绝对振动	
		各级转速下，工作台在三个坐标轴方向上的绝对振动	
5	温升检验	测量主轴高速和中速空运转时主轴轴承、润滑油温升及其变化情况	

二、数控铣床的点检

数控铣床的点检内容可以列成简明扼要的表格，见表 13-8。

表 13-8　数控铣床的维护点检表

序号	检查周期	检查部位	检 查 要 求
1	每天	导轨润滑油箱	检查油标、油量,及时添加润滑油,润滑泵能定时起动及停止
2	每天	X、Y、Z 轴向导轨面	清除切屑及脏物,检查润滑油是否充分,导轨面有无划伤损坏
3	每天	压缩空气气源压力	检查气动控制系统压力是否在正常范围
4	每天	气源自动分水滤气器和自动空气干燥器	及时清理分水滤气器中滤出的水分,保证自动空气干燥器工作正常
5	每天	气液转换器和增压器油面	发现油面不够时及时补充油
6	每天	主轴润滑恒温油箱	工作正常,油量充足并调节温度范围
7	每天	机床液压系统	油箱、液压泵无异常噪声,压力表指示正常,管路及各接头无泄漏,工作油面高度正常
8	每天	液压平衡系统	平衡压力指示正常,快速移动时平衡阀工作正常
9	每天	CNC 的输入/输出单元	如光电阅读机清洁,机械结构润滑良好
10	每天	各种电气柜散热通风装置	各电气柜冷却风扇工作正常,风道过滤网无堵塞
11	每天	各种防护装置	导轨、机床防护罩等应无松动、泄漏
12	每半年	滚珠丝杠	清洗丝杠上旧的润滑脂,涂上新的润滑脂
13	每半年	液压油路	清洗溢流阀、减压阀、过滤器及油箱箱底,更换或过滤液压油
14	每半年	主轴润滑恒温油箱	清洗过滤器,更换润滑脂
15	每年	检查并更换直流伺服电动机电刷	检查换向器表面,吹净碳粉,去除毛刺,更换长度过短的电刷,并应跑合后才能使用
16	每年	清洗润滑液压泵、过滤器	清理润滑油池底,更换过滤器
17	不定期	检查各轴轨道上镶条、压紧滚轮的松紧状态	按机床说明书调整
18	不定期	切削液箱	检查液面高度,切削液太脏时须更换并清理切削液箱底部,经常清洗过滤器
19	不定期	排屑器	经常清理切屑,检查有无卡住
20	不定期	清理废油池	及时取走废油池中废油,以免外溢
21	不定期	调整主轴驱动带松紧	按机床说明书调整

参 考 文 献

[1] 余仲裕. 数控机床维修 [M]. 北京：机械工业出版社，2001.

[2] 刘永久. 数控机床故障诊断与维修技术（FANUC 系统）[M]. 2 版. 北京：机械工业出版社，2009.

[3] 王侃夫. 数控机床控制技术与系统 [M]. 3 版. 北京：机械工业出版社，2017.

[4] 叶晖，马俊彪，黄富. 图解 NC 数控系统——FANUC 0i 系统维修技巧 [M]. 2 版. 北京：机械工业出版社，2009.

[5] 罗敏. 典型数控系统应用技术（FANUC 篇）[M]. 北京：机械工业出版社，2009.

[6] 王文浩. 数控机床故障诊断与维护 [M]. 北京：人民邮电出版社，2010.

[7] 严峻. 数控机床安装调试与维护保养技术 [M]. 北京：机械工业出版社，2010.

[8] 李玉兰. 数控机床安装与验收 [M]. 北京：机械工业出版社，2010.

[9] 杨雪翠. FANUC 数控系统调试与维护 [M]. 北京：国防工业出版社，2010.

[10] 宋松，李兵. FANUC 0i 系列数控系统连接调试与维修诊断 [M]. 北京：化学工业出版社，2010.

[11] 吴晓苏. 数控机床结构与装调工艺 [M]. 北京：清华大学出版社，2010.

[12] 苏宏志，杨辉. 数控机床与应用 [M]. 上海：复旦大学出版社，2010.

[13] 陈跃安，贺刚. 电工技术实训 [M]. 北京：中国铁道出版社，2010.

[14] 韩鸿鸾. 数控机床装调维修工 [M]. 北京：化学工业出版社，2011.

[15] 吕景泉. 数控机床安装与调试 [M]. 北京：中国铁道出版社，2011.

[16] 付承云. 数控机床安装调试及维修现场实用技术 [M]. 北京：机械工业出版社，2011.

[17] 孙慧平，陈子珍，翟志永. 数控机床装配、调试与故障诊断 [M]. 北京：机械工业出版社，2010.

[18] 郭辉. 数控机床故障诊断与维修 [M]. 北京：北京邮电大学出版社，2012.

[19] 人力资源和社会保障部教材办公室. 数控机床机械装调与维修 [M]. 北京：中国劳动社会保障出版社，2012.

[20] 韩鸿鸾，董先. 数控机床机械系统装调与维修一体化教程 [M]. 北京：机械工业出版社，2014.

[21] 韩鸿鸾. 数控机床装调维修工（中、高级）[M]. 北京：化学工业出版社，2013.

[22] 曹健. 数控机床装调与维修 [M]. 2 版. 北京：清华大学出版社，2016.

[23] 韩鸿鸾，吴海燕. 数控机床电气系统装调与维修一体化教程 [M]. 北京：机械工业出版社，2014.

[24] 何冰强，林辉. 数控机床安装与调试 [M]. 大连：大连理工大学出版社，2014.

[25] 杨中力，温丹丽. 数控机床故障诊断与维修 [M]. 3 版. 大连：大连理工大学出版社，2015.